新一代互联网流媒体服务及路由关键技术

吴桦　程光　胡劲松　徐健　著

东南大学出版社
SOUTHEAST UNIVERSITY PRESS
·南京·

内 容 提 要

流媒体应用已经成为因特网中的主要应用，随着技术的快速演变、网络结构的日益复杂，以及加密技术的应用，对流媒体应用的服务质量评估成为一个难题。本文首先对国内外主要流媒体服务商进行调研，针对流媒体数据分发的各个关键环节分析数据分发策略的优缺点和优化方案。对加密流媒体的分析，给出了一个通过加密视频流识别出视频关键属性的研究过程，最后给出针对流媒体应用的路由性能测量方法。本书可作为对流媒体进行架构和分发策略设计的参考书，也可为科研人员对加密流媒体进行深入研究提供参考。

图书在版编目(CIP)数据

新一代互联网流媒体服务及路由关键技术/吴桦等著. —南京：东南大学出版社，2017.11

ISBN 978-7-5641-7447-7

Ⅰ.①新… Ⅱ.①吴… Ⅲ.①计算机网络-多媒体技术-研究 Ⅳ.①TP37

中国版本图书馆 CIP 数据核字(2017)第 255045 号

新一代互联网流媒体服务及路由关键技术

著　　者　吴桦　程光　胡劲松　徐健
出版发行　东南大学出版社
出 版 人　江建中
责任编辑　张　煦
社　　址　南京市四牌楼 2 号　(邮编:210096)

经　　销　全国各地新华书店
印　　刷　兴化印刷有限责任公司
开　　本　700 mm×1000 mm　1/16
印　　张　18.75
字　　数　347 千
版　　次　2017 年 11 月第 1 版
印　　次　2017 年 11 月第 1 次印刷
书　　号　ISBN 978-7-5641-7447-7
定　　价　58.00 元

(本社图书若有印装质量问题，请直接与营销部联系。电话(传真)：025-83791830)

前　言

流媒体应用是当前因特网上最重要的应用之一，主要包括视频应用和音频应用，在媒体文件播放前并不下载整个文件，而只是开始部分数据到缓存，随后就可以一边播放一边下载。

随着移动通信网络和技术的不断发展，移动流媒体业务相关技术日益走向成熟。基于超文本传输协议（Hyper Text Transfer Protocol，HTTP）的移动流媒体服务，由于使用 Web 服务器分发数据，部署简单，适用范围广泛，成为国内外流媒体服务商普遍采用的技术。但是 HTTP 协议的设计目标并不是针对流媒体应用的，这导致为了适应流媒体的应用特点在其上进行针对流媒体应用的优化是必须的。流媒体服务由于数据量大，需要的各种数据处理、存储、调度、带宽、版权资源都需要巨大的成本投入，国内外服务商必须进行各种技术优化以尽可能减少成本，提高用户的服务质量感受。各种技术的有机结合会为服务商节约大量的成本，本书针对其中的一些关键问题进行现状研究及分析讨论，并试图给出一些有益的建议。

本书主要关注的是流媒体应用中和网络相关的关键技术问题，对其中的一些问题进行了深入讨论和尝试。本书第 1 章是绪论，介绍了流媒体应用现状和流媒体应用的关键技术。

第 2 章介绍了因特网协议的基本概念和流媒体传输协议，着重介绍了基于 HTTP 协议的三种流媒体传输技术，并以优酷为例研究了流媒体传输效能。

第 3 章介绍了国外视频点播技术现状，以 YouTube 为例，分析了流媒体传输在文件格式、传输协议和流量控制方面的演变历史。同时也指出由于国外视频已逐步使用加密传输方法，在加密传输后，对流媒体服务流量模型的分析面临困难。

第 4 章对国内的主要视频服务：优酷、爱奇艺和腾讯视频进行了现状调查，结合国外视频服务技术进行了比较分析并指出了优化的方向。

第 5 章介绍了流媒体服务质量评价指标和常规的测量方法，并分别给出了智能手机点播视频和 IPTV 播放视频的 QoE 测量方法，以及 QoE 与相应 QoS 的相关性分析。第 5 章的分析都是在非加密场景下进行的，这种场景下视频质量评估可以基于 DPI 技术，获取到视频大小、可播放时长、码率等信息，可以较为准确的评估视频的初始缓冲时长、卡顿等体验指标，然而，由于越来越多的视频流量采用加密技术，加密流量的引入使得之前设计的视频质量评估方案无法获取到其需要的参数数据。

第6章～第10章针对视频流数据在加密场景下的行为分析方法展开研究。

第6章是对加密流分析方法的综述，介绍了加密流识别的对象、识别的类型、识别的方法，也给出了加密流量分析存在的问题和未来研究的方向。

第7章以YouTube加密视频流为研究对象，进行了加密流量的初步识别，首先识别YouTube流量，其次将观看同一个视频流的加密流量进行关联，最后给出对YouTube视频传输模式的识别方法。

第8章在第7章的基础上进一步识别出观看同一个视频流时的不同数据分段，给出了数据片段中音频片段的数据量分布范围、数据片段在数据流中的位置以及断线重连的数据片段的对应关系。这章的工作为后续的YouTube视频码率及分辨率识别提供了基础。

第9章给出了分别从Android平台的YouTube App的HTTPS加密流量和iOS平台的YouTube App的HTTPS加密流量中识别出YouTube视频的播放码率的方法，通过中间人攻击获得的真实数据，验证了对加密视频流码率识别的准确性。

第10章给出了对加密视频流进行视频分辨率的识别的方法，从加密流量中提取出用户所观看视频的所有视频片段以及这些视频片段的播放位置、播放码率、数据量和播放时长等特征。根据这些特征首先使用C4.5决策树算法对视频片段的分辨率进行分辨率识别，又引入了k-means聚类算法对C4.5决策树算法识别出来的分辨率结果进行辅助修正识别，同样通过中间人攻击获得真实数据对结果进行了准确性验证。

第11章介绍了影响VoIP服务质量的网络关键因素，对基于E模型的语音质量评估的测量方法做了介绍和改进，并设计实现了一个评估VoIP语音质量的系统。该系统可以完成对VoIP语音质量的评估。

第12章介绍了流媒体运营商在进行视频分发时如何评估视频流所经网络路径的拥塞状态。直接测量获得的网络延迟和丢包值并不能直接用来进行拥塞状态评估，本章分别定义了从网络路径的延迟测度和丢包测度给出的可以描述网络拥塞状态的派生测度，并给出了测量方法以及应用实例。这些测度可为流媒体运营商优化数据分发路由，提高用户的服务感受提供依据。

本书主要是作者在流媒体服务质量研究领域长期的研究成果的总结，也保留了作者指导学生参与的科研项目部分相关科研成果和论文。在本书的撰写过程中，潘吴斌、房敏、黄顺翔、李想、代甜甜、王玉翔、陈燕扬等给予了大力支持，参与了本书部分章节的编写工作，全书由吴桦、程光统稿。

本书的研究成果受到国家重点研发计划［“地址驱动的网络安全管控体系结构及其机理研究（No. 2017YFB0801700）”中的“SDN/NFV 与 NDN 安全研究（No. 2017YFB0801703）］、国家 863 计划［IPv6 大规模编址与路由关键技术研究和验证（No. 2015AA010201）］等国家级项目的资助，在此表示感谢！在本书的撰写过程中，得到东南大学计算机科学与工程学院、东南大学网络空间安全学院、计算机网络和信息集成教育部重点实验室（东南大学）、东南大学出版社等单位领导和专家的大力支持，在此深表谢意！同时对本书中所引用的参考文献的作者及不慎疏漏的引文作者也一并致谢！

由于作者水平有限，编写过程中难免存在很多不足及顾此失彼之处，敬请读者给予批评指正！

著 者

2017 年 11 月

目 录

1 绪论 …… 1
1.1 流媒体应用现状 …… 1
1.2 流媒体应用中的关键技术 …… 3
1.2.1 数据编码技术 …… 3
1.2.2 数据分发策略技术 …… 3
1.2.3 数据传输技术 …… 4
1.2.4 数据加密技术 …… 5
1.2.5 服务质量评价技术 …… 5
1.2.6 流媒体服务评估相关测度的测量技术 …… 6
1.3 本书的目的 …… 6

2 流媒体传输协议 …… 8
2.1 流媒体应用协议 …… 8
2.1.1 协议 …… 8
2.1.2 因特网协议 …… 9
2.1.3 IP 层协议 …… 10
2.1.4 传输层协议 …… 12
2.1.5 应用层协议 …… 13
2.1.6 流媒体应用协议 …… 13
2.2 基于 HTTP 的流媒体传输技术 …… 15
2.2.1 HPD 视频传输技术 …… 15
2.2.2 DASH 视频传输技术 …… 16
2.2.3 HLS 视频传输技术 …… 18
2.2.4 技术比较 …… 19
2.3 流媒体传输协议效率研究 …… 20
2.4 优酷视频应用传输效能研究 …… 21
2.4.1 数据采集 …… 22
2.4.2 数据分析方法 …… 22

2.4.3 不同限速情况下传输效能 …… 23
2.4.4 未完成播放的数据下载效能的分析 …… 26
2.4.5 不同限速情况下 TCP 流数的变化的分析 …… 28
2.4.6 实验结论 …… 30
2.5 本章小结 …… 30

3 国外视频点播技术现状与分析 …… 33
3.1 研究目的 …… 33
3.2 YouTube 文件格式 …… 34
3.2.1 MP4 …… 34
3.2.2 WebM …… 37
3.2.3 技术演进分析 …… 41
3.3 传输协议 …… 42
3.3.1 TCP 协议的改进 …… 42
3.3.2 QUIC 协议 …… 43
3.3.3 QUIC 连接过程及其优势分析 …… 44
3.4 流量控制 …… 46
3.4.1 相关研究 …… 46
3.4.2 流量模型 …… 47
3.4.3 App 数据分析 …… 49
3.5 小结 …… 50

4 国内视频点播技术现状分析 …… 54
4.1 研究目的 …… 54
4.2 数据采集和分析方法 …… 54
4.2.1 数据采集 …… 54
4.2.2 分析方法 …… 56
4.3 优酷视频 …… 58
4.3.1 4G(联通)下使用 Android App …… 58
4.3.2 WiFi 下使用 Android App …… 61
4.3.3 优酷视频的"自动"策略分析 …… 62
4.3.4 优酷视频的主要特征 …… 64
4.4 爱奇艺 …… 66
4.4.1 4G(联通)下使用 Android App …… 66
4.4.2 WiFi 下使用 Android App …… 67

4.4.3 爱奇艺视频的主要特征 …… 68
4.5 腾讯视频 …… 68
4.5.1 4G(联通)下使用 Android App …… 68
4.5.2 WiFi 下使用 Android App …… 70
4.5.3 腾讯视频的主要特征 …… 73
4.6 WiFi 下使用 iOS App …… 74
4.6.1 优酷视频 …… 74
4.6.2 爱奇艺 …… 74
4.6.3 腾讯视频 …… 75
4.7 在低速信道下使用 P2P 模式分发视频数据的特征分析 …… 76
4.8 国内视频服务主要特征分析与优化方向 …… 78
4.9 本章小结 …… 79

5 视频应用服务质量体验评价方法 …… 81
5.1 服务质量体验 …… 81
5.2 影响流媒体应用 QoE 的主要因素 …… 85
5.3 视频流媒体 QoE 参数测量方法 …… 87
5.3.1 影响视频应用 QoE 的关键测度 …… 87
5.3.2 终端测量 …… 90
5.3.3 非终端测量方法 …… 92
5.4 移动互连终端视频应用 QoE 研究 …… 94
5.4.1 研究目的 …… 94
5.4.2 QoS 性能参数的测量方法 …… 94
5.4.3 优酷 QoE 监控系统的设计与实现 …… 96
5.4.4 实验结果与分析 …… 99
5.5 IPTV 视频应用中 QoE 与 QoS 关联分析 …… 101
5.5.1 研究目的 …… 101
5.5.2 IPTV QoE 评价模型 …… 102
5.5.3 IPTV 的 MOS 值计算方法 …… 103
5.5.4 测试系统 …… 105
5.5.5 实验部署和结果分析 …… 106
5.6 小结 …… 107

6 加密流分析方法 …… 110
6.1 引言 …… 110

6.2 加密流量识别概述 …… 111
6.3 识别对象 …… 112
6.4 识别的类型 …… 113
6.4.1 加密与未加密流量识别 …… 113
6.4.2 加密协议识别 …… 114
6.4.3 服务识别 …… 116
6.4.4 异常流量识别 …… 117
6.4.5 内容本质识别 …… 117
6.5 加密流量识别方法 …… 118
6.5.1 基于有效负载的识别方法 …… 118
6.5.2 数据包负载随机性检测 …… 118
6.5.3 基于机器学习的识别方法 …… 119
6.5.4 基于行为的识别方法 …… 119
6.5.5 基于数据包大小分布的识别方法 …… 120
6.5.6 混合方法 …… 120
6.5.7 加密流量识别方法综合对比 …… 120
6.6 加密流量分析的问题 …… 121
6.7 加密流量分析研究方向 …… 123
6.8 小结 …… 125

7 加密视频流量的识别、关联和传输模式识别方法 …… 131
7.1 YouTube 移动端流量识别 …… 131
7.1.1 问题分析 …… 131
7.1.2 系统设计 …… 132
7.1.3 系统实现 …… 133
7.1.4 实验与结果分析 …… 137
7.2 YouTube 移动端加密视频流关联 …… 140
7.2.1 问题分析 …… 140
7.2.2 TLS 会话恢复机制分析 …… 142
7.2.3 系统设计 …… 145
7.2.4 系统实现 …… 146
7.2.5 算法测试实验 …… 148
7.2.6 算法评价与应用 …… 150
7.3 YouTube 视频传输模式识别方法 …… 151
7.3.1 问题分析 …… 151

7.3.2 系统设计…… 155
7.3.3 系统实现…… 156
7.3.4 实验与结果分析…… 163
7.6 小结 …… 167

8 自适应流媒体中加密视频数据分段流量分析 …… 169
8.1 自适应流媒体传输中的数据分段 …… 169
8.2 研究加密视频流量分段的方法 …… 170
8.2.1 中间人攻击方法获得明文…… 170
8.2.2 流量离线文件 PCAP 格式分析 …… 172
8.3 YouTube 数据片段识别问题分析 …… 174
8.4 YouTube 加密流量分段分析系统设计 …… 174
8.4.1 系统总体设计…… 174
8.4.2 报文整合分段…… 175
8.4.3 音频片段分析…… 177
8.4.4 片段位置识别…… 178
8.4.5 断线重连识别…… 179
8.5 YouTube 加密流量分段识别应用实例 …… 180
8.6 小结 …… 183

9 加密视频流视频码率识别方法 …… 184
9.1 加密视频流码率识别的基本问题 …… 184
9.2 YouTube Android 平台码率识别 …… 185
9.2.1 YouTube App DASH 视频传输特征分析 …… 185
9.2.2 YouTube App DASH 视频码率识别问题分析 …… 187
9.2.3 模块设计…… 188
9.2.4 音频片段等长性分析…… 188
9.2.5 片段类型识别…… 189
9.2.6 片段类型矫正…… 190
9.2.7 视频片段排序去重…… 191
9.2.8 播放码率计算…… 192
9.2.9 实验与结果分析…… 193
9.3 YouTube iOS 平台码率识别 …… 196
9.3.1 YouTube App HLS 视频传输特征分析 …… 196
9.3.2 YouTube App HLS 视频码率识别问题分析 …… 198

9.3.3　模块设计 …… 198
9.3.4　音频片段识别 …… 199
9.3.5　视频片段处理 …… 200
9.3.6　播放码率计算 …… 206
9.3.7　实验与结果分析 …… 207
9.4　小结 …… 209

10　加密视频流视频分辨率识别方法 …… 211
10.1　视频分辨率 …… 211
10.2　视频分辨率和码率关系分析 …… 212
10.3　C4.5 决策树算法识别 YouTube 视频分辨率 …… 214
10.3.1　C4.5 决策树算法分析 …… 214
10.3.2　实验与结果分析 …… 216
10.4　k-means 算法辅助识别 YouTube 视频分辨率 …… 217
10.4.1　k-means 聚类算法分析 …… 217
10.4.2　实验与结果分析 …… 218
10.5　小结 …… 222

11　VoIP 服务质量体验评估方法 …… 223
11.1　引言 …… 223
11.2　VoIP 关键技术 …… 225
11.2.1　VoIP 的网络性能要求 …… 225
11.2.2　VoIP 协议架构 …… 225
11.2.3　影响语音质量的因素 …… 228
11.3　VoIP 的 QoE 评价方法及改进 …… 230
11.3.1　VoIP 的 QoE 评价方法介绍 …… 230
11.3.2　主观评价方法 …… 231
11.3.3　客观评价方法 …… 232
11.3.4　E 模型评价方法 …… 233
11.4　E 模型优化 …… 241
11.4.1　E 模型的不足之处 …… 241
11.4.2　E 模型中抖动参数的加入 …… 241
11.5　VoIP 的 QoE 评估系统 …… 243
11.5.1　评估系统的实验环境 …… 243
11.5.2　评估系统实施总体结构 …… 244

11.5.3 评估系统测试 …… 245
11.6 小结 …… 246

12 流媒体应用路由性能测量研究 …… 249
12.1 研究目的 …… 249
12.2 研究对象的定义 …… 249
12.3 基于报文延迟测度估计网络路径拥塞 …… 251
12.3.1 路径拥塞状态和报文 RTT 和关系 …… 251
12.3.2 网络延迟特性测量 …… 253
12.3.3 子网间延迟测度 Path-RTT 定义 …… 255
12.3.4 基于 BDTRS 的派生测度定义 …… 258
12.3.5 数据处理方法 …… 260
12.3.6 分析实例 …… 262
12.4 基于报文丢包测度估计网络路径拥塞 …… 266
12.4.1 网络丢包特性测量 …… 266
12.4.2 网络路径丢包测度定义 …… 267
12.4.3 丢包平台基本性质分析 …… 268
12.4.4 TCP 流丢包和丢包平台丢包的关系 …… 269
12.4.5 基于 TCP 平行流的 Path_Loss 估计算法 …… 271
12.4.6 算法误差分析 …… 275
12.4.7 基于平行 TCP 流估计 Path_Loss 的算法验证 …… 280
12.5 小结 …… 282

1 绪 论

1.1 流媒体应用现状

流媒体应用是当前因特网上最重要的应用之一，流媒体应用是指使用流式传输技术的多媒体应用。流媒体应用包括视频应用和音频应用，在媒体文件播放前并不下载整个文件，只是开始部分缓存一些数据到缓存，随后就可以一边播放一边下载。

流媒体应用使用网络协议分发音视频数据文件，流媒体分发技术主要有两大类，一是基于 RTP(Realtime Transport Protocol)/RTCP(Realtime Transport Control Protocol)/RTSP(Real Time Streaming Protocol, RTSP)的实时流媒体传输技术，“实时”的概念是指在应用中数据的交付必须与数据的产生保持精确的时间关系，因此需要有相应的协议支持。另一类则是目前视频网站普遍采用的基于 HTTP 的渐进式下载技术。渐进式下载是指音视频数据顺序下载，但并不需要精确的同步，客户端具有一定的播放时间缓存能力。

RTP/RTCP/RTSP 协议族是最早被提出来实时流媒体协议的，用于数据传输的 RTP 协议是基于 UDP 的，这是考虑到 UDP 协议的传输效率高于 TCP，而且视频和音频数据本身对丢包可以有一定的容忍度。RTP/RTCP/RTSP 协议族的优点在于可以精确控制视频帧的传输，可以承载实时性很高的应用。如 H.323 视频会议协议，底层一般采用 RTSP 协议。但是 UDP 协议在复杂网络下路由器的穿透会出现问题。RTP/RTCP/RTSP 协议族缺点是实现的复杂度高，对视频服务器的设备和信道带宽稳定性要求较高，不易实现，在信道共享的因特网上，如果可用带宽不能保证，会引起服务质量的大幅下降，目前主要用在一些专用的视频分发网络中。

随着移动通信网络和技术的不断发展，移动流媒体业务相关技术日益走向成熟。基于超文本传输协议(Hyper Text Transfer Protocol, HTTP)的移动流媒体服务由于使用 Web 服务器网络环境，部署简单，适用范围广泛，成为广泛采用的技术。基于 HTTP 渐进式下载移动流媒体业务流程本质上类似于从 HTTP 服务器下载文件或图片。目前国外的 YouTube, Netflix，国内的腾讯视频、优酷视频等播放器和媒体传输平台都支持 HTTP 渐进下载流媒体业务。在 HTTP 渐近下载的工作流程中，首先由服务内容提供商将原始的视频文件编码成为一定的格式，然后将编码后的文件放到普通的 Web 服务器中。客户端则通过 URL 地址访问到该视频文件，最后下载到本地进行播放。为了保证用户观看的连续性，音视频数据需要在客户端缓存一段时间后再播放，并且在播放期间不间断下载。这种方式的缺点是，当用户退出观看时如果缓存中还剩余很多未观看的视频，浪费了对应的带宽资源。一方面要保证用户的服务质量感受，需要缓存足够多的视频，另一方面，需要尽量节约网络的带宽资源，自适应流媒体传输技术被提出。

自适应流媒体的传输机制如图 1.1 所示。

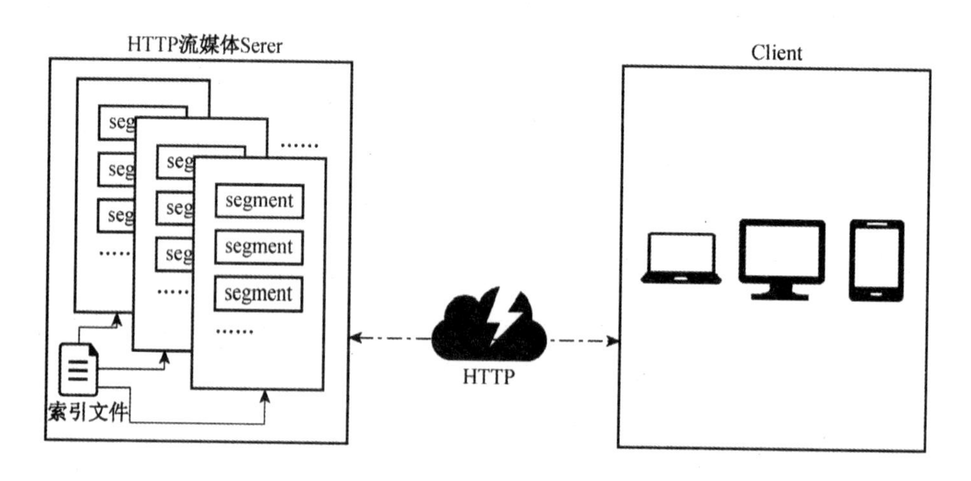

图 1.1　自适应流媒体传输方法

在自适应 HTTP 流媒体中媒体资源存储在 Web 服务器上并且被分割为很多小片段(segment)，每一个小片段的解码独立于其他的片段。而索引文件则给出片段之间的联系。为了适应不同的带宽条件，同一个媒体文件通常会被编码为不同分辨率的片段。

自适应 HTTP 流媒体的工作流程是：客户端获取相应媒体资源的索引文件，然后根据索引文件下载相应的片段。如果在播放过程中发现视频卡顿的现象，客户端可以选择更低分辨率的片段下载。不同于传统的实时流媒体传输中流媒体服务器来控制数据包的发送，自适应 HTTP 流媒体允许客户端决定哪一个数据包应该被发送。同时，自适应 HTTP 流媒体业务比传统的渐近下载要更加接近实时的传送数据。由于 HTTP 使用 TCP 传输协议，只要能使用 HTTP 协议就能播放自适应流媒体，也避免了被防火墙阻隔的问题。

当前较为出名的自适应流媒体标准主要有 3GPP 和 MPEG 组织提出的

DASH(Dynamic Adaptive Streaming overHTTP)、苹果公司提出的 HLS (HTTP Live Streaming)、微软提出的 Microsoft Smooth Streaming 和 Adobe 提出的 HTTP Dynamic Streaming。

1.2 流媒体应用中的关键技术

1.2.1 数据编码技术

视频信息如果不压缩，其数据量是巨大的。如分辨率为 1 920×1 080 P 的高清视频，每个彩色分量采用 8 bit 量化，帧率为每秒 25 帧，则数据量为每秒 414 Mbit，如果不加以压缩，在现有的网络接入条件下，根本不可能实时传输和播放。图像编码压缩技术的基本思想是去除图像数据中各种相关性所带来的冗余。第一代的编码技术仅考虑图像及图像序列中的空间冗余、时间冗余和信息的冗余。在第一代编码技术的基础上，进一步考虑视觉数据中的结构冗余、知识冗余和视觉冗余，产生了第二代编码技术。第二代图像编码方法建立在图像分析和合成、计算机图形学、计算机视觉等基础上，具有更高的压缩效率和更好的视觉效果。

目前关于音视频压缩的国际标准化主要有两个系列。国际电联(ITU-T)制定的应用于网络通信行业的 H. 26x 系列标准和国际标准化组织(ISO)运动图像专家组(MPEG)制定的应用于媒体业务的 MPEGx 系列标准。实际上，许多标准是两大国际标准组织合作产生的。比如被广泛使用的 H. 264 标准，最初被称为 H. 26L。它是 ITU-T 在 1999 年开始开发的一种新极低码率视频编码标准，旨在代替 H. 263 标准。2001 年，ISO MPEG 与 ITU-T 的 VCEG 合并，组成 JVT(Joint Video Team)联合开发 H. 26L。经过工业界和学术界 3 年多的努力，2003 年 5 月正式批准为国际标准。在谷歌的 WebM 出现之前，H. 264 是最高效的一个视频压缩标准。

使用 H. 264 编码的 MPEG4 是一个在编码效率和编码质量上都较为优秀的视频格式标准，也是目前应用非常广泛的标准，但是由于专利收费的问题，一直存在争论。谷歌推出的 WebM 更加偏向于开源，采用了 On2 Technologies 开发的 VP8 及其后续版本 VP9 视频编解码器，至今 YouTube 已经逐渐将其 80%的视频格式都变为 WebM 格式。本书第三章对 MPEG4 和 WebM 进行了比较和分析。

1.2.2 数据分发策略技术

流媒体数据分发已从最初的服务器客户端模式走向了更为复杂的多种模

式并存的现状。如果直接从流媒体服务器为用户提供服务，远距离用户的服务质量难以得到保证，同时由于互联网用户接入互联网是从多个服务商接入，IP地址的位置与地理位置并非对应的，即使是同一个城市的用户，从不同接入商接入的终端用户有可能得到截然不同的视频观看感受。因此，服务商致力于将视频资源尽力推向用户接入网内，以提高用户的服务质量感受。

数据存储和信道带宽是流媒体数据分发中涉及的主要资源，以 YouTube 为代表的服务商在全世界使用多个 CDN(Content Delivery Network)网络，将视频资源分发到位于各地的视频服务器群组，构建其视频资源的自组网。当用户请求视频时，通过 DNS 的重定向机制为用户提供最近的服务器上的资源。这种模式要求服务商具有雄厚的资金实例，可以承担巨额的服务器群组和信道租用费用。

为了减轻服务商的压力，可以采用 P2P 的模式，用户终端的播放器除了下载和播放视频，还为附近的用户提供视频数据上传功能。但是这种模式需要消耗用户的资源，一方面需要当地的政策法规允许，另一方面，不能损害终端用户的利益，往往在用户终端通过 WiFi 和有线网络接入的时候才能使用。此外，用户的隐私在这种模式下如何得以保证也是一个难题。

数据分发策略的制定既要考虑到尽量减轻服务商的成本，也要考虑到尽可能提高用户的服务感受，同时要遵循服务区域的法律法规，是多种因素权衡的结果，当前国内外出现了多种模式并存的现状。

1.2.3 数据传输技术

流媒体传输中，最初人们关注的是使得视频帧或者音频在规定的播放时间按时传输到用户终端，也就是如何实现实时的流媒体传输。在因特网中，传输层协议只有 TCP 和 UDP 两种，TCP 提供可靠的传输但是需要有三次握手建立连接，在传输过程中根据链路的拥塞状态进行发送速率的调整，传输速率无法控制，因此，实时流媒体传输不能直接使用 TCP 传输。

RTP/RTCP/RTSP 协议族中，考虑到数据传输的实时性，使用 UDP 承载了流媒体数据。这种架构下的流媒体应用实现的复杂度高，在信道共享的因特网上，如果不能保证信道的可用带宽，服务质量就无法保证。随着终端缓存的使用，只要使用缓存优化技术，就可以使用 HTTP 协议下载数据片段，在终端通过解码器按照媒体的播放节奏实时播放。这种架构部署简单，对信道的稳定性要求低。

但是，由于 HTTP 协议使用 TCP 协议传输，TCP 协议最初是基于低带宽高延时的信道设计的，在当前的信道条件和应用需求下，TCP 协议的拥塞控制机制存在若干缺陷，使得其不适应当前高吞吐量需求的流媒体传输。为了使得

TCP 能够达到更快的传输速率,对 TCP 的拥塞控制机制有了一系列的算法改进。如谷歌提出的增加 TCP 初始拥塞窗口,改进信道拥塞感知方法等。

2013 年,谷歌推出了 QUIC(Quick UDP Internet Connections)协议,以期整合 TCP 协议的可靠性和 UDP 协议的速度和效率。QUIC 融合了包括 TCP, TLS, HTTP/2 等协议的特性,但都基于 UDP 传输。QUIC 很好地解决了当今传输层和应用层面临的各种需求,包括处理更多的连接安全性和低延迟。

对流媒体传输应用来说,传输协议的传输效率对其服务质量有着至关重要的影响。对传输协议的改进是一个长期的研究热点,寻求最优的传输协议也是各流媒体服务商降低成本,提高用户服务质量感受优化目标中不可或缺的重要部分。

1.2.4 数据加密技术

自“棱镜”监控项目曝光后,人们对各种应用的隐私保护需求也日益广泛。在邮件应用、支付应用、电子商务应用等领域,数据加密已经被广泛使用。在移动流媒体方面,国外的视频服务商如 YouTube 在提供视频服务时会对数据进行加密,国内的视频服务商目前还没有采用加密传输。

最简单的加密方式是使用 TLS 协议,在用户请求视频数据后通过握手协议获得一次一密的对称加密密钥。由于视频应用并不像支付应用这样对用户身份有严格的认证要求,在此类应用中普遍采用对服务器进行认证的单向认证方式。在谷歌提出的 QUIC 协议中合成了相当于 TLS 的加密功能,对每个 UDP 包都进行了加密和认证的保护,QUIC 中的密钥协商过程效率大大高于 TLS。

但同时,对数据进行加密传输意味着服务器和客户端消耗资源,P2P 模式也不能使用。这些会导致服务成本的增加。此外,使用加密模式传输数据,虽然为用户提供了隐私保护,但是中间服务商来说,对用户行为模式进行分析,进一步提高优化就成为难题。

数据加密技术在流媒体传输中的应用会导致在流媒体应用方面技术分析的难度大大增加,在 YouTube 对数据进行加密之前,针对其服务模式、用户行为分析、服务质量评价有很多研究成果,但是在使用 TLS/QUIC 进行加密传输后,就很难找到对这些进行精确建模的文献,也说明了数据加密给流媒体应用分析带来的困难。

1.2.5 服务质量评价技术

流媒体应用的持续增长也意味着巨大的市场和剧烈的竞争。为了吸引终端用户接入他们的网络,网络运营商需要设计并部署好他们的信道以处理巨大的网络流量,为了吸引更多的用户使用他们的流媒体服务,流媒体服务商需要提供高质量的服务。这些都需要各级服务商能够及时获知用户的服务质量体验(Quality of Experience，QoE)。

但是QoE是从用户主观角度获得的服务质量测度，在实际中通过用户调查获得QoE存在几个主要问题：(1)调查的成本比较高，会给企业带来不小的压力；(2)调查人群的选择会对结果造成影响，很难选择覆盖全体用户的抽样人群，也很难从结果中剥离出被调查人的恶意评价；(3)通过人工调查获得的结果还需要汇聚后进一步分析才能获得结果，这个过程即使全部是自动进行，由于调查本身是需要用户反馈的，必然是有一定的时间周期，因此服务商无法及时获得用户的质量体验，当服务质量下降时，可能在优化服务之前就失去了部分的用户群。

对QoE进行建模，通过可以客观测量的测度估算出用户的QoE，就可能及时获得服务质量的变化，指导服务商及时进行资源和技术的调整。针对QoE的建模一直是流媒体研究领域的热点问题，选择哪些测度，这些测度是如何影响用户的QoE，最终通过什么模型计算出QoE一直是一个难题。

1.2.6　流媒体服务评估相关测度的测量技术

即使给出对流媒体服务质量的评估方法，在实际的网络环境中，这些评估方法涉及的测度也存在很多测量问题。

首先是选择主动测量或者被动测量的问题。主动测量代价小，但是对流媒体应用来说，主动测量获得的参数如卡顿、缓存时间，与服务商所希望获得的用户参数很可能不相关，为了准确地获得用户的服务感受，需要从用户的实际应用中获得数据。

服务商想获得用户实际应用的测量数据，但是一方面用户并不会主动给服务商提供相关的测度，另一方面，如果服务商试图从被动采集的数据报文进行分析，将面临巨大的数据量带来的分析压力。

如果能够对应用特征与用户行为建模，并使用抽样的方法降低海量数据分析带来的压力，有可能通过被动测量的方法获得用户的实际服务感受。但是，随着加密技术的普遍应用，数据中可供分析的内容越来越少。TCP或者UDP层以上的信息都被加密传输，在这种情况下，和应用相关的测度，如视频码率，播放时间等属性就无法直接获得，在网络中获得的数据只有传输特性，应用特性被加密了，在这种情况下，评估用户的应用感受就非常困难。

1.3　本书的目的

随着基于HTTP协议的流媒体应用在因特网中日益广泛，出现了一些研究的热点问题和难点问题。最根源的问题是 HTTP 协议并非为流媒体传输设计,因此为了适应流媒体的应用特点在其上进行针对流媒体应用的优化是必须的。此外视频服务由于数据量大,各种数据处理、存储、调度、带宽、版权资源都需要巨大的成本投入,国内外视频分享服务商必须进行各种技术优化以尽可能减少成本。各种技术的有机结合会为服务商节约大量的成本,本书针对其中的一些关键问题进行现状研究及分析讨论,并试图给出一些有益的建议。

本书主要关注的是流媒体应用中和网络相关的关键技术问题,对其中的一些问题进行了深入讨论和尝试,不能也不可能解决上述所有问题,随着流媒体技术的不断发展,相应研究的不断深入,本书中涉及的问题会出现多种解决方法,也会有更多的研究问题出现。

2 流媒体传输协议

2.1 流媒体应用协议

2.1.1 协议

计算机通信网是由许多具有信息交换和处理能力的节点互连而成的，要使整个网络有条不紊地工作，相互通信的计算机系统必须高度协调工作才行，而这种“协调”是相当复杂的。这是要求每个节点必须遵守一些事先约定好的有关数据格式及时序等规则。这些为实现网络数据交换而建立的规则、约定或标准就称为计算机网络协议。协议是通信双方为了实现通信而设计的约定或通话规则，规定需要传送什么、怎样通信、如何通信，计算机网络协议通常由语法、语义和定时关系 3 部分组成。相类似地，现实生活中的人们使用语言互相理解，就必须使用同样的语言，语言就相当于协议，说不同语言的人无法互相理解，必须通过中间人进行翻译。

在物理上，相互通信的各节点无法直接通信，必须借助连接彼此的物理设备进行通信。由于物理媒介可能是电缆、光缆、无线 WAP 和微波，在异构的网络上进行通信是非常复杂的问题。“分层”可将庞大而复杂的问题转化为若干较小的局部问题，而这些较小的局部问题就比较易于研究和处理。网络体系结构是分层的，因此，协议也是分层的，必须按照分层的原则进行对等层通信，对等层之间使用相同协议的节点才能进行通信。

由图 2.1 可见，对等层之间的通信是网络传输的目标，但是必须通过相邻层之间的通信和物理媒体的实际传输实现，通过相邻层之间的通信，实现对等层之间的通信。对等层之间的通信必须遵循一致的通信规则，也就是协议。

协议需要定义通信双方交换的报文格式，对报文中的各个字段含义及其详细描述进行约定，给出包含在字段中的信息的含义，对进程的通信时机进行约定。规定进程何时、如何发送报文及对报文进行响应。

为确保数据的互操作性，厂家在开发产品时会使用一致同意的协议，也就是按照标准进行设计开发。标准的开发是通过一些标准创建委员会以及政府

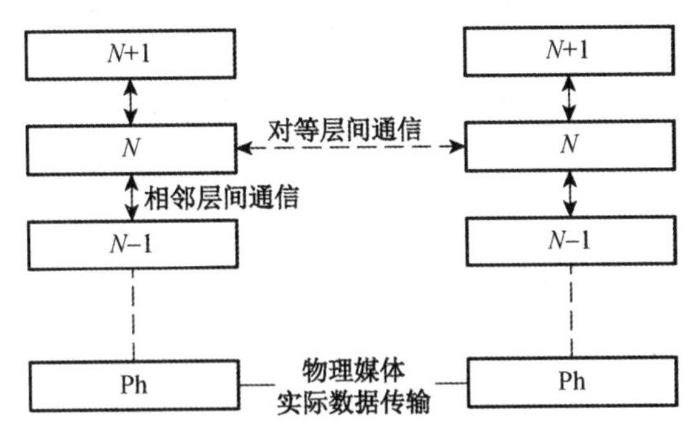

图 2.1　分层的网络结构

管理机构等合作完成。标准的创建部门很多，著名的有国际标准化组织(ISO)、国际电信联盟—电信标准部(ITU-T)，美国国家标准化局(ANSI)、电气和电子工程师学会(IEEE)等。因特网上使用的标准主要是遵循 IETF(Internet Engineering Task Force)的 RFC(Request For Comments)。IETF 又叫互联网工程任务组，成立于 1985 年年底，是全球互联网最具权威的技术标准化组织，主要任务是负责互联网相关技术规范的研发和制定，当前绝大多数国际互联网技术标准出自 IETF。

很多协议都是经过多年修改延续使用至今的，新产生的协议也大多是在基层协议基础上建立的，在使用过程中，随着更多需求的出现，对原有的协议会有不断的修改，以满足安全性、服务质量等各方面的需求。

2.1.2　因特网协议

因特网是个结构化的系统，因特网之所以能够面向用户提供纷繁复杂的应用，是由于涉及因特网的各项产品均遵循了因特网的协议和标准。这些协议和标准是由事实上的标准产生的。在 20 世纪 60 年代，大型计算机都是独立系统，不能进行互联，现在的因特网能将不同厂家生产的设备互联起来，是基于目前使用的 TCP/IP 协议族。

1973 年 Cerf 和 Kahn 提出了实现分组的端到端交付协议 TCP(传输控制协议)。随后 TCP 被分成 TCP(传输控制协议)和 IP(网际互联协议)，TCP 负责高层的功能，如分段、重组、差错校验，IP 负责数据分组的路由选择。加州大学伯克利分校修改了 UNIX 操作系统，将 TCP/IP 包括进去，这大大普及了网络的互联。TCP/IP 定义了电子设备如何连入因特网，以及数据如何在它们之间传输的标准。现在，凡是想接入因特网的主机，必须运行 TCP/IP。

TCP/IP 协议由四层组成：网络接口层、网络层、传输层和应用层。如图 2.2 所示。

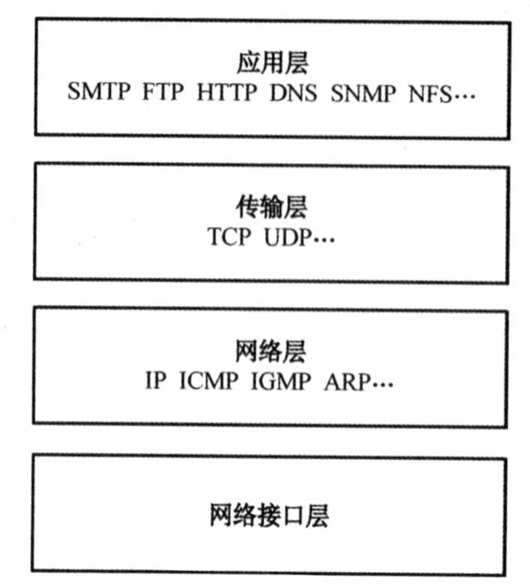

图 2.2　TCP/IP 协议族

TCP/IP 协议族是由一些交互性的模块组成的层次结构。分层的网络协议使得不同厂家生产的不同设备可以构成互联网，每个层次必须遵循协议规定。

2.1.3　IP 层协议

IP 是英文 Internet Protocol 的缩写，意思是"网络之间互连的协议"，也就是为计算机网络相互连接进行通信而设计的协议。IP 协议位于网络层，位于同一层次的协议还有 ARP、RARP、ICMP 和 IGMP。ARP 和 RARP 报文不被封装在 IP 数据报中，而 ICMP 和 IGMP 的数据则要封装在 IP 数据报中进行传输。由于 IP 协议在网络层中具有重要的地位，人们又将 TCP/IP 协议的网络层称为 IP 层。

IP 层通过数据报实现了物理数据帧的统一，通过 IP 地址实现了物理地址的统一。

(1) 数据报

各个厂家生产的网络系统和设备，如以太网、分组交换网等，它们相互之间不能互通，原因是它们所传送数据的基本单元(技术上称之为"帧")的格式不同。IP 协议实际上是一套由软件程序组成的协议软件，它把各种不同"帧"统一转换成"IP 数据报"格式，这种转换是因特网的一个最重要的特点，使所有各种计算机都能在因特网上实现互通，即具有"开放性"的特点。IP 协议的任务就是分割和重编在传输层被分割的数据报。

IP 数据报是分组交换的一种形式，就是把所传送的数据分段打成"包"，再传送出去。但是，与传统的"连接型"分组交换不同，它属于"无连接型"，是把打成的每个“包”(分组)都作为一个“独立的报文”传送出去，所以叫作“数据报”。每个数据报都有报头和报文这两个部分，报头中有目的地址等必要内容，使每个数据报不经过同样的路径都能准确地到达目的地。在目的地重新组合还原成原来发送的数据。这就要 IP 具有分组打包和集合组装的功能。在实际传送过程中，数据报还要能根据所经过网络规定的分组大小来改变数据报的长度，IP 数据报的最大长度可达 65 535 个字节。

IP 数据报在从信源到信宿的传输过程中要穿过多个不同的网络。由于各种物理网络存在着差异，对数据报的最大长度有不同的规定。因此，各个物理网络的最大传输单元(Maximum Transmission Unit，MTU)可能不同。物理网络的 MTU 是由硬件决定的。通常，网络的速度越高，MTU 也就越大。IPv4 和 IPv6 对数据报的封装有不同策略。

(2) IP 地址

因特网是全世界范围内的计算机联为一体而构成的通信网络的总称。为了在因特网中识别不同的计算机，需要给计算机指定一个编号，这个编号就是“IP 地址”。根据 TCP/IP 协议规定，IP 地址是由 32 位二进制数组成，而且在因特网范围内是唯一的。例如，某台因特网上的计算机的 IP 地址为：

11001010 01001001 10001110 00000110

很明显，这些数字对于人来说不太好记忆。人们为了方便记忆，就将组成计算机的 IP 地址的 32 位二进制分成四段，每段 8 位，中间用小数点隔开，然后将每八位二进制转换成十进制数，这样上述计算机的 IP 地址就变成了：202.73.142.6。

在日常生活中，电话号码前面的号码表示国家、地区，后面的号码用来区分某一地区的电话，例如一个电话号码为 025-8678234，这个号码中的前三位表示该电话是属于南京的，后面的数字表示具体的某个电话号码。

与此类似，IP 地址也分为两部分，分别为网络标识和主机标识。同一个物理网络上的所有主机都用同一个网络标识，为网络标识，用以标明具体的网络段；另一部分用以标明具体的节点，即主机标识，也就是说某个网络中的特定的计算机编号。

32 位二进制地址是传统的 IPv4 地址，但 32 位地址资源有限，已经不能满足用户的需求了，因此 Internet 研究组织已经发布新的主机标识方法，即 IPv6。RFC1884 建议使用 128 位二进制地址，称为 IPv6，IPv6 地址的 128 位(16 个字节)写成 8 个 16 位的无符号整数，每组十六进制数靠左边的多个连续的零可以省略不写，但是全零的十六进制组需要用一个零来代表。地址中连续的全 0 域用一对冒号“::”来代替这些数，之间用冒号(:)分开，例如：3ffe:3201:1401:1280:c8ff:fe4d:db39。IPv6 中路由和寻址功能得到扩充、标题格式得到简化、选项支持得到加强、保密安全功能得到增强等。以 IPv4 为主的因特网应用正逐步朝向 IPv6 融合。

2.1.4　传输层协议

因特网的传输层协议有 TCP 和 UDP 两种。TCP 是面向连接的可靠传输协议。由 TCP 建立的连接叫作虚连接(Virtual Connection),这是因为它们是由软件实现的,底层的 Internet 系统并不对连接提供硬件或软件支持,只是两台机器上的 TCP 软件模块通过交换消息来实现逻辑上的连接。在一个虚连接的每一端都要有 TCP 应用程序,但中间的路由器不需要。在该协议机制中,计算机开始实际数据传输前,首先建立起一个连接。TCP 是面向流的协议。它允许发送进程以字节流的形式来传递数据,而接收进程把数据作为字节流来接收。TCP 把一个连接中发送和接收的所有数据字节都编上号。每一个方向的编号相互独立。TCP 通信是全双工的。每一方都同时发送数据和接收数据,使用确认号对它已经收到的字节表示确认。这个确认号定义了这一方期望接收的下一个字节的编号。TCP 把 IP 看作一种允许一台主机上的 TCP 应用程序和一台远程主机上的 TCP 应用程序进行消息交换的机制。从 TCP 的角度来看,整个 Internet 是一个通信系统,这个系统能够接收和传递消息而不会改变和干预消息的内容。

TCP 提供可靠的传输功能,必须能够恢复被破坏、丢失、重复或者不按顺序传送的数据。对于被破坏的数据,TCP 利用在所传送的每个数据报中包含一个校验和来处理被破坏的数据,接收主机检查校验和,并丢弃任何被破坏的段;对于丢失的数据,TCP 通过 ACK 机制保证丢失的数据会被重发;目的节点用序列编号正确排列在传送时可能打乱了顺序的数据段,并消除重复问题。TCP 还提供了流量控制功能,能够根据丢包的情况调整发送数据的速度。

UDP 是无连接的不可靠传输协议。UDP 发送的每一个用户数据报都是独立的数据报,不进行编号,可以经过不同的路径。当进程有报文要通过 UDP 发送时,它将此报文连同套接字地址以及数据长度传递给 UDP。UDP 收到数据后加上 UDP 首部,然后将 UDP 数据报传递给 IP。IP 加上自己首部,指出这个数据是从 UDP 协议来的。这个 IP 数据报再传递给数据链路层。链路层收到 IP 数据报后,加上自己的首部,传递给物理层。物理层将这些比特编码为电信号或光信号将其发送到远程机器上。在使用 UDP 进行网络传输的过程中,UDP 只负责数据传输,仅通过端口号指明发送程序端口和接收程序端口,不保证数据报一定到达目的主机。

2.1.5 应用层协议

从功能上看，传输层及其以下层是网络通信的基础，保证分组报文的可靠传输。应用层则面向用户提供服务，定义了标识网络上物理的和抽象的资源的符号名称，在用户和传输层之间构建起桥梁。

网络协议在设计时，不仅要考虑到功能的实现，还要考虑不同的应用有不同的性能需求。就丢包率和延迟而言，一些应用，如实时音频应用能容忍一定程度的数据丢失，但是对传输延迟抖动的要求较高；另一些应用，如文件传输、远程登录需要100%可靠的数据传输，不能容忍丢包，但是对网络延迟的要求并不高。就网络带宽而言，一些应用如多媒体应用必须要达到所需带宽，而另外一些弹性应用，对即时带宽的要求不严格，可充分利用空闲时的网络带宽。

如前所述的分层结构，数据发送时，应用层的数据将发送给传输层，数据接收时，应用层软件也是从传输层得到数据。每一个应用层协议一般都会使用到两个传输层协议之一：面向连接的 TCP 和无连接的包传输协议 UDP。具体使用哪种传输协议，则是根据网络应用的特性进行选择。

TCP 传输提供的是面向连接的服务，在客户机程序和服务器程序之间建立一个连接。通过这个连接进行可靠的数据发送和接收，并同时提供流量控制功能，使得数据发送方不会发送过快。UDP 传输服务没有连接，是不可靠的数据传输，没有提供可靠性、流量控制、拥塞控制和带宽保证，但是由于没有 TCP 中的连接建立、拥塞控制等机制，在不丢包的情况下，相同带宽条件下可以提供比 TCP 更快的传输效率。

各种应用对性能的需求不同，会采用不同的传输协议。如文件传输、电子邮件、Web 应用使用的是 TCP，视频/音频有 TCP，也有 UDP。域名系统使用 UDP 进行域名服务，但是在需要进行大数据量的区域传输时，使用的是 TCP。使用哪种传输协议，不同的应用协议有不同的选择，同一种应用中，也常常存在根据不同的情况分别使用这两种传输协议的情况。对于流媒体应用来说，既有使用 UDP，也有使用 TCP 的。

2.1.6 流媒体应用协议

在流媒体应用中，常用的流媒体传输应用协议主要有 RTSP/RTP 协议族和 HTTP 协议。

RTSP/RTP 协议族是实时流媒体协议族。它实际上由一组工作在 IETF 中标准化的协议所组成，包括 RTSP(Real Time Streaming Protocol，实时流媒体会话协议)，SDP(Session Description Protocol，会话描述协议)，RTP(Real-Time Transport Protocol，实时传输协议)，RTCP(Real-Time Transport

Control Protocol,实时传输控制协议)等,这些共同协作来构成一个流媒体协议栈。基于该协议栈的扩展被 ISMA(互联网流媒体联盟)和 3GPP(第三代合作伙伴计划)等组织采纳成为互联网和移动互联网的流媒体标准。

RTSP 是由 Real network 和 Netscape 共同提出的如何有效地在 IP 网络上传输流媒体数据的应用层协议。RTSP 是用来建立和控制一个或多个时间同步的连续音视频媒体流的会话协议。通过在客户机和服务器之间传递 RTSP 会话命令,可以完成诸如请求播放、开始、暂停、查找、快进和快退等 VCR 控制操作。虽然 RTSP 会话通常承载于可靠的 TCP 连接之上,但也可以使用 UDP 等无连接协议来传送 RTSP 会话命令。

SDP 协议用来描述多媒体会话。SDP 协议的主要作用在于公告一个多媒体会话中所有媒体流的相关描述信息,以使得接收者能够感知这些描述信息并根据这些描述参与到这个会话中来。

RTP 是针对 Internet 上多媒体数据流的一个传输协议,由 IETF (RFC1889)发布。RTP 被定义为在一对一或一对多的传输情况下工作,其目的是提供时间信息和实现流同步。RTP 的典型应用建立在 UDP 上,但也可以在 TCP 或 ATM 等其他协议之上工作。RTP 本身只保证实时数据的传输,并不能为按顺序传送数据包提供可靠的传送机制,也不提供流量控制或拥塞控制,它依靠 RTCP 提供这些服务。

RTCP 是 RTP 的控制协议,RTCP 负责管理传输质量,在当前应用进程之间交换控制信息。在 RTP 会话期间,各参与者周期性地传送 RTCP 包,包中含有已发送的数据包的数量、丢失的数据包的数量等统计资料。因此,服务器可以利用这些信息动态地改变传输速率,甚至改变有效载荷类型。RTP 和 RTCP 配合使用,能以有效的反馈和最小的开销使传输效率最佳化,故特别适合传送网上的实时数据。

当一个 RTP 会话被打开时,一个 RTCP 会话也被隐形地打开。当一个 UDP 端口号被分配给一个 TRP 会话用来传递媒体分组时,一个独立的端口号被分配给 RTCP 会话。一个 RTP 端口号一般是偶数的,相应的 RTCP 端口号是相邻的下一个奇数。RTP 和 RTCP 可以使用介于 1 025 和 65 535 之间的任何 UDP 端口对,但是,在端口号没有被显式分配的情况下,端口 5 004 和 5 005 将分配为缺省端口。

RTSP/RTP 流媒体协议栈的使用需要专门的流媒体服务器进行参与。在流媒体播放过程中,媒体数据是以与压缩的音视频媒体码率相匹配的速率发送的。在整个媒体递送过程中,服务器与客户端紧密联系,并能够对来自客户端的反馈信息做出响应。因此使用这套协议传输流媒体需要有专门的系统。

基于 HTTP 的流媒体传输技术由于不需要特定的服务器,HTTP 服务器部署方便适用范围广，是近年因特网流媒体传输的主要技术，本书的研究也是针对这一技术展开的，下文将对此展开进行重点介绍。

2.2　基于 HTTP 的流媒体传输技术

基于 HTTP 的流媒体传输技术根据传输模式的不同，又可以分为 HPD 视频传输技术、DASH 视频传输技术和 HLS 视频传输技术。

2.2.1　HPD 视频传输技术

HPD 的全称为 HTTP Progressive Download，是一种基于 HTTP 连接的渐进式视频下载技术[1]。用户进行在线视频点播时，需要从视频服务器下载视频文件，并使用本地播放器进行视频播放。

用传统方法下载文件时，必须将整个文件复制到本地设备上才能播放。而渐进式下载视频文件却不必如此，客户端只需要向视频服务器发送视频文件请求以及视频文件的字节范围值，就可以完成视频文件的分段式下载。在开始播放之前，等待一段较短的时间用于下载和缓冲该媒体文件最前面的一部分数据，之后便可以边下载边看。因此，客户端可以在视频文件没有下载完成的情况下播放已经缓存的视频片段，最终实现"边下边播"的功能。

图 2.3 是 HPD 视频下载流程图，客户端向视频服务器请求播放大小为 M 字节的视频文件。客户端依次向视频服务器发送了三次 HTTP 请求，并且每一次请求的视频文件的字节 Range 范围不一样：第一次请求 0 到 x1 字节数据，第二次请求 x1＋1 到 x2 字节数据，第三次请求 x2＋1 到 M－1 字节数据。视频服务器一共向客户端按序发送了三个视频片段分别是 0 到 x1 字节的视频片段、x1＋1 到 x2 字节的视频片段以及 x2＋1 到 M－1 字节的视频片段。

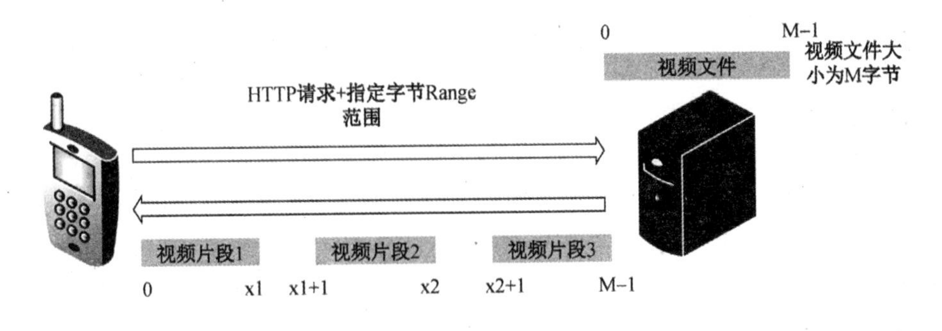

图 2.3　HPD 视频下载流程图

在这种模式下,HPD不考虑当前所播放视频的码率、分辨率、缓冲可播放时长等参数,客户端以自己以及 Web 服务器和网络所能允许的最大速度尽可能快地从服务器请求数据。只有满足特定封装条件的媒体文件格式才支持这种类型的渐进下载播放,例如用于初始化解码器的编码参数必须放置在媒体文件的起始部位,音视频数据完全按照顺序混合在一起传输。

HPD视频传输技术不考虑视频本身的属性以及客户端网络状况,以最大速率传输视频文件到客户端。这种视频传输方式简单直接,对带宽利用率较高,但是也有着一些弊端:(1)资源浪费。由于 HPD 视频下载方式不考虑客户端状态,因此当用户中断视频观看或跳转进度时会造成之前缓存视频的浪费。(2)缺乏视频保护。由于缓冲的视频文件临时存储在客户端本地,容易被复制盗版。(3)缺乏自适应播放机制。由于 HPD 视频下载方式不考虑客户端状态,因此不会根据用户网络情况来切换视频资源码率。

目前主流的终端播放器均支持渐进式下载的功能,如 Adobe 的 Flash、微软的 Silverlight 以及 Windows Media Player。终端播放器可以在整个媒体文件被下载完成之前即可开始媒体的播放,如果客户端及服务端都支持 HTTP1.1,终端还可从没下载完成的部分中任意选取一个时间点开始播放。HTTP 渐进式下载尤其显著的优点在于它仅需要维护一个标准的 Web 服务器。目前,主流的视频网站都支持 HTTP 渐进式下载的方式来实现流媒体的分发,如 YouTube、优酷网、搜狐视频等。作为最简单和原始的流媒体解决方案,HPD也有缺点和不足:浪费带宽,缺乏文件内容保护机制;下载后的文件缓存在客户端硬盘的临时目录中,容易被别有用心的用户利用;缺乏灵活的自适应调节机制。

2.2.2 DASH视频传输技术

DASH 的全称为 Dynamic Adaptive Streaming over HTTP,是一种基于 HTTP 的动态自适应码率视频传输技术[2-3]。如图 2.4 所示,DASH 架构中主要包含三个内容:视频内容准备模块、服务器模块和 DASH 客户端。视频内容准备模块主要是将视频内容按照不同码率水平进行编码切片并生成 MPD 文件;服务器模块主要是视频服务器和 HTTP 服务器,负责视频内容的存储和分发;DASH 客户端的功能主要是对 MPD 文件解析以及视频内容请求和播放。

图 2.5 是 DASH 视频内容传输流程。首先在视频服务器中部署同一个视频的不同码率水平的视频片段组以及 MPD 文件。当用户请求播放视频时,将 MPD 文件传输给 DASH 客户端。客户端的 MPD 解析模块对 MPD 文件进行解析后获取到该视频拥有的几种码率水平视频资源的请求地址,然后根据自身网络状况向视频服务器请求特定码率水平的视频片段。视频播放的同时,

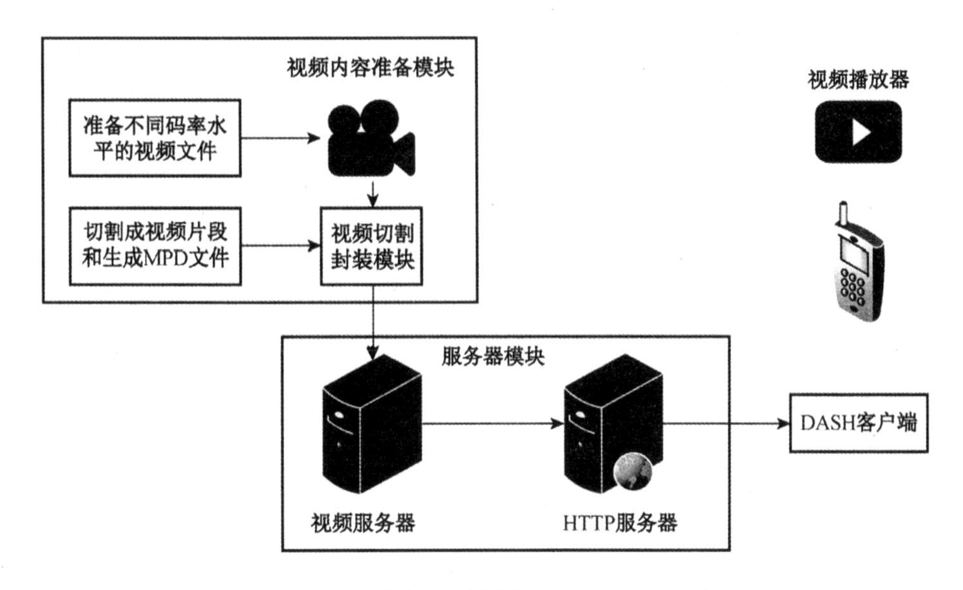

图 2.4 DASH 架构

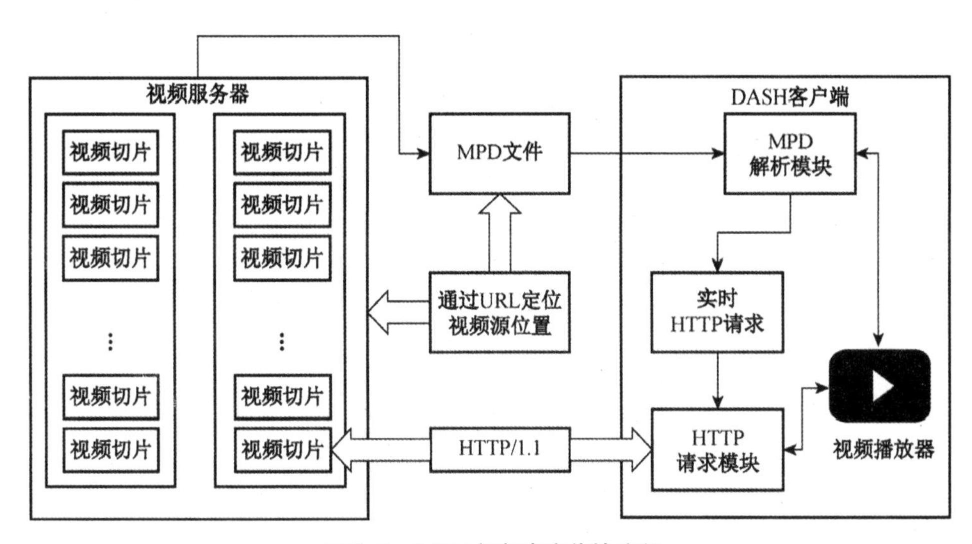

图 2.5 DASH 视频内容传输流程

DASH 客户端可以根据自身网络状况请求不同码率水平的视频片段，最终实现自适应码率播放。

MPEG-DASH 媒体描述文件(MPD 文件)是一种目录文件，是一个包含了流媒体片段信息的 XML 结构的文档(图 2.6)，记录着视频片段组的码率水平信息、视频资源地址信息、分片关系，自适应带宽等客户端需要的信息。DASH 客户端通过分析 MPD 文件可以获知视频的预置的视频资源的码率水平，并选择适合自身网络状况的视频资源，根据 MPD 文件中记录的视频片段的 URL 链接来建立 HTTP 请求，最终实现视频片段的下载。


```
<MPD xmlns:xsi="http://www.w3.org/2001/XMLSchema-instance" xmlns="urn:mpeg:DASH:schema:MPD:2011" xmlns:yt="http://youtube.com/
xsi:schemaLocation="urn:mpeg:DASH:schema:MPD:2011 DASH-MPD.xsd" minBufferTime="PT1.500S" profiles="urn:mpeg:dash:profile:isoff
type="static" mediaPresentationDuration="PT1418.088S">
 ▼<Period>
   ▼<AdaptationSet mimeType="audio/mp4" subsegmentAlignment="true">
     <Role schemeIdUri="urn:mpeg:DASH:role:2011" value="main"/>
    ▼<Representation id="140" codecs="mp4a.40.2" audioSamplingRate="44100" startWithSAP="1" bandwidth="129192">
       <AudioChannelConfiguration schemeIdUri="urn:mpeg:dash:23003:3:audio_channel_configuration:2011" value="2"/>
     ▼<BaseURL yt:contentLength="22522737">
        http://r17---sn-nwj7knes.googlevideo.com/videoplayback?id=3b7f6ec362cae924&itag=140&source=youtube&mn=sn-
        nwj7knes&mm=31&pl=18&mv=m&nh=IgpwcjAxLnBhbzAzKgkxMjcuMC4wLjE&ms=au&ratebypass=yes&mime=audio/mp4&gir=yes&clen=225227:
       </BaseURL>
     ▶<SegmentBase indexRange="592-2327" indexRangeExact="true">...</SegmentBase>
     </Representation>
   </AdaptationSet>
  ▶<AdaptationSet mimeType="audio/webm" subsegmentAlignment="true">...</AdaptationSet>
  ▶<AdaptationSet mimeType="video/mp4" subsegmentAlignment="true">...</AdaptationSet>
  ▶<AdaptationSet mimeType="video/webm" subsegmentAlignment="true">...</AdaptationSet>
 </Period>
</MPD>
```


图 2.6 DASHMPD 文件

2.2.3 HLS 视频传输技术

HLS 的全称为 HTTP Live Streaming，是 Apple 公司开发的流媒体传输协议[4-5]。HLS 可实现流媒体的直播和点播，主要应用在 iOS 系统，为 iOS 设备(如 iPhone、iPad)提供音视频直播和点播方案，后来在支持 HTML5 的浏览器(例如 Safari)以及 Android 包括 Adobe Flash Player 中也得到了支持。HLS 点播，基本上就是常见的分段 HTTP 点播，不同在于它的分段非常小。要实现 HLS 视频点播，重点在于对视频文件分段和视频文件的索引。

图 2.7 是 HLS 架构图。HLS 将媒体文件打包成由 TS 文件和 m3u8 manifest(苹果公司将这个文件称为 playlist，Adobe 公司将其称为 manifest)组成的 MPEGTS 数据流，视频源服务器负责将视频内容进行编码和封装以及切割成视频片段，生成视频片段组(TS 文件格式)和目录文件(m3u8 格式)。

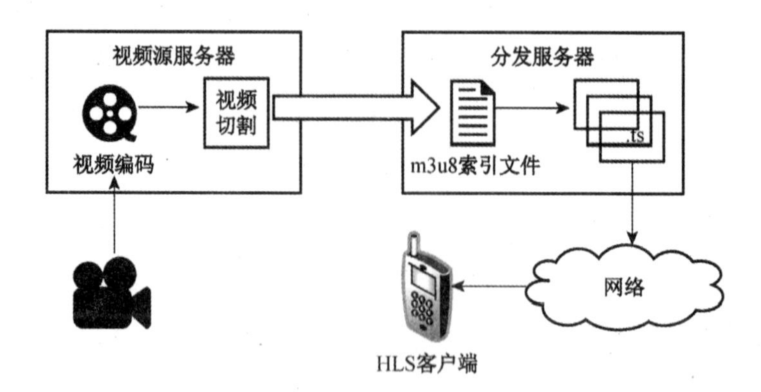

图 2.7 HLS 架构

以 YouTube 视频为例子，用户在苹果设备上使用 YouTube App 观看视频时，YouTube 播放应用会请求 m3u8 播放列表，视频服务器将 m3u8 传送给用户之后，分发服务器将目录文件发送给 HLS 客户端，HLS 客户端解析目录文件，获取到视频片段的 URL 地址并生成 HTTP 请求，最终实现视频片段的下载和播放。HLS 视频流可以在原生 iOS 视频播放器内播放，也可以嵌入到 HTML5 视频标签的网页中播放。

目录文件通常是分为一级目录和二级目录。一级目录记录着不同码率视频片段组的目录文件的 URL 地址，二级目录记录着特定码率视频片段组中每个视频片段的 URL 地址。HLS 客户端通过分析一级目录，选择适合自身网络状况的视频分片组的目录文件的 URL 地址。获取到对应二级目录后，再按照顺序请求并播放视频片段，最终完成自适应码率视频播放。

2.2.4 技术比较

HPD、DASH 和 HLS 都是基于 HTTP 的流媒体传输技术。与传统的流媒体传输技术相比，这三种技术的数据下载并非真正的“流”式传输，而是采用了类似文件下载的技术。因为充分利用了 HTTP 服务器部署简单和带宽要求不高等特点，在丢包的时候会使用 TCP 重传技术，这种技术在低速网络下具备更多优势。DASH 和 HLS 克服了 HPD 无法自适应播放的缺点，成了目前国外主流的在线视频点播技术。HLS 在 iOS 终端大量有着应用，有着广泛的用户基础。DASH 作为近年来新兴的自适应流媒体传输协议，已经成为流媒体点播技术行业标准。表 2.1 是这三种基于 HTTP 的流媒体传输技术的特点对比。

表 2.1 基于 HTTP 的流媒体传输技术的性能对比

流媒体传输技术	HPD	DASH	HLS
传输协议	HTTP	HTTP	HTTP
媒体格式	MP4/FLV	MPEG-TS	MP4/3GP
建议切片时间	不切片或切片很大	灵活切片	10 秒
播放模式	固定分辨率	自适应分辨率	自适应分辨率
服务器端文件类型	视频文件	视频切片和目录	视频切片和目录

总体上，使用 HLS 和 DASH 协议的视频，由于视频数据被切片，其初始缓冲下载阶段缓冲的数据量较小；但是使用 HPD 协议的视频，其初始缓冲下载阶段缓冲的数据量较大，在正式开始播放之前的缓冲，应使得后续即使在网络轻微拥塞情况下，媒体数据也能够得以不间断地连续播放，但是，如果初始缓冲数

据量过大，会浪费用户的流量，也会增加数据分发的成本。

2.3 流媒体传输协议效率研究

在移动互联网中，用户需要为流量支付费用，而对服务商来说，有限的带宽资源如何充分利用也是一个技术难题。因此有必要分析流媒体传输的效率。

自适应流媒体服务可以根据用户的网络环境进行自适应切换。一个视频服务对一个视频有多种比特率的编码。视频文件被切成小块，然后根据 HTTP 协议按顺序流给客户端。当视频播放器播放时，网络中的可用带宽和客户端设备的处理器能力会被考虑进去，为了给用户提供高质量的服务感受，有可能在播放过程中调整发送给用户的分辨率分段，如果网络带宽和终端设备条件较好，会切换成高分辨率的视频分段，如果发现网络拥塞或者终端设备处理能力低下导致用户播放发生卡顿，就会切换成低分辨率的视频分段。这种速率自适应机制会导致字节的浪费。例如，当视频播放器在下载一个视频时改变分辨率，有些分段会重复下载，之前被下载的就浪费了。

另外一种更常见的现象是，用户在打开播放窗口后放弃视频播放。不管视频的文件格式和视频的大小，视频服务器将请求的视频内容推送给客户端。视频内容将首先被缓存在本地设备来播放。客户端必须等待直到缓冲区有足够的可播放内容才会开始播放。无论客户端暂停或不暂停请求播放的视频，视频内容提供商都会继续将请求的视频内容推送给客户端。如果客户端选择在一个视频结束前退出它，那么下载的视频内容的一部分并没有被播放，这也是被浪费的传输内容。

为了尽量减少传输内容的浪费，视频服务商必须基于 HTTP 的传输技术进行一些优化，但是这些优化需要技术上的投入成本和服务商的技术实力关系很大。已有一些研究对视频应用这方面的特征进行了研究。由于 YouTube 是目前国际上最大的视频应用服务商，很多应用都是针对 YouTube 展开的。

Gill 等人[6]分析了校园网用户使用 YouTube 的使用模式、视频文件属性(文件大小，视频长度，比特率，请求率，视频存在时间，视频评分)，文件流行度等特征，并给出了对视频分享应用与传统 Web 应用的比较。

Zink 等人[7]收集和分析了校园网用户使用 YouTube 流量数据，分析了内容流行度和人群属性的相关性，也给出了使用 P2P、本地缓存、代理缓存可减少网络传输流量的结论。

Huang 等人[8]分析了流行的基于 HTTP 协议的视频流媒体服务(Hulu、Netflix，VUDU)进行数据传输的速率选择，不正确的可用带宽估计会给传输带来负面影响。

Finamore 等人[9]专注于分析在有线网络和 WiFi 网络上的移动设备访问时，网络流量模式之间的差异。他们发现，在不同的用户位置，不同的访问技术和不同的终端设备下，用户的访问模式是相似的。与此同时，用户在观看视频过程中终止播放也非常常见，60%的视频被播放的时间少于视频长度的20%。为了给用户观看带来较好的用户感受，视频在播放时都需要进行缓冲，对于 PC 用户，由于用户终止播放带来的 25%～39%的数据是浪费的(没有播放)，对于移动用户，由于终端设备资源更为匮乏，使得类似的数据传输浪费更严重。

Hoque 等人[10]研究了从六种智能手机分别在 WiFi 和 3G 移动环境下访问 YouTube 和 Vimeo，Dailymotion 三个视频应用服务的流量和能量耗费。分析结果确定了五种不同的视频流媒体技术，发现具体采用哪种技术取决于终端设备、播放器、网络和服务等多种因素。不同设备和服务会导致不同的能量耗费，而视频质量取决于使用的流媒体技术。

Liu 等人[11]比较了 Android 和 iOS 移动设备的 YouTube 视频流服务。基于服务器端采集的数据，他们发现，在播放相同的视频时，由于使用不同的传输技术，iOS 的 YouTube 视频播放器比 Android 的视频播放器下载更多冗余的视频数据。在客户端的进一步研究结果表明，不同的数据请求方式(标准 HTTP 请求/HTTP 特定范围请求)，不同的缓存管理方式(静态/动态)会是导致上述数据量差别的原因。

在参考文献[12]中，作者通过在移动设备(iOS 和 Android)上基于不同的网络条件(WiFi、3G 和 LTE)观看的视频 YouTube 和 Netflix 的视频，探讨和分析了两个最流行的基于 HTTP 的流媒体视频服务(YouTube 和 Netflix)在不同无线网络(WiFi、3G 和 LTE)下，在移动设备上观看的视频(iOS 和 Android)的视频流量行为。测量结果表明，当通过 HTTP 分发一个视频到客户端，有一部分数据内容被丢弃而不是被存储在视频播放缓冲区。这是因为在一些情况下，发生 TCP 连接终止，又建立了新的 TCP 连接传输数据，在这种情况下，通过终止的 TCP 到达客户端的视频数据包会被丢弃。测量结果表明，视频数据包的损失可能会超过 35%。它会导致消费者额外的移动数据费用支付和滥用有限的网络资源。

2.4 优酷视频应用传输效能研究

优酷视频为国内较早的视频网站，拥有较多的用户群。本节以优酷视频作为研究对象，通过分析不同平台上的优酷客户端的视频播放过程中的相关数据量，对视频传输的效能进行研究。

2.4.1 数据采集

本实验目的是提取并分析优酷手机客户端在采用不同的操作系统的手机上的视频传输的传输效率。数据采集过程中，使用 360WiFi 在 PC 机上提供网络热点，测试手机通过 360WiFi 连接因特网，在手机上进行视频点播时在 PC 机上使用 Wireshark 抓包。测试智能机型号及性能参数如表 2.2 所示。

表 2.2 测试智能机型号及性能参数

设备	CPU 频率	分辨率	内存
iPhone 6s	1.8 GHz	1 334×750	2 G
Oppo u705t	1.0 GHz	960×540	1 G

在优酷视频中选取相同长度(4.01 min)的视频。利用 360WiFi 实现对网络的限速。根据以下的规则对两个手机上的优酷客户端观看视频时产生流量进行网络抓包。

- 观看高清视频时，分别抓取视频在限速 100 kB/s 和60 kB/s的完整视频包；
- 观看标清视频时，分别抓取视频在限速 100 kB/s 和 60 kB/s 的完整视频包；
- 观看标清视频时，分别抓取视频在播放一分钟、两分钟、三分钟后关闭的视频包。

2.4.2 数据分析方法

为了获得研究视频传输的效能，首先要给出评价传输效能的测度定义。本研究过程中，使用有效数据量占比作为传输效能的测度。视频在传输过程中，由于网速或者手机缓存的问题，会出现重传的问题以及其他下载冗余数据的问题，这些问题会导致视频实际在传输过程中传输的数据量多于其固有的大小。我们定义视频在传输过程中的实际的视频传输量为实际传输数据量，定义视频固有的大小为有效传输数据量，有效数据量占比为二者之比，即：

$$\text{有效数据量占比} = \text{有效传输数据量} / \text{实际传输数据量}$$

使用过程中采用直接下载视频的方式获得视频的固有大小，这被定义为有效传输数据量。表 2.3 为实验中的 3 个代表视频的有效数据量。

表 2.3 不同清晰度视频的有效传输数据量

清晰度	视频一的有效传输数据量(kB)	视频二的有效传输数据量(kB)	视频三的有效传输数据量(kB)
标清	8 456	8 461	8 478
高清	16 243	16 219	16 254

实际传输数据量通过对采集的报文 trace 进行组流分析，将一次视频观看中下载的所有报文载荷长度进行累加获得。

2.4.3 不同限速情况下传输效能

本次研究分析不同限速情况下的视频的传输效能，一方面是为了比较不同的操作系统平台是否对有效数据占比有影响，另一方面是为了比较不同的网络限速对有效数据量占比的影响。

观看高清视频时，分别限速 100 kB/s 以及 60 kB/s 所得到的实际视频传输数据量如表 2.4 所示。

表 2.4 观看高清视频时不同限速的实际传输数据量

限速	视频一的实际数据传输量(kB)		视频二的实际数据传输量(kB)		视频三的实际数据传输量(kB)	
终端平台	iOS	Android	iOS	Android	iOS	Android
100 kB/s	16 326	16 647	16 281	16 288	16 338	16 386
60 kB/s	17 560	30 360	16 389	22 549	16 352	20 965

观看标清视频时，分别限速 100 kB/s 以及 60 kB/s 所得到的实际视频传输数据量结果如表 2.5 所示。

表 2.5 观看标清视频时不同限速的实际传输数据量

限速	视频一的实际数据传输量(kB)		视频二的实际数据传输量(kB)		视频三的实际数据传输量(kB)	
设备选择	iOS	Android	iOS	Android	iOS	Android
100 kB/s	8 501	8 519	8 489	8 542	8 533	8 594
60 kB/s	8 487	8 498	8 566	8 796	8 664	9 269

观看高清视频时的视频有效数据量占比如图 2.8 及图 2.9 所示。

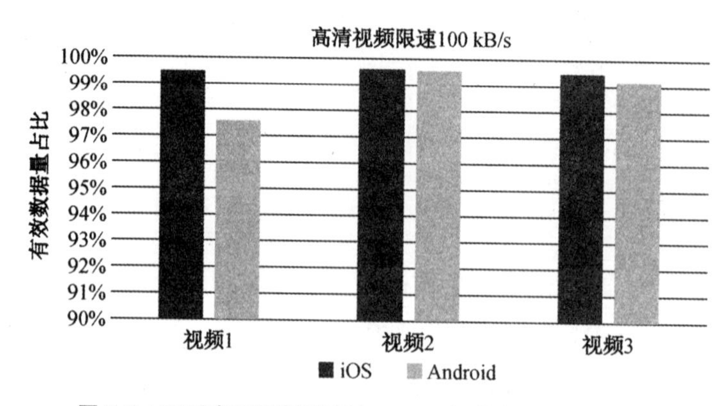

图 2.8　观看高清视频时限速 100 kB/s 的有效数据量占比

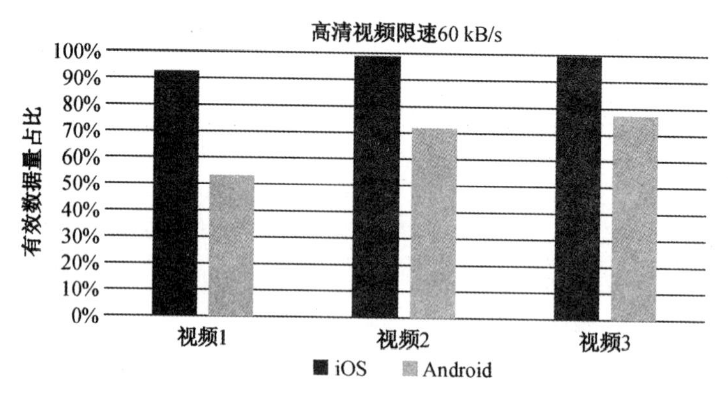

图 2.9　观看高清视频时限速 60 kB/s 的有效数据量占比

由图 2.8 及图 2.9 可见，观看高清视频时，iOS 平台下限速 100 kB/s 和 60 kB/s的有效数据量占比均高于 Android 平台，且这个差别在网速越差的情况下越明显。

观看高清视频时，如果网络限速 100 kB/s 时，不论是 Android 还是 iOS，每个视频在播放过程中都会有卡顿，而限速 60 kB/s 时，卡顿更是显著增加。Android 系统每个视频都无法继续播放下去，于是，采取如下策略才使得视频播放完毕：第一个视频在 1.45 min 时切换到 100 kB/s 的网速下播放、第二个视频从 36 s 处切换到 100 kB/s 网速下播放，后又在 2.57 min 切换到不限速播放、第三个视频从一开始就必须切换到 80 kB/s 下播放，后 2.32 min 时切换到 100 kB/s下播放。而 iOS 虽卡顿次数较 100 kB/s 时显著增多，但未出现崩溃现象，可以播放到最后完毕。这一点表明网速对于视频播放的稳定性影响很大，此外优酷的 iOS 播放器对网络环境的适应性强于优酷 Android 播放器。

观看标清视频时的视频有效数据量占比如图 2.10 及图 2.11 所示。

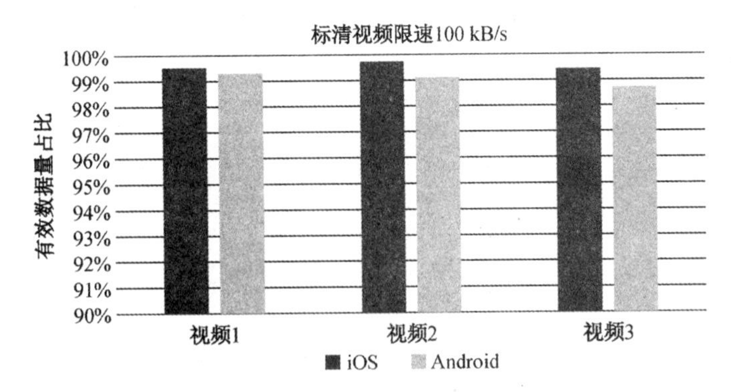

图 2.10　观看标清视频时限速 100 kB/s 的有效数据量占比

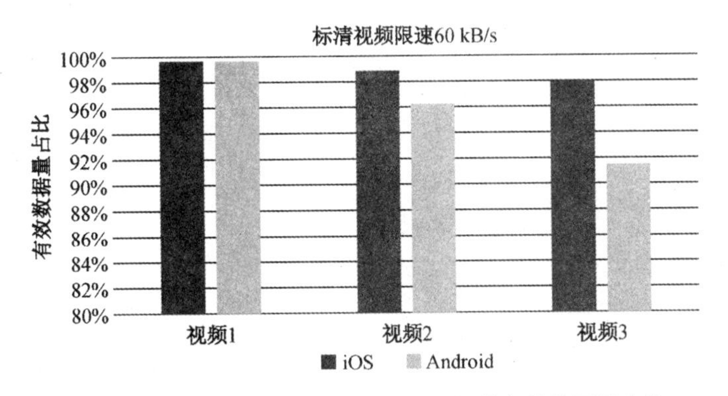

图 2.11　观看标清视频时限速 60 kB/s 的有效数据量占比

由图 2.10 及图 2.11 所示，观看标清视频时，100 kB/s 限速时播放流畅，60 kB/s限速时，Android 系统第一二个视频卡顿程度低于第三个视频，iOS 差别不明显。iOS 的有效数据量占比高于 Android 系统，但随网速变化不明显，差别不大。

iOS 操作系统平台的手机的有效数据量占比如图 2.12 所示。

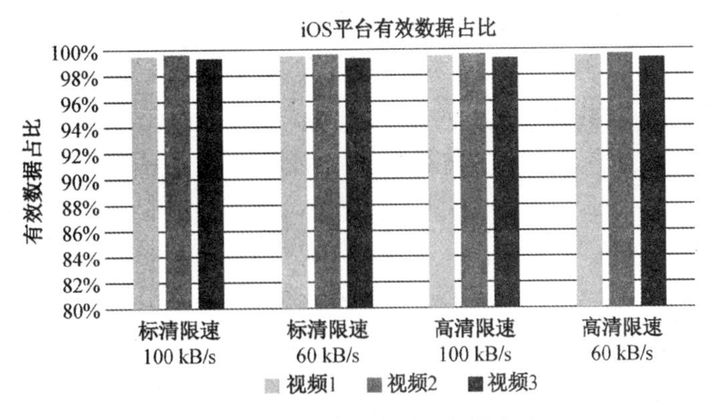

图 2.12　iOS 系统有效数据量占比

Android 操作系统平台的手机的有效数据量占比如图 2.13 所示。

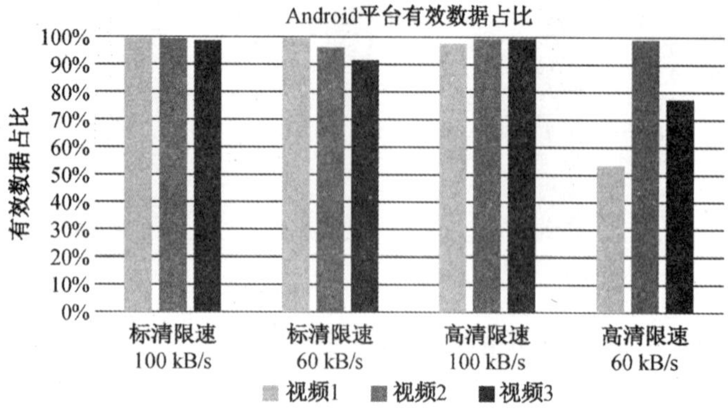

图 2.13　Android 系统有效数据量占比

由图 2.12、图 2.13 可见，观看高清和标清视频时，iOS 的视频传输的有效数据量占比均不同程度的高于 Android 系统，无论是 Android 平台还是 iOS 平台，随着网络限速逐渐变小，有效数据占比都逐步下降。但是在网速满足视频播放需求的时候，这个差别尽管存在但并不明显。在一定程度上，这个结果表明 iOS 的视频数据的实际传输数据量相比于 Android 系统的视频数据的实际传输数据量要稍低些，并且，在网速不好的条件下，这个差别将会愈加明显。可以说，iOS 优酷客户端传输视频的传输效能要高于 Android 系统。当然，随着 App 版本的变化，服务器分发策略的优化，这些特征都会改变。

2.4.4　未完成播放的数据下载效能的分析

由于有相当高比例的用户只在视频播放一小段的时候就停止播放，因此，研究这种情况下实际的数据传输量就十分有必要。

观看标清视频时，分别播放 1 分钟、2 分钟、3 分钟关闭所得到的实际视频传输数据量结果如表 2.6 所示。其实际传输数据量与视频大小之比的柱状图分布如图 2.14、图 2.15、图 2.16 所示。

表 2.6　观看标清视频时不同播放长度的实际传输数据量

限速	视频一的实际传输数据量(kB)		视频二的实际传输数据量(kB)		视频三的实际传输数据量(kB)	
设备选择	iOS	Android	iOS	Android	iOS	Android
1 min	8 482	8 470	8 462	8 261	8 495	8 492
2 min	8 506	8 463	8 467	8 466	8 536	8 486
3 min	8 488	8 488	8 549	8 480	8 510	8 496

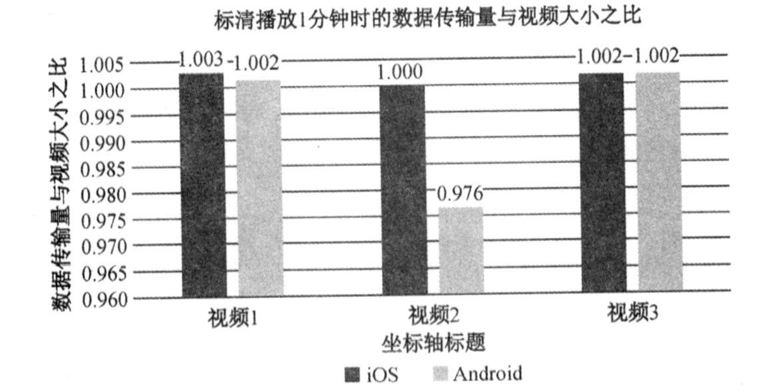

图 2.14 观看标清视频时播放 1 分钟的实际传输数据量与视频大小之比

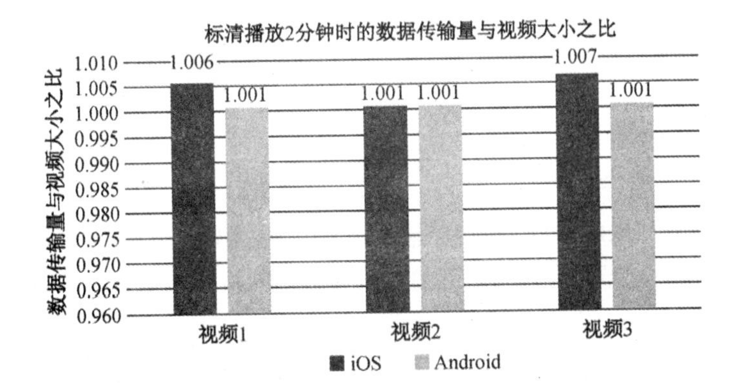

图 2.15 观看标清视频时播放 2 分钟的实际传输数据量与视频大小之比

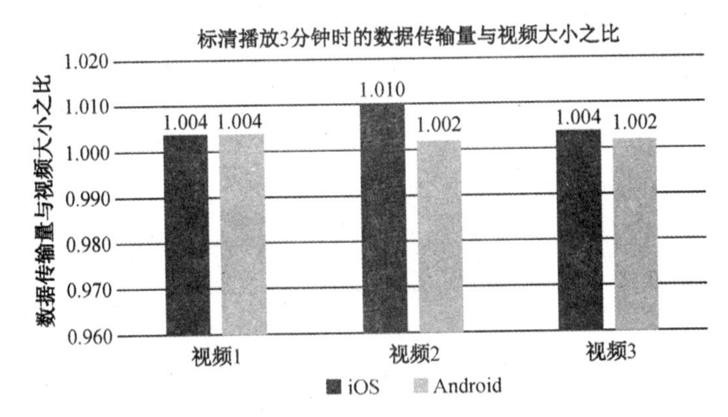

图 2.16 观看标清视频时播放 3 分钟的实际传输数据量与视频大小之比

不论播放几分钟后关闭，也不论是 iOS 还是 Android 系统，在同一网速条件下，且网速良好，视频传输的数据量相差并不大，但 iOS 的数据传输量总体稍稍高于 Android 的数据传输量。

结合表 2.3 给出的有效数据传输量,可以发现,无论用户是看 1 分钟还是 3 分钟,或者将视频看完,数据基本上都全部传输完了,这与本次实验选择的视频时长较短有关。播放器在请求数据传输的时候,完全没有对用户可能中止播放的行为进行传输优化。这种机制虽使得视频播放流畅卡顿少,但却在某种意义上,对用户的流量造成了浪费。用户打开视频后,播放几分钟就失去了兴趣,打算结束观看,而此时视频已经将要传输完成。用户享受到的视频与付出的流量代价不成比例。此外,基于不同的数据分发方式,如果视频流分发是从视频服务器,这种方式会对视频服务商造成巨大的成本浪费,如果视频流分发是使用 P2P 方式,这种方式会浪费其他用户的上行带宽。不论是对用户流量的资费还是视频服务商而言,这种方式都是需要优化的。

iOS 的数据传输量总体和 Android 的数据传输量有差别但差别不大。可知,网速条件良好的情况下,两种移动设备对数据传输的速率相差不多,在这一点上,两种操作系统的手机的差别不大。

2.4.5 不同限速情况下 TCP 流数的变化的分析

在观看流媒体的时候,当网络传输情况很差时,TCP 传输会中断当前的传输重新启动一个 TCP 连接,TCP 流的数目可以反映流的传输情况,因此在此分析不同限速情况下的 TCP 流数变化情况。

观看高清视频时,分别限速 100 kB/s 以及 60 kB/s 所得到的 TCP 流数结果如表 2.7 所示。观看标清视频时,分别限速 100 kB/s 以及 60 kB/s 所得到的 TCP 流数结果如表 2.8 所示。

表 2.7 观看高清视频时不同限速的 TCP 流数

限速	下载视频 1 的 TCP 流数目		下载视频 2 的 TCP 流数目		下载视频 3 的 TCP 流数目	
终端平台	iOS	Android	iOS	Android	iOS	Android
100 kB/s	2	4	2	2	2	2
60 kB/s	11	41	5	50	2	16

表 2.8 看标清视频时不同限速的 TCP 流数

限速	下载视频 1 的 TCP 流数目		下载视频 2 的 TCP 流数目		下载视频 3 的 TCP 流数目	
终端平台	iOS	Android	iOS	Android	iOS	Android
100 kB/s	1	1	1	1	2	2
60 kB/s	1	1	2	4	3	9

观看高清视频其 TCP 流数目柱状图分布如图 2.17、图 2.18 所示。

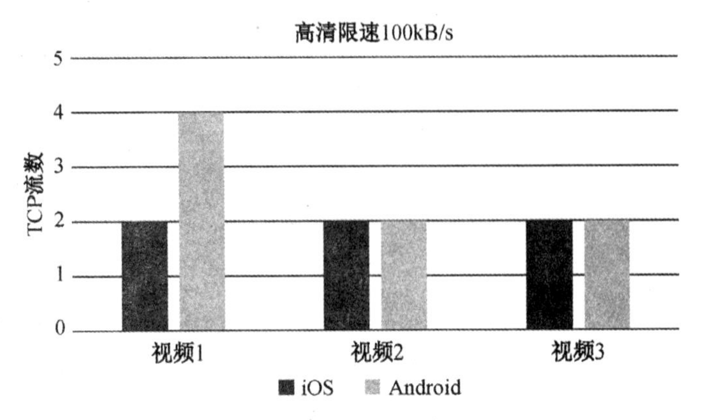

图 2.17　观看高清视频时限速 100 kB/s 的 TCP 流数

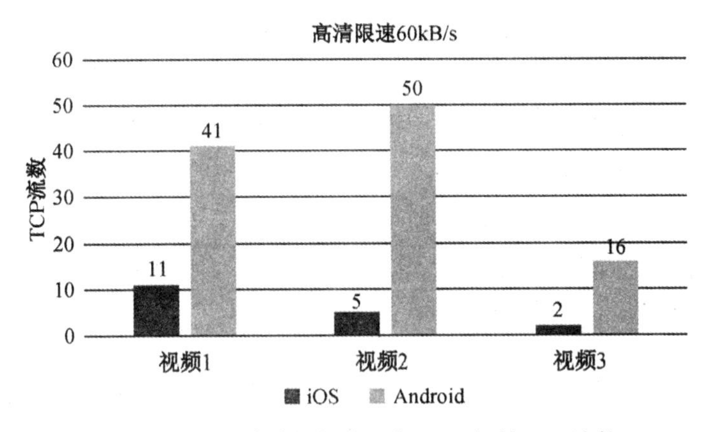

图 2.18　观看高清视频时限速 60 kB/s 的 TCP 流数

在观看高清视频时，不论是 iOS 还是 Android，限速 60 kB/s 时比限速 100 kB/s时的 TCP 流数显著增多，但 Android 的 TCP 流数显著增长的快于 iOS。观看高清视频时，限速 60 kB/s 时，iOS 在播放第一个视频时明显 TCP 流数变多，而后在播放后面其他视频时，TCP 流数逐渐变少，尽管网速仍然不佳，视频仍有明显卡顿。这一结果表明，优酷 iOS App 对于视频在网速不佳的情况下，具有较好的适应性。

在观看标清视频时，网速相对良好时，显示 TCP 流数仅有 1～2 个，而随着网速变差，视频传输的 TCP 流数也相对增多，这个差别随着网速的变差，越来越明显。

在网速良好时，iOS 与 Android 系统的视频传输的 TCP 流数的差异并不大，而随着网速的变差，这个差异越来越明显，同时 TCP 流数都变多，但

Android 系统变多的量会多于 iOS。

不论是 Android 还是 iOS,对于同样的网络条件下,高清由于数据量大,导致网络丢包次数增多,TCP 流中断再传的现象增多,所以 TCP 流的数目增多。

可见,网速与 TCP 流数有着很强的相关性,网速越差的条件下,有效数据量占比越小,而 TCP 流数越多。iOS 与 Android 系统的优酷播放器有一定的差别,但并不明显。

2.4.6 实验结论

本实验旨在通过分析优酷的流传输机制,初步分析了优酷视频点播在不同平台和不同网络环境下的数据传输效率。

本实验主要的研究内容有针对不同清晰度,或不同网速限制下的视频,视频传输的有效数据量占比(即视频的固有大小/视频在传输过程中的实际视频传输数据量)、视频传输过程中建立的 TCP 流数等。

由实验结果可得到以下结论:网速越差,视频传输的有效数据量占比越小,且 Android 低于 iOS 系统,同时 TCP 流数越多,建立的连接的次数多,且 Android 多于 iOS 系统。另一方面,视频播放 1、2、3 分钟时实际传输的数据量相差不大,优酷采用的流媒体技术是 HPD,对于短视频的播放机制是一次性下载完很大一部分的视频数据。

这一结果表明,对优酷来说,在传输效能方面,iOS 系统在一定程度上高于 Android,但差异并不大,二者采用的是相同的传输技术,即 HPD。优酷采用这种机制,虽然技术实现简单,但是在流量传输效能上不够优化。一方面,对用户造成的流量浪费,另一方面,对于视频服务商来说,也会造成成本的浪费。优酷如果能够使用自适应传输机制,采用更为优化的分片传输机制,增加对用户行为的反馈和预测,可以节省用户的流量,也能够在很大程度上减轻了视频服务供应商的成本。

2.5 本章小结

本章主要介绍了因特网协议的基本概念和流媒体传输协议。

流式传输是流媒体实现的关键技术[13],根据原理可以分为顺序流式传输和实时流式传输。而视频点播就属于顺序流式传输范畴,目前常见的顺序流式传输技术有 HPD 视频传输技术、DASH 视频传输技术和 HLS 视频传输技术。本章对这三种常见技术进行了较为详细的介绍。

不同的流媒体传输机制会对用户的观看感受,用户的移动流量付费带来不同的影响,更为重要的是,未经优化的流媒体传输会给视频服务商带来较大的成本浪费，当前我国的视频服务商很少能够在市场盈利，因此使用较好的传输机制对视频服务商具有极大的益处。作为一个实例，本章对优酷视频应用的传输效能进行了研究，指出了存在的问题和可以优化的方向。

参考文献

[1] Pastushok I, Turlikov A. Lower bound and optimal scheduling for mean user rebuffering percentage of HTTP progressive download traffic in cellular networks[C]. Problems of Redundancy in Information and Control Systems (REDUNDANCY), 2016 XV International Symposium. IEEE, 2016: 105-111.

[2] Kua J, Armitage G, Branch P. A Survey of Rate Adaptation Techniques for Dynamic Adaptive Streaming over HTTP [J]. IEEE Communications Surveys & Tutorials, 2017.

[3] Sodagar I. The mpeg-dash standard for multimedia streaming over the internet[J]. IEEE MultiMedia, 2011, 18(4): 62-67.

[4] Fecheyr-Lippens A. A review of http live streaming[J]. Internet Citation, 2010: 1-37.

[5] Tang J C, Kivran-Swaine F, Inkpen K, et al. Perspectives on Live Streaming: Apps, Users, and Research[C]. Companion of the 2017 ACM Conference on Computer Supported Cooperative Work and Social Computing. ACM, 2017: 123-126.

[6] P Gill, M Arlitt, Z Li, et al. YouTube Traffic Characterization: A View From the Edge[C]. Californai: Proceedings of the 7th ACM SIGCOMM conference on Internet measurement, ser. IMC, 2007.

[7] M Zink, K Suh, Y Gu, et al. Watch Global, Cache Local: YouTube Network Traffic at a Campus Network-Measurements and Implications. Computer Science Department Faculty Publication Series. 2008.

[8] T Y Huang, N Handigol, B Heller, et al. Confused, Timid, and Unstable: Picking a Video Streaming Rate is Hard[C]. Boston: Proceedings of the 2012 ACM conference on Internet measurement conference, ser. IMC, 2012.

[9] A Finamore, M Mellia, M M et al. YouTube Everywhere: Impact of Device and Infrastructure Synergies on User Experience[C]. Berlin: Proceedings of the 2011 ACM SIGCOMM conference on Internet measurement conference, ser. IMC, 2011.

[10] M A Hoque, M Siekkinen, J K Nurminen, et al. Investigating Streaming Techniques and Energy Efficiency of Mobile Video Services[R]. Computing Research Repository-arXiv, 2012:1209, 2855.

[11] Liu Y, Li F, Guo L, et al. A comparative study of android and iOS for accessing internet streaming services[C]. International Conference on Passive and Active Network Measurement. Berlin: 2013:104-114.

[12] Nam H, Kim B H, Calin D, et al. A mobile video traffic analysis:Badly designed video clients can waste network bandwidth[R]. Globecom Workshops(GC Wkshps), IEEE, 2013:506-511.

[13] Begen, Ali, Tankut Akgul, et al. Watching video over the web: Part 1:Streaming protocols[J]. IEEE Internet Computing, 2011,15(2): 54-63.

3 国外视频点播技术现状与分析

3.1 研究目的

国外视频点播技术起步较早，服务商也比较多。各家服务商的发展途径和技术架构由于其服务对象、资金条件等各种因素的不同会有区别。目前在因特网上浏览人数最多的视频分享服务网站为 YouTube，因此本章以 YouTube 为分析对象。

YouTube 成立于 2005 年 2 月，由三名前 PayPal 雇员创办，YouTube 创办的原意是为了方便朋友之间分享录视频段，后来逐渐成为网友的回忆存储库和作品发布场所。2006 年夏天时，YouTube 网站开始蓬勃发展，被 Alexa 统计为排名第五的最热门网站，超过当时 MySpace 的成长率。在成立后的短短 15 个月，已经超越同类型的 MSN Video 与 Google Video 等，成为 21 世纪最多人浏览的视频分享网站。2006 年 10 月 9 日，Google 宣布以 16.5 亿美元的股票收购了 YouTube 网站，伴随着一系列的技术改进，至今 YouTube 一直是全球浏览人数最多的视频分享网站。

YouTube 视频质量曾经远不如 RealVideo 与 Windows Media 等在线流技术，随着 YouTube 在视频编码、视频数据分发架构、数据传输等各方面的技术变革，已经可以广泛地支持 1080 P 视频播放，目前 YouTube 在大部分的浏览器上优先使用 WebM 格式播放。2013 年 10 月起 4K 视频改采用自适性流技术。4K 视频只支持 VP9 视频编解码器来播放。2015 年 3 月 14 日，YouTube 宣布其支持 360 度视频的上传与观看。这意味着可以从不同角度观看 YouTube 视频。

YouTube 在视频流媒体相关技术的研究成果一直位居世界领先水平，这一方面固然是由于其庞大的用户需求驱动的，另一方面，高质量的视频播放维护和革新需要庞大的资金支持，在这一点是，YouTube 相对其他的视频服务商具有较大优势。

因此，对 YouTube 的视频点播技术进行研究，可以为我国视频服务的发展提供借鉴。本章从 YouTube 文件格式、传输协议和流量控制三个方面对

YouTube 的技术进行分析。

3.2 YouTube 文件格式

2017 年 3 月至 2017 年 7 月初，使用 fiddler 抓取的明文数据显示，YouTube 的 video 和 audio 均为 MP4 格式，如图 3.1 所示。

3	200	HTTPS	youtubei.googleapis.com	/youtubei/v1/player?key=...	7,694	private	application/x-protobuf	[#4]
4	200	HTTPS	youtubei.googleapis.com	/youtubei/v1/next?key=A...	5,292	private	application/x-protobuf	[#5]
5	302	HTTP	www.baidu.com	?s=onVideoStarted	0	no-cache	text/html;charset=utf-8	[#7]
6	302	HTTP	www.baidu.com	?s=onBuffering1	0	no-cache	text/html;charset=utf-8	[#10]
7	206	HTTPS	r14---sn-n4v7kn7l.googlevideo....	/videoplayback?mt=1493...	696	private...	audio/mp4	[#11]
8	206	HTTPS	r14---sn-n4v7kn7l.googlevideo....	/videoplayback?mt=1493...	877	private...	video/mp4	[#12]
9	206	HTTPS	r14---sn-n4v7kn7l.googlevideo....	/videoplayback?mt=1493...	159,294	private...	audio/mp4	[#13]
10	200	HTTPS	i.ytimg.com	/vi/wKJ9KzGQq0w/hqdefa...	17,432	public, ...	image/jpeg	[#14]
11	206	HTTPS	r14---sn-n4v7kn7l.googlevideo....	/videoplayback?mt=1493...	318,048	private...	video/mp4	[#15]

图 3.1　2017 年 4 月 25 日 fiddler 数据

2	200	HTTPS	youtubei.googleapis.com	/youtubei/v1/next?key=A...	2,240	private	application/x-protobuf	[#3]
3	200	HTTPS	youtubei.googleapis.com	/youtubei/v1/player?key=...	8,193	private	application/x-protobuf	[#4]
4	302	HTTP	www.baidu.com	?s=onVideoStarted	0	no-cache	text/html;charset=utf-8	[#8]
5	302	HTTP	www.baidu.com	?s=onBuffering1	0	no-cache	text/html;charset=utf-8	[#9]
6	200	HTTPS	i.ytimg.com	/vi/wKJ9KzGQq0w/hqdefa...	17,432	public, ...	image/jpeg	[#10]
7	206	HTTPS	r14---sn-n4v7kn7l.googlevideo....	/videoplayback?ei=3b1tW...	696	private...	audio/mp4	[#11]
8	206	HTTPS	r14---sn-n4v7kn7l.googlevideo....	/videoplayback?ei=3b1tW...	423	private...	video/webm	[#12]
9	206	HTTPS	r14---sn-n4v7kn7l.googlevideo....	/videoplayback?ei=3b1tW...	159,294	private...	audio/mp4	[#13]
10	206	HTTPS	r14---sn-n4v7kn7l.googlevideo....	/videoplayback?ei=3b1tW...	462,601	private...	video/webm	[#14]

图 3.2　2017 年 7 月 18 日 fiddler 数据

自 2017 年 7 月 5 日的 fiddler 数据第一次发现 WebM 格式起，YouTube 视频已大量采用 WebM 格式，audio 仍为 MP4 格式，如图 3.2 所示。

本节首先简要介绍 MP4 和 WebM 两种容器格式与 YouTube 传输技术的结合，然后针对 YouTube 文件格式、编码格式上的技术演进做出分析。

3.2.1　MP4

MP4 是一种常见的多媒体容器格式，可以在其中嵌入任何形式的数据，各种编码的 video、audio 都可以，在 YouTube 中常见存放的为 avc1(h264)编码的视频和 aac 编码的音频。

3.2.1.1　MP4 BOX

MP4 是由一个个 box 组成的，大 box 中存放小 box，一级嵌套一级来存放媒体信息，box 的基本结构如图 3.3 所示。

- 标准 box 开头的 4 个字节为 box size，大小包括 box header 和 boxdata；
- 如果 box 很大(例如存放具体视频数据的 mdatbox)，超过了 uint32 的最大数值，size 就被设置为 1，真正的 size 值要在 largesize 字段上得到；
- 如果 size 为 0，表示该 box 为文件的最后一个 box，文件结尾即为该 box 结尾；

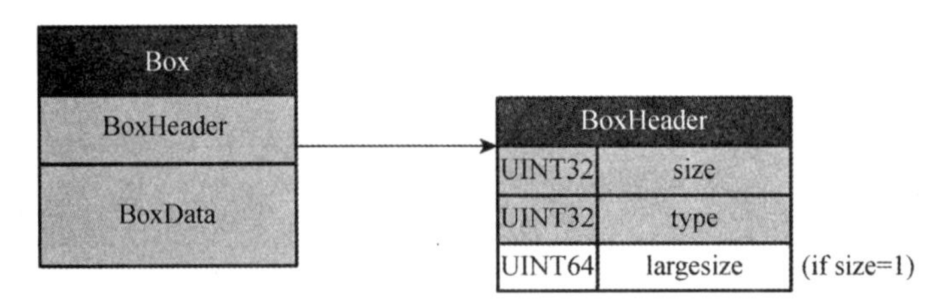

图 3.3 box 的基本结构

● size 后面紧跟的 4 个字节为 box type，一般是 4 个字符，如“ftyp”、“moov”等，这些 box type 都是已经预定义好的，分别表示固定的意义。

3.2.1.2 Fragmented MP4

YouTube 使用 DASH 来传输 MP4 时，以 Fragment 方式组织 box，一个 Fragment 即为一个 DASH 分片，结构如图 3.4 所示，图中只给出了两个 Fragment。

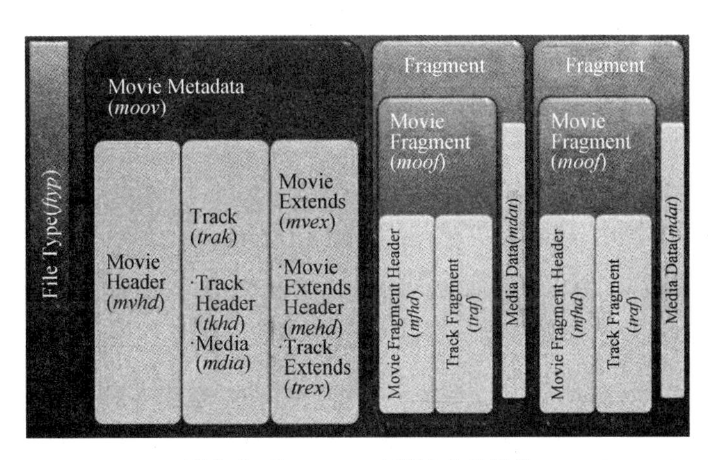

图 3.4 Fragmented MP4 文件结构

在 Fragment MP4 文件中都有三个非常关键的 boxes：

“moov”(movie metadata box)：包含了 file 层的元数据信息，用来描述 file。

“moof”(movie Fragment box)：存放 Fragment 层的元数据信息，用于描述所在的 Fragment，每个 Fragment 都会有一个“moof”。

“mdat”(media data box)：存放媒体数据，每个 Fragment 都会有一个“mdat”。

一个“moof”和一个“mdat”组成一个 Fragment，这个 Fragment 包含一个 video track 或 audio track，并且包含足够的 metadata 以保证这部分数据可以单独解码。Fragment 的结构如图 3.5 所示。

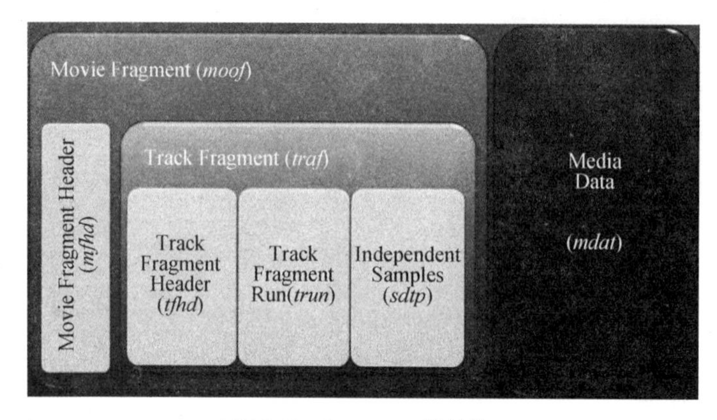

图 3.5　Fragment 的结构

3.2.1.3　DASH 传输中的 MP4

使用 DASH 传输方式时，如图 3.6 所示，第一个 video 和 audio 请求返回的是“ftyp”+“moov”。

```
#   Host                              URL
2   youtubei.googleapis.com           /youtubei/v1/player?key
3   youtubei.googleapis.com           /youtubei/v1/next?key=
4   i.ytimg.com                       /vi_webp/bWyLpquZ4kk/
5   r4---sn-ogueln7k.googlevideo.com  /videoplayback/id/6d6c8b
6   r4---sn-ogueln7k.googlevideo.com  /videoplayback/id/6d6c8
7   r4---sn-ogueln7k.googlevideo.com  /videoplayback/id/6d6c8b
8   r4---sn-ogueln7k.googlevideo.com  /videoplayback/id/6d6c8b
9   r4---sn-ogueln7k.googlevideo.com  /videoplayback/id/6d6c8b
10  www.googleadservices.com          /pagead/conversion/971
11  www.youtube.com                   /ptracking?ptk=youtube_
12  s.youtube.com                     /api/stats/playback?fexp
13  r4---sn-ogueln7k.googlevideo.com  /videoplayback/id/6d6c8b
14  r4---sn-ogueln7k.googlevideo.com  /videoplayback/id/6d6c8b
15  s.youtube.com                     /api/stats/delayplay?fexp
16  r4---sn-ogueln7k.googlevideo.com  /videoplayback/id/6d6c8b
17  r4---sn-ogueln7k.googlevideo.com  /videoplayback/id/6d6c8b
18  s.youtube.com                     /api/stats/watchtime?fex
19  s.youtube.com                     /api/stats/atr?ver=2&ns=
20  r4---sn-ogueln7k.googlevideo.com  /videoplayback/id/6d6c8b
21  r4---sn-ogueln7k.googlevideo.com  /videoplayback/id/6d6c8b
22  r4---sn-ogueln7k.googlevideo.com  /videoplayback/id/6d6c8b
23  s.youtube.com                     /api/stats/watchtime?fex
24  s.youtube.com                     /api/stats/watchtime?fex
25  s.youtube.com                     /api/stats/qoe?fexp=941
26  s.youtube.com                     /api/stats/watchtime?fex
27  s.youtube.com                     /api/stats/qoe?fexp=941

Log | Filters | Timeline | APITest
Statistics | Inspectors | AutoResponder | Composer | FiddlerScript
Headers | TextView | SyntaxView | WebForms | HexView | Auth | Cookies | Raw | JSON
Transformer | Headers | TextView | SyntaxView | ImageView | HexView | WebView | Auth
Caching | Cookies | Raw | JSON | XML

00000000  48 54 54 50 2F 31 2E 31 20 32 30 30 20 4F 4B 0D  HTTP/1.1 200 OK.
00000010  0A 4C 61 73 74 2D 4D 6F 64 69 66 69 65 64 3A 20  .Last-Modified: 
00000020  4D 6F 6E 2C 20 32 32 20 4D 61 79 20 32 30 31 37  Mon, 22 May 2017
00000030  20 31 34 3A 35 31 3A 30 30 20 47 4D 54 0D 0A 43   14:51:00 GMT..C
00000040  6F 6E 74 65 6E 74 2D 54 79 70 65 3A 20 76 69 64  ontent-Type: vid
00000050  65 6F 2F 6D 70 34 0D 0A 44 61 74 65 3A 20 4D 6F  eo/mp4..Date: Mo
00000060  6E 2C 20 32 32 20 4D 61 79 20 32 30 31 37 20 31  n, 22 May 2017 1
00000070  34 3A 35 39 3A 30 30 20 47 4D 54 0D 0A 45 78 70  4:59:00 GMT..Exp
00000080  69 72 65 73 3A 20 4D 6F 6E 2C 20 32 32 20 4D 61  ires: Mon, 22 Ma
00000090  79 20 32 30 31 37 20 31 34 3A 35 39 3A 30 30 20  y 2017 14:59:00 
000000A0  47 4D 54 0D 0A 43 61 63 68 65 2D 43 6F 6E 74 72  GMT..Cache-Contr
000000B0  6F 6C 3A 20 70 72 69 76 61 74 65 2C 20 6D 61 78  ol: private, max
000000C0  2D 61 67 65 3D 32 31 32 39 38 0D 0A 41 63 63 65  -age=21298..Acce
000000D0  70 74 2D 52 61 6E 67 65 73 3A 20 62 79 74 65 73  pt-Ranges: bytes
000000E0  0D 0A 43 6F 6E 74 65 6E 74 2D 4C 65 6E 67 74 68  ..Content-Length
000000F0  3A 20 37 31 35 0D 0A 43 6F 6E 6E 65 63 74 69 6F  : 715..Connectio
00000100  6E 3A 20 63 6C 6F 73 65 0D 0A 41 6C 74 2D 53 76  n: close..Alt-Sv
00000110  63 3A 20 71 75 69 63 3D 22 3A 34 34 33 22 3B 20  c: quic=":443"; 
00000120  6D 61 3D 32 35 39 32 30 30 30 0D 0A 58 2D 43 6F  ma=2592000..X-Co
00000130  6E 74 65 6E 74 2D 54 79 70 65 2D 4F 70 74 69 6F  ntent-Type-Optio
00000140  6E 73 3A 20 6E 6F 73 6E 69 66 66 0D 0A 53 65 72  ns: nosniff..Ser
00000150  76 65 72 3A 20 67 76 73 20 31 2E 30 0D 0A 0D 0A  ver: gvs 1.0....
00000160  00 00 00 1C 66 74 79 70 64 61 73 68 00 00 00 00  ....ftypdash....
00000170  69 73 6F 36 61 76 63 31 6D 70 34 31 00 00 02 AF  iso6avc1mp41....
00000180  6D 6F 6F 76 00 00 00 6C 6D 76 68 64 00 00 00 00  moov...lmvhd....
00000190  D5 48 AB 54 D5 48 AB 54 00 01 5F 90 00 1F 95 F0  ÕH«TÕH«T.._....ð
000001A0  00 01 00 00 01 00 00 00 00 00 00 00 00 00 00 00  ................
000001B0  00 01 00 00 00 00 00 00 00 00 00 00 00 00 00 00  ................
000001C0  00 01 00 00 00 00 00 00 00 00 00 00 00 00 00 00  ................
000001D0  40 00 00 00 00 00 00 00 00 00 00 00 00 00 00 00  @...............
000001E0  00 00 00 00 00 00 00 00 00 00 00 00 00 00 00 02  ................
000001F0  00 00 00 28 6D 76 65 78 00 00 00 20 74 72 65 78  ...(mvex... trex
00000200  00 00 00 00 00 00 00 01 00 00 00 01 00 00 00 00  ................
00000210  00 00 00 00 00 00 00 00 00 00 02 13 74 72 61 6B  ............trak
00000220  00 00 00 5C 74 6B 68 64 00 00 00 03 D5 48 AB 54  ...\tkhd....ÕH«T
00000230  D5 48 AB 54 00 00 00 01 00 00 00 00 00 1F 95 F0  ÕH«T...........ð
00000240  00 00 00 00 00 00 00 00 00 00 00 00 00 00 00 00  ................
00000250  00 01 00 00 00 00 00 00 00 00 00 00 00 00 00 00  ................
00000260  00 01 00 00 00 00 00 00 00 00 00 00 00 00 00 00  ................
00000270  40 00 00 00 02 80 00 00 01 68 00 00 00 00 00 24  @........h.....$
00000280  65 64 74 73 00 00 00 1C 65 6C 73 74 00 00 00 00  edts....elst....
00000290  00 00 00 01 00 00 00 00 00 00 0E 10 00 01 00 00  ................
000002A0  00 00 01 8B 6D 64 69 61 00 00 00 20 6D 64 68 64  ....mdia... mdhd
000002B0  00 00 00 00 D5 48 AB 54 D5 48 AB 54 00 01 5F 90  ....ÕH«TÕH«T.._.
000002C0  00 1F 95 F0 55 C4 00 00 00 00 00 2D 68 64 6C 72  ...ðUÄ.....-hdlr
000002D0  00 00 00 00 00 00 00 00 76 69 64 65 00 00 00 00  ........vide....
000002E0  00 00 00 00 00 00 00 00 56 69 64 65 6F 48 61 6E  ........VideoHan
```

图 3.6　第一个 video 和 audio 请求返回“ftyp”+“moov”

之后的 video 和 audio 请求返回的是一个单独的 Fragment，如图 3.7 所示。

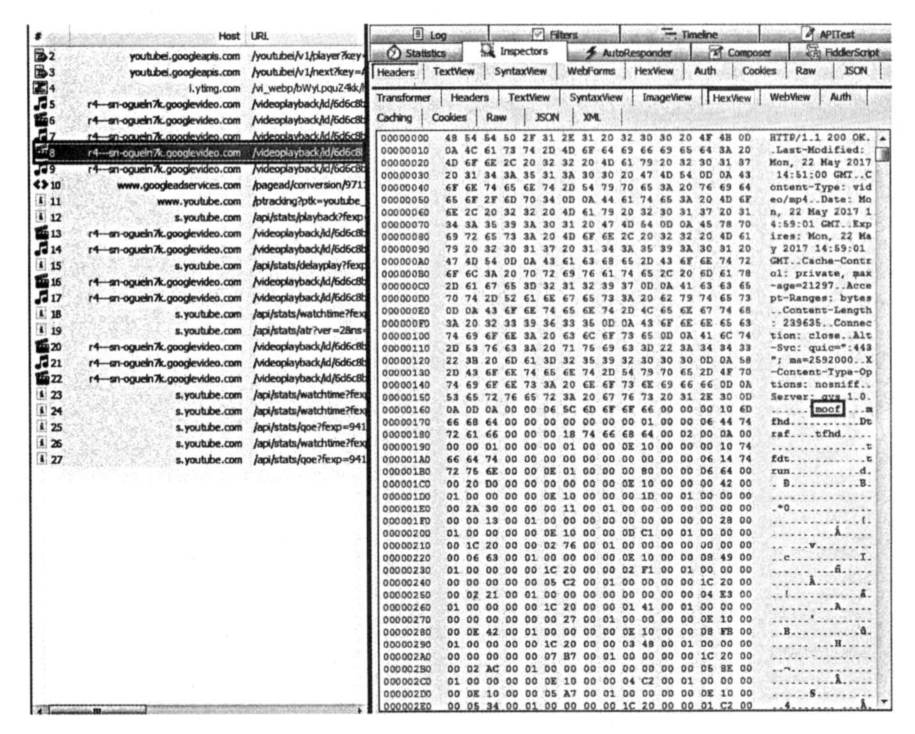

图 3.7　video 和 audio 请求返回一个单独的 Fragment

3.2.2　WebM

3.2.2.1　EBML

WebM 是建立在 EBML(Extensible Binary Meta Language)这种语言的基础上,使用可变长度的整数存储,以节省空间。EBML 的详细格式说明参见官网:https://www.matroska.org/technical/specs/index.html。

EBML 基本元素的数据结构如下:

```
typedef struct{
  vint ID//EBML-ID
  vint size//size of element
  char[size]data//data
}EBML-ELEMENT;
```

- ID 标志属性类型;
- size 为后面 data 部分的大小;
- data 部分为 ID 所标识属性的实际数据。

上面可以看到 ID 和 size 的类型都是 vint,vint(Unsigned Integer Values of Variable Length)可变长度无符号整型,比传统 32/64 位整型更加节省空间。

- 变量类型 vint 的长度＝1＋整数前缀 0 比特的个数；
- size 的实际取值为【vintsize】将最左边的 1 置 0 后的值。

WebM 实例说明如图 3.8 所示。

【实例说明】

下图是从 WebM 数据中取一段数据，以 16 进制表示。

```
05: 42 86 81 01 42 F7 81 01   B??.B÷?.
0d: 42 F2 81 04 42 F3 81 08   Bò?.Bó?.
15:|42 82 84 77 65 62 6D|42   B??webmB
1d: 87 81 04 42 85 81 02 18   ??.B??..
25: 53 80 67 01 00 00 00      S?g....
```

因为每个 EBML 元素都是由 ID、size、data 三部分组成，按照这些来分析：

1）将 0x42 转成二进制为 01000010，按照上面规则，前缀有 1 个 0，所以 ID 的长度为 2，也就是 0x4282 为 ID 值，查官网得知名称为 DocType；

2）将 0x84 转成二进制为 10000100，前缀没有 0，长度就是 1，最左边的 1 置 0 后变成了 00000100，也就是 size 的值为 4；

3）接下来的 4 个字节就是 data 值：77 65 62 6D，查官网得知 data 的内容是 string 格式，所以转成 string 就是“WebM”，和后面显示的一致。

综上，得到的信息就是 DocType＝WebM。

图 3.8 WebM 实例说明

3.2.2.2 DASH 传输中的 WebM

EBML 元素都有自己的级别，高一级的元素由若干次一级的元素组成。用 DASH 传输 WebM 视频时第一个分片由 EBML 和 Segment 两部分组成，对应的 fiddler 明文数据如图 3.9 所示，具体的结构如图 3.10 所示。

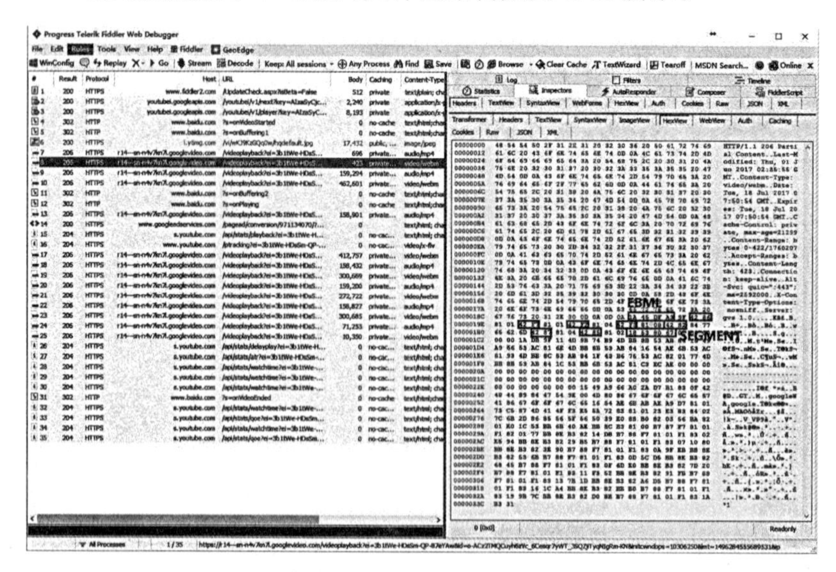

图 3.9 DASH 传输 WebM 视频的第一个分片 fiddler 数据

EBML 和 Segment 主要描述了视频文件的参数信息，图 3.10 中主要元素的相关说明见表 3.1。

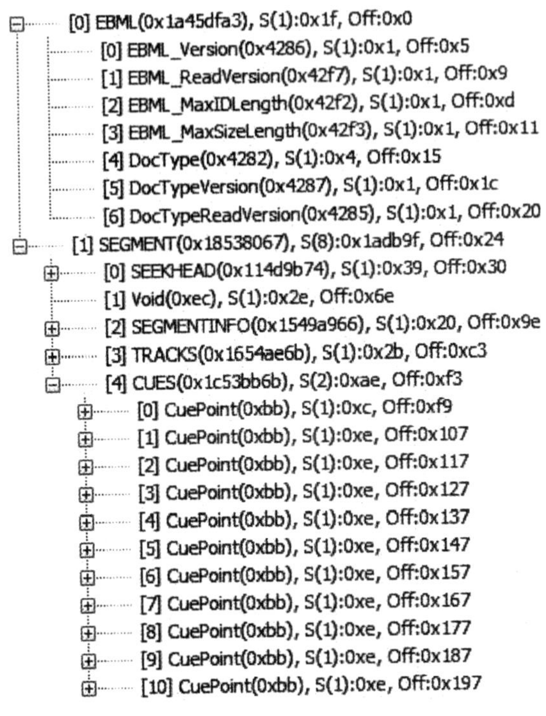

图 3.10　DASH 传输 WebM 视频的第一个分片结构

表 3.1　第一个分片中主要元素说明

ID 名称	ID 值	具体说明
EBML	0x1A45DFA3	用来描述文件中的内容，一个文件只能有一个 EBML
EBML_Version	0x4286	默认值:1，EBML 编码器版本号
EBML_ReadVersion	0x42F7	默认值:1，EBML 解析器版本号
EBML_MaxIDLength	0x42F2	默认值:4，EBML 元素 ID 号的最长长度(多少字节)
EBML_MaxSizeLength	0x42F3	默认值:8，EBML 元素最长长度(多少字节)
DocType	0x4282	默认值: WebM，EBML 文件中的内容类型，WebM 文件为“WebM”
DocTypeVersion	0x4287	默认值:1，EBML 文件包含数据的编码器版本号

（续表）

ID 名称	ID 值	具体说明
DocTypeReadVersion	0x4285	默认值:1，EBML 文件包含数据的解析器版本号
SEGMENT	0x18538067	包括了多媒体数据和回放时所需要的信息头
SEEKHEAD	0x114D9B74	包含了 Segment 的子元素的位置列表，每对位置，ID 号对应着一个 Seek 元素
TRACKS	0x1654AE6B	包含了存储在 Segment 元素中轨道的信息，比如轨道类型（音频，视频，字幕），编码器 ID，采样率
CUES	0x1C53BB6B	包含了非常有用的定位信息
CuePoint	0xBB	包含了时间戳，地址信息（Tracker 号，Cluster 位置，此 Cluster 的 SimpleBlock 号），通常只用于定位关键帧

每一个分片由若干个 CLUSTER 组成（一般为 2 或 3 个），一个 CLUSTER 一般包含多个 SimpleBlock，fiddler 明文数据如图 3.11 所示，具体的结构如图 3.12 所示，元素的详细说明见表 3.2。

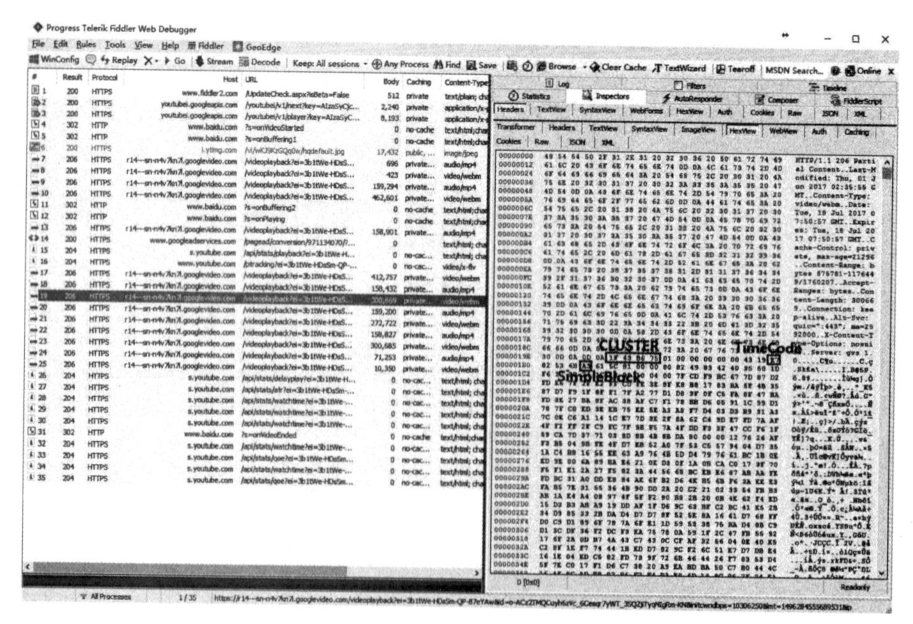

图 3.11　DASH 传输 WebM 视频之后的分片 fiddler 数据

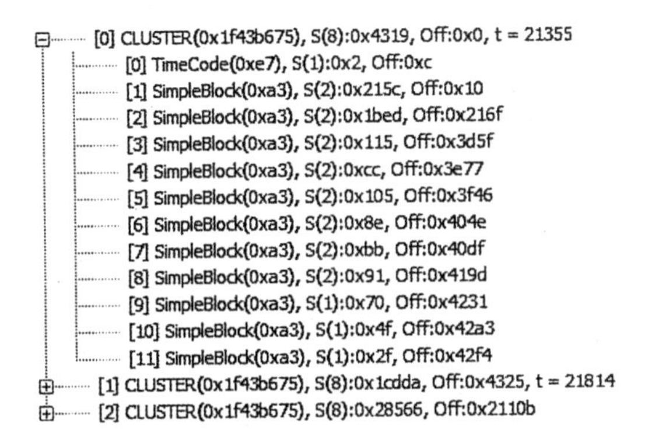

图 3.12 DASH 传输 WebM 视频之后的分片

表 3.2 之后分片中主要元素说明

ID 名称	ID 值	具体说明
CLUSTER	0x1F43B675	一个 Cluster 元素通常包含了几秒钟的多媒体数据
TimeCode	0xE7	用来做所包含的 SimpleBlock 的开始时间码
SimpleBlock	0xA3	只包含一个数据块,没有附加信息,所以资源浪费会小很多

3.2.3 技术演进分析

3.2.3.1 WebM 对比 MP4

(1) 通过 fiddler 明文数据 HTTP 请求中的 itag 参数,可以判断当前 video 分片的分片率。多组实验发现,对于同一视频,对比 MP4 和 WebM 两种格式下第一个 video 分片的分辨率发现,MP4 为 360 P,而 WebM 为 480 P,即使用 WebM 可以在初始阶段即可观看较高质量的视频。

(2) 不考虑视频编码,单从文件格式角度分析,WebM 相比 MP4 采用了可变长度的整数存储数据,同时只保留了必要的 metadata 信息,使得 WebM 的有效数据比例更高,更加节省空间。对比第一个 video 分片大小,WebM 为 423 bytes, MP4 为 877 bytes,说明了 WebM 只需要更少的数据即可描述整个视频文件。

(3) WebM 是以 Matroska(即 MKV)容器格式为基础开发,因此 WebM 为开源技术,不涉及版权问题,有利于在网络视频点播环境下应用推广。

3.2.3.2 VP9 对比 H.264

WebM 中视频采用 VP9 编码方式,MP4 中视频仍使用 H.264 编码,而不是最新的 H.265。如图 3.13 所示的 Google 声称,与 H.264 编码格式相比, VP9 编码格式更加地节省带宽,同样分辨率下文件更小。但 VP9 解码对于硬件有更高的要求,普通软解将对 CPU 造成较大的压力,导致耗电量增加,以及

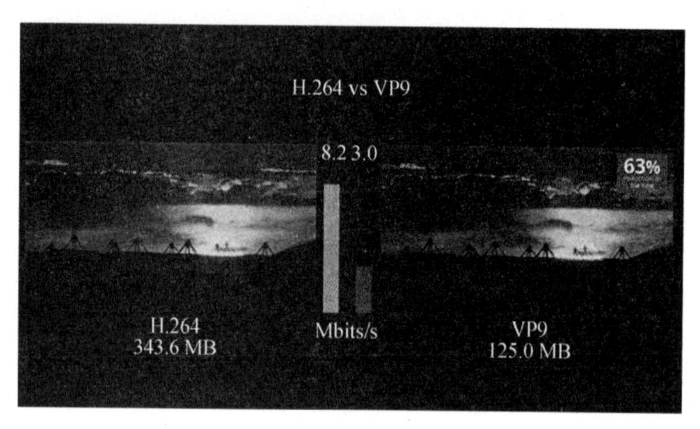

图 3.13 H.264 vs VP9

机器发热较为严重，因此 VP9 的推广急需硬件的支撑。

3.2.3.3 主要硬件厂商

(1) ARM

ARM 是移动领域的王者，过去 5 年 99%以上售出的智能手机都是基于 ARM 芯片。如果 ARM 决定直接支持一项新功能，那么该功能在未来的智能手机市场将很有可能占据世界性统治地位。2016 年 7 月 ARM 宣布将推出支持 VP9 硬件加速的 Mali“Egil”视频处理器。

(2) Intel

Intel 目前在低功耗平台的处理器是 Apollo Lake，14 nm Goldmont 架构，其继任者是 Gemini Lake(双子湖)，基于 14 nm Goldmont+架构，据 TPU 报道，一份 linux 的内核更新日志显示，Gemini Lake 支持硬解 VP9。

3.3 传输协议

3.3.1 TCP 协议的改进

视频数据的传输既有使用 UDP 协议的，也有使用 TCP 协议的。原有的视频传输多使用 UDP 协议，由于 UDP 只能提供不可靠的传输服务，还需要其他协议辅助进行传输控制，导致系统较为庞大，部署困难。同时由于系统复杂，视频系统的突发状况比较多。

由于部署方便，目前因特网视频服务较多使用 HTTP 协议，承载 HTTP 协议的传输协议是 TCP。作为因特网上历史悠久的 TCP 协议，已经有很多版本。TCP 可以为数据分发提供可靠的传输服务，但是 TCP 协议中的拥塞控制算法通常需要逐步试探网络可用带宽后增加拥塞窗口，这导致其数据传输开始于较慢的速率,无法达到视频播放的要求。

针对视频传输的特定需求,YouTube 一直在研究如何能够更快地传输视频数据,也因此有了一系列的成果和改进,并应用到实际中以提高视频用户的服务质量感受。

标志性的几个改进如下:

(1) 增大初始的 TCP 拥塞窗口(CWND)[1]。这个建议将初始的 CWND 从 2 增加到 10,实际数据测试中,我们发现 YouTube 将这个值设置为 40 左右。这个改进大大提高了数据初始传输时的传输速度,但是由于会产生大量背靠背的报文,所以在速率比较低的链路上,丢包率有可能大大增加,丢包复杂性变大。基于现有 TCP 报文头的 option 段最多可以从记录中算出 4 组丢包区块,而初始窗口为 40 的 TCP 在实际使用中会产生大于 4 组丢包区块,导致接收端无法有效通知发送端数据的丢包情况,因此这个改进对低速信道不利。

(2) 新的 TCP BBR 拥塞控制算法[2]。这个算法的目的是要尽量跑满链路的可用带宽,并且尽量不要有排队的情况。算法从两个方面调整传输速度:初始的 CWND 和 Pacing, BBR 会根据即时带宽和 RTT 来调整这两个值,由此避免了大量数据包背靠背发送,并且因为不再通过丢包调整 CWND 避免了少量丢包后的速度大量降低(在大量丢包时,BBR 速度会迅速降低)。这个改进对高延迟高带宽的网络条件更为有利。

(3) QUIC[3]的推出。QUIC 是基于 UDP 的数据传输,谷歌在对 TCP 大量改进的同时,推出了 QUIC,以期进一步提高传输效率和速度。本书出版的时候,YouTube 视频已经开始进入 QUIC/UDP 和 TCP 并存的阶段,本节将对其原理现状进行进一步分析。

3.3.2　QUIC 协议

YouTube 在 2016—2017 年开始大规模使用 QUIC 协议,目前是 QUIC 和 TCP 共存状态,如果 UDP443 端口被屏蔽,就会改用 TCP 协议。

2017 年 5 月份前,使用 YouTube 原生 App 可以抓到 QUIC 数据包,而使用 YouTube API 开发的 App 只有 client 至 server 的单向的 QUIC 报文,如图 3.14 所示。

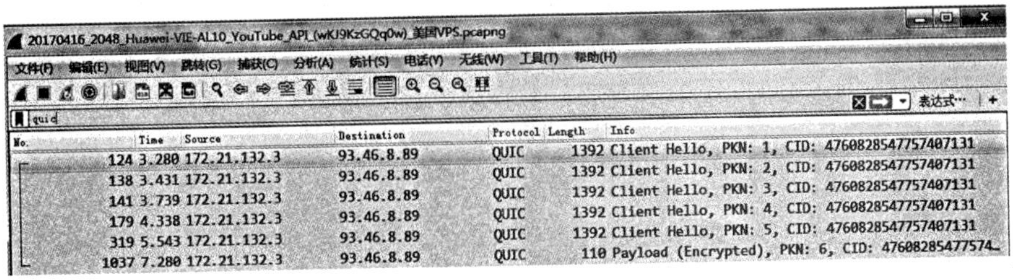

No.	Time	Source	Destination	Protocol	Length	Info
124	3.280	172.21.132.3	93.46.8.89	QUIC	1392	Client Hello, PKN: 1, CID: 4760828547757407131
138	3.431	172.21.132.3	93.46.8.89	QUIC	1392	Client Hello, PKN: 2, CID: 4760828547757407131
141	3.739	172.21.132.3	93.46.8.89	QUIC	1392	Client Hello, PKN: 3, CID: 4760828547757407131
179	4.338	172.21.132.3	93.46.8.89	QUIC	1392	Client Hello, PKN: 4, CID: 4760828547757407131
319	5.543	172.21.132.3	93.46.8.89	QUIC	1392	Client Hello, PKN: 5, CID: 4760828547757407131
1037	7.280	172.21.132.3	93.46.8.89	QUIC	110	Payload (Encrypted), PKN: 6, CID: 47608285477574…

图 3.14　单向的 QUIC 报文

2017 年 5 月份之后，基于 YouTube API 开发的 App 也开始能够抓取到双向的 QUIC 报文。此时，在中间路由器端禁用 UDP 的 443 端口(即路由器不转发 QUIC 报文，直接丢弃)，在手机端抓到的报文情况与图 3.14 类似。

QUIC 提供基于 UDP 的多路复用、有序、可靠的流传输。QUIC 是应用层协议，其核心是将丢包控制等原来 TCP 担负工作转移到了应用层。

不同于 TCP 传输视频时的双流或多流传输，QUIC 连接是复用的，即在 client 和 server 之间只会建立一条连接，无论是视频流的请求和响应、音频流的请求和响应，还是 QUIC 协议本身的确认帧、拥塞控制帧、连接关闭帧等协议数据，都会混杂在这一条连接中。同时，由于 QUIC 协议会对所有有效数据进行加密，所以也无法将连接中承载的上述各类数据区分开来。

类似于 TLS 的 Client Hello 报文，QUIC 建立连接时的 Client Hello 报文也包含了明文的“googlevideo.com”字符串，目前可以通过此方法确定五元组，识别出传输 YouTube 视频的连接。QUIC 协议的 Client Hello 报文如图 3.15 所示。

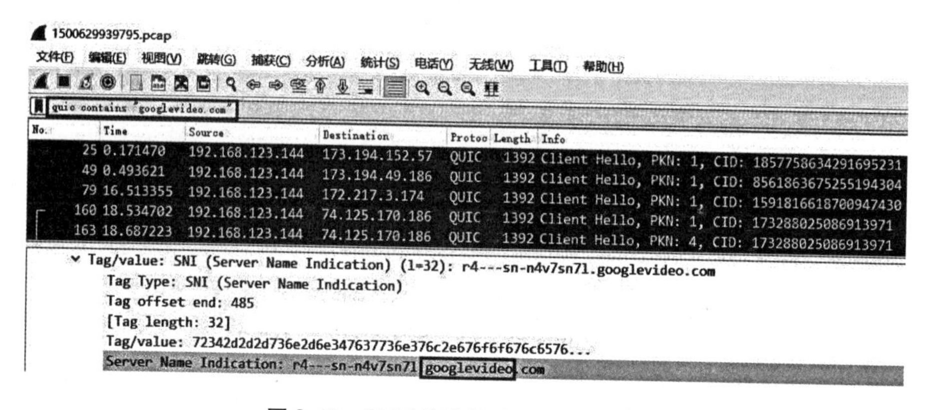

图 3.15　QUIC 协议的 Client Hello 报文

3.3.3　QUIC 连接过程及其优势分析

QUIC 和 TCP 作为 YouTube 的底层传输协议会长期并存，图 3.16 分析了 QUIC 与 TCP 同时建立连接，并最终选择 QUIC 传输数据的过程。

如图 3.16 所示，包括如下过程：

DNS 返回 googlevideo.com 的 IP 地址 74.125.170.186；

video 和 audio 在 52893、52894 两个端口建立两条 TCP 连接，并开始 TLS 握手；

同时(相隔 30 ms)建立 QUIC 连接，并迅速开始了数据传输，图中标记出了疑似为加密后的 video 和 audio 的 QUIC 请求报文；

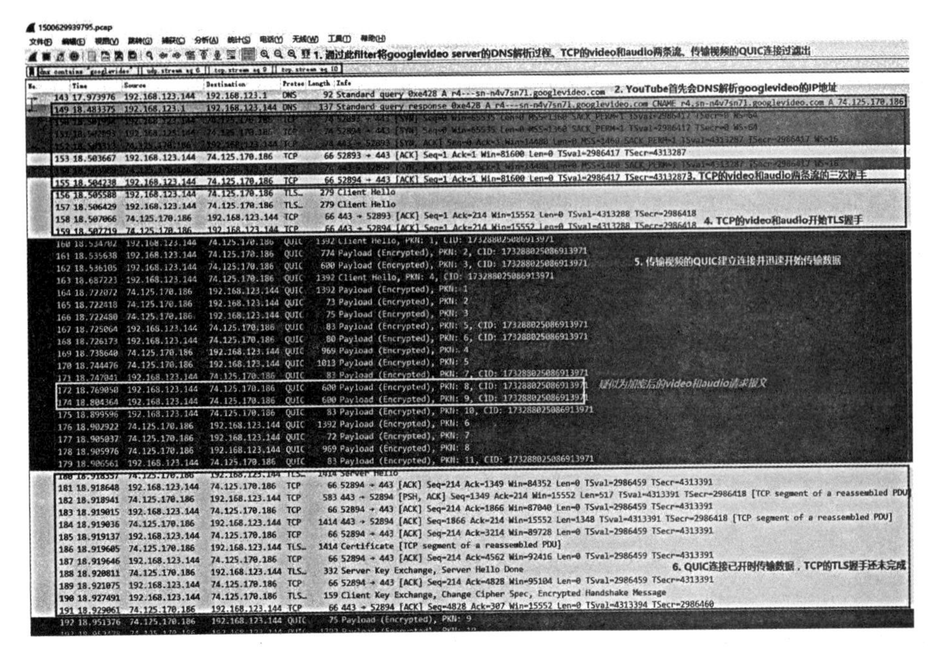

图 3.16　QUIC 与 TCP 同时建立连接

QUIC 已开始传输数据，TCP 的 TLS 握手仍未完成。

如图 3.17 所示，当两条 TCP 流的 TLS 握手完成时，client 端已经收到了 66 个 QUIC 响应报文(约 70 kB 有效数据)。

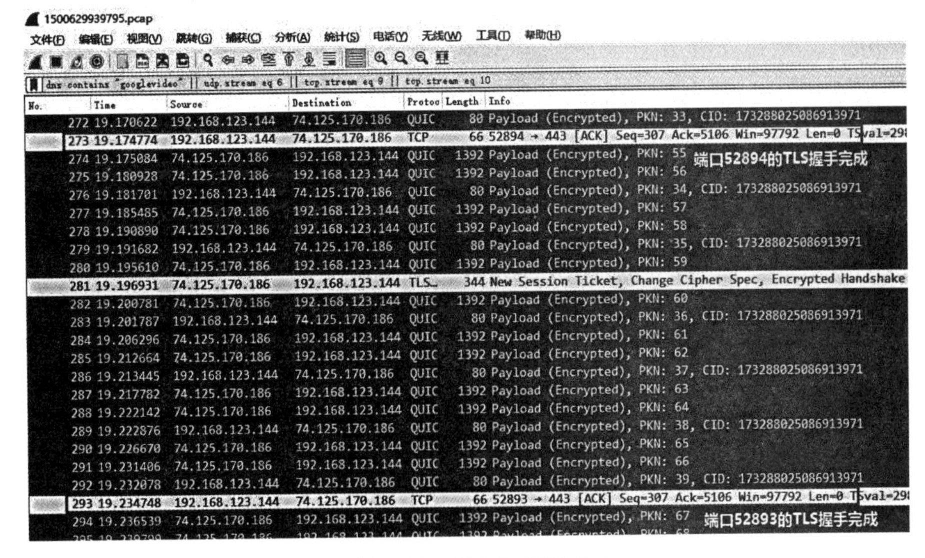

图 3.17　TLS 握手完成

如图 3.18 所示，时间达到 21 s 时，视频数据传输完成，白色框标记的疑似为 QUIC 连接关闭帧；时间到达 49 s（视频本身时长 55 s），两条 TCP 流关闭连接。

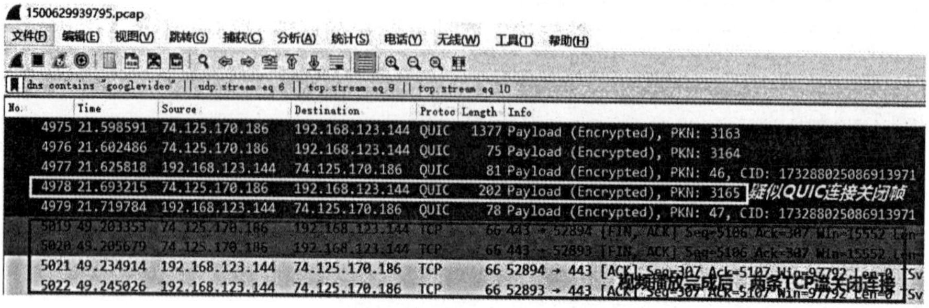

图 3.18　视频播放完成后 TCP 断开连接

由于 TCP＋TLS 建立连接需要耗费 3RTT，而 QUIC 仅需 1 RTT 或 0 RTT。因此，如果 QUIC 数据包能够在 client 到 server 的网络通路中建立连接成功，那么在 TCP＋TLS 连接还未建立完成时，QUIC 已开始并已传输大量视频数据。

3.4　流量控制

3.4.1　相关研究

YouTube 的 client 端下载的视频数据会暂存在 buffer 中（一般为内存），上层解码器、播放器从 buffer 中消耗数据将视频呈现给用户，根据参考文献[4][5]论述，整个 YouTube 的下载、播放过程均基于 buffer 的当前状态来控制相应的行为，参考文献[6][7]介绍了发生卡顿缓冲过程中与 buffer 的联系，而通过[8][9]的介绍可知 buffer 的状态最终与用户的 QoE 密切相关。

参考文献[10]介绍了 2011 年之前 YouTube 的流量控制模型，文献[11]中介绍了 YouTube 流量与基础网络设施和用户观看行为的相关性，但彼时传输方式仍为 HPD，流量生成的控制权在 server 端。目前传输方式已演进为 DASH 和 HLS[12]，流量数据的产生是由 client 端通过发送 HTTP 请求来驱动，且采用 TLS 加密协议[13]。

现有论文对 YouTube 流量的分析主要针对 Web 平台，YoMo[14-15]是基于 YouTubeI Frame API 开发的 Firefox 浏览器插件，可以监控 YouTube 的播放状态与缓存状态，大量已有针对 YouTube 流量的分析都是基于这一工具。而 Android 平台下 YouTube 提供的 API 接口有限（无法直接得到当前 buffer 状态)，因此针对手机端的研究目前还无法做到精确地建模，参考文献[16]提出通过分析中间流量特征来辨别 Android 下的 YouTube 流量行为，参考文献[17][18][19]也与 buffer 状态息息相关，参考文献[22][23][24]做了相关介绍。

3.4.2 流量模型

针对不同平台、不同网络情况下 YouTube 的流量特征有大量的研究，但归纳起来都会将 YouTube 传输流量划分为两个阶段：burst phase 和 throttling phase，在这两个阶段下又各有两个不同场景。

3.4.2.1 burst phase

(1) 初始缓冲

用户点击播放视频之后，即进入到初始缓冲场景，此场景 buffer 内数据只增加不消耗，当数据量累积到一个阈值时(定义为初始缓冲门限 T_1)，触发 YouTube 的播放行为。参考文献[25]和[26]在 YouTube Web 模式、传输方式为 HPD 的情况下分别给出 T_1 的值为 2.2 s 和 1.9 s，而文献[27]中认为是第一个分片传输完成后才会开始播放。

(2) 初始饱和

初始缓冲结束开始播放之后便进入初始饱和场景，此场景 buffer 内数据既有下载增加也有播放消耗。下载不会始终持续下去，当 buffer 内累计的数据大于一个阈值(暂时定义为 θ)之后，下载完当前分片之后，YouTube 就会暂停下载，不会再请求新的分片。文献[28]给出 θ 这一阈值的值为 50 s。

3.4.2.2 throttling phase

(1) 填满补足

初始饱和之后进入填满补足场景，这一场景内当 buffer 的可播放时长大于 θ 时，buffer 内数据只有消耗；当 buffer 内数据不足 θ 时，触发新的分片 HTTP 请求，buffer 又进入既有下载增加也有播放消耗的场景。填满补足一直持续到请求下载完成视频最后一个分片为止，此后消耗完 buffer 内数据之后，视频播放即完成。

参考文献[29]得出的结果与[28]不同，认为 θ 分为 upper threshold 和 lower threshold 两个值，当 buffer 达到 upper threshold 时会停止请求新的分片，当 buffer 小于 lower threshold 时会触发新的分片请求，且不同的分辨率和帧率下这两个值各不相同，例如 hd 1080 下，upper threshold：45 s，lower threshold：40 s；hd720 下，upper threshold：80 s，lower threshold：75 s。

(2) 卡顿缓冲

视频播放过程中，当网络情况较差时，视频的下载速率小于码率就会导致 buffer 的净值不断减小，当 buffer 内数据小于一个阈值(暂定义为 γ)时，即会发生卡顿。

参考文献[7]和[26]在 YouTube Web 模式、传输方式为 HPD 的情况下分别给出 γ 的值为 0.5 s 和 0.4 s。前期计算 T_1 的工作中发现,"画面 T_1"始终比"断网 T_1"大 160 ms 左右(约 4 帧),因此猜测此值为 Android 端的 γ 值。卡顿后,buffer 内数据只增加不消耗,当大于一个阈值之后(此值定义为 T_2),触发 YouTube 继续播放,参考文献[23]中并未区分 T_1 和 T_2,认为两者相同。

3.4.2.3 已有研究

参考文献[28]中给出的流量模型如图 3.19 所示。

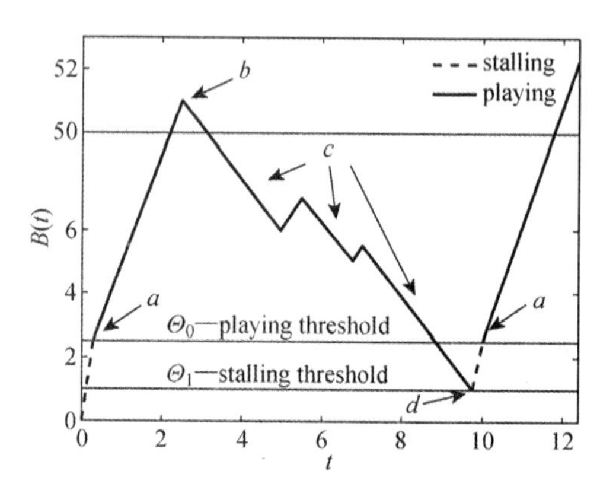

图 3.19 参考文献[28]中提出的流量控制模型

图 3.19 横轴为时间轴,纵轴为 buffer 内数据的可播放时长;

实线表示 YouTube 处于播放状态,虚线表示处于卡顿状态;

Θ_0 即为初始缓冲门限 T_1,Θ_1 即为刚才定位的卡顿的阈值 γ;

a 事件代表 YouTube 从卡顿状态转变为播放状态,b 事件代表从初始饱和过渡到填满补足,c 事件代表下载速率小于码率时 buffer 净值逐渐下降,d 事件代表进入卡顿状态。

参考文献[16, 30]中详细描述了流量与缓存的对应关系,可以清晰地辨别出 burst phase 和 throttling phase 这两个阶段。参考文献[16]给出的流量与缓存的关系如图 3.20 所示,参考文献[30]给出的流量与缓存的关系如图3.21所示。

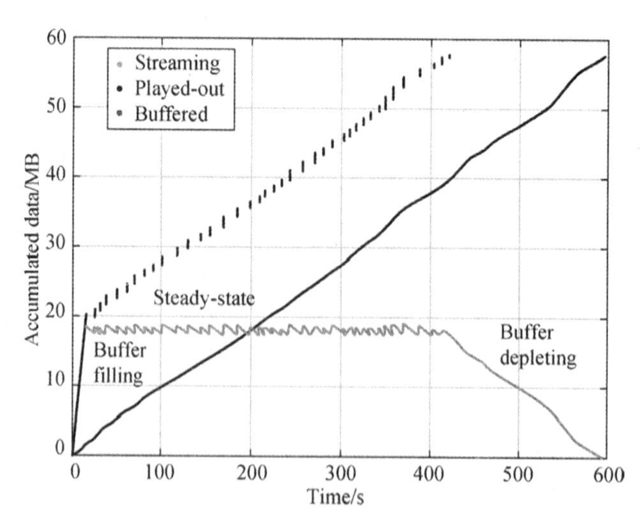

图 3.20 参考文献[16]给出的流量与缓存的关系图

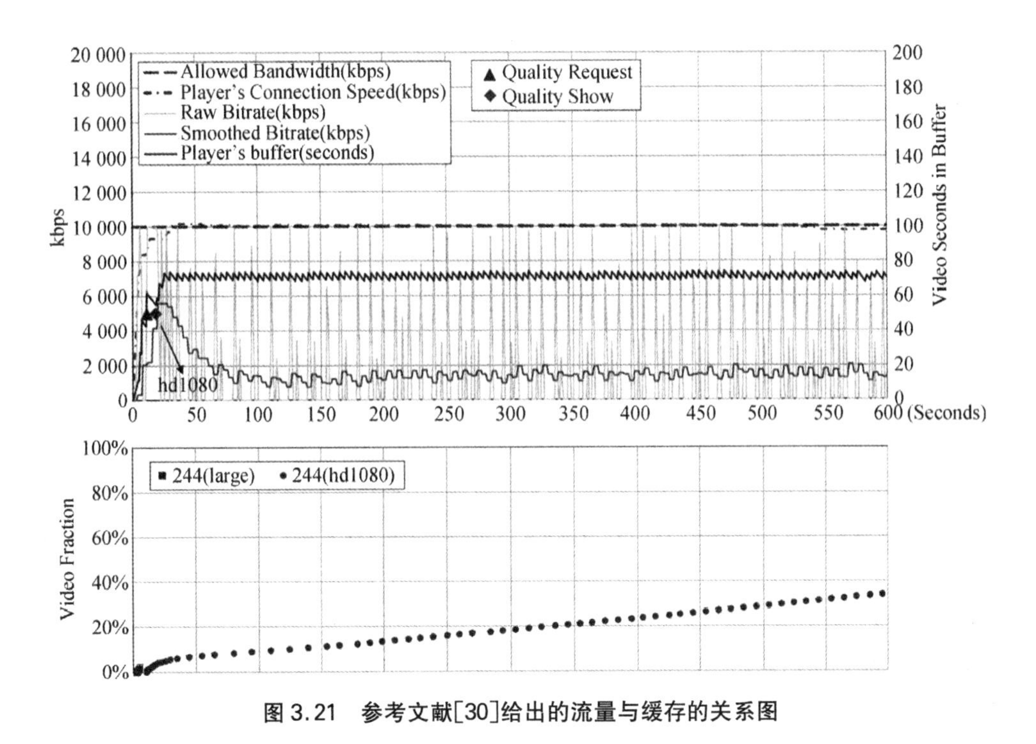

图 3.21　参考文献[30]给出的流量与缓存的关系图

3.4.3　App 数据分析

利用 YouTube 的 SDK，可以开发针对 YouTube 视频的测量工具，能够抓取并识别 YouTube 的视频流量，如图 3.22 是 YouTube 的 I/O 图，从图中可以看出初始阶段的下载速率最高，且保持了较长时间，可以对应为 burst phase 阶段；之后保持有规律的周期性的下载，可以对应为 throttling phase 阶段。

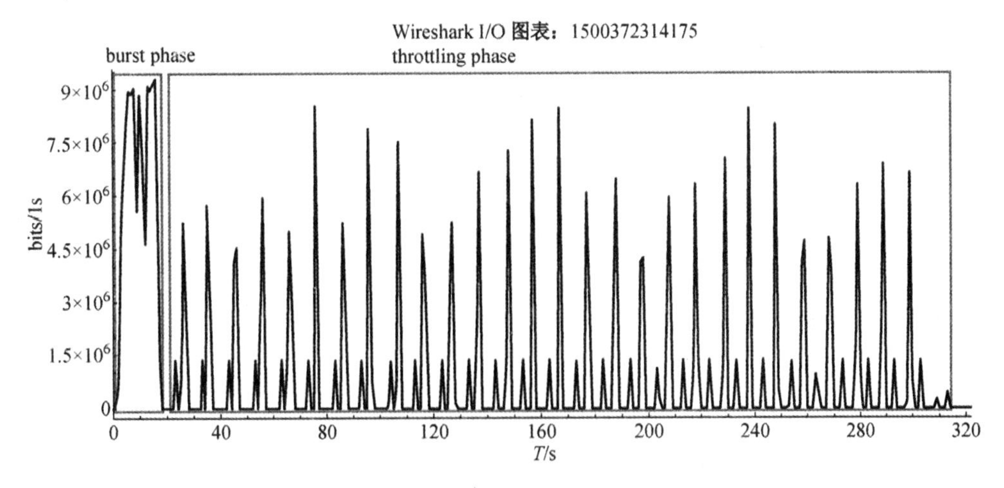

图 3.22　YouTube I/O 流量图

图 3.23 为总的下载数据量与时间的关系，从图中也可以将 burst phase 和 throttling phase 两个阶段清晰地判别出来。

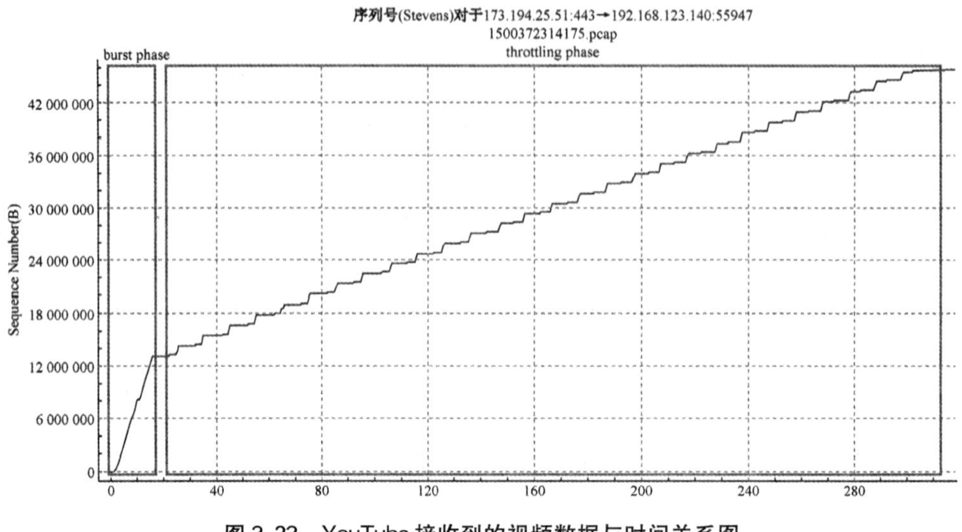

图 3.23　YouTube 接收到的视频数据与时间关系图

3.5　小结

YouTube 对网络视频技术的研发创新投入力度非常大，了解 YouTube 的技术演进，有助于我们对网络视频技术发展方向的把握。我们对 YouTube 在文件格式、传输协议和流量控制等方面的技术进行分析，期望能获得有价值的信息。

首先介绍了文件格式，2017 年 7 月份前以 MP4 格式为主，视频编码方式采用 H.264，7 月份之后 WebM 逐渐成为主流，其中视频采用 VP9 编码方式。这一部分内容首先介绍了 MP4 和 WebM 两种容器格式，然后分析介绍了它们与 DASH 传输的结合方式，接着对比了这两种容器格式以及其对应的编码方式，最后给出了主流硬件厂商针对新的编码方式的相关动作。

其次介绍了传输协议，给出了 QUIC 协议下识别 YouTube 数据流的方法，分析了目前 QUIC 和 TCP 两种协议的共存机制和上层应用如何在两种协议上做出抉择的问题，也分析了 QUIC 的传输效率之所以高的原因。

最后介绍了针对视频的流量控制策略，这一部分主要基于已有论文中对 YouTube 流量的相关研究。2011—2013 年有许多针对 YouTube 流量的研究，提出了流量模型的两个主要阶段(burst phase、throttling phase)，但彼时采用 HTTP 明文传输，传输方式为 HPD，且流量生成的控制权仍在 Server 端。自那之后 HTTPS、DASH 等技术陆续投入使用，流量生成的控制权也转移到了 Client 端，从近两年的论文中可以发现，流量模型并未发生太大改变，但是模型中的涉及的几个关键阈值要么测量结果不同，要么没有给出精确的值，这是因为对加密视频流的分析已经成为一个难题，本书后续章节试图对这一问题进行研究。

参考文献

[1] Dukkipati N, Refice T, Cheng Y, et al. An argument for increasing TCP's initial congestion window[J]. Acm Sigcomm Computer Communication Review, 2010, 40(3): 26-33.

[2] Neal Card Well, et al. BBR Congestion-based Congestion Control[J]. ACM Queue, 2016, 14[5]:20-535.

[3] Wilk A, Iyengar J, Swett I, et al. QUIC:A UDP-Based Secure and Reliable Transport for HTTP/2[J]. Information, 2016.

[4] F Wamser, D Staehle, J Prokopec, et al. Utilizing buffered youtube playtime for QoE-oriented scheduling in OFDMA networks [C]. Poland: International Teletraffic Congress (ITC), 2012.

[5] F Wamser, D Hock, M Seufert, et al. Using buffered playtime for QoE-oriented resource management of youtube video streaming[J]. Trans. Emerg. Telecommun. Technol, 2013, 24.

[6] P Casas, A D'Alconzo, P Fiadino, et al. When YouTube does not work: analysis of QoE-relevant degradation in google cdn traffic[J]. Netw. Serv. Manage IEEE Trans. on 11(4) (2014b)441-457, doi: 10. 1109/TNSM. 2014. 2377691.

[7] P Ameigeiras, A Azcona-Rivas, J Navarro-Ortiz, et al. López-Soler, A simple model for predicting the number and duration of rebuffering events for YouTube flows[J]. Commun. Lett. IEEE,2012,16(2):278-280.

[8] T Hoßfeld, S Egger, R Schatz, et al. Initial delayvs. interruptions: between the devil and the deep blue sea, in: QoME X2012, Yarra Valley, Australia, 2012.

[9] P. Casas, A. Sackl, S. Egger, et al. YouTube & facebook quality of experience in mobile broadband networks, in: Globecom Workshops (GC Wkshps), 2012 IEEE, IEEE, 2012: 1269-1274.

[10] S Alcock, R Nelson, Application flow control in YouTube video streams, ACM SIGCOMM Comput. Commun. 2011,41(2):24-30.

[11] A Finamore, M Mellia, M M Munafò, et al. YouTube everywhere: impact of deviceand infrastructure synergies on user experience[C]. Proceedings of the 2011 ACM SIGCOMM Conference on Internet Measurement Conference, ACM, 2011.

[12] ISO/IEC 23009-1:2012 information technology-dynamic adaptive streaming over HTTP (DASH)-part 1: Media presentation description and segment formats, 2012.

[13] J Yao, S S Kanhere, I Hossain, et al. Empirical evaluation of HTTP adaptive streaming under vehicular mobility, NETWORKING 2011, Springer, 2011.

[14] B Staehle, M Hirth, R Pries, et al. YoMo: a youtube application comfort monitoring tool[C]. Tampere: New Dimensions in the Assessment and Support of Quality of Experience for Multimedia Applications, 2010.

[15] B Staehle, M Hirth, F Wamser, et al. YoMo: A YouTube Application Comfort Monitoring Tool, Technical Report 467, University of Würzburg, 2010b.

[16] Tsilimantos D, Karagkioules T, Nogales-Gómez A, et al. Traffic Profiling for Mobile Video Streaming[C]. IEEE International Conference on Communications, 2017.

[17] Horvath G, Fazekas P Modelling of YouTube traffic in high speed mobile networks. In: 21th European wireless conference; proceedings of European wireless 2015. VDE, pp 1-6.

[18] B Staehle, F Wamser, M Hirth, et al. AquareYoum: application-and quality of experience-aware resource management for youtube in Wireless mesh networks, Praxis der Informationsverarbeitung und Kommunikation 2011a,34:144-148.

[19] B Staehle, M Hirth, R Pries, et al. Aquarema in action: improving the youtube QoE in wireless mesh networks, in: Baltic Congress on Future Internet Communications (BCFIC), Riga, Latvia, 2011b.

[20] J J Ramos-Munoz, J Prados-Garzon, P Ameigeiras, et al. Lopez-Soler, Characteristics of mobile YouTube traffic, Wireless Commun. IEEE, 2014,21(1):18-25.

[21] P Casas, M Seufert, R Schatz, YOUQMON: a system for on-line monitoring of youtube QoE inoperational 3G networks, SIGMETRICS Perform. Eval. Rev. 41(2) (2013)44-46, doi:10. 1145/2518025. 2518033.

[22] D K Krishnappa, D Bhat, M Zink, Dashing YouTube: an analysis of using dash in YouTube video service[C]. Local Computer Networks (LCN), 2013 IEEE 38th Conference on, IEEE, 2013.

[23] C. Sieber, T. Hoßfeld, T. Zinner, P. Tran-Gia, C. Timmerer, Implementation and user-centric comparison of a novel adaptation logic for dash with svc, in: Integrated Network Management (IM 2013), 2013 IFIP/IEEE International Symposium on, IEEE, 2013, pp. 1318-1323.

[24] Seufert M, Burger V, Kaup F. Evaluating the Impact of WiFi Offloading on Mobile Users of HTTP Adaptive Video Streaming[C]//Globecom Workshops (GC Wkshps), 2016 IEEE. IEEE, 2016:1-6.

[25] P Ameigeiras, J J Ramos-Munoz, J Navarro-Ortiz, et al. Analysis and modelling of YouTube traffic, Eur. Trans. Telecommun, 2012,23(4):360-377.

[26] R. Schatz, T Hoßfeld, P Casas, Passive youtube QoE monitoring for ISPs[C].

Palermo: Workshop on Future Internet and Next Generation Networks (FINGNet-2012), 2012.

[27] Dinh-Xuan L, Seufert M, Wamser F, et al. Study on the accuracy of QoE monitoring for HTTP adaptive video streaming using VNF[C]//Integrated Network and Service Management (IM), 2017IFIP/IEEE Symposium on. IEEE, 2017:999-1004.

[28] Wamser F, Casas P, Seufert M, et al. Modeling the youtube stack: From packets to quality of experience[J]. Computer Networks, 2016, 109:211-224.

[29] Orsolic I, Pevec D, Suznjevic M, etal. A machine learning approach to classifying YouTube QoE based on encrypted network traffic [J]. Multimedia Tools and Applications, 2017:1-35.

[30] Añorga J, Arrizabalaga S, Sedano B, et al. Analysis of YouTube's traffic adaptation to dynamic environments[J]. Multimedia Tools and Applications, 2017:1-24.

4 国内视频点播技术现状分析

4.1 研究目的

在流媒体应用中，视频点播服务是因特网应用中最主要的应用。与国外流媒体服务现状相比，我国的起步较晚，服务商较多，呈现百花齐放的现状。各家服务商由于进入这个市场的初始条件不同，目的不同以及资金实力不同，导致各家服务商的服务架构各有其特色。本章选择其中市场份额较大的三家服务商：优酷视频、爱奇艺和腾讯视频进行分析。

由于对国内视频服务商的服务架构进行系统分析并无参考文献，本章的研究方式是通过移动终端请求视频，并对数据下载过程进行分析，给出相应的结论。同时，也将国内视频点播中的一些关键技术与国外的技术进行一些对比分析。

4.2 数据采集和分析方法

4.2.1 数据采集

数据采集环境如图 4.1 所示。

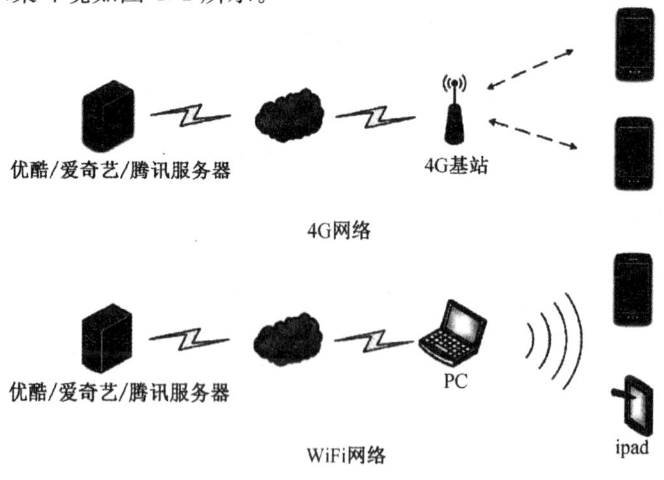

图 4.1 数据采集环境

WiFi 网络主要是使用一台 PC 接入互联网网络，并同时使用无线网卡共享网络给移动终端。我们分析的视频服务商为优酷、爱奇艺和腾讯视频。

测试的网络环境和终端分为以下几种：

- WiFi 下的 Android App
- WiFi+限速下的 Android App
- 4G(联通)下的 Android App
- WiFi 下的 iOS App

其中 Android 终端使用的是 HUAWEI Mate8，Android 版本 7.0；iOS 终端使用的 iPad mini，型号：MF074LL/A，iOS 版本 10.3.1(14E304)。

抓包软件分别为：

- 4G 网络：tcpdump 4.9.0/1.8.1
- WiFi 网络：wireshark 2.2.6&2.4.0

播放器版本号见表 4.1。

表 4.1　播放器版本号

终端	播放器	版本
Android	优酷	6.8.2(国内视频 WiFi 抓包)
		6.8.4(国内视频 4G 抓包)
	爱奇艺	8.6.0
	腾讯	5.7.0.12515
iOS	优酷	4.9.14
	爱奇艺	8.4.1
	腾讯	5.0.3

根据测试结果，发现这三个网站的主要文件类型是 MP4(高清)，F4V(高清)，FLV(标清或低清)，这三个网站高清的平均码率大概 120 kbps，范围在 80～250 kbps，所以正常观看下载速度大概需要 1～3 Mbps，我们测试环境 WiFi 的下载码率在 20 Mbps 左右，4G 的下载速度也远大于此，因此测试环境可以满足正常播放要求。在测试过程中，视频广告不做点击、关闭等动作，自然播放结束。测试过程中，测试人员做了相关播放记录如图 4.2 所示，在分析时结合该记录的内容进行分析。

APP	视频id	播放方式	广告时间	广告片段个数	播放状况
优酷	楚乔传01	高清	80	5 (85-55, 55-50, 55-35, 35-20, 20-0)	很流畅
		标清		5 (80-65, 65-35, 35-20, 20-5, 5-0)	
		自动		5 (倒数第一个20s)	
	亮剑01	高清	60	3 (60-30, 30-15, 15-0)	很流畅
		标清		3 (60-45, 45-15, 15-0)	第一个广告卡顿了两下
		自动		3 (60-45, 45-15, 15-0)	很流畅

图 4.2　数据采集记录

采集数据主要选择了电影预告片和热门电视剧的视频做比较，因为这些视频都是由官方统一分发，不同的网站对这些视频进行了自主的处理，并提供了不同的传播方式，通过对这些进行比较，可以更好地观察各个视频服务技术路线。

4.2.2　分析方法

分析的方法是综合使用 Wireshark 的解析结果、统计结果和播放记录，主要的步骤为：

(1) 首先使用 Wireshark 的统计功能对 IP 传输数据量进行排序(图 4.3)。

如果服务器通过 TCP 分发视频数据，通过数据量排序基本就可以找到视频服务器。如果服务器是通过 P2P 下载视频数据的，那么会看到许多发送数据方是同时开始请求传输的。如图 4.4 所示：

Ethernet · 18　IPv4 · 109　IPv6 · 6　TCP · 664　UDP · 377

Address A	Address B	Packets	Bytes	Packets A → B	Bytes A → B	Packets B → A	Bytes B → A	Rel Start	Duration	Bits/s A → B	Bits/s B → A
61.147.223.110	192.168.1.102	102,153	94 M	67,940	91 M	34,213	2229 k	6.802576	393.7312	1865 k	
192.168.1.1	192.168.1.102	8,565	2421 k	5,606	2175 k	2,959	246 k	27.476880	361.0502	48 k	
192.168.1.102	221.228.67.149	346	342 k	117	6497	229	335 k	31.74309	0.1664	312 k	
192.168.1.102	239.255.255.250	420	185 k	420	185 k	0	0	3.480463	387.1039	3836	
139.205.12.79	192.168.1.102	219	126 k	110	8513	109	118 k	11.73650	27.0654	2516	
60.181.169.111	192.168.1.102	215	124 k	108	8359	107	116 k	49.28307	13.1723	5076	
106.11.186.3	192.168.1.102	448	115 k	182	62 k	266	52 k	5.486471	393.6085	1264	
192.168.1.102	192.168.1.103	111	55 k	60	50 k	51	4961	13.23876	276.5827	1468	
192.168.1.102	221.228.217.240	167	48 k	100	14 k	67	34 k	5.588122	362.6534	313	
114.184.98.121	192.168.1.102	149	46 k	71	25 k	78	21 k	12.870905	383.8809	523	
192.168.1.1	239.255.255.250	114	39 k	114	39 k	0	0	27.475472	360.2631	886	
140.205.172.75	192.168.1.102	41	28 k	25	27 k	16	1094	50.908025	24.2881	9092	
180.96.17.190	192.168.1.102	77	28 k	45	26 k	32	2000	5.802486	212.8956	999	
182.254.42.87	192.168.1.102	81	28 k	38	20 k	43	8018	23.845010	209.8993	770	

图 4.3　对 IP 流排序

Address A	Address B	Packets	Bytes	Packets A→B	Bytes A→B	Packets A←B	Bytes A←B	Rel Start	Duration
222.186.189.155	223.3.98.16	15 047	14 325 253	11 101	14 073 724	3 946	251 529	27.470836000	53.7322
202.119.24.249	223.3.98.16	14 471	13 141 733	10 072	12 900 914	4 399	240 819	5.048922000	335.2429
58.205.196.5	223.3.98.16	6 511	6 543 303	5 024	6 460 994	1 487	82 309	24.245595000	16.8120
115.25.211.13	223.3.98.16	3 567	3 214 641	2 481	3 152 073	1 086	62 568	5.188868000	302.2856
180.103.129.63	223.3.98.16	5 461	2 988 879	2 710	2 773 691	2 751	215 188	27.475441000	289.8981
180.102.127.249	223.3.98.16	5 101	2 834 893	2 537	2 637 407	2 564	197 486	80.972326000	230.8366
218.199.207.25	223.3.98.16	4 809	2 734 778	2 395	2 551 796	2 414	182 982	122.787322000	194.6325
49.89.208.44	223.3.98.16	3 341	1 862 729	1 665	1 733 173	1 676	129 556	168.324112000	149.2046
222.18.46.12	223.3.98.16	3 103	1 720 140	1 545	1 601 700	1 558	118 440	112.629248000	204.9918
180.103.56.25	223.3.98.16	2 888	1 563 192	1 420	1 451 292	1 468	111 900	80.973924000	236.8200
202.115.83.72	223.3.98.16	2 656	1 485 678	1 323	1 384 408	1 333	101 270	167.264532000	150.4249
58.208.64.49	223.3.98.16	2 684	1 454 156	1 338	1 349 490	1 346	104 666	168.324578000	149.0280
180.102.55.80	223.3.98.16	2 544	1 391 193	1 258	1 293 342	1 286	97 851	81.189917000	191.2143
180.103.17.36	223.3.98.16	2 425	1 237 567	1 183	1 139 521	1 242	98 046	80.974140000	236.4357
180.102.210.115	223.3.98.16	2 271	1 191 951	1 119	1 098 036	1 152	93 915	27.472064000	105.9714
210.35.171.78	223.3.98.16	2 035	1 114 401	1 008	1 035 681	1 027	78 720	167.264912000	150.1820
180.102.215.18	223.3.98.16	1 951	1 084 741	965	1 006 942	986	77 799	27.473204000	46.6244
180.102.236.98	223.3.98.16	1 934	1 075 204	956	998 011	978	77 193	27.473146000	46.6259
180.102.226.203	223.3.98.16	1 910	1 061 022	944	984 727	966	76 295	27.471858000	46.6280

图 4.4　P2P 数据分发模式

(2) 其次通过 Wireshark I/O 图观察流量下载随时间变化的曲线。

通过 Wireshark I/O 图和 IP 流数据量可以比较容易地了解各视频流在总

传输量的占比以及传输速度(图 4.5)。

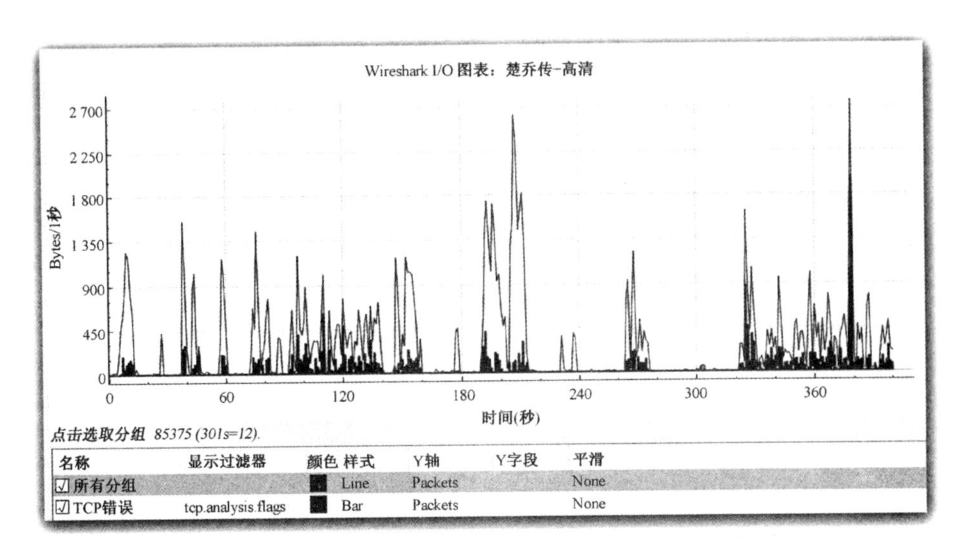

图 4.5 Wireshark I/O 图

(3) 报文过滤

通过前面的方式获得基本的地址信息后，在 Wireshark 报文解析界面可以使用报文过滤的方式找到相应的报文流。使用 TCP 传输视频数据的时候，多使用 HTTP GET 的方法，所以对 Client IP+HTTP 进行过滤能得到所有请求视频的数据，如图 4.6 所示。

楚乔传-高清.pcap.pcapng

文件(F) 编辑(E) 视图(V) 跳转(G) 捕获(C) 分析(A) 统计(S) 电话(Y) 无线(W) 工具(T) 帮助(H)

http and ip.addr==61.147.223.110 && ip.src==192.168.1.102

No.	Time	Source	Destination	Protocol	Length	Info
5…	6.821850	192.168.1.102	61.147.223.1…	HTTP	524	GET /6573E770E0E33713DBBDA2FFB/03000801005953920B5402003E88031A2FEBC3-D4
1…	7.932737	192.168.1.102	61.147.223.1…	HTTP	523	GET /6772850CE3842719D0DCF20F2/03000801005948FFDC9083003E8803A8EEF9E7-31
5…	12.114551	192.168.1.102	61.147.223.1…	HTTP	530	GET /6573E770E0E33713DBBDA2FFB/03000801005953920B5402003E88031A2FEBC3-D4
6…	38.291301	192.168.1.102	61.147.223.1…	HTTP	524	GET /69738800AC84871C32E973511/030001010059435 5E8CD20003E8803BE9263F2-7E
9…	43.303069	192.168.1.102	61.147.223.1…	HTTP	523	GET /6561E70FB8417196B3033A7E/0300080100595AF609B67E003E88031DE0FB69-9CE
1…	58.483276	192.168.1.102	61.147.223.1…	HTTP	524	GET /697623D072A30712AAB762A2D/03000801005959B0F56103003E88036F5EBEF3-57
1…	73.717760	192.168.1.102	61.147.223.1…	HTTP	524	GET /65648A0914377157270B4684/0300080900593609BFD72A2BEEFCF96F575256-725
2…	93.628759	192.168.1.102	61.147.223.1…	HTTP	531	GET /65648A0914377157270B4684/0300080900593609BFD72A2BEEFCF96F575256-725
5…	191.8771…	192.168.1.102	61.147.223.1…	HTTP	532	GET /65648A0914377157270B4684/0300080900593609BFD72A2BEEFCF96F575256-725
6…	199.4278…	192.168.1.102	61.147.223.1…	HTTP	532	GET /65648A0914377157270B4684/0300080900593609BFD72A2BEEFCF96F575256-725
7…	264.0337…	192.168.1.102	61.147.223.1…	HTTP	532	GET /65648A0914377157270B4684/0300080900593609BFD72A2BEEFCF96F575256-725
8…	322.1999…	192.168.1.102	61.147.223.1…	HTTP	524	GET /6767F1850835714A71723297/0300080901593609BFD72A2BEEFCF96F575256-725
9…	342.3349…	192.168.1.102	61.147.223.1…	HTTP	531	GET /6767F1850835714A71723297/0300080901593609BFD72A2BEEFCF96F575256-725

图 4.6 报文过滤

同时对这些请求和应答 HTTP 头部研究，可能得到视频可播放时间，视频长度等信息。如图 4.7 中，可找到播放时间，视频数据格式、视频长度、下载范围等信息。

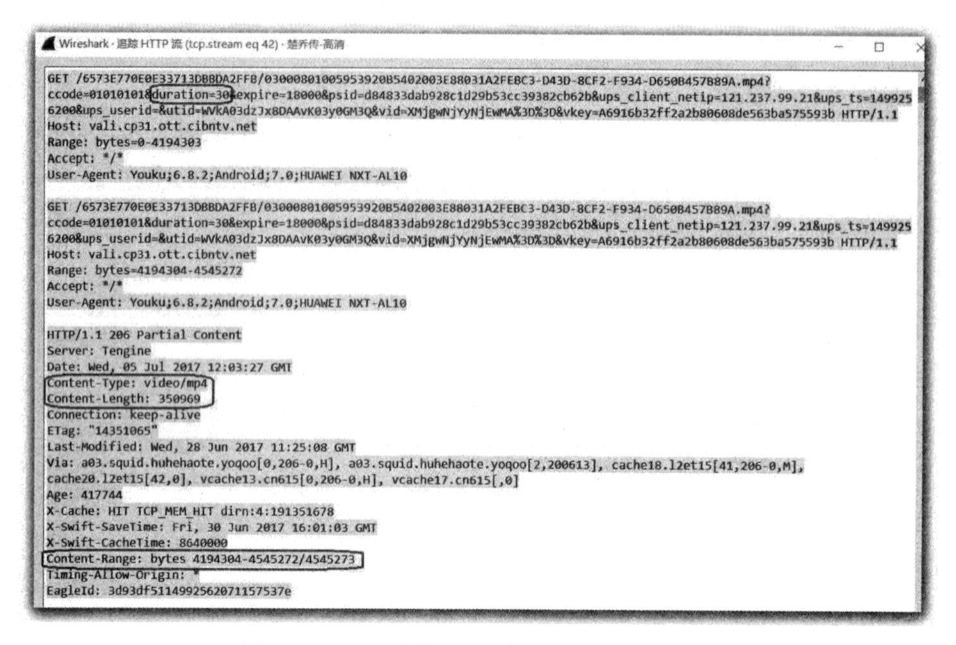

图 4.7　HTTP 请求行和头部含有视频属性信息

(4) 广告和视频数据的区分

分析过程中需要将广告和视频数据进行区分，广告和视频可以通过以下几个方面相结合来区分。

- 时间：广告播放在前所以先传输数据，视频后传输数据。
- 数据文件大小：广告的视频文件比较短，15 秒的广告大约是 1～2 M，30 秒的广告大约是 2～4 M。
- URL：有的网站为了防止广告的卡顿，用专门的 Server 传输广告数据，可以建立类似的白名单，也有的网站没有这样做。
- 传输方式：三个网站都是以 HTTP GET 的方式传输广告的，而视频却非全部这样。
- 视频数据的可播放时间：有些数据请求的参数中含有视频的可播放时间参数，可以根据可播放时间分辨出哪个请求是广告请求，哪个请求是视频请求。

4.3　优酷视频

4.3.1　4G(联通)下使用 Android App

首先分析一个视频数据实例，按照流量对 IP 流进行排序：

按照传输数据量排序，第 1 行、第 2 行是视频，数据服务器为：218. 98. 8. 7，

218.98.8.135，经过查询“BestTrace”数据库，这两个服务器位于江苏苏州联通的数据中心。第3行是广告，数据服务器为：218.98.8.8，与视频服务器在一个子网内，由此可见优酷的视频和广告是由同一个服务商维护(图4.8)。

从测量记录得知这个视频在高清、标清、自动三种情况下都是4个广告共60秒。过滤出和218.98.8.8的数据传输，找到了4个广告的数据下载请求(图4.9)。

IPv4 Conversations: 琅琊榜(4G)-高清.pcap.pcap

IPv4 Conversations: 38

Address A	Address B	Packets	Bytes	Packets A→B	Bytes A→B	Packets A←B	Bytes A←B	Rel Start	Duration	bps A→B	bps A←B
10.19.210.228	218.98.8.7	36 049	41 813 714	6 728	370 061	29 321	41 443 653	51.978896000	254.1791	11647.25	1304392.12
10.19.210.228	218.98.8.135	13 979	15 613 216	3 049	167 533	10 930	15 445 683	306.372088000	62.1745	21556.51	1987399.36
10.19.210.228	218.98.8.8	7 999	6 741 513	3 341	184 054	4 658	6 557 459	5.909936000	61.0034	24136.90	859947.37
10.19.210.228	124.160.136.170	201	135 695	101	6 137	100	129 558	330.482206000	0.2885	170166.75	3592384.50
10.19.210.228	153.3.232.236	116	41 665	73	9 627	43	32 038	17.520076000	295.0237	261.05	868.76
10.19.210.228	106.11.186.3	114	19 146	74	11 611	40	7 535	18.887478000	348.7997	266.31	172.82
10.19.210.228	106.11.209.3	68	14 000	39	9 322	29	4 678	6.198279000	63.1692	1180.57	592.44
10.19.210.228	106.11.186.4	43	10 892	30	7 040	13	3 852	6.218179000	362.2989	155.45	85.06
10.19.210.228	106.11.47.20	33	10 770	25	9 218	8	1 552	6.618065000	361.4597	204.02	34.35
10.19.210.228	106.11.186.2	34	10 337	19	2 798	15	7 539	44.760292000	300.2988	74.54	200.84
10.19.210.228	140.205.36.34	28	9 400	17	8 526	11	874	10.583478000	254.1762	268.35	27.51
10.19.210.228	106.11.47.19	47	9 290	31	5 916	16	3 374	2.149000000	365.7278	129.41	73.80
10.19.210.228	106.11.11.95	36	7 188	19	3 921	17	3 267	0.000000000	54.9560	570.78	475.58
10.19.210.228	221.6.4.66	48	6 054	24	1 887	24	4 167	5.849390000	361.8853	41.71	92.12
10.19.210.228	112.90.87.2	38	4 854	30	3 278	8	1 576	21.595012000	114.8621	228.31	109.77
10.19.210.228	139.129.198.234	20	3 858	12	1 532	8	2 326	18.325639000	33.5796	364.98	554.15
10.19.210.228	140.205.36.31	13	3 298	8	2 870	5	428	326.459645000	33.9121	677.04	100.97
10.19.210.228	106.11.61.109	11	2 242	5	902	6	1 340	184.555861000	145.8313	49.48	73.51
10.19.210.228	106.11.93.8	27	2 178	18	1 332	9	846	5.054446000	360.4464	29.56	18.78

Help Copy Close

图 4.8 琅琊榜(4G)流量排序

No.	Time	Source	Destination	Protocol	Length	Info
31	5.928796	10.19.210.228	218.98.8.8	HTTP	524	GET /65715F7462D367150FC3F4743/0300080100595CA5E6F930003E88034CA2B3F0-0C63-8270-56F2-71BFCF3AB0C9.mp4?
1215	6.230657	10.19.210.228	218.98.8.8	HTTP	524	GET /65720194A3F3B7170C6C36D2D/0300080100591AE243FA0A003E8803CE62CE29-2A6F-9E76-7ACD-39B15D32B336.mp4?
4768	21.619700	10.19.210.228	218.98.8.8	HTTP	524	GET /65714F6C9CD4871C36EE66A3D/0300080100591AE1FB2D97003E88038D9834BE-FDCC-0236-4E43-DDBD749D2687.mp4?
6294	36.726334	10.19.210.228	218.98.8.8	HTTP	524	GET /677301324E44571B05BCA598A/0300080100594356842438003E88037D5F996C-656F-97B1-7D7B-4E64757BE4B9.mp4?

图 4.9 4个广告下载请求

图4.10为下载报文数据文件的I/O图，结合具体报文信息，标记了多个数据传输的峰值结合Wireshark报文解析，我们在I/O图做了标记，各个标记发生的事件为：

标记①是第1，2个广告一起下载，开始下载时间大概在6秒左右，播放时间也应该在这。

标记②是在下载第3、4个广告，因为1、2广告一共播放30秒，第3个广告开始下载时间是第21秒，第4个广告开始下载时间是第36秒，所以这两个广告都是提前15秒下载。

标记③是在下载视频拆分文件1的前4 MB数据，下载开始时间是52秒，播放时间应该在66秒左右，所以也是提前约15秒下载。

标记④是在下载视频拆分文件1中间的28 MB数据下载。

标记⑤是在下载视频拆分文件1末尾的剩余数据下载。根据请求参数视频拆分文件1的播放时间396秒。

标记⑥视频拆分文件 2 前 4 MB 数据下载。该文件的播放时间应该在66＋396＝462 秒处，而它的下载开始时间是 306 秒，所以是提前了 150 秒左右下载。

标记⑦视频拆分文件 2 的第二次数据下载。

③④⑤的下载请求中可以看到请求的文件名是一样的，请求的数据 Range 可以衔接上，可以判断是这是对视频文拆分出的第一个文件的请求，但是在请求时所指向的是同一个服务器上的三个不同物理文件（文件名一样，但是在不同的路径下），这样做的原因应该是支持多个用户对同一个视频数据请求。在请求前有一个指向重定位过程，如图 4.11 这应该是在服务器内部进行文件读操作的调度。

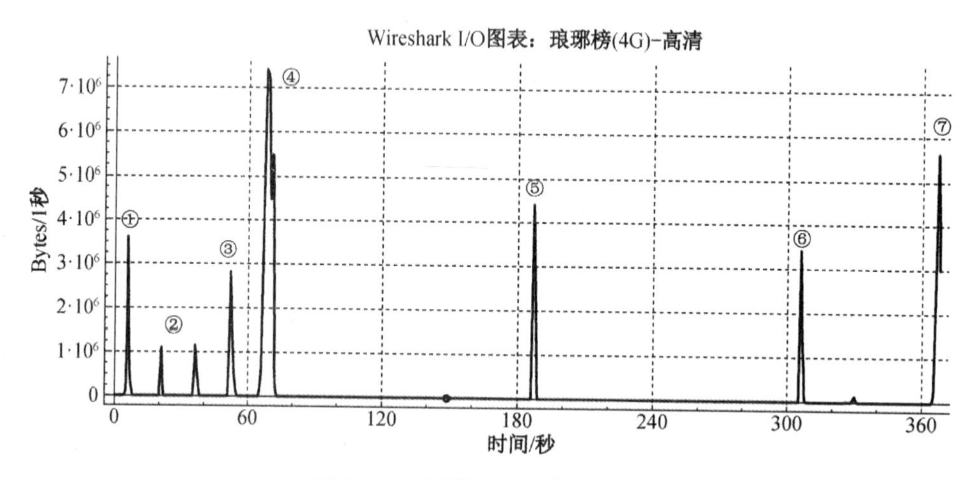

图 4.10　琅琊榜(4G)-高清 I/O 图

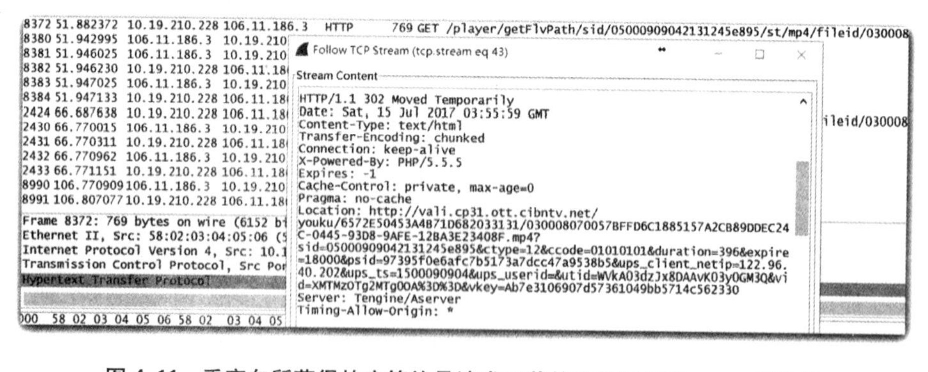

图 4.11　重定向所获得的应答就是请求下载的文件路径和 range 等参数

根据对多个数据的分析，可以找到优酷 4G 下视频文件拆分的规律。

(1) 完整的视频会被拆分为若干文件，这些文件我们称之为被拆分文件 1，拆分文件 2…，拆分的长度按播放时间大约 400 秒左右；

（2）属于同一个视频的被拆分文件并不放在同一个文件服务器上，但是每个被拆分文件在同一个服务器上会有多个拷贝，分布在不同的路径下，用户请求数据时由服务器内部的重定向服务器决定读取哪个拷贝；

（3）对每个被拆分文件的请求，使用 HTTP 的 Range 报文头，分多次请求。第一次通常下载 4 M，第二次是 28 M，第三次是这个文件剩余的数据。如果视频第二个被拆分的文件足够长，第一次也是 4 M，其第二段也是 28 M，规律相同，但是如果视频文件不够长，就按照实际长度请求。

（4）在测试数据中观察到，第一个被拆分文件的下载速度通常快于第二个被拆分文件。究其原因，应该是实际情况中用户开始看视频后，有相当一部分不会看完就放弃了。对第一个被拆分文件的请求数量远远大于对第二个被拆分文件的请求数量。因此，优酷也充分考虑到这点，第一个被拆分文件所处的服务器数目多，上行带宽高。

4.3.2　WiFi 下使用 Android App

WiFi 下数据传输特征和 4G 传输方式和技术几乎一样。图 4.12 为其中一个测试数据按照 IP 流量排序。

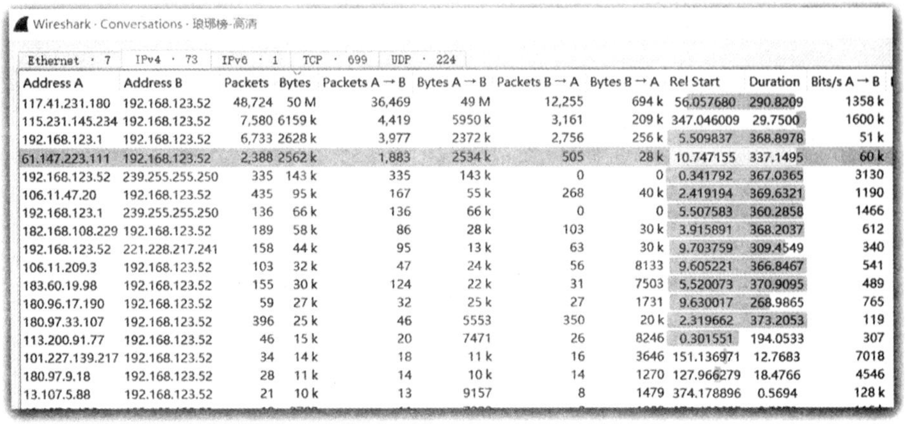

Wireshark · Conversations · 琅琊榜-高清

Ethernet · 7　IPv4 · 73　IPv6 · 1　TCP · 699　UDP · 224

Address A	Address B	Packets	Bytes	Packets A → B	Bytes A → B	Packets B → A	Bytes B → A	Rel Start	Duration	Bits/s A → B
117.41.231.180	192.168.123.52	48,724	50 M	36,469	49 M	12,255	694 k	56.057680	290.8209	1358 k
115.231.145.234	192.168.123.52	7,580	6159 k	4,419	5950 k	3,161	209 k	347.046009	29.7500	1600 k
192.168.123.1	192.168.123.52	6,733	2628 k	3,977	2372 k	2,756	256 k	5.509837	368.8978	51 k
61.147.223.111	192.168.123.52	2,388	2562 k	1,883	2534 k	505	28 k	10.747155	337.1495	60 k
192.168.123.52	239.255.255.250	335	143 k	335	143 k	0	0	0.341792	367.0365	3130
106.11.47.20	192.168.123.52	435	95 k	167	55 k	268	40 k	2.419194	369.6321	1190
192.168.123.1	239.255.255.250	136	66 k	136	66 k	0	0	5.507583	360.2858	1466
182.168.108.229	192.168.123.52	189	58 k	86	28 k	103	30 k	3.915891	368.2037	612
192.168.123.52	221.228.217.241	158	44 k	95	13 k	63	30 k	9.703759	309.4549	340
106.11.209.3	192.168.123.52	103	32 k	47	24 k	56	8133	9.605221	366.8467	541
183.60.19.98	192.168.123.52	155	30 k	124	22 k	31	7503	5.520073	370.9095	489
180.96.17.190	192.168.123.52	59	27 k	32	25 k	27	1731	9.630017	268.9865	765
180.97.33.107	192.168.123.52	396	25 k	46	5553	350	20 k	2.319662	373.2053	119
113.200.91.77	192.168.123.52	46	15 k	20	7471	26	8246	0.301551	194.0533	307
101.227.139.217	192.168.123.52	34	14 k	18	11 k	16	3646	151.136971	12.7683	7018
180.97.9.18	192.168.123.52	28	11 k	14	10 k	14	1270	127.966279	18.4766	4546
13.107.5.88	192.168.123.52	21	10 k	13	9157	8	1479	374.178896	0.5694	128 k

图 4.12　琅琊榜（WiFi）流量排序

开始下载广告时间是 10 秒，播放广告到 70 秒，视频开始下载时间是 56 秒，提前约 15 秒。根据 HTTP 请求头部信息可以解析出第一段视频的播放时间是 416 秒，第二段下载时间是 347 秒，开始播放时间是 416＋70＝486 秒，因此视频数据提前约 140 秒下载。再结合视频下载的 IO 图进行观察。

可以看到，对视频数据的管理方式，也是将视频拆分后放在不同的服务器上，图 4.13 中，①，②，③是对拆分文件 1 的下载，④是对拆分文件 2 的下载。

此外,我们也观察到,第二个服务器到手机的数据传输速度和第一个服务器到手机的传输速度相比要慢,这与4G下的情况是一样的。

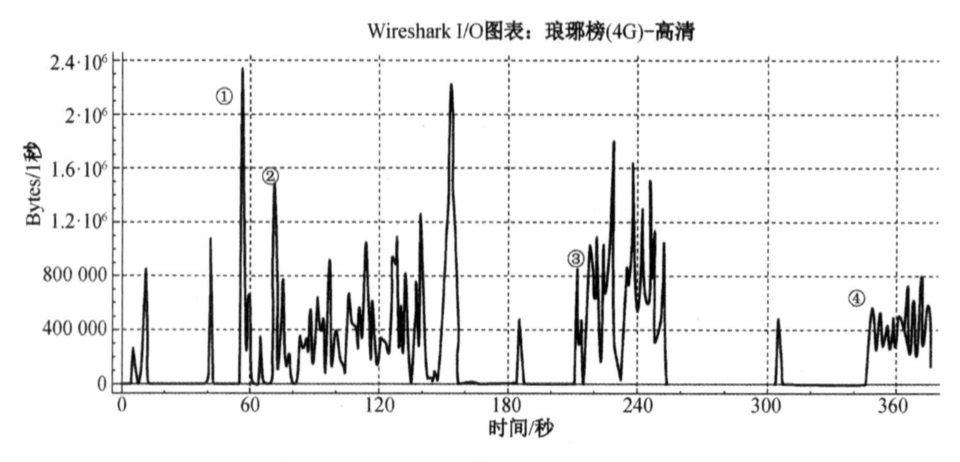

图 4.13　琅琊榜(WiFi)-高清 I/O 图

4.3.3　优酷视频的“自动”策略分析

优酷视频播放器的分辨率选项中提供分辨率“自动”,我们针对这个选项做了一系列实验,以探究其“自动”的基本策略。

4.2.1节中已经分析测试环境可以满足视频的正常播放传输,为了探测“自动”在极端情况下的策略,我们在试验中通过对热点提供的带宽进行限制来实现限速功能。相应的几个限速实验分别如下:

(1) 限速场景1:先限速2 MBps,待广告播放完后,视频播放15 s时限制带宽为60 kbps,播放5分钟后停止抓包。

播放状况:播放流畅。

在这个场景下,图4.14中“视频下载1”中下载了约17 M的数据,视频为标清,计算可播放时长约为167秒。“视频下载2”更换了视频服务器,此时已经限

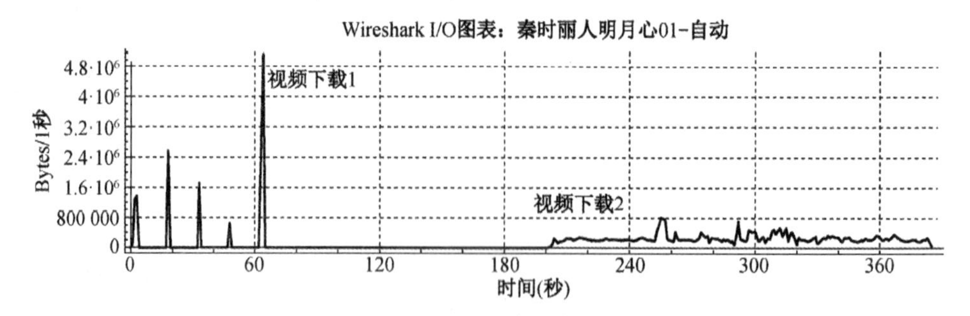

图 4.14　限速场景1 Wireshark I/O 图

速到 60 kbps，理论上这个速率是也够标清视频的传输了，但是对 Wireshark 数据进行分析后发现，此时有多个重复的并行请求，这反而会造成丢包增加，传输效率下降。因此 App 在此场景下并没有采取正确的策略适应链路条件的变化。因为在前期下载了较多的数据缓存，所以在 5 分钟内并未出现卡顿现象，但是如果持续播放，势必会有卡顿出现。

(2) 限速场景 2：先限速 120 kbps，待广告播放完后，视频播放 15 s 时限制带宽为 5 kbps。

播放状况：未限速前，播放广告时出现卡顿，限速后，在第 47 s，播放卡顿，提示切换清晰度为"推荐清晰度"，卡顿 2 分钟后，视频停止播放，提示"切换线路"。

结合 Wireshark 报文解析和 I/O 图(图 4.15)，可以观察到视频为标清视频，视频时长 390 秒，在第二次限速前数据从三个服务器下载，限速后由于带宽太小已经无法下载到需要的数据，又换了两个 IP，并多次发出同样的请求。

从这个场景可以看出，缓存数据不够播放的时候 App 会有相应的提示，本次实验中出现的播放卡顿时提示切换清晰度为"推荐清晰度"，卡顿 2 分钟后，视频停止播放，提示"切换线路"，都是播放器观察到了下载速率不够发出的报警，但是这些警报是给用户提示操作的，播放器本身没有任何应对方法。与此同时，播放器本身给出的多个并行请求，实际上并不能提高下载速率，反而降低了下载速率。

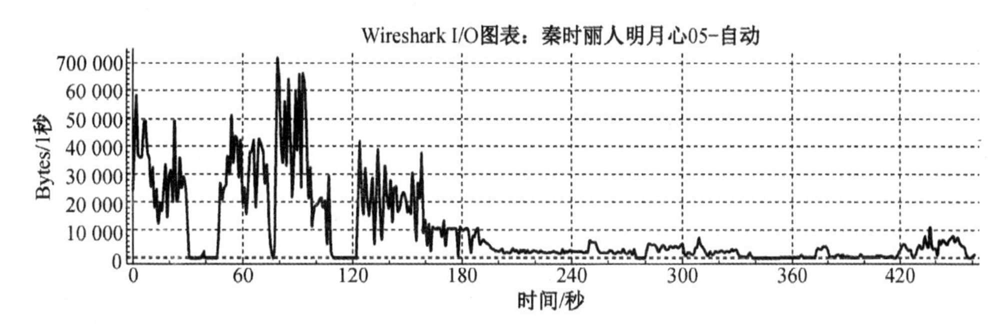

图 4.15 限速场景 2 Wireshark I/O 图

(3) 限速场景 3：先限速 80 kbps，待广告播放完后，视频播放 2 分钟时解除限速。

播放状况：未解除限速前，播放广告视频时出现多次卡顿，提示切换清晰度为"推荐清晰度"，解除限速后，播放很流畅。

从图 4.16 中可以看到可以清楚看到限速前和限速后传输速率差别很大，此外，结合报文解析可以看到，服务器有两个，第一个服务器不光提供视频，也提供广告，切换到第二个服务器后虽然限速取消了，但是分辨率从标清被切换成了畅清 240 P。在这个限速场景中，分辨率并不是随着网络传输速率的变大而增加，而是反而降低了。这个场景中 App 虽然自动降分辨率，但是实际上并没能及时发现网络传输带宽的不够，而是在播放了约 190 秒之后才发现，而且此时网速其实已经够了，但是分辨率切换却是基于之前的结论，并不符合环境的实际变化。

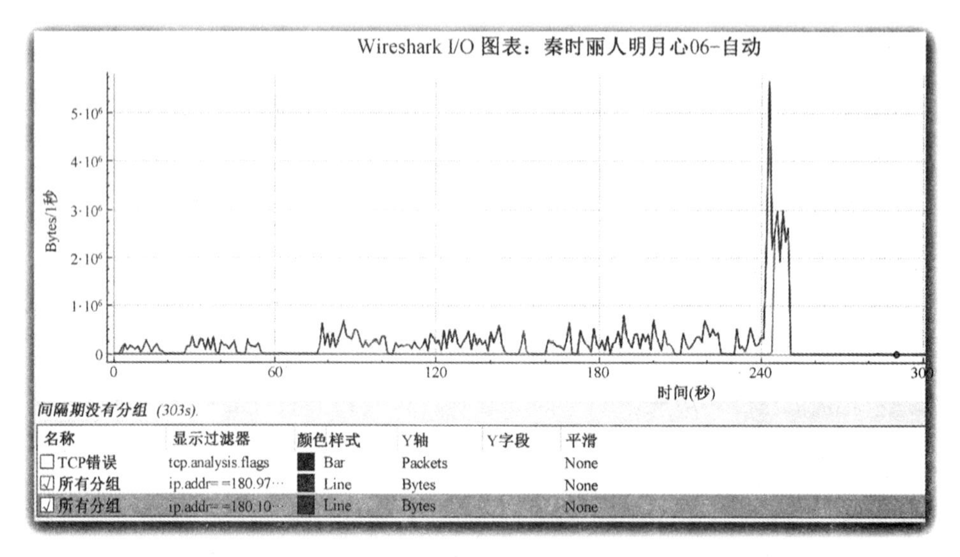

图 4.16 限速场景 3 Wireshark I/O 图

基于上述的 3 个限速场景中优酷 App 的表现，可以发现只有在视频文件播放完后才会尝试更换码率，在播放中间已经超过极限的情况(测试 2)没有做改变，只是在 App 界面发出告警通知用户手动切换。这个告警通知应该是来自视频处理和播放的程序，而非来自数据传输的程序，也无法改变数据传输过程。结合之前优酷对视频数据分块的策略，由于数据分块过大(测试中观察到的高清视频的分片长度在 400 秒左右)，导致 App 无法及时根据网络传输状况的变化进行分辨率自动切换，如场景 3，甚至会做出与实际情况相反的决策。

此外，做出调整判断的程序是来自于视频处理和播放的程序，而非来自视频传输程序或两者联合，这就是说即使做出了正确的判断和改变也是在卡顿发生之后，而非预测并且避免卡顿。相对来说，YouTube 的分片时长最长也就 10 秒左右，YouTube 的自动调整会发生在当前下载开始 20 秒内，并且数据缓存 30 秒内，因此 YouTube 可以适应网络传输情况进行自适应传输。

4.3.4 优酷视频的主要特征

对上述特征进行总结，发现优酷视频有以下特征：

(1) 优酷有标清，高清和超清，目前标清多使用 flv，高清多使用 MP4，目前观察在同样的终端，同样是“自动”选项下，会有标清，也会有高清。

(2) 优酷视频文件切分和数据分发方式如图 4.17 所示。

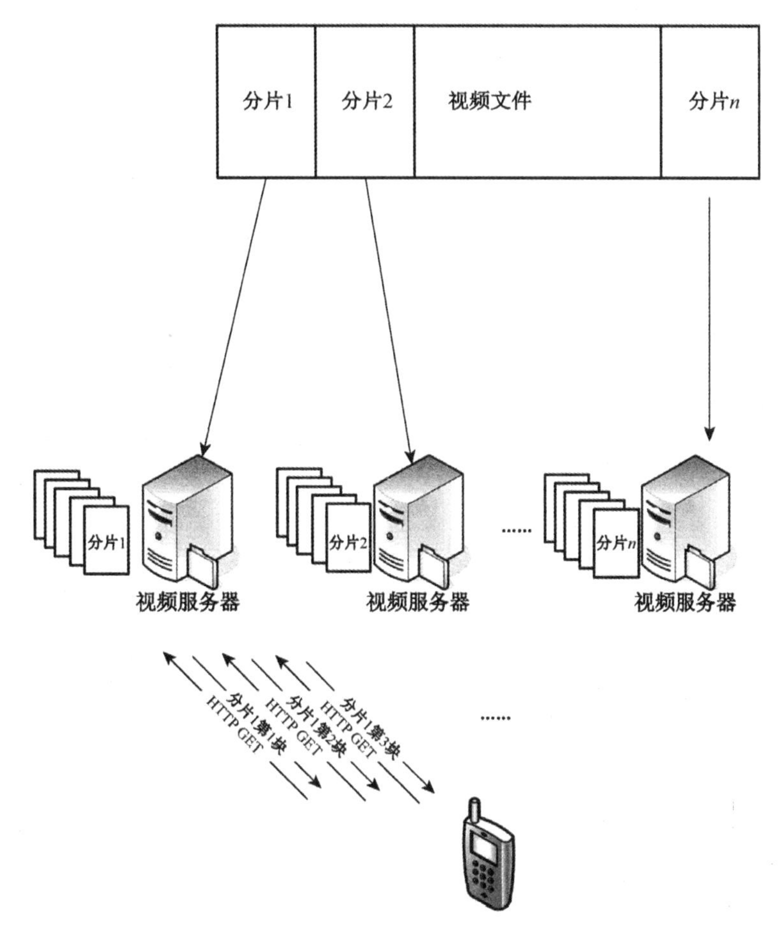

图 4.17　优酷视频文件切分和数据分发

(3) 优酷长视频拆分是依照播放时间 400 秒左右来拆分的，4G 和 WiFi 使用的服务器不同，同样的视频，同样的清晰度，码率不一样，因此拆分文件的大小和播放时间(在 400 秒左右，但并不一样)也是不同的。

(4) 优酷在播放视频时，观察过多次切换服务器后丢包变多传输速度变慢。据此推测，优酷根据开始部分播放量大，后续部分播放量小或类似的情况，做了设备和信道带宽的分配，并在每个服务器内部对同一分片的多个拷贝使用 HTTP 重定进行服务调度。

(5) 优酷在做长视频下载时 HTTP GET 的范围过大，第一个 4 M，后面是 28 M，如果网络状态非常不好时没法及时发现并更换码率，会造成比较严重的卡顿，也无法实现自适应分辨率切换。

4.4 爱奇艺

4.4.1 4G(联通)下使用 Android App

对一个测试数据中的 IP 流按照传输数据量排序(图 4.18)

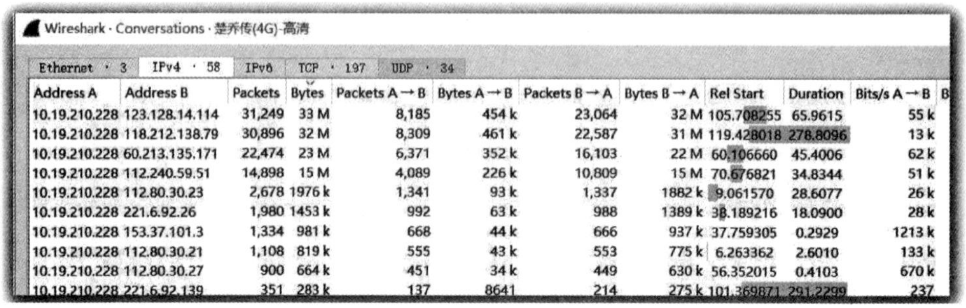

Wireshark · Conversations · 楚乔传(4G)-高清

Ethernet · 3 | IPv4 · 58 | IPv6 | TCP · 197 | UDP · 34

Address A	Address B	Packets	Bytes	Packets A→B	Bytes A→B	Packets B→A	Bytes B→A	Rel Start	Duration	Bits/s A→B
10.19.210.228	123.128.14.114	31,249	33 M	8,185	454 k	23,064	32 M	105.708255	65.9615	55 k
10.19.210.228	118.212.138.79	30,896	32 M	8,309	461 k	22,587	31 M	119.428018	278.8096	13 k
10.19.210.228	60.213.135.171	22,474	23 M	6,371	352 k	16,103	22 M	60.106660	45.4006	62 k
10.19.210.228	112.240.59.51	14,898	15 M	4,089	226 k	10,809	15 M	70.676821	34.8344	51 k
10.19.210.228	112.80.30.23	2,678	1976 k	1,341	93 k	1,337	1882 k	9.061570	28.6077	26 k
10.19.210.228	221.6.92.26	1,980	1453 k	992	63 k	988	1389 k	38.189216	18.0900	28 k
10.19.210.228	153.37.101.3	1,334	981 k	668	44 k	666	937 k	37.759305	0.2929	1213 k
10.19.210.228	112.80.30.21	1,108	819 k	555	43 k	553	775 k	6.263362	2.6010	133 k
10.19.210.228	112.80.30.27	900	664 k	451	34 k	449	630 k	56.352015	0.4103	670 k
10.19.210.228	221.6.92.139	351	283 k	137	8641	214	275 k	101.369871	291.2299	237

图 4.18　按 IP 数据量排序

结合报文解析，可以看出这些流都是 HTTP 协议，前 4 个 IP 流是视频数据，从第 5 个到第 9 个流是广告数据。

结合报文解析，可以看出 60 秒前是广告下载，60 秒后开始视频下载，爱奇艺的视频文件类型主要是 F4V，广告有一部分是 MP4，视频拆分是按照大小来拆分的，可以从 HTTP 请求的头部解析出数据范围，一般是 20 M 或者 30 M 左右两种分法。

爱奇艺的下载方式是用 HTTP GET 对拆分文件进行分块下载，块的大小大部分是 2 M。但是，爱奇艺不同的服务器对文件拆分大小可能不一样。如果换服务器(手动切换清晰度或者是自然切换到下一个文件分段)，播放时间需要重新定位时，此时首先请求新服务器的新拆分文件的前 40 k 内容，然后根据数据重新找到起始下载位置。这种拆分方式，要求每个拆分文件可以看成一个独立的视频文件，文件头部是文件内容的索引信息。

爱奇艺的数据请求方式是一开始连续下载，正常情况下每一块大小 2 M 左右，等到一定时候(缓存满)就不连续下载了，而是间隔一段时间下载一些数据，如间隔 40 秒下载 2 块共 4 M 数据，补充缓存里被播放的数据。爱奇艺的 HTTP 请求里没有数据的可播放时间参数，所以无法精确知道码率，但是根据经验值可以估算，播放的高清 480 P 码率约为 1 MB 每 10 秒，所以是大致播放 40 秒然后下载下一块。图 4.19 为 4G 高清 I/O 图。

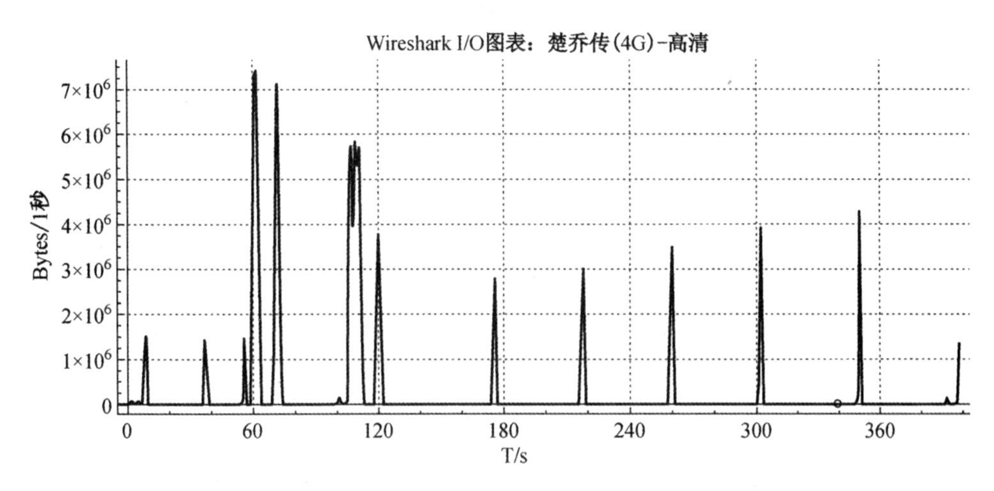

图 4.19　楚乔传(4G)-高清 I/O 图

如果是在切换过程中,根据实际情况会指定其他大小范围。

4.4.2　WiFi 下使用 Android App

图 4.20 为一个测试样例按照数据传输量进行排序。

Address A	Address B	Packets	Bytes	Packets A→B	Bytes A→B	Packets A←B	Bytes A←B	Rel Start	Duration
222.186.189.155	223.3.98.16	15 047	14 325 253	11 101	14 073 724	3 946	251 529	27.470836000	53.7322
202.119.24.249	223.3.98.16	14 471	13 141 733	10 072	12 900 914	4 399	240 819	5.048922000	335.2429
58.205.196.5	223.3.98.16	6 511	6 543 303	5 024	6 460 994	1 487	82 309	24.245595000	16.8120
115.25.211.13	223.3.98.16	3 567	3 214 641	2 481	3 152 073	1 086	62 568	5.188868000	302.2856
180.103.129.63	223.3.98.16	5 461	2 988 879	2 710	2 773 691	2 751	215 188	27.475441000	289.8981
180.102.127.249	223.3.98.16	5 101	2 834 893	2 537	2 637 407	2 564	197 486	80.972326000	230.8366
218.199.207.25	223.3.98.16	4 809	2 734 778	2 395	2 551 796	2 414	182 982	122.787322000	194.6325
49.89.208.44	223.3.98.16	3 341	1 862 729	1 665	1 733 173	1 676	129 556	168.324112000	149.2046
222.18.46.12	223.3.98.16	3 103	1 720 140	1 545	1 601 700	1 558	118 440	112.629248000	204.9918
180.103.56.25	223.3.98.16	2 888	1 563 192	1 420	1 451 292	1 468	111 900	80.973924000	236.8200
202.115.83.72	223.3.98.16	2 656	1 485 678	1 323	1 384 408	1 333	101 270	167.264532000	150.4249
58.208.64.49	223.3.98.16	2 684	1 454 156	1 338	1 349 490	1 346	104 666	168.324578000	149.0280
180.102.55.80	223.3.98.16	2 544	1 391 193	1 258	1 293 342	1 286	97 851	81.189917000	191.2143
180.103.17.36	223.3.98.16	2 425	1 237 567	1 183	1 139 521	1 242	98 046	80.974140000	236.4357
180.102.210.115	223.3.98.16	2 271	1 191 951	1 119	1 098 036	1 152	93 915	27.472064000	105.9714
210.35.171.78	223.3.98.16	2 035	1 114 401	1 008	1 035 681	1 027	78 720	167.264912000	150.1820
180.102.215.18	223.3.98.16	1 951	1 084 741	965	1 006 942	986	77 799	27.473204000	46.6244
180.102.236.98	223.3.98.16	1 934	1 075 204	956	998 011	978	77 193	27.473146000	46.6259
180.102.226.203	223.3.98.16	1 910	1 061 022	944	984 727	966	76 295	27.471858000	46.6280

图 4.20　数据传输量排序

从图 4.20 可以看出在 27 秒和 80 秒时有大量数据同时开始传输。结合其他数据可以看出是大量的 UDP 和少量的 TCP 数据传输。

这些 27 秒左右通过 UDP 向不同的 IP 请求数据的模式,符合 P2P 下载的特征。

4.4.3 爱奇艺视频的主要特征

对多个视频文件分析，总结出一些爱奇艺视频传输的特征：

(1) 视频格式主要是 F4V，有时是 MP4。拆分是按照文件大小进行的，测试中主要观察到是 20 M, 30 M 这两种大小，对被拆分的数据文件数据分次下载，每次 2 M 左右。

(2) 4G 环境下采用服务器分发视频，WiFi 的环境下采用 P2P 模式。P2P 传输具有大量的不确定性，所以数据重复量大，做的全数据测试中数据传输是正常的数据传输两倍以上。

(3) 爱奇艺没有自适应机制，需要手工切换，支持1080 P(VIP), 720 P，高清(480 P)，流畅(360 P)，急速。

(4) 4G 情况下，如果网速够快，爱奇艺缓冲区满后再次下载的触发方式是缓冲区的可播放时间(T)，测试中 T 约等于 40 秒。

4.5 腾讯视频

4.5.1 4G(联通)下使用 Android App

腾讯 4G 视频通常没有广告，即使有也只是 15 s 的一个广告，图 4.21 的数据传输量排序可以看出数据的传输集中在一个 IP 上，没有广告。

Wireshark · Conversations · 楚乔传(4G)-高清

Ethernet · 3 | IPv4 · 28 | IPv6 | TCP · 78 | UDP · 19

Address A	Address B	Packets	Bytes	Packets A→B	Bytes A→B	Packets B→A	Bytes B→A	Rel Start	Duration	Bits/s A→B
10.19.210.228	124.89.197.19	36,696	41 M	7,416	511 k	29,280	41 M	7.100361	266.0908	15 k
10.19.210.228	140.207.135.124	343	154 k	185	26 k	158	127 k	3.682700	289.7861	732
10.19.210.228	58.246.223.145	258	65 k	135	51 k	123	14 k	4.066224	303.0918	1347
10.19.210.228	140.207.128.16	183	49 k	100	40 k	83	9399	4.234411	303.8895	1058
10.19.210.228	58.251.106.169	171	46 k	95	37 k	76	9074	4.232466	303.8567	982
10.19.210.228	223.167.86.100	51	33 k	26	1759	25	31 k	93.72557(	0.0988	142 k
10.19.210.228	140.207.189.19	40	12 k	23	6021	17	6843	6.923299	202.8459	237
10.19.210.228	140.207.127.95	30	9479	18	8315	12	1164	10.997221	47.3477	1404
10.19.210.228	58.247.206.170	38	6972	22	5616	16	1356	6.870097	51.4429	873
10.19.210.228	163.177.89.184	24	6844	12	2562	12	4282	5.043703	2.0392	10 k

图 4.21 楚乔传(4G)流量排序

找出所有的 Get 请求，可以发现腾讯使用的是 M3U8 描述文件和 TS 流格式，和 HLS 协议类似，与 YouTube 使用的 HLS 不同之处是没有区分音频和视频。取出该视频的 M3U8 文本，如图 4.22。

从该文本能看到数据分块的播放时间长度，分块文件大小长度等信息。根据文本中的记录可以统计出前 42 段文件长度正好 405 秒，把前 42 段文件长度

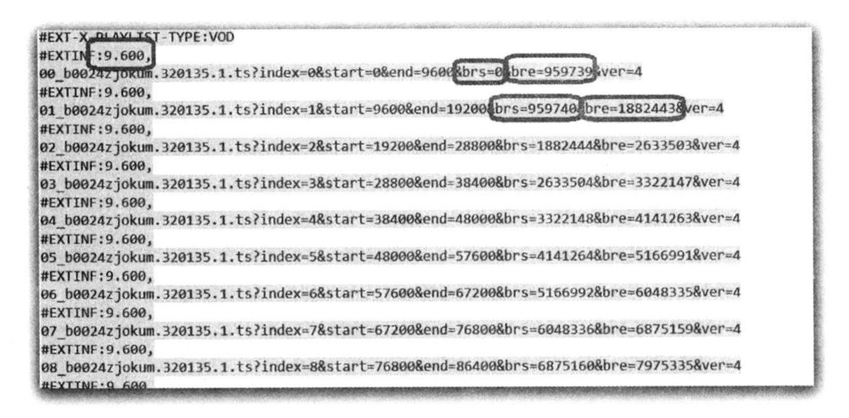

```
#EXT-X-PLAYLIST-TYPE:VOD
#EXTINF:9.600,
00_b0024zjokum.320135.1.ts?index=0&start=0&end=9600&brs=0&bre=959739&ver=4
#EXTINF:9.600,
01_b0024zjokum.320135.1.ts?index=1&start=9600&end=19200&brs=959740&bre=1882443&ver=4
#EXTINF:9.600,
02_b0024zjokum.320135.1.ts?index=2&start=19200&end=28800&brs=1882444&bre=2633503&ver=4
#EXTINF:9.600,
03_b0024zjokum.320135.1.ts?index=3&start=28800&end=38400&brs=2633504&bre=3322147&ver=4
#EXTINF:9.600,
04_b0024zjokum.320135.1.ts?index=4&start=38400&end=48000&brs=3322148&bre=4141263&ver=4
#EXTINF:9.600,
05_b0024zjokum.320135.1.ts?index=5&start=48000&end=57600&brs=4141264&bre=5166991&ver=4
#EXTINF:9.600,
06_b0024zjokum.320135.1.ts?index=6&start=57600&end=67200&brs=5166992&bre=6048335&ver=4
#EXTINF:9.600,
07_b0024zjokum.320135.1.ts?index=7&start=67200&end=76800&brs=6048336&bre=6875159&ver=4
#EXTINF:9.600,
08_b0024zjokum.320135.1.ts?index=8&start=76800&end=86400&brs=6875160&bre=7975335&ver=4
#EXTINF:9.600
```

图 4.22 楚乔传高清(4G)M3U8 文本

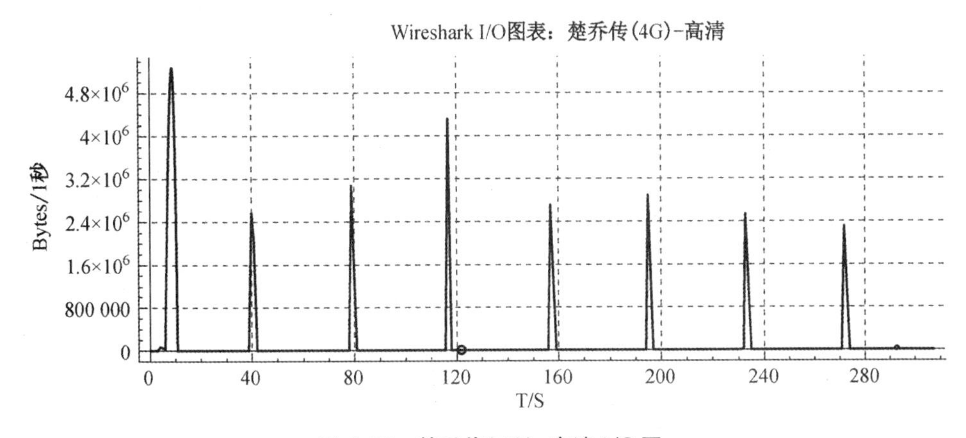

图 4.23 楚乔传(4G)-高清 I/O 图

加总算得 39 180 890 Bytes，平均码率为 773.94 kbps，同样内容的视频优酷的第一段为 390 秒，文件长度为 49 603 685，平均码率 1 017.51 kbps。因此相同视频高清条件下的腾讯数据量比优酷的数据量要小，或者说腾讯的压缩率要大一些。在图 4.23 中继续进行观察：

结合报文的 Get 请求可以看到，数据是分段下载的，一开始下载了 14 段共 135 秒左右数据，在 30 秒后又下载了 4 段，接着是每隔 40 秒下载 4 段数据。使得缓存里面一直有 140 秒左右的待播数据。这个明显比优酷预先下载的数据可播放时间要小多了，优酷在 4G 条件下预下载量可播放时间观察到最大值是 420 秒，最小值是 150 秒。结合 HTTP 请求报文的时标，可以分析出是提前下载 135 秒数据，然后过 40 秒更新，因此可以初步判断腾讯 4G 中是以播放时间为基础和判断标准的。

4.5.2 WiFi 下使用 Android App

首先进行流量排序：

结合报文解析观察流量大的下载数据，广告是通过 HTTP GET 下载的，图 4.24 上标记深褐色圈(202.119.24.249～223.3.98.16)是广告下载，视频分成两部分，前一部分和 4G 模式一样，后一部分是通过多 IP 使用 UDP 协议传输的。灰色圈(180.96.69.19～223.3.98.16)是视频的第一部分 TCP 下载，同 4G 一样是用 M3U8＋TS 流的方式图 4.25。

Wireshark · Conversations · 楚乔传-高清

Ethernet · 7 | IPv4 · 378 | IPv6 · 2 | TCP · 304 | UDP · 343

Address A	Address B	Packets	Bytes	Packets A→B	Bytes A→B	Packets B→A	Bytes B→A	Rel Start	Duration	Bits/s A→B
117.182.121.193	223.3.98.16	40,780	45 M	39,026	45 M	1,754	225 k	49.392225	80.2141	4533 k
223.3.98.16	223.74.4.175	24,432	27 M	1,076	139 k	23,356	27 M	87.984018	152.9674	7290
223.3.98.16	223.73.228.156	13,347	14 M	635	81 k	12,712	14 M	32.649768	238.5001	2737
120.239.175.235	223.3.98.16	11,823	13 M	11,384	13 M	439	56 k	24.826831	68.4378	1549 k
222.35.92.2	223.3.98.16	11,651	12 M	10,871	12 M	780	101 k	104.648472	23.5671	4295 k
39.179.228.113	223.3.98.16	9,351	10 M	8,833	10 M	518	66 k	37.072454	39.0212	2101 k
180.96.69.19	223.3.98.16	10,919	10 M	7,752	9916 k	3,167	177 k	7.334879	72.1103	1100 k
112.21.85.146	223.3.98.16	6,269	6847 k	5,854	6794 k	415	53 k	13.797885	29.9192	1816 k
117.181.255.87	223.3.98.16	4,083	4361 k	3,728	4315 k	355	45 k	67.482689	202.3857	170 k
202.119.24.249	223.3.98.16	4,201	3901 k	3,002	3834 k	1,199	66 k	3.663817	68.0713	450 k
223.3.98.16	223.74.152.74	3,545	3873 k	238	30 k	3,307	3843 k	98.017230	20.6047	11 k
120.239.169.50	223.3.98.16	3,251	3569 k	198	25 k	3,053	3543 k	331.012374	59.6115	3442
223.3.98.16	223.73.64.172	3,161	3490 k	172	22 k	2,989	3468 k	294.494965	95.8667	1861
222.37.30.86	223.3.98.16	3,173	3427 k	2,932	3396 k	241	30 k	24.848452	87.5745	310 k
183.228.252.44	223.3.98.16	2,866	3156 k	2,705	3135 k	161	20 k	263.237302	114.6263	218 k
117.141.8.31	223.3.98.16	2,687	2761 k	2,359	2718 k	328	42 k	161.239624	218.7377	99 k

图 4.24 楚乔传高清(WiFi)的流量排序

```
#EXTM3U
#EXT-X-VERSION:3
#EXT-X-MEDIA-SEQUENCE:0
#EXT-X-TARGETDURATION:13
#EXT-X-PLAYLIST-TYPE:VOD
#EXTINF:9.600,
00_d0024036a7j.320135.1.ts?index=0&start=0&end=9600&brs=0&bre=576595&ver=4
#EXTINF:9.600,
01_d0024036a7j.320135.1.ts?index=1&start=9600&end=19200&brs=576596&bre=1277647&ver=4
#EXTINF:9.600,
02_d0024036a7j.320135.1.ts?index=2&start=19200&end=28800&brs=1277648&bre=2076647&ver=4
#EXTINF:9.600,
03_d0024036a7j.320135.1.ts?index=3&start=28800&end=38400&brs=2076648&bre=2785971&ver=4
#EXTINF:9.600,
04_d0024036a7j.320135.1.ts?index=4&start=38400&end=48000&brs=2785972&bre=3543423&ver=4
#EXTINF:9.600,
05_d0024036a7j.320135.1.ts?index=5&start=48000&end=57600&brs=3543424&bre=4438679&ver=4
#EXTINF:9.600,
06_d0024036a7j.320135.1.ts?index=6&start=57600&end=67200&brs=4438680&bre=5461023&ver=4
#EXTINF:9.600,
07_d0024036a7j.320135.1.ts?index=7&start=67200&end=76800&brs=5461024&bre=6288787&ver=4
```

图 4.25 视频第一部分的 M3U8 文本

通过和 4G 的相同视频的 M3U8 文本比较,可以看出同样视频同样分辨率 WiFi 指向的数据大小比 4G 指向的数据大小要小一些。

图 4.26 是数据传输 I/O graph,可以看到开始的广告和第一块视频传输,后面的 UDP 也用各种颜色标记出来了,可以看到 UDP 传输数据除了第一块是单独传输的(浅黄色),后面是并行传输的。

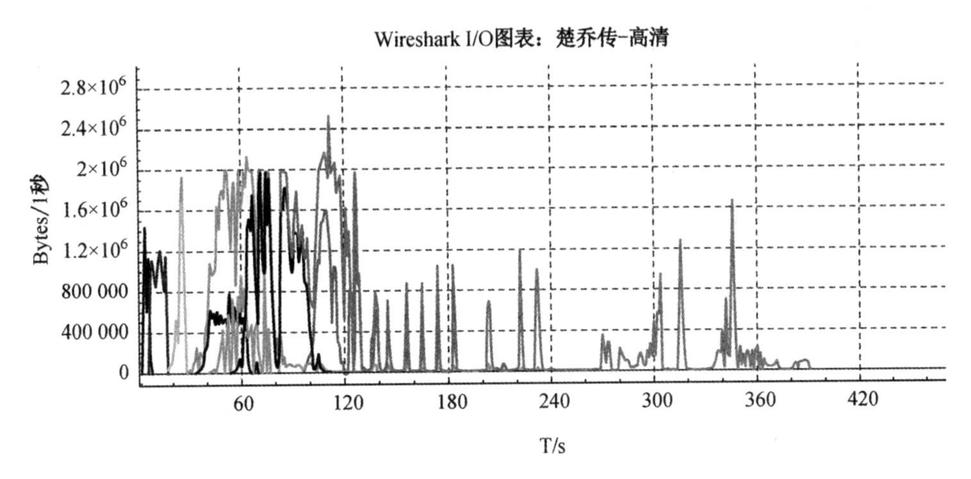

图 4.26 楚乔传(WiFi)-高清 I/O 图(见文后彩图)

把 UDP 传输数据放大,如图 4.27 所示。

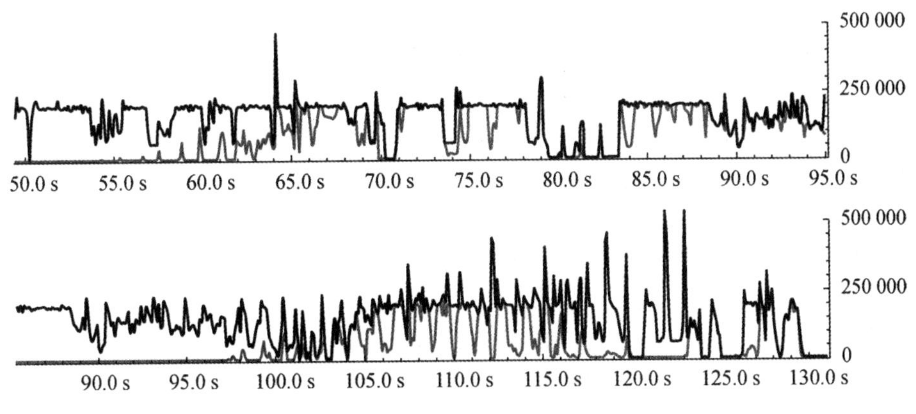

图 4.27 楚乔传(WiFi)-高清 I/O 图中的 UDP 传输(见文后彩图)

从时间轴看,传输数据量是慢慢增加的,通过实际数据包解析确实如此,此处使用了类似 TCP 传输的窗口概念(见图 4.28 右边的红色框),即逐步试探根据反馈调整可以建立的连接数目。

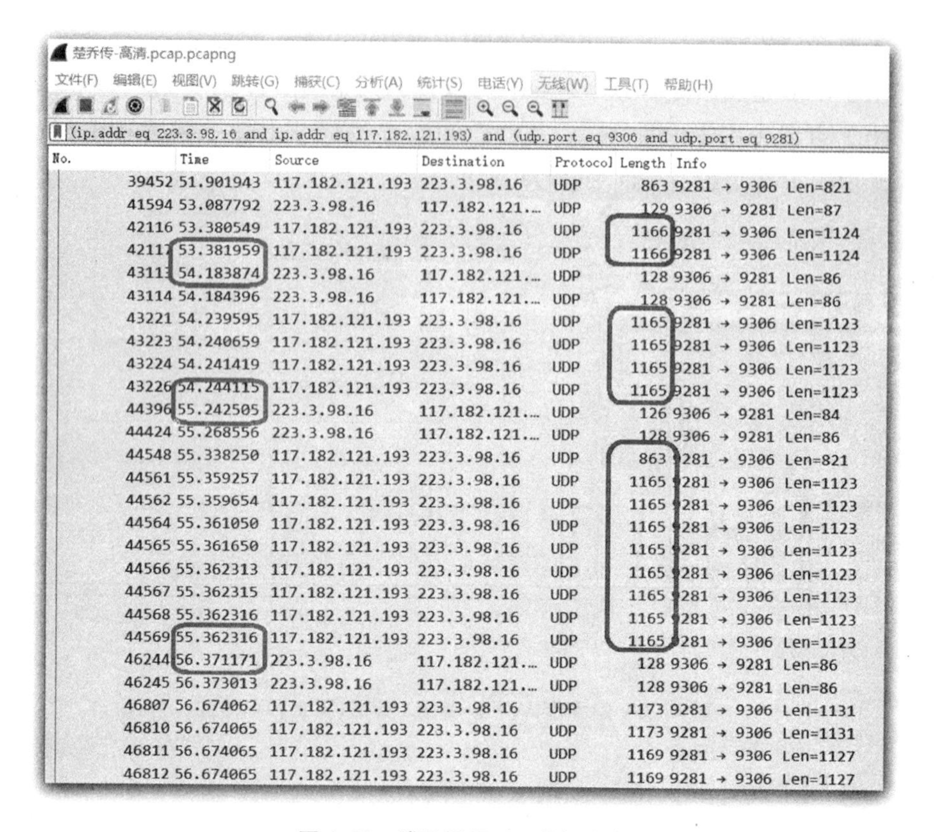

图 4.28 腾讯视频 P2P 数据分发

从图 4.28 可以看到，数据传输之间较长的时间间隔发生在数据源为本地 IP 的 IP 流上，这说明传输时间间隔由本地 App 控制，见图 4.28 左边褐色框。但是“窗口”的控制算法尚无法给出具体分析结果。从请求的过程看，客户端在通过 UDP 请求服务器数据时也无法判断服务器是否能正常送出数据，所以同一时间做了比较多的请求。通过对一些数据进行追踪，发现 App 一般会请求两次，有些第一次请求就开始传输数据，有些是第二次请求后开始传输数据，大部分请求得不到响应。在这种 P2P 模式下，重复数据很多，导致真实传输数据远大于需要的传输数据。

为了看出腾讯视频 WiFi 和 4G 下数据传输量的差别，我们做了一个数据比较，同样采集规则下，WiFi 下采集的数据报文大小大约是 4G 下采集的数据报文的 2.26 倍。

从 I/O 图表中也能看出下载速度和数据量的差别。图 4.29 给出了这两者的区别。

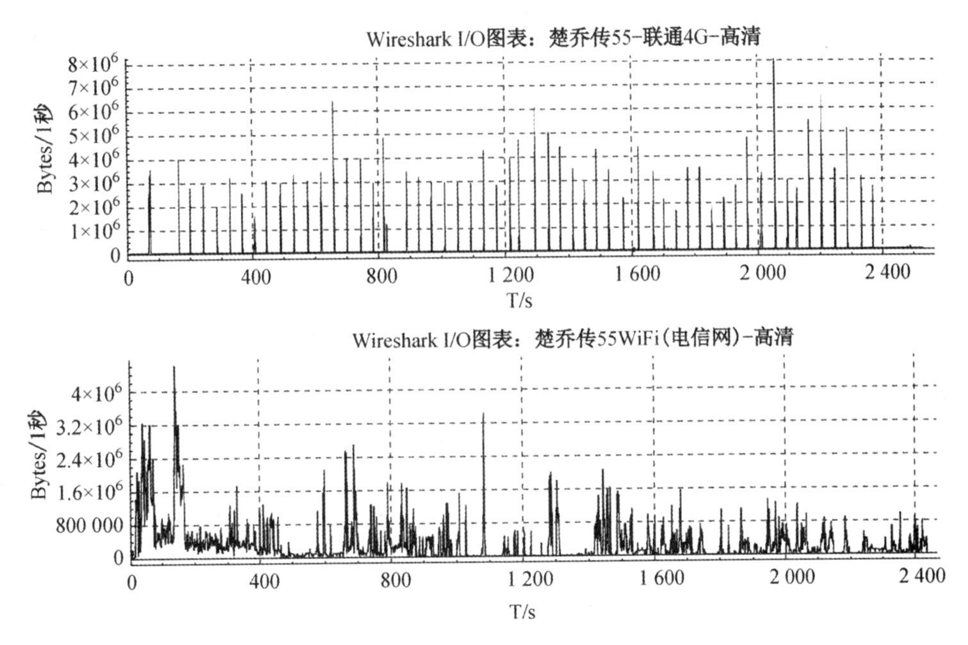

图 4.29 腾讯视频 WiFi 和 4G 观看的传输模式和数据量比较

4.5.3 腾讯视频的主要特征

对多个视频文件分析，我们给出腾讯视频的主要特征：

(1) 在 4G 的情况下腾讯全部使用 HLS 协议的模式(M3U8+TS 流)，不分音频视频的传输数据。缓存存放数据约 150 秒，触发新片下载的时间大概是剩余播放时间为 100 秒，4G 情况下缓存数据比优酷要小得多。

(2) 在 WiFi 的情况下腾讯把视频分成两部分，前一部分(可播放 2 分钟左右数据)和 4G 的方法一样，后一部分数据使用 UDP 方法下载。

(3) 在 UDP 下载时会对多个 IP 做出并发请求，有些 IP 没有回应，说明腾讯 App 对从哪个服务器能下载到也不能保证。UDP 下载是并行的，同样也有数据包重复发送，所以数据抓包文件的数据量比 M3U8 文本读出的大小几乎大了一倍。

(4) 腾讯的 UDP 传输比较像 TCP，有窗口的概念，每一轮的数据包会比上一轮多一倍，轮与轮之间会暂停一秒左右。如果缓存满时，这个暂停时间会延长到 10 秒左右。试验中观察到其中会有丢包，如果丢包后就没有暂停了，先请求丢包的数据，丢包送达后直接请求下一轮数据。

(5) 相同分辨率腾讯的视频文件比优酷小，并且 WiFi 情况下视频文件比4G 的视频文件小，这个特性和文件的压缩率有关。分别率分为标清，高清，超清和 1080 P，没有自动切换。

4.6 WiFi 下使用 iOS App

4.6.1 优酷视频

首先给出一个实例的 I/O 图表(图 4.30)，可以看到在 51 秒到 69 秒下载了足够播放 200 秒的数据，然后每过 40～50 秒取下一段数据以取代播放过的数据，所以缓存里有 150～200 秒的数据，而不是像 Android App 直接把 40 M 数据全部下载完。

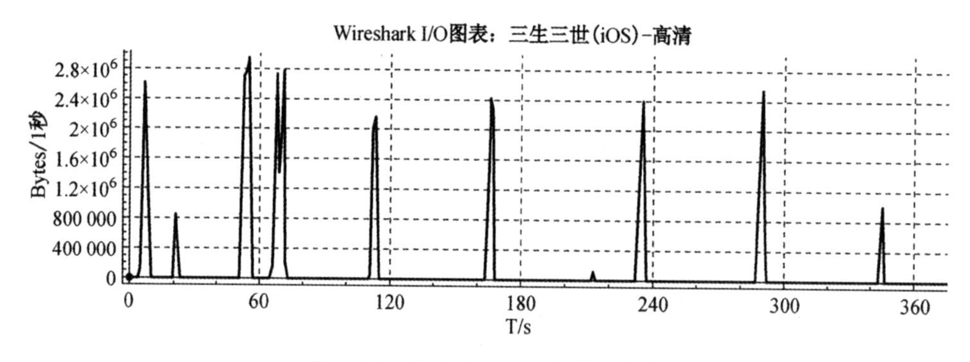

图 4.30 优酷 iOS App 高清 I/O 图

通过对请求报文的分析，发现 iOS App 第一个下载请求不像 Android App 那样是先下载前 4 M 而是没有限制 Range 范围，但是在下载 10 M 左右的数据时 client 端会主动停止下载。通过对不同清晰度视频的测试发现，在这种场景下，优酷 iOS App 是以 10 M，5 M，5 M…这样的模式传输，播放时间 $>T_1$ 后停止传输，播放时间 $<T_2$ 后重启传输，本次测试 $T_1=200$ 秒，$T_2=150$ 秒。

4.6.2 爱奇艺

WiFi 下爱奇艺 iOS App 的数据传输还是通过 P2P 模式，出现大量并发的 UDP 报文。图 4.31 中在 33.9 秒出现大量的并发数据。

Wireshark · Conversations · 楚乔传(IOS)-高清

Ethernet · 89 | IPv4 · 173 | IPv6 · 31 | TCP · 157 | UDP · 271

Address A	Address B	Packets	Bytes	Packets A→B	Bytes A→B	Packets B→A	Bytes B→A	Rel Start	Duration	Bit
121.248.53.19	202.119.24.249	42,038	45 M	8,881	492 k	33,157	44 M	7.112209	194.7822	
121.248.53.19	222.186.189.155	7,874	8217 k	1,717	116 k	6,157	8101 k	33.961540	15.5550	
121.248.53.19	180.118.18.65	3,186	1748 k	1,608	127 k	1,578	1620 k	33.964119	60.2781	
121.248.53.19	180.103.215.250	3,167	1730 k	1,605	127 k	1,562	1602 k	33.965399	60.2735	
121.248.53.19	222.184.212.38	3,034	1652 k	1,537	122 k	1,497	1529 k	33.968533	60.2726	
121.248.53.19	180.107.229.213	3,012	1644 k	1,521	121 k	1,491	1522 k	33.975369	60.2599	
121.248.53.19	180.127.110.109	2,654	1433 k	1,342	107 k	1,312	1325 k	33.964200	60.2799	
121.248.53.19	180.114.131.157	2,497	1433 k	1,262	95 k	1,235	1338 k	33.974176	60.2433	
121.248.53.19	180.108.52.12	2,272	1307 k	1,148	86 k	1,124	1220 k	33.962632	53.1623	
121.248.53.19	180.127.115.101	2,255	1192 k	1,147	93 k	1,108	1099 k	33.971710	60.2723	
121.248.53.19	222.189.123.28	2,068	1184 k	1,047	79 k	1,021	1105 k	33.967823	60.1828	
121.248.53.19	221.227.162.223	2,050	1171 k	1,039	78 k	1,011	1093 k	33.977380	60.2620	
121.248.53.19	180.126.150.93	2,157	1128 k	1,093	89 k	1,064	1039 k	33.971549	60.2613	
121.248.53.19	218.90.100.245	1,859	1058 k	943	71 k	916	987 k	33.965697	60.2048	
121.248.53.19	222.187.144.226	1,855	1047 k	941	71 k	914	976 k	33.977637	60.1552	
121.248.53.19	180.107.33.117	1,824	1010 k	919	72 k	905	937 k	64.071293	30.1628	
121.248.53.19	180.108.16.221	1,819	1008 k	917	72 k	902	936 k	64.068833	30.1677	
121.248.53.19	180.127.99.222	1,943	1007 k	992	81 k	951	926 k	33.965349	60.2713	
121.248.53.19	180.106.181.48	1,785	988 k	900	71 k	885	917 k	64.078249	30.1636	
121.248.53.19	180.121.253.149	1,771	980 k	893	70 k	878	909 k	64.075806	30.1589	
121.248.53.19	180.125.35.31	1,763	975 k	889	70 k	874	905 k	64.077113	30.1553	
121.248.53.19	180.123.46.119	1,709	943 k	862	68 k	847	875 k	64.073486	30.1607	
49.82.91.24	121.248.53.19	1,780	918 k	872	844 k	908	74 k	33.985874	60.2459	
49.83.141.11	121.248.53.19	1,629	896 k	807	831 k	822	65 k	64.296688	29.9439	
58.211.178.38	121.248.53.19	1,613	887 k	799	823 k	814	64 k	64.298407	29.9425	
121.248.53.19	218.3.247.54	1,621	886 k	818	65 k	803	821 k	64.078723	30.1634	
49.83.103.8	121.248.53.19	1,555	853 k	770	790 k	785	62 k	64.295770	29.9445	

图 4.31 WiFi 爱奇艺 iOS App 数据传输流排序

4.6.3 腾讯视频

从 I/O 图上看，腾讯 App 的 iOS＋WiFi 的数据文件和传输模式与其在 Android＋4G 的情况下一样。

但是仔细观察，会发现其下载细节和判断方式与 Android App 完全不一样，原来 Android App 下，腾讯的标清和高清是以播放时间作为基准参数来判断是否下载的，会提前下载 140 秒左右的数据，但是在 iOS 下是以缓存大小作为基准参数来做下载判断的。图 4.32 中标清视频和图 4.33 中高清视频

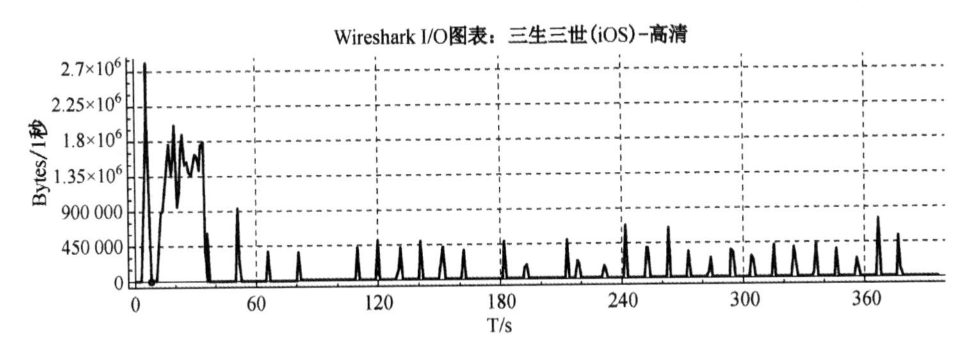

图 4.32 WiFi 腾讯视频 iOS App 标清数据传输 I/O 图

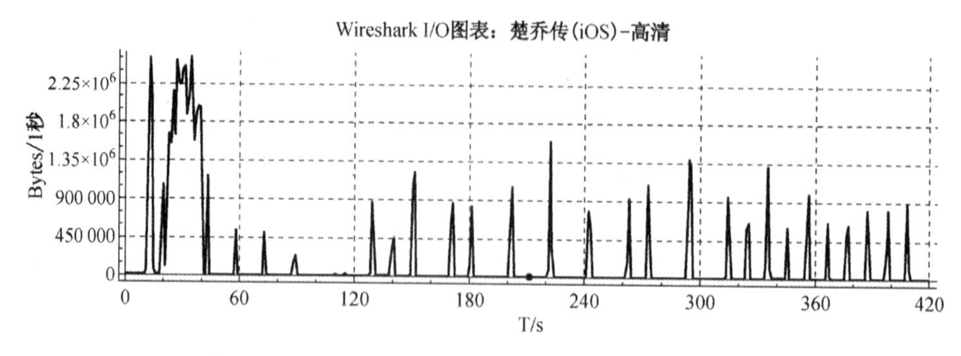

图 4.33 WiFi 腾讯视频 iOS App 高清数据传输 I/O 图

都是第一次把缓存全部填满，然后每播放一点就下载新的数据填充。高清一开始下载了 350 秒左右视频数据，标清一开始下载了 900 秒左右视频数据，由此可见，初始缓存长度并不是可播放时间，而是缓存大小。这是首次观察到以缓存来做判断的(以数据大小作为基准，而不是播放时间)。

4.7 在低速信道下使用 P2P 模式分发视频数据的特征分析

4.4 节和 4.5 的分析给出，腾讯和爱奇艺在 WiFi 条件下都是以 P2P 为主要传输模式的，因此我们尝试在限速条件下进行测试并比较这两者的差别。

基于现有数据的经验分析，高清时播放码率就是 1 Mbps 左右。测试中将网速设置为 1 Mbps。结果发现爱奇艺和腾讯视频的表现略有区别。

根据测试记录，爱奇艺开始播放时就发生了卡顿。观察 1 Mbps 限速下的流排序记录，发现爱奇艺视频 WiFi 数据传输时会全部使用 P2P 模式。从报文解析可以看到，在某一时间送出了大量的 UDP 数据请求，同时因为限速，所以这些请求的回传数据都没法送回，所以在 0.4 秒以后做了 TCP 传输的请求，并开始使用 TCP 传输视频开始部分。通过所有 TCP 请求解析，可以看到测试视频的前 12 M，只有 30 K 是通过 UDP 传输，其余部分都是 TCP 传输的。等这个 TCP 请求结束后，又变成了 P2P 模式。

在 4.5 节中分析到腾讯视频在 WiFi 不限速的时候，出腾讯视频 WiFi 数据传输时会先使用 TCP 下载一部分，再使用 UDP 传输剩下的部分，在本节的限速场景中同样可以找到 TCP 部分：

用红色框和绿色框在图 4.34 和图 4.35 的请求时间和时间轴上做了标记，两张图里的红色框和绿色框相对应，反映了相应请求和数据传输量，图 4.35 中的红色曲线是 TCP 数据传输量。可以看到在红色框里下载了 1～4 段，在绿色

腾讯-电信网（1M）-楚乔传58-高清.pcap

文件(F) 编辑(E) 视图(V) 跳转(G) 捕获(C) 分析(A) 统计(S) 电话(Y) 无线(W) 工具(T) 帮助(H)

ip.src==192.168.123.144 && ip.addr==221.228.219.151 and http

No.	Time	Source	Destination	Protocol	Length	Info
3475	31.472629	192.168.123.144	221.228.219.151	HTTP	481	GET /moviets.tc.qq.com
355	31.661349	192.168.123.144	221.228.219.151	HTTP	505	GET /moviets.tc.qq.com
611	43.324804	192.168.123.144	221.228.219.151	HTTP	522	GET /moviets.tc.qq.com
796	53.407371	192.168.123.144	221.228.219.151	HTTP	523	GET /moviets.tc.qq.com
1007	65.116614	192.168.123.144	221.228.219.151	HTTP	522	GET /moviets.tc.qq.com
1327	82.753631	192.168.123.144	221.228.219.151	HTTP	531	GET /moviets.tc.qq.com
1531	94.450181	192.168.123.144	221.228.219.151	HTTP	531	GET /moviets.tc.qq.com
1729	106.2888...	192.168.123.144	221.228.219.151	HTTP	531	GET /moviets.tc.qq.com
1898	115.9775...	192.168.123.144	221.228.219.151	HTTP	531	GET /moviets.tc.qq.com
2059	124.9559...	192.168.123.144	221.228.219.151	HTTP	531	GET /moviets.tc.qq.com
2214	133.4843...	192.168.123.144	221.228.219.151	HTTP	531	GET /moviets.tc.qq.com
2369	142.2255...	192.168.123.144	221.228.219.151	HTTP	535	GET /moviets.tc.qq.com
2532	152.2990...	192.168.123.144	221.228.219.151	HTTP	537	GET /moviets.tc.qq.com
2721	163.5101...	192.168.123.144	221.228.219.151	HTTP	544	GET /moviets.tc.qq.com
2723	163.6217...	192.168.123.144	221.228.219.151	HTTP	543	GET /moviets.tc.qq.com
32861	198.2305...	192.168.123.144	221.228.219.151	HTTP	543	GET /moviets.tc.qq.com
32955	198.8274...	192.168.123.144	221.228.219.151	HTTP	542	GET /moviets.tc.qq.com
35190	212.4616...	192.168.123.144	221.228.219.151	HTTP	542	GET /moviets.tc.qq.com
35913	216.8141...	192.168.123.144	221.228.219.151	HTTP	542	GET /moviets.tc.qq.com
39078	235.6783...	192.168.123.144	221.228.219.151	HTTP	542	GET /moviets.tc.qq.com
40476	244.5063...	192.168.123.144	221.228.219.151	HTTP	542	GET /moviets.tc.qq.com
44832	270.9798...	192.168.123.144	221.228.219.151	HTTP	542	GET /moviets.tc.qq.com
46294	279.8691...	192.168.123.144	221.228.219.151	HTTP	542	GET /moviets.tc.qq.com
48134	291.6382...	192.168.123.144	221.228.219.151	HTTP	542	GET /moviets.tc.qq.com
49478	300.4479...	192.168.123.144	221.228.219.151	HTTP	542	GET /moviets.tc.qq.com
50948	309.3189...	192.168.123.144	221.228.219.151	HTTP	542	GET /moviets.tc.qq.com
51042	309.9982...	192.168.123.144	221.228.219.151	HTTP	542	GET /moviets.tc.qq.com

图 4.34 腾讯视频-电信 WiFi(1 M 限速)HTTP 请求(见文后彩图)

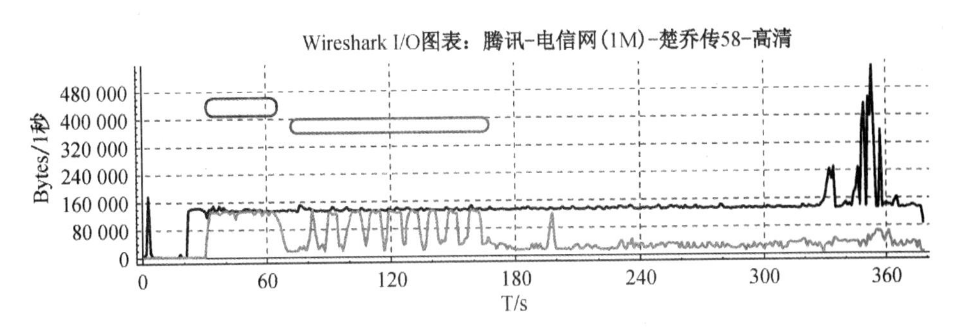

图 4.35 腾讯视频-电信 WiFi(1 M 限速)IO 图(见文后彩图)

框里 163 秒前，下载了 5～12 段。在 163 秒时，先请求的是第 14 段最后 13 k 数据，和第 15 段后面 900 k 数据。后面的请求也都类似，主要是补足 UDP 下载缺少的数据。

我们对总数据量，TCP 传输，UDP 传输做一个粗略的统计。总数据量通过 M3U8 算出前 35 段数据量为 30 750 406 B；TCP 传输数据量根据 IP 流数据统计为 17 M；UDP 数据根据 IP 流统计得出约为 29 M 数据。由上述数据可以估算出视频流的传输效率（有用传输/总传输量＝30 750 406/（17 000 000＋29 000 000））约为 67％。由此可见使用 P2P 传输后的流量传输效率比较低，在 WiFi 场景下，爱奇艺和腾讯都利用本机外发 UDP 数据，在传输码率小于播放码率时，两者都有可能回到 TCP 方式帮助传输。

爱奇艺和腾讯视频的不同之处在于爱奇艺视频开始部分没有使用 TCP 传输，直接使用 UDP 传输，在低速信道条件下容易引起卡顿。而腾讯视频开始传输使用的是较大拥塞窗口初始值的 TCP 传输视频数据，开始状态较好。

4.8 国内视频服务主要特征分析与优化方向

前文已经从大量的传输实例中提炼出优酷、爱奇艺、腾讯视频的主要视频数据分发技术特点，现将各视频服务的特点进行比较分析。

广告的传输模式三者比较统一，都是通过 HTTP GET 请求数据。这三个视频服务数据都没有加密，音频和视频也都没有分开传输。在 4G 情况下都是通过 HTTP GET 请求数据，这种方式需要基于较好的文件切分和服务器管理，可以尽量保证用户尽快找到需要的数据。

上述策略都是应用层的，在传输层的优化主要有两个方向。

（1）提高 TCP 初始的拥塞窗口以提高初始的传输速率

传统 TCP 协议拥塞控制算法如 Reno 中慢起动算法导致初始阶段的传输速度较慢，无法达到类似视频播放应用的要求，谷歌提出增加 TCP 的初始拥塞窗口大小[1]的建议，这个建议是 2010 年提出的，通过观察视频数据下载过程，我们可以观察到各服务商都对此进行了改进，优酷和腾讯视频的初始 TCP 拥塞窗口为 10 左右，而爱奇艺的初始 TCP 窗口为 30 以上，在同样的高速信道条件下，这意味着更快的数据传输速率。

（2）控制报文发送间隔

基于拥塞窗口机制的 TCP 拥塞控制算法会在数据发送端表现出数据周期性（以 1 个 RTT 为周期）的"突发"现象，这一现象会导致服务器瞬间向网络发出大量报文，增加丢包的可能性，丢包的增加会导致传输效率下降。特别是在提高了 TCP 初始拥塞窗口以后，这一现象会更为明显。从 YouTube 视频的 I/O 图中可以观察到，YouTube 使用的服务器协议栈已经对此现象进行了改进，增加了报文之间的间隔（pacing），从而可以避免这一现象，提高网络信道的利用率，由于谷歌提出的新的拥塞控制算法 BBR[2] 中有报文 pacing 的处理，而且 BBR 已经在 YouTube 服务器和谷歌跨数据中心的内部广域网上部署，因此从 YouTube 的视频的下载记录中可以看到这个问题已经被改进了。BBR 是 2016

年提出的，针对这个优化方案，我们对国内这三个视频服务的数据下载记录也分别进行了分析，结果发现，爱奇艺的服务器在大幅度增加了初始 TCP 拥塞窗口的同时，也增加了报文的 pacing 处理，优酷和腾讯视频在这方面尚未改进。

在技术细节上，这三个视频服务又有各自不同的特点并且有较多的可优化之处。

优酷的数据切分过大，在低速信道的情况下会出现比较大的问题；优酷视频的“自动”模式，由于算法机制存在一定的缺陷，导致反应时间过长，不能及时根据信道的实际情况自动切换，也会导致在某些情况下给出与实际信道变化方向相反的切换结果。

爱奇艺在 4G 的情况下使用 HTTP 协议传送数据，在 WiFi 的情况下全部使用 P2P 模式 UDP 协议传输数据，但是在 WiFi 情况下，由于缺乏对信道带宽的探测和反应过程，如果接入带宽很小，会引起视频播放开始的卡顿，降低用户的服务质量感受。

腾讯视频在 4G 下使用 HLS 的模式，这是比较好的解决方法，数据拆分较小，比较容易发现速度问题并及时更换码率，但目前看来，还没开始进行自适应切换的开发。腾讯视频在 WiFi 情况下，会首先用 TCP 传输一部分，缓存一部分数据后再启用 UDP 传输，WiFi 情况下的 UDP 传输中使用了类似 TCP 窗口控制的概念控制数据传输的速度，因此可以有限制地使用用户资源。

总体看来，在提高用户的服务质量，充分利用信道带宽提供高质量视频方面，国内视频分发技术和国外的相比还是有比较大的差距，在数据分发策略、传输协议、自适应机制等多方面都有较大的优化空间。这一方面是因为国内视频服务商在技术创新方面重视程度不同的原因，也有资金投入不足的原因。但同时，存在的困难也是很明显的，视频流传输是多个环节有机结合的结果，但国内目前的视频服务商尚无类似 YouTube 这样的实力，YouTube 可以从传输层到应用层，从客户端的浏览器、App 到服务器协议栈、流媒体格式标准、数据中心部署等各个环节进行全面改造。因此，在很多技术改进方面都处于世界领先地位。尽管如此，在提高用户的服务质量方面，结合我国的国情，借鉴国外先进技术，国内的视频服务还有较多的优化工作可做。

4.9 本章小结

本章对国内的主要视频服务：优酷、爱奇艺和腾讯视频进行了现状调查，并结合国外视频服务现有技术进行了比较分析并指出了优化的方向。这些调查结果截至本书完成之际，事实上，在现状调查的过程中，一直可以观察到各个视频服务的流量特征的变化和视频服务质量的优化，这表示我国的各视频服务商也一直在致力于各项关键技术的优化改进。

参考文献

[1] Dukkipati N, Refice T, Cheng Y, et al. An argument for increasing TCP's initial congestion window[J]. Acm Sigcomm Computer Communication Review, 2010,40(3): 26-33.

[2] Neal CardWell, et al. BBR Congestion-based Congestion Control[J]. ACM Queue, 2016, 14(5):20-53.

5 视频应用服务质量体验评价方法

5.1 服务质量体验

随着手机接入网速的变快，流媒体应用获得了广阔的发展市场。目前就国外而言，YouTube、Hulu、Netflix 无疑是世界视频应用的巨头，就国内而言，优酷、土豆、爱奇艺、PPTV、乐视、搜狐等视频软件也有了众多用户。

视频应用的持续增长给网络运营商带来了一个严峻的挑战。为了准确地处理巨大的网络流量和数量巨大的用户们，网络运营商需要设计并部署好他们的系统。这也给移动网络运营商带来了更加艰巨的挑战。为了减少因不令人满意的用户体验质量而导致的用户的流失，在目前竞争尤其激烈的移动宽带网络市场中，移动网络运营商需要提供高质量等级的服务。网络运营商面临着一个基础但是困难的问题：我的移动网络给那些观看视频的终端用户提供了满意的服务质量体验(Quality of Experience, QoE)[1-2]吗？关于这个问题的挑战是多方面的并且超出了传统的网络 QoS 计算方式。测量最小宽带需求研究已经无法使目标 QoE 的需求得到满足。

服务质量体验(QoE)最初被理解为用户角度对 QoS 机制的整体感知[3]，即保证某种业务在传输过程中 QoS 性能的整体评价。根据 ITU 的定义，QoE 被进一步扩展到终端用户对整个应用或服务的主观接受程度，可以理解为“决定用户满意程度的服务性能的综合效果”。它包含用户对服务的可用性、稳定性、完整性、性价比等方面的满意程度，即用户在一定的客观环境中对使用的服务或者业务的整体认可程度。

目前国内外对 QoE 的定义、影响因素分析、量化和计算都有一定的研究进展。目前，研究界主要从用户因素、环境因素、服务因素这三个方面对 QoE 影响的因素进行了研究[4]。用户层面的因素可能来自用户不同的文化背景、不同的体验经历以及不同的期望等；环境层面的因素包括自然噪声、人文差异、软硬件环境等；服务层面因素主要包括网络层、应用层和传输层的服务质量等。

如图 5.1 所示，用户因素的影响主要来自用户对视频不同的感受程度、喜爱程度。此外不同的人对视频播放过程中的卡顿等问题的容忍度也不同。

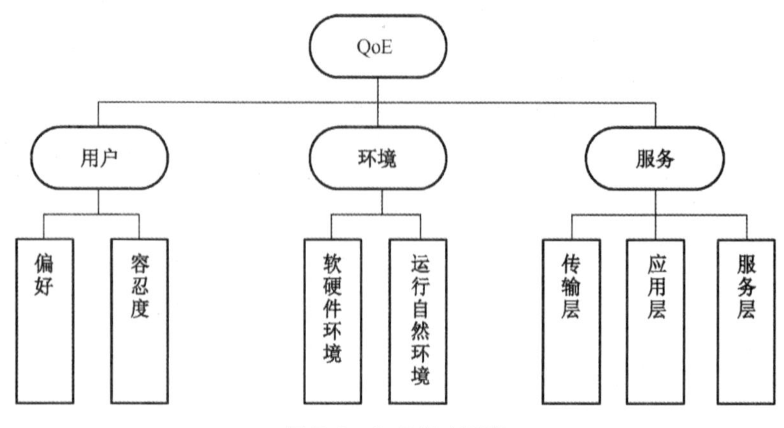

图 5.1 QoE 影响因素

环境因素包括终端的软硬件环境、软件运行的自然环境等。用户终端软硬件环境的影响因素有 CPU 处理器、内存、操作系统、屏幕分辨率等。目前绝大多数智能手机的终端都具有足够的解码能力及软硬件配置,但是其具体能力却不尽相同,性能较好、流畅度高的手机观看视频的效果也相对较好。此外,手机屏幕的大小也会影响视频的用户体验质量。因为即使是同一个视频,在不同手机上播放的效果也是不同的。软件运行环境的自然环境中光线、噪声、移动等都对用体验质量有一定的影响。

服务层面因素是指网络层、应用层和服务层对用户体验质量的影响。传输层的参数反映网络传输的状况;应用层的参数体现传输的性能,包含了会话层、表示层和应用层对服务的影响;服务层的参数确定了通信的语义、内容、优先级等,如服务层的内容类型、服务的应用级别等。传输层的参数狭义上可以指网络层(传输层)的性能指标,如带宽、时延、丢包、抖动误码等。RTSP/RTP 协议使用 UDP 协议传输数据,而 HTTP 协议使用的是可靠的 TCP 协议,这使得二者造成的视频损失也不同。承载于 UDP 之上的 RTSP/RTP 协议可以保证视频的实时性,但是当网络条件变差以至于丢包率增加时,丢失包所含有的视频信息丢失,导致视频信息无法重建,引起如马赛克的视觉损伤以及声音质量退化问题,使得视频的观看效果变差。因此,这种视频应用引起的用户不满意之处主要在于视频图像质量这一空间因素,以及声音质量和图像声音同步的方面。HTTP 流媒体传输虽然使用了会重传丢失数据的 TCP 协议,但是仍然会对视频播放有一定的影响。因为传输流媒体数据时,只有所有重传的数据都能够及时到达客户端时,视频才能连续播放。相反的,如果 TCP 重传使得数据没有及时到达客户端,客户端就会停下来等待,从而造成视频的卡顿,导致时间因素方面的流畅度降低。不过,由于音频数据量相对较小,在目前的网络接入环境中,使用 HTTP 协议的流媒体视频服务不会对声音质量造成影响,其主要问题在于视频的卡顿。此外,不同的视频分辨率引起的画面清晰度的不同也会对用户体验质量产生一定的影响。

就 QoE 评价方法而言,根据是否有用户直接参与及是否建立了 QoE 与其影响因素之间的相关模型[3],可以分为主观评价方法、客观评价方法及主客观结合的评价方法。其中,主观评价方法使用用户观看视频后给出的主观意见进行评价。国际电信联盟常用 MOS(Mean Opinion Score)值作为衡量用户体验质量的标准[4]。这是利用主观测试方法对 QoE 进行打分的一种评价方式。MOS 值从 1 到 5 分为五个等级,值越大表示等级越高,用户观看视频的体验更好。具体含义如表 5.1 所示,ITU-TP. 800 中详细介绍了 MOS 的含义与等级。

表 5.1　MOS 值的等级划分

MOS 值	用户体验质量	失真情况
5	极佳	不可感知失真
4	很好	可感知失真,但不影响观看
3	一般	可感知失真,稍微影响观看
2	差	可感知明显失真,影响观看
1	极差	失真非常明显,基本无法观看

该方法通过邀请大量的志愿者对业务进行体验并给出主观意见得分,得分范围由低到高为 1 到 5 的整数分。通过对大量志愿者的打分进行筛选,求算术平均,最终得到的就是用户对于该业务质量的平均意见得分 MOS。随着参与打分的志愿者越来越多,最终的 MOS 得分就越能够准确地反映用户对该业务的主观感知。MOS 是一种常被用来量化 QoE 的方法,此量化方法能够细致地评价用户的主观感受。由于 MOS 所使用的数值大小仅与 QoE 优劣的特定顺序相对应,因此不同级别间的绝对差值是没有意义的。MOS 采用的是一种定性的量化,而不是定量量化,不管是采用从 1 到 5 还是从 0 到 100 中的任意 4 个数值,都仅代表 QoE 优劣的一种顺序。而 MOS 的具体数值并不能准确地描述不同级别间的绝对距离。这种方法从其效果来看,准确性最高。但相应的其成本也很高,并且可移植性低,使用该方法会消耗巨大的人力、物力,此外,用户的主观因素对结果的影响很难估计。

客观评价方法根据视频输出序列相对视频输入序列的失真程度,对业务进行评价。分为以下三种方法[6]:

(1) 全参考:比较播放损伤后的视频样本和原始视频样本,从而评价其质量。这种方法准确性高,但计算复杂;

(2) 部分参考:将原始样本和播放损伤后的视频样本的部分参数进行比较,

给出其客观质量；

(3) 无参考：直接客观评价播放损伤后的视频样本。

目前常用的客观评价方法有峰值信噪比(Peak Signal to Noise Ratio, PSNR)，结构相似度(Structural SIMilarity, SSIM)和一些视频评价软件等。这些方法中有一些是针对图像质量的失真程度进行评估，但是对于目前市面上应用较多的 HTTP 流媒体来说，其主要的视频损失是时间因素方面的流畅度，其空间因素的损失主要不在于马赛克现象，而是不同的分辨率导致的画面清晰度差异。因此，上述方法并不适用于 HTTP 流媒体。

客观评价方法使用起来相对简单，并且适用于多种情况。但是没有将用户主观因素的影响考虑进去。主客观评价方法结合了上述两种方法的优点，具有科学理论支撑，因此具有较高的准确度，可实时应用，但需要大量的数据支撑。

此外还有一种称为伪主观(Pseudo-Subjective)QoE 评价方法。鉴于前两种评估方法都存在各自的优缺点，结合主观及客观因素的评价方法应运而生，即伪主观质量评价方法。保证一定数量的测试人员，通过建立特定的测试环境，对给定业务的质量进行评价，由测试者直接打分获得业务的 QoE，并记录其对应的客观指标。然后，通过人工智能，神经网络等数学工具对数据进行分析处理，获得 QoE 评估模型。在获得 QoS-QoE 映射模型后，则无需用户参与，即可根据客观指标的映射获得用户对当前业务的 QoE 性能。

一般业务的用户体验建模步骤包括：样本采集、数据分析及模型验证。样本采集，即在网络环境中，采集相应的可测客观指标和用户的主观评价指标，并收集用户对应的用户体验打分。数据分析，即使用拟合的数学分析方法，建立可测指标集与用户主观体验打分之间的映射关系模型。由于一些业务的用户体验可能受到多个客观指标的影响，则可能需要使用复杂的数学分析工具帮助得到映射模型。模型验证，是将得到的用户体验模型作为预测工具。在实际通信网络中，根据可测的客观 QoS 性能指标，预测用户的体验指标，并与真实用户体验打分相比对，以验证模型的准确性和可信性。

目前，随着基于 HTTP 的流媒体传输协议日趋广泛的应用，对 HTTP 移动流媒体业务 QoE 评价方法也有一定的研究成果，如 Kamal Deep Singh 等人针对 HTTP Streaming 提出的评测模型 PSQA(Pseudo-Subjective Quality Assessment)[7]。该模型是一个无参考模型，使用视频重缓冲次数、平均重缓冲时长和最大重缓冲时长作为三个影响参数。使用主观评价方法观看视频并进行打分，使用得到的 MOS 值训练 RNN(Recurrent Neural Network，多层反馈神经网络)捕捉损失和感知质量之间的关系。但是该方法没有考虑到 QoE 的反馈信息。参考文献[8]提出了一种通过监测 YouTube 在网络层的缓存文件，从中提取视频播放过程中的重缓冲特征，然后使用 Crowdsouring 方法[9]将其映射成用户 QoE 的评价方法。这种方法的准确率很高。参考文献[10]将用户偏好的视频内容作为一个影响因素对视频质量进行评价。这种方法通过加入用户客观感受这一影响因素，对 QoE 评价方法进行了改善。

5.2 影响流媒体应用 QoE 的主要因素

作为因特网应用的一种，流媒体应用所需的数据传输服务与因特网最初的设计目标并不完全吻合。

文献[11]给出了因特网体系结构的 8 个基本设计目标：

- 目标 0：将已有的网络有效地互连；
- 目标 1：当网络信道或者网关失效的时候，网络通信仍然可以继续；
- 目标 2：因特网必须能支持多种通信服务的需求；
- 目标 3：因特网体系结构必须能适配多种物理网络；
- 目标 4：因特网体系结构必须允许资源的分布式管理；
- 目标 5：因特网体系结构必须符合成本效益；
- 目标 6：因特网体系结构必须支持终端使用很小的代价就可以连接；
- 目标 7：在因特网中使用的资源必须是可以计量的。

这些目标的重要性是逐步递增的，在无法每项都达到的情况下，首先满足排列在前面的需求，也就是"网络互连"这个基本要求，在这样的设计目标下，因特网首先被设计为"尽力而为"传输的网络，因特网会尽力转发数据包，但是它不负责一定把数据包送达目的地。只能尽最大努力去转发，当数据无法完整传递到目的地时，将会在传输过程中被丢弃。在这种情况下，网络的服务质量监控以及对特定线路、特定应用的服务质量保证就成为提供高质量服务的必需。不同网络业务类型体验的影响因素各不相同，没有统一普适的标准。本书关注的业务类型为流媒体，因此需要根据流媒体的特点进行分析。

由于不同的视频软件提供商所提供的服务在编码、协议、缓冲方法上有所不同，而这些不同可能会对用户的体验质量造成相应的影响。用户总是倾向于使用服务质量较好的视频应用，因此提高用户的服务质量体验也成为视频服务提供商的首要任务。服务质量体验是指从用户角度出发，反映用户观看视频的体验。商家在提供流媒体视频应用服务的时候，也应该将提高用户的直观感受(QoE)作为主要目标。

流媒体播放的一般工作过程为：原始视频流经过编码设备压缩后，形成适合流传输的流格式媒体文件并把媒体文件存储在媒体服务器中。媒体服务器根据接收到的用户的请求把流媒体文件通过互联网传递到接收端，接收端解码后由播放视频。

根据上述的一般工作过程，可以分析出影响流媒体 QoE 的影响因素如下：

(1) 音视频内容质量，也即原始信息的质量。

(2) 待传输的音视频流的质量。音视频数据在 IP 网上传输之前，需要形成合适的音视频流格式。这个过程包括数据分解、加密、压缩、打包等操作，在这些过程中会产生各种各样的损伤。

(3) IP 网络的传输质量。传输码流在 IP 网络中进行传输时需要封装在 IP，UDP/TCP 包中。当 IP 数据包在网络传输时，数据包因为网络“尽力而为”的传输可能会产生数据包的丢失、到达时间不确定、抖动和超时等问题。这会对视频图像在终端设备中播放时造成一定的影响。

(4) 第四个因素是业务层质量。仅仅通过以上几个因素的评估无法获得流媒体质量的状况，需要将传输质量与图像质量和语音质量相关联，评估在 IP 网络传输过程中的损伤对流媒体质量的影响。

就 IP 网对流媒体的影响而言，影响播放质量的关键因素是丢包、时延和抖动三个性能指标。此外，网络路径的瓶颈带宽也对流媒体服务质量有着至关重要的影响。这些参数为网络的性能测度。

性能测度最终是为了反映应用服务质量的，但是在测度和应用之间存在着技术和直觉的鸿沟。通常可以被测量的网络性能测度包括的是可用性、延迟、抖动、丢包、吞吐量等技术指标，但是为用户评价网络服务质量不是仅基于分组传输的测度指标，还要考虑上层协议的测度指标，即不仅考虑分组传输的服务质量，还要考虑上层协议的服务质量。实际上，用户在选择网络服务商时更关注的是使用网络应用的主观感受(一种更为概括直观的网络服务质量描述)，而不是那些被细化和量化了的网络性能测度指标。为了争夺网络运营的市场份额，网络运营商更加关注 QoE 这种用户感受到的网络性能和服务质量的综合评判。QoE 的测度指标和具体的应用有关，不同的应用具有不同 QoE。QoE 的应用首先出现在无线业务领域，3GPP 和 3GPP2 在发布的特定流媒体包协议中定义了含有 QoE 字段的扩展字段。3GPP PSS[13] (Packet Switched Streaming Service，移动包交换流媒体服务规范)给出了提供可靠方式进行多媒体交互的规范。ITU-T 于 2012 年参考语音 MOS 指标体系发布了第一个基于视频体验的 VMoS 指标，用于监控视频经过网络传输后的质量损失，关注点在于视频 QoE 的检测和问题定位。这套指标完全参考了语音 MOS 的定义，只站在技术视角看问题，没有考虑消费者对视频体验优劣的评价是跨越视频业务的全流程，也没有站在最终消费者体验的角度去横向比较不同的分辨率带给用户的不同体验。

任何一个应用的用户体验都是由多重因素影响的，比如应用的技术性能、用户个性和期望、用户人口特征、设备可用性和使用内容等。尤其是在评估流媒体应用时，网络自身以及网络和特定应用之间相互作用的影响都会对用户的观点产生一定的影响，必须额外地将这些和用户体验最具有相关性的直观因素定义好并给出合适的评价模型。

5.3 视频流媒体 QoE 参数测量方法

QoE 评价面临着一些科学上的挑战。首先，需要提出并确认一组对网络运营商来说容易理解的网络流量描述符或者是测量法，并且这种描述符或者测量法能够表现终端用户观看视频的体验感受。越能够表现终端用户感受的描述符或者测量方法，越能够达到 QoE 监测的目标。但是，在网络边缘的 QoE 监测，例如，在终端用户设备或者机顶盒上的 QoE 监测，由于设备的限制、用户的隐私保护和管理事项等问题导致其难以实现。因为这个原因，对运营商来说，对 QoE 的测量应该在网络传输中间进行，但如何在网络中间测量到可用的测度，并将其换算为终端用户的感受是困难的。

QoE 建模和评估是目前面临的第二个战，必须提出一种可以将那些已定义的测量方法映射到 QoE 等级的适当的 QoE 建模方式。明确定义这些模型不是一项容易的工作，要想获得可靠的结果必须在实验室控制环境以及真实用户服务环境下进行实验，并将完整的监测系统安装和部署到网络的中心，这需要一个能够实时提取出必要测度并且能够实时应用 QoE 模型的系统。

本节对 QoE 测量的相关工作进行一些介绍，因为 YouTube 是目前世界上最大的视频服务商，大部分研究工作都是针对 YouTube 进行分析的。

5.3.1 影响视频应用 QoE 的关键测度

影响视频应用 QoE 的关键测度包括视频卡顿、初始缓冲延迟、视频码率、分辨率等，以下分别介绍。

(1) 视频卡顿

用户对网络视频业务的主观感受受到很多指标的影响，包括应用层服务质量参数中的帧率及网络层网络服务质量参数，如数据传输速率以及坏帧率的影响。

帧率是视频源中各个帧的发送频率，一般情况下当帧率大于 25 帧每秒的情况下，用户难以察觉视频的不连续性，更高的帧率能够提升用户对于视频质量，尤其是包含快速移动画面的视频体验质量，但由于提升了对数据速率的要求，对信道质量的要求提高了。用户对服务质量的直观感受往往取决于视频帧能否在一定帧率下连续地呈现给用户。由于目前的解码器普遍使用冻结帧的方式处理丢包，即发现一个帧的数据有丢失(有可能是真的丢失了报文，也有可能是有些报文在应该播放的时间内没有到达)，将该帧之前画面停顿，缺失数据的画面将不播放，对用户来说，就感觉到画面卡顿。目前基于 HTTP 的流媒体传输普遍在客户端使用缓冲，因此 HTTP 流媒体视频应用中的一次视频卡顿是因为用户终端播放完了视频缓冲区内所有的视频震而导致的视频播放的中断。当可用的网络带宽低于播放视频所需的视频比特率时，视频播放缓冲区就会逐渐变空，最终导致视频卡顿。视频卡断是直接影响用户感受的重要因素。

用户的服务质量感受与视频卡顿之间的关系是非线性的，即使只有一次视频卡顿也会严重影响整个用户体验。在文献[13]中提出，一个视频卡顿的出现使得视频观看质量从非常好降到一般。(例如，下降 1 个 MOS 值)。图 5.2 和图 5.3 是文献[13]中的实验结果，这两个实验中 MOS 值的最大值从来没有达到过 5，最多也在 4.3 到 4.6 之间。这是 QoE 研究中一个众所周知的现象，因为

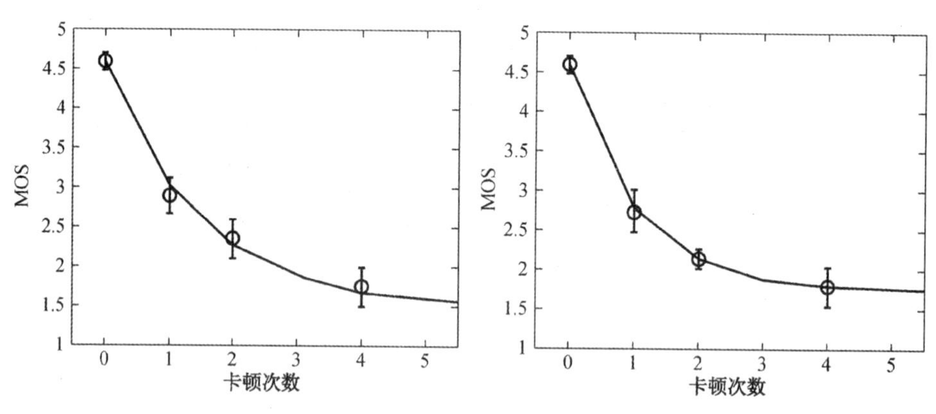

图 5.2　MOS 和卡顿次数测量值的关系，卡顿持续时间为 2 秒(左)和卡顿持续时间为 4 秒(右)

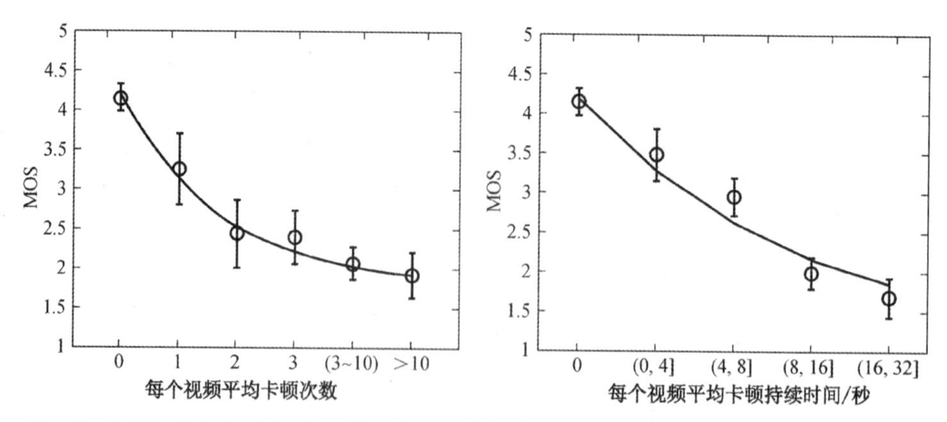

图 5.3　真实环境下每个视频的 MOS 和平均卡顿次数(左)、MOS 和平均卡顿持续时间(右)

几乎从来没有用户会使用评价系统中的极限值进行评分。第二次视频卡顿同样对 QoE 有很大的影响，但当达到两次视频卡顿之后，即使多达四次视频卡顿也不会对 QoE 的值产生非常大的影响，只是从 2 降到了 1.6。此外卡顿时间也对 QoE 有着很大的影响，例如，卡顿时间如果从 2 s 加倍为 4 s 时也只对 QoE 产生较小的影响，但是当卡顿时间到 8s 时用户体验会产生极大的退化。

归根结底，卡顿的产生是由于网络的传输能力无法满足视频播放需要的码率，在视觉效果上的表现，究其原因是数据传输的可用带宽不够引起的。需要注意的是，网络传输信道的丢包率和卡顿并不是正比的关系，卡顿时间的长短是由有损数据帧的数目决定的，相对集中的丢包比起分散的丢包，引起的卡顿时长较短、次数会较小。因此，丢包的分布情况是影响卡顿的重要网络参数。

对卡顿的测量有两种方法，一种是通过播放器参数的分析，这需要播放器提供相应的参数接口；另一种方法是通过对数据流到达和播放时间的分析对比，这种方法需要采集数据报文数据并对视频格式有深入了解。

(2) 初始缓冲延迟

IP 网是尽量而为进行数据传输，而视频流媒体的播放必须按照视频资源固有的时间点，由于视频数据量较大，当数据不能及时送到的时候就会引起卡顿，为了减少卡顿，解码器不会收到数据就开始播放，而是会设置用户端缓冲，当缓冲到一定数据量后再开始播放，这样可以为有可能发生的数据延迟做好准备，减少卡顿出现的可能性。初始缓冲时延指缓冲的数据达到多少开始播放，此处对数据的衡量是用可播放时长来定义的。对同样的初始缓冲时延，高清视频需要比低清视频更多的数据量。如何设置初始缓冲时延，对播放器来说是一个关键参数，如果该时延设置过短，缓存不足以抵消网络传输速率的不稳定，会引起卡顿，如果该时延设置过长，用户在选择视频播放后需要等待较长时间视频才会播放，也会降低用户的 QoE。

对初始缓冲延迟的测量也有两种方法，一种是也通过播放器参数的分析，这同样需要播放器提供相应的参数接口；另一种基于报文分析的方法，需要确定播放的开始时间，统计开始播放时间前已经传输的数据量，并根据视频基本特性(帧率、分辨率等)推算视频的可播放时间，从而获得初始缓冲延迟。

(3) 视频码率

视频码率又被称作视频位率，是指单位时间内，视频的单个通道所生成的数据量，通常用 bps 来作为单位，由于是以 bit/s 为单位的因此又称为比特率[14]。通常视频码率类型主要分为两种：动态码率(VBR)[15]和固定码率(CBR)[16]。动态码率指的是编码器根据视频图像内容的具体情况动态地调整码率的高低水平，具体的实施策略就是将画面内容中动态内容丰富的，码率水平调整到高水平,并且根据动态内容运动剧烈程度来进行实时调整。当画面内容中的静止物体较多则码率水平调整到低水平。固定码率是指编码器在不考虑具体画面内容,从始至终只采用一个固定的码率值来对图像进行编码,因此不论画面内容如何变化,视频的码率都恒定在一个固定的值。CBR 相对简单,运算量小,编码时间短而且解码算法也简单,但缺点是在画面剧烈运动的时候会由于码率不够而丢失部分画面信息。用户从视觉上来看就是画面波纹严重,图像不清晰。VBR 就对简单的画面选用较低的码率来缩小文件大小,对复杂的画面就提高码率,这样可以在保证画面的质量的情况下尽量减少数据的传输量。

(4) 分辨率

分辨率是屏幕图像的精密度,是指显示器所能显示的像素有多少。由于屏幕上的点、线和面都是由像素组成的,显示器可显示的像素越多,同样的屏幕区域内能显示的信息也越多,所以分辨率是个非常重要的指标。分辨率越高,图像越大,分辨率越低,图像越小。理论上来说肯定是分辨率越高视频的显示效果越清晰,但是由于保存完整的一帧一帧图片的视频原文件太大,必须要通过某种视频压缩算法将视频中的图片压缩,以减小视频文件大小。压缩比为原始画面压缩前的每秒数据量除以码率,压缩比越大,解压缩还原后用来播放的视频就会有越严重的失真,因为压缩的同时不可避免地丢失了视频中原来图像的数据信息。因此实际上,在码率一定的情况下,分辨率与清晰度成反比关系:分辨率越高,图像越不清晰,分辨率越低,图像越清晰。在分辨率一定的情况下,码率与清晰度成正比关系,码率越高,图像越清晰;码率越低,图像越不清晰。

码率和分辨率都是视频本身的特性,这两个特性也是影响用户 QoE 的关键视频参数,传统情况下,这些视频属性参数对可以通过报文分析方法获得,但是在目前视频加密的大趋势下,这些数据无法通过对报文解析获得,对这些参数的获取也成为运营商面临的难题。

上述这些参数是视频服务质量研究关注的重点参数,在已有的研究中,对这些参数的获取方式,根据测量者所在位置的不同,分为终端测量和运营商测量。终端测量通常是研究者进行研究时采用的方式,可以精确获得需要的参数。但是,网络运营商如果想获得这些参数,却很难获得用户的协助。下面分终端测量和运营商测量两个方面介绍现有的方法。

5.3.2 终端测量

为了获得用户的体验,从终端进行测量是最自然的做法。如 5.1 节所述,根据是否有用户直接参与及是否建立了 QoE 与其影响因素之间的相关模型[3],可以分为主观评价方法、客观评价方法及主客观结合的评价方法。主观测量方法通过在客户端播放视频,参与者根据观看效果打分。主观测量方法的主要问题是实施困难,参与者的一些个人偏好有可能影响结果的准确性。

客观测量方法需要使用服务商提供的开发接口获取播放状况参数,一般来说,客观测量软件的架构如图 5.4 所示。其中重要的一点是视频服务商提供的视频 SDK 决定了可获取的参数,目前 YouTube 提供了较全面的 SDK,已有的很多研究成果是基于 YouTubeSDK 开发的,在国内,优酷、腾讯都有类似的 SDK 提供。

图 5.5 所示为播放器参数获取方案框架,主要由播放器状态侦测器、播放器参数获取器以及参数获取控制器三个模块协同工作。

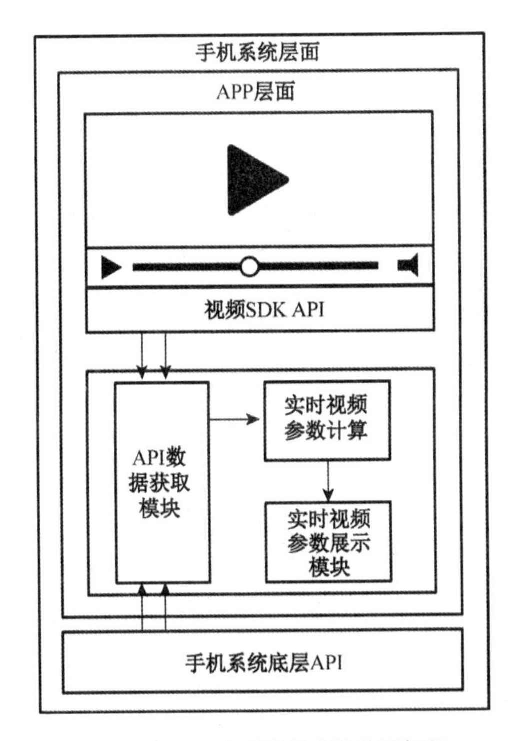

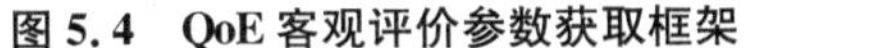
图 5.4 QoE 客观评价参数获取框架

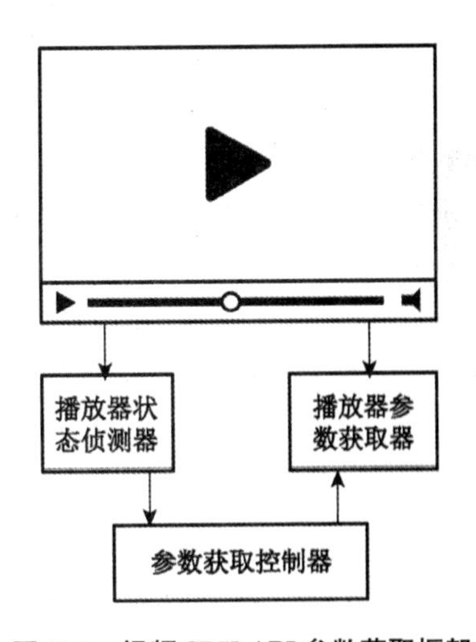

图 5.5 视频 SDK API 参数获取框架

播放器状态侦测器:该模块可以实时监控播放器的不同状态情况,如缓冲、播放、卡顿、暂停、继续播放、结束播放等状态。

播放器参数获取器:该模块可以被控制获取到播放器实时的参数,如当前播放时间点、当前缓冲到的时间点、当前画面实时码率、当前数据获取速度、当前画面帧数等。

参数获取控制器:该模块作为前两模块的指挥中心,进行指挥调配任务,根据侦测器获取到的信息，指挥获取器获取不同的播放器参数。

基于上述的测量方法，参考文献[17-23]都是终端用户角度评估视频应用QoE的一些研究，他们从不同的方面进行了分析。

文献[17]中的作者根据视频启动卡顿以及下载速率与视频编码率之间的比例对YouTube的表现和用户的感受进行了研究。文献[18]的作者利用之前提到的比例作为用户感受的单位，从而对YouTube和DailyMontio的表现进行了研究分析。这两个研究都是从纯网络和应用的角度进行分析工作的，没有考虑终端用户的观点对QoE的影响。

文献[19-23]中通过直接调查参与者对于应用的感受和评价来实施对HTTP流媒体视频的主观用户体验的分析。文献[19]中，使用一个类似YouTube的播放器，通过播放视频进行主观测试分析。结果表明一段时间内视频卡顿的次数和卡顿的持续时间是影响YouTube QoE的最重要因素。这项研究在文献[21]中得到了补充，该文章在实验室控制环境中对视频启动时间对QoE的影响进行了调研。文献[20][22]中的作者使用了一种类似的方法对HTTP流媒体视频的QoE进行了评估。

文献[19-23]中分析YouTube的QoE是在控制实验室环境下实施的，但是这种实验室环境没有将很多其他重要的QoE影响因素考虑进去，比如终端用户的使用环境和内容偏好，或者是其他设备的可用性以及与真实场景下进行评估的区别等。如果将参与者在真实运行环境下对应用的使用实验加入QoE的评价中应该可以提高QoE分析的质量。

此外，基于YouTube提供的开发的SDK接口，文献[24]的作者设计了一种客户端的软件工具，该软件可以在应用层对YouTube的网络情况进行检测，可以用其估算出YouTube视频播放缓冲区的内容并依此预测视频播放过程中的延迟。这种方法虽然有效但是却不适用于网络服务提供商在其自己的网络端来检测YouTube QoE的情况，因为在用户端安装额外的测试软件并不是一个实用的方法。对接入运营商来说，获得这些参数要困难得多。

5.3.3 非终端测量方法

文献[25][26]中的作者们提出了一种利用网络数据包信息离线测量YouTube卡顿的方法。这项研究得出了一些新的结果，但是这些方法只在一些样例应用中得到了确认，这种方法的准确性和普适性需要进一步的确认。

文献[27]介绍了一种通过YouTube的IP数据包重建视频卡顿参数的方法，称之为深度数据包检测(Deep Packet Inspection, DPI)。视频帧的连续播放构成了一个视频，而这些播放时间可以通过解剖视频容器(例如FLV, MP4等)中的元数据来得到。每一个YouTube视频都被压缩并编码为FLV, MP4

或者其他的视频容器,这些视频容器可以看成是类似容器的媒体文件。这些容器包含了压缩过的视频和音频以及 YouTube 播放器需要的用来将其解码并显示视频内容的一些信息。这些媒体文件都以一个定义好的签名开头,这个签名定义了这个文件的视频容器类型,并且包括一些元数据信息,例如视频各个帧应该在什么时间播放。这种方法的基本思想是通过比较视频播放帧的播放和接收到数据包中的时间戳,依次估计 YouTube 播放器缓冲区中逐渐增加的实际播放时间。当视频回放缓冲区变空时,直到收到更多的数据包,视频会一直处于卡顿状态。DPI 方法的关键技术包括:通过文件播放容器等信息的签名识别 YouTube 的视频头部;从数据包中提取出相应的下载内容播放时间来估计视频缓冲区中累积的视频播放时间。

这个方法可以作为移动网络监测系统的一个检测模块。系统获取所有的从移动用户终端发送到网络和从网络发送到移动用户终端的数据包,并在流的基础上实时对这些数据包进行分析。网络传输被移动网络端的接口连续不断地监控着,针对 YouTube QoE 的监控,这个系统对数据包中监测到的每一个 YouTube 数据流每 60 秒发布一个报告或者标签。每个标签都包含 60 秒内估计的 YouTube QoE 的 MOS 值和对应该 MOS 值的视频时长。估计的 YouTube QoE 值是根据在 60 秒的时间内提取到的卡顿次数和卡顿时长来计算的。使用这 60 秒的短时间空档,可以对真实网络环境中的 YouTube QoE 的情况有一个清晰的了解,给网络提供商提供关于用户的满意程度提供宝贵的信息。

文献[28]以[27]的研究为基础,对 QoE 的监测和评估做了进一步的研究,给出了移动数据网络中对大规模、实时 YouTube QoE 监测和评估的研究结果。

近年来,由于网络安全事件的频繁发生,各个互联网公司均逐渐采取了 HTTPS 加密方式传输服务数据,2014 年 1 月开始,YouTube 的 Android 和 iOS 客户端相继开始采用 HTTPS 加密流量传输视频数据。根据 2015 年 3 月科威特 Beta 局点数据的统计分析,YouTube 加密流量占比超过 80%。加密流量的引入导致使用 DPI 方法设计的 QoE 监控方案无法获取到其需要的参数数据。在非加密场景下,原来基于 DPI 技术,可以获取到 Host、视频大小、可播放时长、码率等信息,可以较为准确地评估视频的初始缓冲时长、卡顿等体验指标,而在加密场景下,原来的方法都失效了,急需可以应用于加密场景的技术,解决业务识别、关联、视频码率获取的问题。这些是本书的重点,由于篇幅原因,这些内容在本章之后的各章节重点介绍。

基于传统 QoE 的研究方法,本章 5.4、5.5 两节介绍使用 DPI 方法对流媒体视频播放 QoE 的研究。5.4 节为使用终端测量方法进行的 QoE 研究,5.5 节是使用 DPI 方法在接入设备中采集数据进行的 QoE 分析。

5.4　移动互连终端视频应用 QoE 研究

5.4.1　研究目的

在移动端观看视频时，QoE 的影响因素来自各个方面，如视频本身的属性、手机硬件性能、应用软件性能、用户主观爱好和网络性能等。其中，网络服务质量(QoS)对视频观看效果的影响尤为显著。国际电信联盟标准化组织(ITU Telecommunication Standardization Sector，ITU-T)在标准 E. 800 中将 QoS 定义为"决定用户满意程度的服务性能的综合效果"[29]。目前业界通常将 QoS 理解为能够以保证业务水平方式提供某种服务的网络能力。更抽象的，QoS 通常被狭义地表示为底层分组数据传输的性能指标，如传输时延、时延抖动、网络带宽、误码率等。

本节以优酷安卓应用作为主要研究对象，对基于 HTTP 协议的流媒体应用的用户体验质量和网络性能，尤其是流速、时延和传输丢包率这三个性能指标之间的相关性进行研究与分析。

5.4.2　QoS 性能参数的测量方法

为了分析 QoE 与 QoS 的相关性，需要对视频播放时的网络性能进行监测，由于被动测量能真实反映用户的实际网络质量，本节采用如图 5.6 的环境采集实验数据。

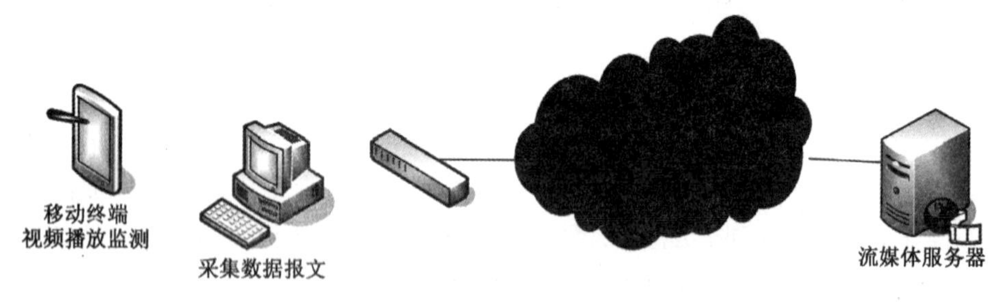

图 5.6　数据采集环境

本实验选择的移动终端为酷派 2563 和华为 C8816，实验网络为电信宽带下设置 MERCURY 路由器提供的无线网络。使用路由器自带的限制下载速度的功能限速网速，分别在两个手机上，在不同的下载速度下，播放同一个视频的不同清晰度。

(1) 标清视频：播放标清视频时，将网速限制在 20，30，40，50，60，70，80，90，100，120，200，400，1 024 kB 的情况下，进行视频播放。

(2) 高清视频:播放高清视频时,将网速限制在 30, 40, 50, 60, 80, 100, 120, 140, 200, 250, 300, 500, 1 024 kB 的情况下,进行视频播放。

(3) 超清视频:播放超清视频时,将网速限制在 50, 80, 100, 120, 140, 160, 180, 200, 250, 300, 350, 400, 1 024 kB 的情况下,进行视频播放。

此外,在使用优酷 QoE 监测系统 VMOSMonitor 播放并监测视频状态时,在 PC 机上,使用 tcpdump 捕获视频播放过程中所产生的所有网络数据包,并将其保存为 pcap 格式的文件,通过对数据报文的分析,获取流速、传输丢包率与网络往返时延。

(1) 流速的计算方法:每秒传输的数据量,以 1 秒为时间长度统计每秒内的数据量为流速。

(2) 丢包率计算方法:根据文献[30]给出的核心算法,基于 TCP 序列号统计报文乱序、重传情况,从而给出丢包率估计,具体过程如下:

Step 1,初始化,主要包括:各标志位(首次丢包、重传、连续重传、乱序段)、乱序段起始位置与结束位置,各统计数量均为 0;

Step 2,将报文按时戳排序得到序列 1,按序列号排序得到序列 2。开始遍历报文序列;

Step 3,是否为乱序段,若是,转 Step 4;否则转 Step 6;

Step 4,对于乱序段,看其是否为重传报文,若是,则表示存在丢包,进行正常丢包统计,并将首次丢包、重传标志位置 1,统计首次丢包时刻的报文数;若不是重传报文,则通过采集器丢包判定方法对采集器丢包进行统计。此过程中,对连续重传记为一次丢包;

Step 5,根据序列 1 和 2,判断下个序列号是否乱序,若不乱序,则将乱序段标志位置 0,并进行乱序报文统计,转 Step 8;

Step 6,对于非乱序段,看其是否为重传报文,若是,则表示存在丢包,进行正常丢包统计,并对首次丢包进行统计,统计其首次丢包时刻的报文数;若不是重传报文,则对采集器丢包进行统计;

Step 7,根据序列 1 和 2,判断下个序列号是否乱序,若乱序,则置乱序段标志位为 1,转 Step 8;

Step 8,报文是否遍历完毕,若是,则进行报文总数、首次丢包报文总数统计,转 Step 9;否则转 Step 3;

Step 9,进行丢包率计算。

(3) 网络往返时延计算方法:使用 TCP 三次握手方法[31],TCP 开始进行传输前,客户端与服务器进行三次握手之后才能进行通信。第一次握手时,客户端向服务器发送连接请求 TCP 报文,该报文头部同步位 SYN=1,确认位 ACK=0,发出的初始序列号 Seq=x。发出该报文后,客户端进程开始等待服务器确认。

服务端接收到连接请求报文后，若同意与其建立连接，就立即向客户端进程发送一个确认 TCP 报文，其中同步位 SYN=1，确认位 ACK=1，确认号 Ack=x+1 比收到的报文中的序列号 Seq 大 1，然后设置自己的初始序列号 Seq=y。这时服务器进程进入 SYN-RECV 状态。

客户端接收到服务器发回来的确认报文后，还需进行第三次握手。客户端向服务端发送一个确认报文，该报文中的同步位 SYN=0，确认位 ACK=1，序列号 Seq=x+1，这个序列号比连接请求报文中的序列号大 1。确认号 Ack=y+1，比接收到连接接收报文中的序列号大 1。至此，三次握手完成，客户端与服务器可以进行数据通信。

由于三次握手过程中服务器和客户端都不需要进行复杂的操作，可以忽略在终端产生的延时，因此可以根据三次握手这个过程，找到数据包中进行三次握手时所产生的数据，求出客户端到服务器的往返时延。

5.4.3　优酷 QoE 监控系统的设计与实现

由于使用主观评价方法获取用户在观看移动端视频时的用户体验质量的成本较高、可移植性较差。所以需要一种可以通过视频播放情况，以及视频本身的清晰度情况对 QoE 进行计算的工具。Ricky 等人在参考文献[13]中提出的方法，可以通过视频卡顿情况分析用户体验质量。该方法使用三个应用层的参数值作为 MOS 值的度量指标，包括初始缓冲时间（T_{init}，单位为 s）、平均重缓冲时间（T_{rebuf}，单位为 s）以及重缓冲频率（f_{rebuf}，单位 s^{-1}）。用户点击播放视频后，客户端开始下载并缓存数据直到视频开始真正播放的这段时间为初始缓冲时间。这段时间越短，用户等待时间越短；这段时间越长，用户等待时间越长。重缓冲是指视频应用在服务的过程中，数据网络传输不能和用户终端实时播放需求保持一致而引起的一种现象，通常称之为卡顿。使用 HTTP 流媒体协议进行传输的视频应用，当 TCP 重传数据没有及时到达客户端时，会造成缓冲区出现“饥饿状态”，发生重缓冲现象。当网络情况较差时，也会发生重缓冲现象，导致视频的卡顿。平均重缓冲时间等于重缓冲总时长除以缓冲次数，重缓冲频率指单位视频时长的重缓冲次数。最终用户的主观意见得分可以表示为：

$$MOS_{rebuf} = 4.23 - 0.0672T_{init} - 0.724f_{rebuf} - 0.106T_{rebuf} \tag{5.1}$$

该方法虽然将视频播放过程中的卡顿情况与用户体验质量以直观的方式联系了起来，但是并没有考虑到不同的视频清晰度这个因素对用户体验质量的影响。因此，本实验对视频质量从不同清晰度的角度做了一个评分标准，得到视频清晰度对应的 $MOS_{quality}$ 值的。如表 5.2 所示。

表 5.2 不同清晰度的视频对应的 $MOS_{quality}$ 值

分辨率	$MOS_{quality}$ 得分	分辨率	$MOS_{quality}$ 得分
1 080 P	5	480 P	3.5
720 P	4.5	360 P	3
540 P	4		

设置 $MOS_{quality}$ 占总 MOS 值的 20%，MOS_{rebuf} 占总 MOS 值的 80%，得到最后的 $VMOS$ 值计算方法，可以表示为：

$$VMOS = 0.2 \times MOS_{quality} + 0.8 \times MOS_{rebuf} \tag{5.2}$$

$$MOS_{rebuf} = 4.23 - 0.0672T_{init} - 0.724f_{rebuf} - 0.106T_{rebuf} \tag{5.3}$$

其中，视频质量得分、初始缓冲时长、平均重缓冲时间以及重缓冲频率为未知量。视频质量得分，由视频的清晰度与 $MOS_{quality}$ 映射表可以得到。而另外三个变量需要在视频的播放过程中，对视频的播放状态进行监测，并在视频播放结束后才能计算得到。因此以求出以上所提到的四个值为目的，设计、实现本监测系统。

为了能获得上述播放参数，需要设计一个优酷视频的监测系统，该系统位于 Android 客户端上，对优酷播放器播放视频过程中的情况进行监测，获取播放过程中的相关参数必须使用视频服务商提供的开发平台，我们称之为 VMOSMonitor。之所以选择对优酷视频进行研究，是因为优酷提供了优酷开放平台，供个人及公司开发者使用优酷的相关功能。目前，优酷从视频云、视频技术、视频数据、用户社区这四个主要方面为开发者提供了相应的文档及程序。主要包括云点播和云直播两个功能。

本节主要针对优酷的视频点播功能进行研究，因此只需要使用优酷提供的云点播服务。优酷的云点播服务提供了播放 SDK 和上传 SDK 两种 SDK 供开发者下载。其中播放 SDK 又按播放平台的不同分为 Android 和 iOS 两种。本文主要用到的是 Android 平台的 SDK。该 SDK 中主要包括 YoukuPlayerOpenSDK 和 YoukuLoginSDK 两个工程。YoukuPlayerOpenSDK 实现视频播放的主要功能，YoukuLoginSDK 提供用户登录的相关功能。需要注意的是，即使实现了优酷用户登录的相关功能，以会员用户登录之后，视频播放的应用也并没有提供会员用户播放 1 080 P 这种清晰度视频的功能，也就是说，优酷并没有为开发者提供播放 1 080 P 视频的功能。目前优酷提供的 Android SDK 版本主要包含了视频播放、视频缓冲、账号登录以及播放本地缓存视频等相关功能。

VMOSMonitor 系统只需实现视频播放相关的功能，主要包括视频播放模块、视频播放状态监测模块、参数分析与输出模块，各模块的功能分别如下所示：

(1) 视频播放模块：创建优酷视频播放器，通过视频 ID 获取视频相关信息并进行播放。播放过程中可以切换视频清晰度。

(2) 视频播放状态监测模块：在用户点击播放视频后到用户退出视频播放的这段时间内，记录视频初始缓冲时间、视频有效播放总时长，分析视频播放过程中有无重缓冲现象出现，有则记录每次重缓冲的时间。

(3) 参数分析与输出模块：对视频播放监测模块中得到的数据进行整理与分析，按 VMOS 计算公式计算出用户对此次视频播放的感受，并将 VMOS 值及其他一些重要的参数输出显示给用户。

播放状态的监测过程：当用户点击开始播放，且优酷播放器实例化完成之后，开始计时(此刻时间记为 0，下文所提到的时长都是从此刻开始到所提时间时经过的时长)。从此刻开始，到视频开始播放第一帧画面的时长即为初始缓冲时长。而这一段的视频状态被认为是初始缓冲状态。具体判断视频初始缓冲状态的方法为，开始计时后，每隔 40 毫秒，获取视频的当前播放位置，当视频处于初始缓冲状态还没有开始播放时，当前播放位置总为 0，视频处于初始缓冲状态。当获取到的当前播放位置大于 0 时，即可认为视频已完成初始缓冲，进入正常播放状态，记录此时时间即为视频初始缓冲时长。这种办法可能会产生小于 40 毫秒的误差，但误差在可接受范围内。

当视频开始播放后，每隔 40 毫秒，记录此时视频播放位置与上一次视频播放位置，并判断此时视频播放位置与上一次视频播放位置是否相同。如果相同，表示视频在这一段时间内没有播放新画面，处于第 i 次重缓冲状态，记录此刻时间 t_1，将 t_1 计入数组 A 中。若在某一个 40 毫秒时间间隔之后，发现视频此时播放位置大于上一次视频播放位置，则认为视频播放了新的画面，不再处于重缓冲状态，记录此刻时间 t_2，并将 t_2 计入数组 B 中。则此次视频重缓冲时长可以通过 t_2-t_1，即$B[i]-A[i]$得到。当用户点击退出视频播放时，获取当前视频播放的分辨率，以及当前视频播放时长，即可得到视频有效播放总时长。

由视频播放状态监测模块可以得到的信息有：视频初始缓冲时长，视频发生重缓冲时的时间点数组 A 和退出重缓冲时的时间点数组 B，以及视频分辨率和视频有效播放总时长这几个数据。数组 A 与数组 B 中的数组一一对应，数组 B 减去数组 A 中对应元素得到的数组 C 即为视频每次重缓冲的时长，找出其最大值即可得到视频单次最大重缓冲时延，将 C 中所有元素值加起来即可得到视频重缓冲总时延，数组 C 的长度即为视频重缓冲次数。

当用户退出视频播放时，可以查看用户观看视频过程中的相关参数，如图 5.7 所示。

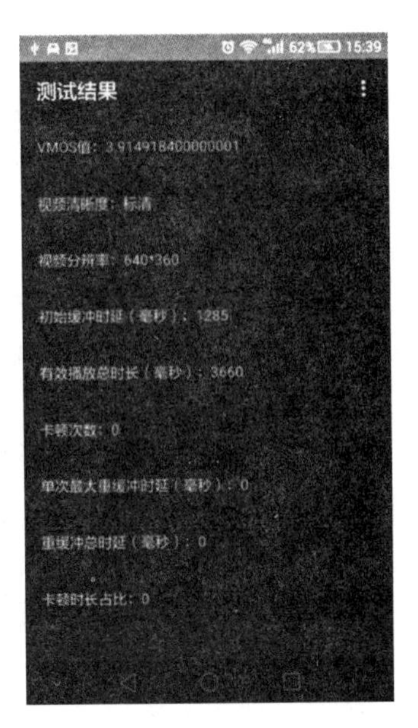

图 5.7 优酷播放 QoE 监测

5.4.4 实验结果与分析

(1) VMOS 与流速的关系

图 5.8、图 5.9、图 5.10 分别为标清、高清、超清视频对应的 VMOS 值与流速之间的关系，其中 VMOS1 为酷派手机实验数据，VMOS2 为华为手机实验数据。

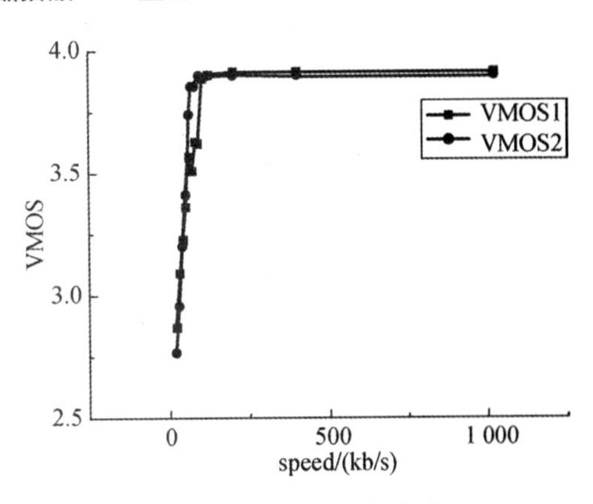

图 5.8 标清视频 VMOS 与流速

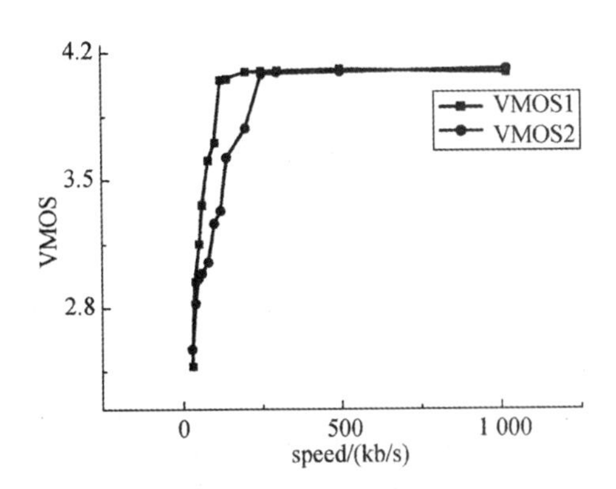

图 5.9 高清视频 VMOS 与流速

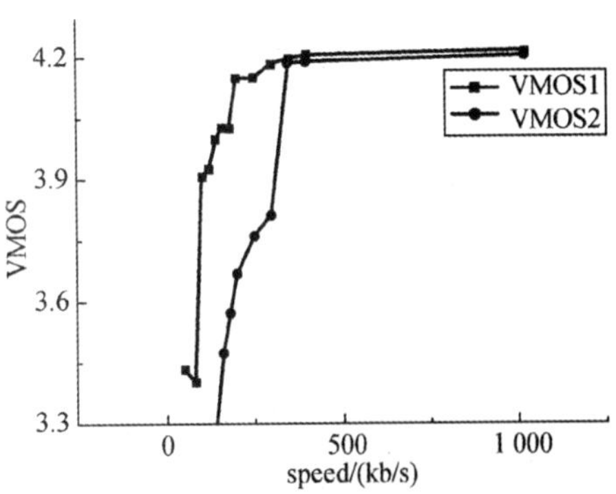

图 5.10 超清视频 VMOS 与流速

由图可见，随着流速的增大，VMOS 值也随之显著增大。但当流速到达一定临界值时，VMOS 值不再显著增长。对不同清晰度的视频这个临界值也不同。标清、高清、超清的视频对应的这个临界值分别为 125 kB/s，200 kB/s，375 kB/s，且这三种清晰度对应的 VMOS 值都分布在 4.0、4.2、4.4 以内。

（2）VMOS 与传输丢包率关系

图 5.11、图 5.12、图 5.13 分别为标清、高清、超清视频对应的 VMOS 值与传输丢包率之间的关系，其中 VMOS1 为酷派手机实验数据，VMOS2 为华为手机实验数据。

由图可见，随着传输丢包率的变大，VMOS 值显著降低。

（3）VMOS 与往返时延（RTT）关系

图 5.14、图 5.15、图 5.16 分别为标清、高清、超清视频对应的 VMOS 值与往返时延之间的关系，其中 VMOS1 为酷派手机实验数据，VMOS2 为华为手机实验数据。

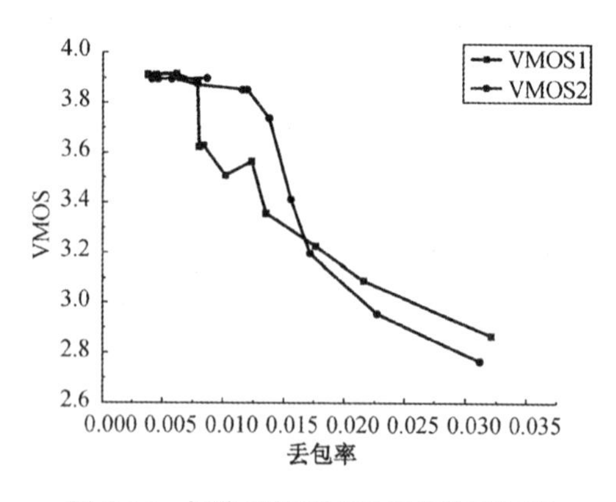

图 5.11　标清视频 VMOS 与传输丢包率

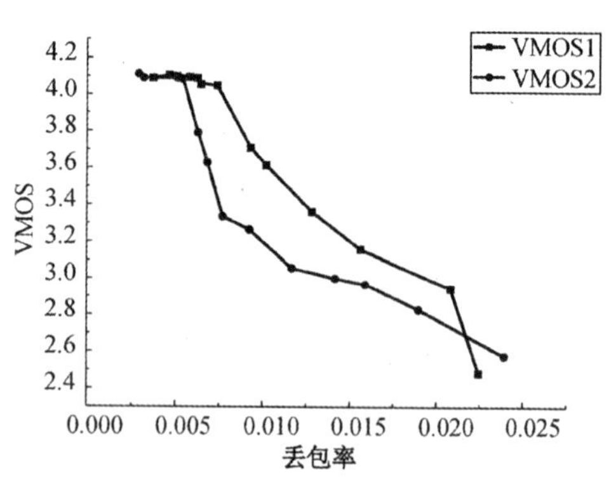

图 5.12　高清视频 VMOS 与传输丢包率

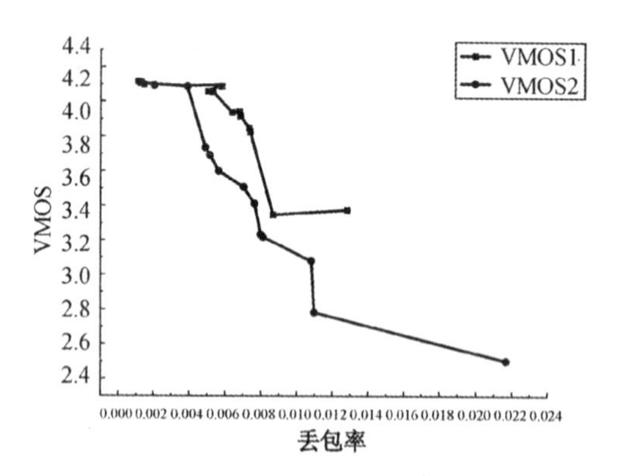

图 5.13　超清视频 VMOS 与传输丢包率

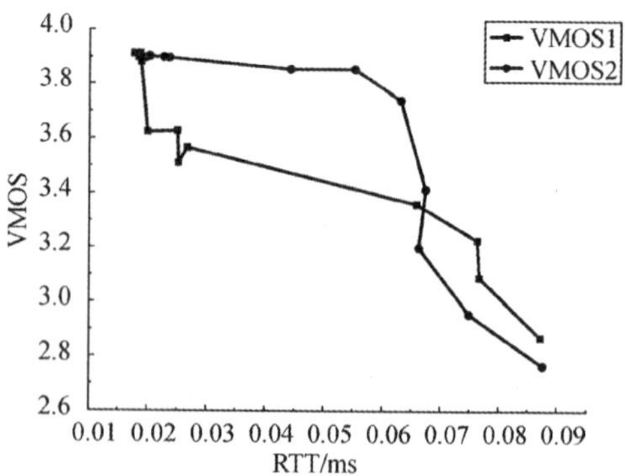

图 5.14　标清视频 VMOS 与往返时延

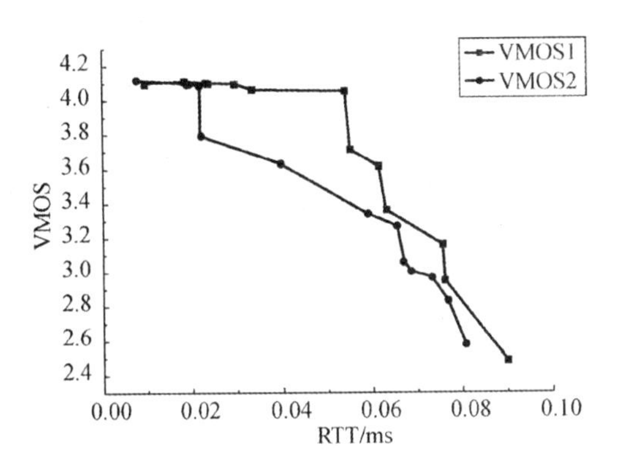

图 5.15 高清视频 VMOS 与往返时延

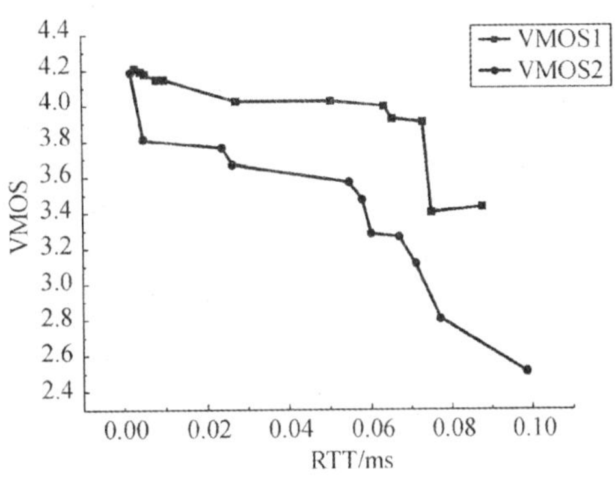

图 5.16 超清视频 VMOS 与往返时延

随着往返时延的增大,VMOS 值随之减小。由于实验用来计算往返时延的方法给出的只是 TCP 三次握手的延迟,并非实时的延迟,所以实验中得到某些往返时延可能不太准确,但是仍可以得到 VMOS 值随往返时延的增大而减小的结论。

(4) 相关性分析

Spearman 秩相关系数是一个非参数的度量两个变量之间的统计相关性的指标,用来评估当用单调函数来描述是两个变量之间的关系有多好。在没有重复的数据的情况下,如果一个变量是另外一个变量的严格单调的函数,则两者之间的 Spearman 秩相关系数就是+1 或-1,称变量完全 Spearman 相关。

使用 Spearman 秩相关性分析方法分析 VMOS 与网络下载速度、传输丢包率、往返时延之间的相关性。数据为使用在华为手机上观看标清视频测得的,可得到如下结论:

① VMOS 与流速的秩相关系数为 0.887,显著性为 0.000,有统计学意义。可以得到流速与 VMOS 的值有着较强正相关性的结论。

② VMOS 与传输丢包率的秩相关系数为-0.832,显著性为 0,有统计学意义,可以得到传输丢包率与 VMOS 的值有着较强负相关性的结论。

③ VMOS 与往返时延的秩相关系数为-0.887,显著性为 0,有统计学意义,可以得到往返时延与 VMOS 的值有着较强负相关性的结论。

5.5 IPTV 视频应用中 QoE 与 QoS 关联分析

5.5.1 研究目的

网络电视视频是网络视频业务中的主流业务。用户对网络视频业务的主观感受受到很多 QoS 指标的影响，包括应用层 AQoS 参数中的帧率及网络层 NQoS 参数数据传输速率以及坏帧率。帧率是视频源中各个帧的发送频率，一般情况下当帧率大于 25 帧每秒的情况下，用户难以察觉视频的不连续性，更高的帧率能够提升用户对于视频质量，尤其是包含快速移动画面的视频体验质量，但由于提升了对数据速率的要求，对信道质量的要求提高了。如何保证用户的 QoE，如何监测信道是否满足用户需求，是运营商必须面对的问题。本节研究 IPTV 的 QoE 与网络 QoS 之间的关系，为运营商优化服务质量提供思路。

5.5.2 IPTV QoE 评价模型

视频的 QoE 主观测量是根据人对多媒体业务中的视频业务进行观看，并进行主观打分，该方法测量得到的 MOS 值贴近用户，能够反映视频的用户体验质量 QoE。但主观质量测量必须提供严格的测试环境，考虑大量的影响因素和可能性，因此实现步骤相对复杂，且不具有可移植性。

视频的 QoE 客观测量方法是通过仪器或软件对多媒体视频的质量进行分析，通过特定的数学模型，针对视频输入序列的失真程度给出量化的测量结果。

由于能够影响视频业务 QoE 的因素众多，因此准确评估所有指标对用户感受的影响并不现实。所选的指标不同，建立的模型也各不相同。

文献[32]中讨论了 IPTV 业务中视频的 QoE 和 QoS 之间的关系，并给出了视频质量的 QoE 与 QoS 之间的评价模型：

$$\begin{cases} QoE_n = Q_R \times [1 - QoS(X)]^{\frac{QoS(X)\times A}{R}} \\ QoS(X) = K\{L \times W_1 + U \times W_u + J \times W_j + D \times W_d + B \times W_b + \cdots\} \end{cases} \tag{5.4}$$

其中，$QoS(X)$ 为标准化的 QoS 的值，QR 为用户终端性能，A 为所提供的服务等级，R 为代表帧的结构；K 为整个 QoS 调整因子；L 为丢包率，W_1 为丢包率的权重；U 为突发性，W_u 为突发性的权重因子；J 为抖动，W_1，W_u，W_j，W_d，W_b 分别为丢包率、突发性、抖动、延迟、带宽的权重因子，该文献中并没有给出具体的权重值及 A，R 的具体参数值的确定方法。

文献[33][34]将 IPTV 的 QoE 指标分为网络与视频业务参数，并分别从网络与视频角度建立了用户体验质量的评价模型 QoEN（参数包括网络参数延迟、抖动与丢包率）和 QoEu（参数包括视频质量、转换频道所用的时间、音视频之间的同步误差），但整篇文献中并没有给出如何用 QoEN，QoEu 共同计算最终的 QoE 的评价模型及相关参数值的确定。

1997 年，ITU-T 和 ITUU-R 的研究小组联合成立了视频质量专家组(Video Quality Experts Group)VQEG，专门从事视频质量评价的研究和相关标准的制定，针对多媒体业务的 QoE 客观测量方法已取得了一定的成果。使用的评价标准为 ITUP. 1201. 2[35]，该模型的输入包括视频清晰度、视频编解码类型、解码器丢包补偿类型、每个像素的平均比特数、内容复杂度、冻结帧占总帧数的比例等，输出为 MOS 值。由于目前的解码器普遍使用冻结帧的方式处理丢包，因此，丢包率并不直接影响用户的业务体验，由不同丢包分布导致的冻结帧比率直接影响用户的业务体验。

对业务体验进行量化的模型就决定了各种参数对网络业务体验的影响。但是在各种模型的建立过程中，由于 QoE 本身是主观性较强的参数，模型给出的各种参数和 QoE 的对应关系也会受到各种主观原因的影响，因此，无法从绝对客观的角度给出网络服务质量对业务 QoE 的影响程度。但是，应用较为广泛的模型是建立在广泛的调研和数据分析基础上的，在通常的业务评价中，采用接受程度较广的模型一般是可以满足需求的。

5.5.3　IPTV 的 MOS 值计算方法

本文 MOS 计算方法依据 ITUP1201-2E[35]，输入参数如表 5.3、5.4 所示。

表 5.3　IPTV MOS 计算输入参数

参数	含　义
GlobalInfo. Video. Resolution	视频清晰度，SD、HD 720 或 HD 1080
GlobalInfo. Video. Codec	视频编解码类型
GlobalInfo. Video. ConcealmentType	丢包补偿类型 0 表示条模式；1 代表冻结模式 (0=Slicing Mode, 1=Freezing Mode)
VideoSequenceData. BitPerPixel	每个像素的平均比特数
VideoSequenceData. ContentComplexity	内容复杂度
VideoSequenceData. FreezingRatio	冻结帧占总帧数的比例
VideoSequenceData. LossMagnitude	slicing parameter(像条层参数)

表 5.4　IPTV MOS 计算输出结果

指标	指标类型	含义
QcodV	Number	估计视频压缩的音频质量
QtraV	Number	估计视频传输错误的音频质量
QV	number	视频质量总体值
MOSV	number	视频 MOS 值

计算过程如下：

步骤 1:压缩对视频流质量造成的影响 QcodV 计算公式如下：

$$QcodeV = 51.28 \times e^{-22 Bitperpixel} + 6 ContentComplexity + 6.21 \quad (5.5)$$

公式中的常量参数是根据本次实验的视频特征，依据 ITU 的标准确定的。

“BitPerPixel”为每个像素的平均位数。

“BitPerPixel”计算公式为：

$$BitPerPixel = \frac{Bitrate \times 10^6}{NumPixelPerFrame \times FrameRate} \quad (5.6)$$

“Bitrate”是视频整体的比特率，“Bitrate”的计算公式为：

$$Bitrate = \frac{\sum_n FrameSize[n].FrameRate}{NumFrames} \quad (5.7)$$

其中 $FrameSize[n]$ 为测量窗口内各帧的大小，$FrameRate$ 为测量期间的帧速率，$NumFrames$ 是测量期间帧的数目。$NumPixelPerFrame$ 是每帧的像素，$FrameRate$ 是视频帧的每秒速度。

ContentComplexity 是表示内容复杂性的参数，给出没有丢包的情况下时空复杂度的影响。计算公式为：

$$ContentComplexity = \frac{\sum_{sc} N_w}{\sum_{sc} s_{sc}^{I \times N_w}} \frac{NumPixelPerFrame \times FrameRate}{1\,000} \quad (5.8)$$

其中 $NumPixelPerFrame$ 是每帧的像素，$FrameRate$ 是视频的帧速率。s_{sc}^I 是一个向量，这个向量包含了每个场景的平均 I 帧大小，即：$s_{sc}^I = (s_{sc1}^I, s_{sc2}^I, s_{sc3}^I, \cdots) \in IR^S$，$S$ 是测量期间场景的数目，s_{sci}^I 是第 i 个场景中 I 帧的平均值。测量窗口中第一个场景中的第一个 I 帧需要被忽略。这个向量的长度对应着测量窗口中场景的数目。N_w 的计算方法如下：如果 N 是一个 S 维的向量，包含了每个场景中 GOP(group of pictures)的数目，S 是测量期间场景的数目，即，$N = (n_{sc1}, n_{sc2}, n_{sc3}, \cdots) \in IR^S$，如果 m 是拥有最小 s_{sc}^I 值的场景的索引号，那么：

$$N_w(s) = \begin{cases} N(s) \times 16, & s = m \\ N(s), & s \neq m \end{cases} \quad (5.9)$$

在上述计算进行之前，需要识别出视频流中的 GOP 和场景，并给出各自的长度。

步骤 2:根据测试使用的解码器特征，错误补偿用的是 freezing 模式，由传输造成的视频质量 QtraV 计算公式如下：

$$Qtrav = 12.7 \times \log(907.36 \times FreezingRation.BitPerPixel + 1) \tag{5.10}$$

FreezingRatio 描述了使用 freezing 作为丢包补偿时引起的质量下降。计算公式为：

$$FreezingRatio = \frac{NumFrozenFrame}{NumFrames} \tag{5.11}$$

其中 $NumFrozenFrame$ 是测量窗口中冻结帧的数目。忽视丢包从非参考 B 帧开始的情况，$NumFrames$ 是测量窗口中全部帧的数目。上述参数中，需要识别出冻结帧，识别的方法见参考文献[32]。

步骤 3：总体的视频流 QV 计算方法为：

$$QV = 100 - QcodV - QtraV \tag{5.12}$$

步骤 4：将 QV 转化为 1～5 之间的 $MOSV$：

$$MOSV = MOSfromR(QV) \tag{5.13}$$

5.5.4 测试系统

为了完成 IPTV 视频 MOS 监测功能，我们设计并实现了视频流质量测试系统，通过在客户端点播服务器端的视频，在视频播放过程中进行抓包，并对抓到的视频包进行分析，从而得到视频帧的详细信息，为评估视频质量提供参考数据。

该系统由三个子模块组成。分别为 Client，rtpServer 和 rtpRound。各模块的功能分别为：

- Client 模块：该模块主要负责和指定 IP 的 rtsp server 连接，然后播放视频，并且在播放视频的同时进行抓包，并且从抓取的数据中分析得到延时，丢包数，丢帧数等参数，为下一步分析视频质量打下基础。
- rtpServer 模块：该模块的主要功能是测试 rtsp server 发送包和帧的速度。
- rtpRound 模块：主要功能是和所有的 rtsp server 端轮询连接播放视频并进行抓包操作。该子程序是 client 子程序的扩展，通过该子程序可获得被测节点与其他所有节点进行视频通信时的相关参数。在测试数据统计中，除了常见的丢包率，还有一个坏帧率的关键参数。这是因为本项目实验用的解码器对丢包的处理方法是最常见的"冻结"方式(这也是当前解码器的常见处理方法)，当解码器发现某个 I 帧或者其附属帧有丢包，就将画面冻结，直到跳过有丢包的帧，对用户来说，就会感觉到画面定格，然后会突然跳到后面的画面。这是影响业务体验的重要指标，在测试中，*I* 帧或者其附属帧有丢包，这个帧就称为“坏帧”，“坏帧”占所有帧的比率称为“坏帧率”。

5.5.5 实验部署和结果分析

本节基于上述测试系统的测试结果，分析网络层性能测度对业务体验的影响。测试是在现网中进行的，分别在上海和南京租用了服务器，上海作为客户端，南京作为服务器端。服务器的出口带宽都为 10 Mb/s。

实验一共进行了 4 天，图 5.17 为其中 1 天内基于上述模型计算出的 MOS 值与线路丢包率、坏帧率的折线图。

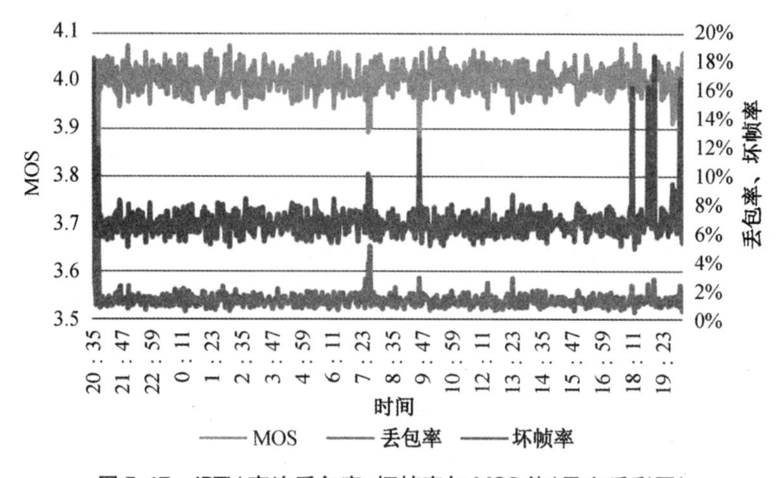

图 5.17 IPTV 直连丢包率、坏帧率与 MOS 值(见文后彩图)

由实验结果结合 ITUP. 1201. 2 的算法可分析出，MOS 值是丢包的直接反映，由于视频业务的特点，并不是直接使用丢包率计算，而是使用坏帧率计算，丢包率相同，MOS 值未必相同。

表 5.5 对这 4 天获得参数的相关性进行分析。

表 5.5 IPTV 测试中丢包率、坏帧率与 MOS 值的相关性

	丢包率与 MOS 值的相关性	坏帧率与 MOS 值的相关性	丢包率与坏帧率的相关性
第 1 天	−0.691	−0.976	0.463
第 2 天	−0.773	−0.933	0.895
第 3 天	−0.837	−0.942	0.963
第 4 天	−0.924	−0.946	0.987

由相关性分析数据可见，MOS 值与坏帧率是负相关的，坏帧率越大，MOS 值越小，这从直观上很好理解，与此同时，丢包率和坏帧率是正相关的，丢包率越大，坏帧率越大。但是，丢包率和坏帧率的相关系数会有一定的波动范围，这是因为不同的网络通路状态会导致丢包率的分布呈现出变化。

5.6 小结

本章介绍了流媒体服务质量评价指标和常规的测量方法，并分别给出了智能手机点播视频和 IPTV 播放视频的 QoE 测量方法，以及 QoE 与相应 QoS 的相关性分析。但是，本章的分析系统都是在非加密场景下进行的，这种场景下视频质量评估可以基于 DPI 技术，获取到视频大小、可播放时长、码率等信息，可以较为准确地评估视频的初始缓冲时长、卡顿等体验指标，然而，由于越来越多的视频流量采用加密技术，加密流量的引入使得之前设计的视频质量评估方案无法获取到其需要的参数数据。本书将在后面章节中研究如何对加密的流媒体数据进行分析，这是本书的研究重点，也是流媒体分析和优化的热点和难点。

参考文献

[1] L Talia, T Noam. Assessing dimensions of perceived visual aesthetics of web sites[J]. International Journal of Human Computer Studies, 2004, 60(3):269-298.

[2] B Ben, P Andrews, et al. A Human Factors Extension to the Server-Layer OSI Reference Model[EB/OL]. (2006-09-13). http://www.andrewpatrick.ca/OSI/11layer.html.

[3] 林闯，胡杰，孔祥震. 用户体验质量(QoE)的模型与评价方法综述[J]. 计算机学报，2012，35(1)：1-16.

[4] 沈云. 基于自适应流媒体的信道编码技术传输机制以及 QoE 评价模型的研究[D]. 北京：北京邮电大学，2015.

[5] Interirnational Telecommunication Union. Methods for subjective determination of transmission quality Report: TTLI-T-P. 800[S], 1996.

[6] 朱元庆. 基于网络 QoS 参数的视频 QoE 评估模型[D]. 南京：南京邮电大学，2014.

[7] Kamal Deep Singh, Yassine Hadjadj-Aoul, Gerardo Rubino. Quality of Experience estimation for adaptive HTTP/TCP video streaming using H. 264/AVC[C]. The 9th Annual IDDD Consumer Communications and Networking Conference, 2012:127-131.

[8] Tobias Hoβfeld, Michael Seufert, Raimund Schatz, et al. Quantification of YouTube QoE via Crowdsourcing[C]. 2011 IEEE International Symposium on Multimedia

(ISM), 2011:494-499.

[9] DemÓstenes Z Rodriguez, Renata L Rosa, Eduardo A Costa, et al. Video Quality Assessment in Video Streaming Services Considering User Preference for Video Content [C]. Consumer Electronics (ICCE), IEEE International Conference, 2014.

[10] 杨燕. 浅析移动通信网络中的 QoE[J]. 电信科学,2007,23(8):34-38.

[11] Clark D. The design philosophy of the DARPA internet protocols[C]//Symposium proceedings on Communications architectures and protocols, ACM, 1988:106-114.

[12] 3GPP TS 26. 233. Transparent end-to-end packet switched streaming service(PSS); General description[EB/OL]. (2006 - 09 - 13). http://www. 3gpp. org/ftp/Specs/latest/.

[13] Casas P, Schatz R, Hoßfeld T. Monitoring YouTube QoE: Is Your Mobile Network Delivering the Right Experience to your Customers? [C]//Wireless Communications and NETWORKING Conference, IEEE, 2013:1609-1614.

[14] Santos H, Rosário D, Cerqueira E, et al. A Comparative Analysis of H. 264 and H. 265 with Different Bitrates for on Demand Video Streaming[C]//Proceedings of the 9th Latin America Networking Conference. ACM, 2016:53-58.

[15] Gutta V B R, Hoffert E, Newsome R L, et al. Receiving content for mobile media sharing: U. S. Patent 9, 384, 299[P]. 2016-07-05.

[16] Chen Y J, Lin Y J, Hsieh S L. Analysis of Video Quality Variation with Different Bit Rates of H. 264 Compression[J]. Journal of Computer and Communications, 2016, 4 (5):32.

[17] Finamore A, Mellia M, Torres R, et al. YouTube everywhere: impact of device and infrastructure synergies on user experience[C]//ACM sigcomm Conference on Internet Measurement Conference, 2011:345-360.

[18] L Plissonneau, E Biersack. A Longitudinal View of HTTP Video Streaming Performance[C]. in ACM MMSys, 2012.

[19] T Hossfeld, R Schatz, M Seufert, et al. Quantification of YouTube QoE via Crowdsourcing[C]. IEEE MQoE 2011, 2011.

[20] R Mok, E Chan, X Luo, et al. Inferring the QoE of HTTP Video Streaming from User-Viewing Activities[C]. ACM SIGCOMM W-MUST, 2011.

[21] T Hossfeld, et al. Initial Delay vs. Interruptions: Between the Devil and the Deep Blue Sea[C]. QoMEX 2012, 2012.

[22] R Mok, E Chan, R Chang. Measuring the Quality of Experience of HTTP Video Streaming[C]. IFIP/IEEE IM 2011, 2011.

[23] P Casas, A Sackl, S Egger, et al. YouTube & Facebook Quality of Experience in Mobile Broadband Networks[C]. IEEE QoEMC 2012, 2012.

[24] B Staehle, M Hirth, R Pries, et al. YoMo: A YouTube Application Comfort Monitoring Tool[C]. EuroITV 2010, 2010.

[25] S Rugel, T Knoll, M Eckert, et al. A Network based Method for Measurement of Internet Video Streaming Quality[C]. Proc. European Teletraffic Seminar, 2011.

[26] M Eckert, T Knoll. An Advanced Network based Method for Video QoE Estimation based on Throughput Measurement[C]. Proc. Euro View 2012, 2012.

[27] R Schatz, T Hoßfeld, P Casas. Passive YouTube QoE Monitoring for ISPs[C]. Proc. FingNET 2012, 2012.

[28] P Casas, R Schatz, T Hoßfeld. Monitoring YouTube QoE: Is Your Mobile Network Delivering the Right Experience to your Customers? [C]. Wireless Communications and NETWORKING Conference, IEEE, 2013:1609-1614.

[29] 于新. 无线网络中端到端视频流业务的用户体验质量预测及优化技术[D]. 杭州:浙江大学信息与电子工程学院,2013.

[30] 米婷. 基于实测流量的丢包率研究[D]. 南京:东南大学,2015.

[31] Hao Jiang. Constantinos Dovrolis, Passive Estimation of TCP Round-Trip Times[J]. Computer Communication Review, 2002, 32(3):75-88.

[32] H J Kim, S G Choi. A study on a QoS/QoE correlation model for QoE evaluation on IPTVservice[C]. Advanced Communication Technology (ICACT), The 12th International Conference, 2010, 2(2):1377-1382.

[33] M Garcia, A Canovas, M Edo, et al. A QoE Management System for Ubiquitous IPTV Devices[C]. 3rd Int. Conference on Mobile Ubiquitous Computing, Systems, Services and Technologies, liema, Malta, 2009:11-16.

[34] M Garcia, J Lloret, M Edo. IPTV distribution network access system using WiMAX and WLAN technologies[C]. Munich: ACM/IEEE Int. Symposium on High Performance Distributed Computing, 2009:11-13.

[35] Recommendation ITUP. 1201. 2, Parametric non-intrusive assessment of audiovisual media streaming quality-Higher resolution application area[S/OL] http://www.itu.int/rec/U-REC-P. 1201. 2-201210-I.

6 加密流分析方法

6.1 引言

自“棱镜”监控项目曝光后，全球的加密网络流量不断飙升。Sandvine 报告显示 2015 年 4 月北美的加密流量达到 29.1%，加密互联网访问流量同比上一年增长了 3 倍。当前加密流量快速增长存在多方面原因：(1)用户隐私保护和网络安全意识的增强，安全套接字层(SSL)，安全外壳协议(SSH)，虚拟专用网(VPN)和匿名通信(如 Tor[1])等技术广泛应用，以满足用户网络安全需求。(2)网络服务提供商(ISP)对 P2P 应用[2]的肆意封堵以及一些公司对即时通信(IM)和流媒体(如 YouTube[3])等应用的限制，越来越多的应用使用加密和隧道技术应对 DPI(Deep Packet Inspection)技术，以突破这些限制。(3)加密协议良好的兼容性和可扩展性[4]，采用加密技术变得越来越简单，如现有的 Web 应用可以无缝地迁移到 HTTPS，且 SSL 协议除了能跟 HTTP 搭配，还能跟其他应用层协议搭配(如 FTP、SMTP、POP)，以提高这些应用层协议的安全性。(4)采用 HTTPS 加密协议有利于搜索引擎排名，谷歌把是否使用安全加密协议 HTTPS 作为搜索引擎排名的一项参考因素[5]，同等情况下，HTTPS 站点能比 HTTP 站点获得更好的搜索排名。

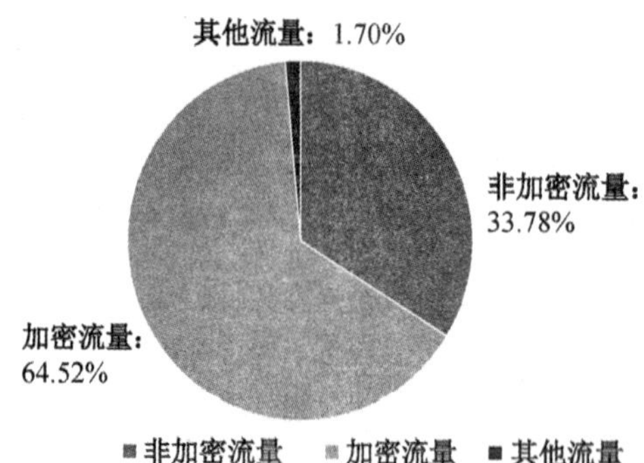

图 6.1　2016 年北美移动网络流量类型比例

随着移动网络的逐步发展，移动网络已经成为网民接触网络的第一途径，同时也成为网络安全的敏感地带。由于近年来网络安全事件频发，以及加密技术水平的显著提升，越来越多的网络服务开始采用加密流量方式来进行传输。在北美地区，移动网络流量中加密流量占据绝对比例。如图 6.1 所示，北美地区移动网络流量中有 64.52%的流量是采用了加密方式传输。

因此,对加密流量的分析成为移动互联网网络管理和安全防范的重点和难点。

已有较多研究成果给出了对流量进行识别的技术。文献[6-8]综述了当前流量识别的研究进展,但这些成果大多针对非加密流量识别研究。实际流量识别过程中,加密流量识别与非加密流量识别存在不少差异,主要表现为:(1)由于加密后流量特征发生了较大变化,部分非加密流量识别方法很难适用于加密流量,如 DPI 方法[9]。(2)加密协议常伴随着流量伪装技术(如协议混淆和协议变种[10]),把流量特征变换成常见应用的流量特征。(3)由于加密协议的加密方式和封装格式也存在较大的差异,识别特定的加密协议需要采用针对性的识别方法,或采用多种识别策略集成的方法。(4)当前加密流量识别研究成果主要集中在特定加密应用的识别,实现加密应用精细化识别还存在一定的难度[11]。(5)恶意应用常采用加密技术来隐藏,恶意流量的有效识别事关网络安全。由于缺乏有效的加密流量分析和管理技术,给网络管理与安全带来巨大的挑战,主要表现在以下几个方面。

首先,流量分析和网络管理需要精细化识别加密流量[12]。大多数公司工作时间不允许玩游戏,观看视频和刷微博等娱乐活动。然而,一些员工通过使用加密和隧道技术突破限制。因此,有必要知道加密和隧道协议下运行的具体应用。另外,SSL 协议下运行着各种以 Web 访问为基础的应用,协议下具体运行的应用需要精细化识别(fine-grained identification),如网页浏览,银行业务,视频或社交网络 SNS。

其次,加密流量实时识别。加密流量识别不仅要识别出具体的应用或服务,还应该具有较好的时效性[13]。比如 P2P 下载和流媒体,实时识别后 ISP 可以提高流媒体的优先级,同时降低 P2P 下载的优先级。

最后,加密通道严重威胁信息安全。恶意软件通过加密和隧道技术绕过防火墙和入侵检测系统[14]将机密信息发送到外网,如僵尸网络[15]、木马和高级持续性威胁(APT)[16]。

6.2 加密流量识别概述

广义上来说,加密流量是由加密算法生成的流量。实际上,加密流量主要是指在通信过程中所传送的被加密过的实际明文内容。

近年来,加密流量识别研究取得了一些成果[17],加密流量识别的首要任务是根据应用需求确定识别对象及识别的类型,再根据识别需求选用合适的识别方法,加密流量识别方法主要可以分为六类:基于有效负载检测的分类方法、基于负载随机性的方法、基于数据包分布的分类方法、基于机器学习的方法、基于主机行为的分类方法，以及多种策略相结合的混合方法[18]。加密流量识别研究涉及范围较广，主要框架如图 6.2 所示。

6.3　识别对象

加密流量识别对象是指识别的输入形式，包括流级、包级、主机级和会话级，根据流量识别的应用需求确定相应的识别对象，其中，流级和包级对象使用最广泛，具体描述如下：

流级：主要关注流的特征及到达过程，IP 流根据传输方向可以分为单向流和双向流。单向流的分组来自同一方向；双向流包含来自两个方向的分组，该连接不一定正常结束，如流超时。有时双向流要求两主机之间从发出 SYN 包开始到第一个 FIN 包结束的完整连接。流级特征包括流持续时间，流字节数等。

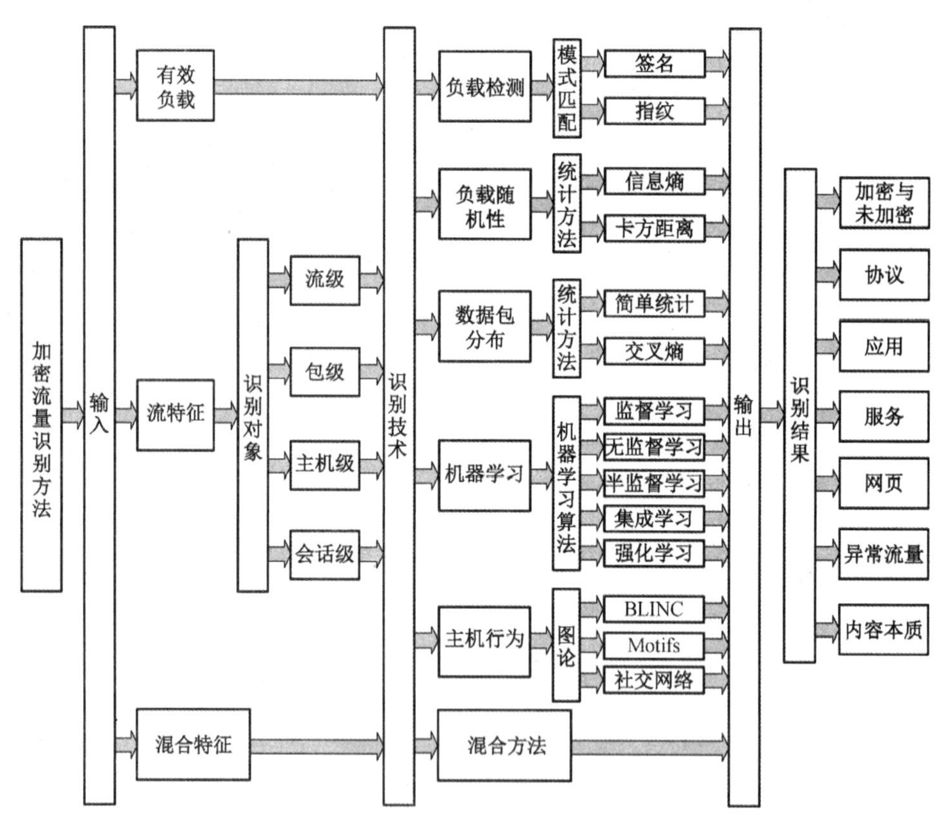

图 6.2　加密流量识别研究内容

包级：主要关注数据包的特征及到达过程，包级特征主要有包大小分布，包到达时间间隔分布等。

主机级:主要关注主机间的连接模式,如与主机通信的所有流量,或与主机的某个 IP 和端口通信的所有流量。主机级特征包括连接度,端口数等。

会话级:主要关注会话的特征及到达过程,如响应视频请求的数据量较大,针对一个请求会分多个会话传输,会话级特征包括会话字节数,会话持续时间等。

6.4 识别的类型

加密流量识别的类型是指识别结果的输出形式,根据流量识别的应用需求确定识别的类型,加密流量可以从协议、应用、服务等属性逐步精细化识别,最终实现协议识别、应用识别、异常流量识别及内容本质识别等,具体描述如下:

- 加密与未加密流量,识别出哪些流量属于加密的,剩余则是未加密的;
- 协议识别就是识别加密流量所采用的加密协议,如 SSL, SSH, IPSec;
- 应用识别就是识别流量所属的应用程序,如 Skype 和 BitTorrent, YouTube,这些应用还可以进一步精细化分类,如 Skype 可以分为即时消息,语音通话,视频通话和文件传输[19];
- 服务识别就是识别加密流量所属的服务类型,如网页浏览(Web browning),流媒体(Streaming media),即时通信,云存储;
- 网页识别就是识别 HTTPS 协议下的网页浏览,如百度,淘宝或中国银行等;
- 异常流量识别就是识别出 DDoS,APT,Botnet 等恶意流量;
- 内容本质识别就是对应用流量从内容信息上进一步分类,如 YouTube 视频清晰度,音频编码格式。该识别主要用来增加识别透明度。

从以上识别的类型来看,有些流量可能属于一个或多个类型。例如,BitTorrent 使用 BitTorrent 协议作为 BitTorrent 网络的应用程序,YouTube 应用程序产生的流量又属于流媒体服务。不同类型的分类表示信息的侧重点不同,因此,流量标签常用于表示不同的类型。下面从加密流量识别的应用需求和识别目标角度详细描述上述识别类型。

6.4.1 加密与未加密流量识别

加密流量识别的首要工作是将加密流量与未加密流量区分,一方面,可以分别采用不同的分类策略逐步实现精细化识别,另一方面,防止加密应用或服务误识别为非加密流量。另外,一些恶意软件通过加密技术绕过防火墙和入侵检测系统,识别加密流量是异常流量检测的首要任务。文献[20]提出了一种加密流量实时识别方法 RT-ETD,分类器只需要处理每条流中的第一个数据包,通过第一个数据包的有效载荷的熵估计就能实时识别加密与未加密流量。实验结果表明该方法识别加密流量的准确率超过94%,加密流量包括Skype和加密eDonkey,未加密流量的识别准确率高于99.9%,流量包括SMTP, HTTP, POP3和FTP,因此,该方法可以有效应用于高速网络的加密流量识别。

6.4.2 加密协议识别

加密协议识别由于各协议封装格式不同需要了解协议的交互过程[21],找出交互过程中的可用于区分不同应用的特征及规律,才有可能总结出网络流量中各应用协议的最佳特征属性[22],最终为提高总体流识别的粒度与精度奠定基础。加密协议交互过程大体可以分为两个阶段,第一阶段是建立安全连接,包括握手、认证和密匙交换;在这过程中通信双方协商支持的加密算法,互相认证并生成密匙;第二阶段采用第一阶段产生的密匙加密传输数据,如图6.3所示。然后,在分析加密协议交互和封装的基础上,详细描述3种主流加密协议(IPSec、SSH和SSL)的识别。

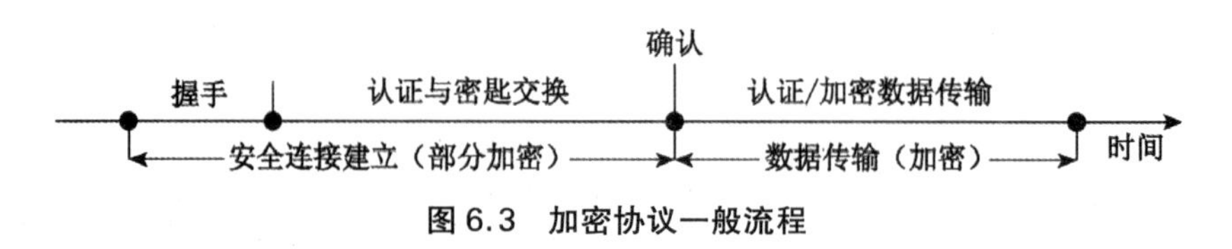

图6.3　加密协议一般流程

(1) IPSec安全协议

IPSec协议是一组确保IP层通信安全的协议栈[23],保护TCP/IP通信免遭窃听和篡改,以及数据的完整性和机密性。IPSec协议主要包括网络认证协议AH(认证头)、ESP(封装安全载荷)和IKE(密匙交换协议)。AH协议为IP数据包提供数据完整性保证、数据源身份认证和防重放攻击;ESP协议包括加密和可选认证的应用方法,除了提供AH已有的服务,还提供数据包和数据流加密以保证数据机密性。IPSec有隧道和传输两种模式,隧道模式中整个IP数据包被用来计算AH/ESP头,AH/ESP头以及ESP加密的数据被封装在一个新的IP数据包中,数据封装格式如图6.4所示。

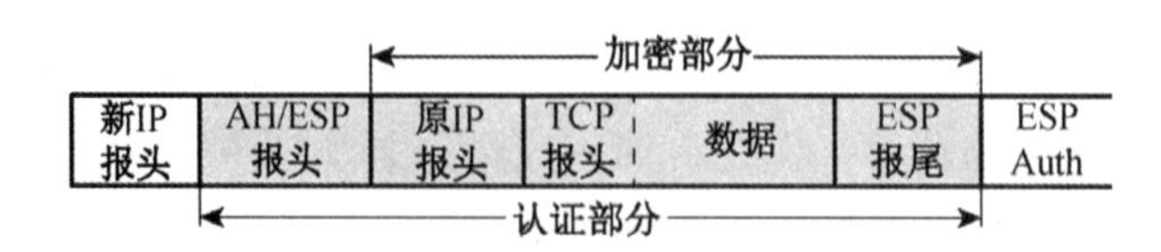

图6.4　IPSec安全协议隧道模式的数据封装格式

由于高实时性应用(如VoIP和视频)需要根据识别结果继而提高优先级,

使得流量识别的实时性变得极为重要。由于隧道和加密技术的应用，基于报头和负载检测的方法无法提供足够的信息来识别应用类型。文献[24]提出一种基于流统计行为的方法可以快速识别 IPSec 隧道下的 VoIP 流量，根据 VoIP 应用的实时性传输需求，介于 60～150 字节的数据包较多，实验结果显示该方法可以有效识别 IPSec 隧道中的 VoIP 流量并阻止非 VoIP 流量，从而改善 VoIP 应用的服务质量。

(2) SSL/TLS 安全协议

SSL 安全套接层协议提供应用层和传输层之间的数据安全性机制[25]，在客户端和服务器之间建立安全通道，对数据进行加密和隐藏，确保数据在传输过程中不被改变。SSL 协议在应用层协议通信之前就已经完成加密算法和密钥的协商，在此之后所传送的数据都会被加密，从而保证通信的私密性。SSL 协议可以分为两层，上层为 SSL 握手协议、SSL 改变密码规则协议和 SSL 警告协议；底层为 SSL 记录协议，SSL 协议分层及数据封装如图 6.5 所示。

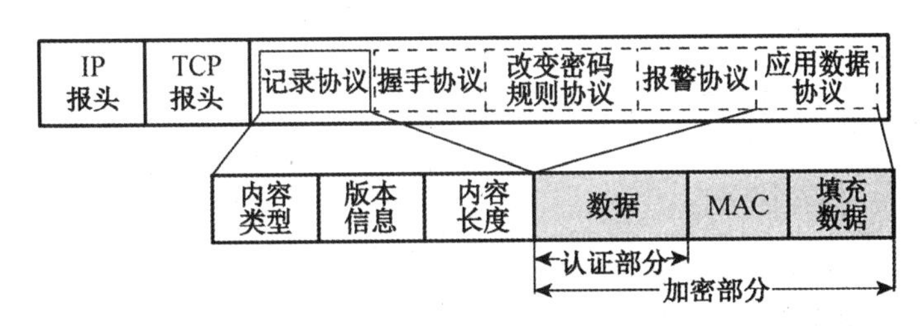

图 6.5 SSL 安全协议数据封装格式

SSL 加密协议因其良好的易用性和兼容性被广泛应用。文献[26]提出一种针对 SSL 加密应用的识别方法，通过前几个数据包的大小实现 SSL 流量的早期识别。该方法首先分析 SSL 协议握手期间的报文，根据每个 SSL 记录开始时发送的未加密 SSL 头部的 SSL 配置选项以验证连接是否使用 SSL 协议并确定协议版本，在 SSLv2 协议头部的前两个位总是 1 和 0，后跟 14 位是 SSL 记录的大小，第三个字节是消息类型（1 为“客户端 Hello”和 2 为“服务器 Hello”）。SSLv3.0 或 TLS 协议的第一个字节是内容类型（22 为“记录配置”和 23 为“有效载荷”），第二和第三个字节表示主要和次要版本（3 和 0 代表 SSLv3.0，1 代表 TLS），实验结果表明该方法可以达到 85％的识别准确率。

(3) SSH 加密协议

SSH 安全外壳协议是一种在不安全网络上提供安全远程登录及其他安全网络服务的协议[27]。SSH 在通信双方之间建立加密通道，保证传输的数据不被窃听，并使用密钥交换算法保证密钥本身的安全。SSH 协议包括传输层协议、用户认证协议和连接协议。传输层协议用于协商和数据处理，提供服务器认证,数据机密性和完整性保护;用户认证协议规定了服务器认证的流程和报文内容;连接协议将加密的安全通道复用成多个逻辑通道,高层应用通过连接协议使用 SSH 的安全机制,SSH 协议分层及数据封装如图 6.6 所示。

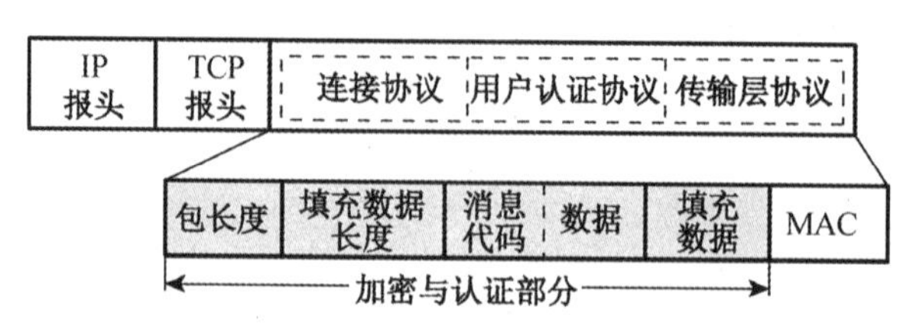

图 6.6 SSH 安全协议数据封装格式

为了实现不同服务流量(如 VoIP,Video,ERP)的有效管理,快速准确的识别服务类型极其重要。文献[28]提出一种 SSH 实时识别方法,首先通过 SSH 连接的第一个数据包的统计特征(如到达时间,方向和长度)识别出 SSH 协议流量,然后通过 k-means 聚类分析前 4 个数据包的统计特征识别 SSH 协议承载的应用(如 SCP,SFTP 和 HTTP)。实验结果表明该方法 SSH 流量的识别准确率达到 99.2%,同时 SSH 协议下应用的识别准确率达到 99.8%。

6.4.3 服务识别

服务识别就是识别加密流量所属的应用类型,属于 VideoStreaming 的应用有 YouTube, Netflex, Hulu 和 Youku 等,属于 SNS 的应用有 Facebook, Twitter 和 Weibo 等,属于 P2P 的应用有 Skype, BitTorrent 和 PPlive 等。此外,具体应用还可以进一步精细化识别,如 Skype 可以分为即时消息,语音通话,视频通话和文件传输。

随着 P2P 应用的不断发展,P2P 流量占据了当今互联网流量较大的份额,而且 P2P 应用大都使用混淆技术,如动态端口号,端口跳变,HTTP 伪装和负载加密,因此,为了实现更好的 P2P 流量管控,需要有效的 P2 流量 P 识别方法。文献[30]比较了三种 P2P 流量识别方法,包括基于端口、应用层签名和流统计特征识别方法。实验结果表明基于端口的方法无法识别 30%~70%的流量,应用层签名方法准确性较高,但可能因法律或技术原因无法使用,而流统计特征识别方法可以达到 70%的识别率。BitTorrent 是常用的 P2P 应用,占 P2P 流量相当大的比例,文献[29]使用统计分析方法识别 BitTorrent 流量与其他类型的流量(如类似功能的 FTP),实验结果表明该方法可以有效地实时识别 BitTorrent 流量。Skype 由于出色的声音质量和易用性被看作最好的 VoIP 软件,引起了研究界和网络运营商的广泛关注。由于 Skype 应用封闭源代码无法获知协议和算法,且强大的加密机制使得识别难度较大。文献[30]提出了一种名为 Skype-hunter 的方法实时识别 Skype 流量，该方法通过基于签名和流统计特征相结合的策略能够有效识别信令业务以及数据业务（如语音、视频和文件传输）。

当前，P2P-TV 应用无论用户数还是所产生的流量都是互联网上增长最快的，实现在互联网上以较低的费用实时观看电视节目。由于大部分 P2P-TV 应用是基于专有或未知的协议，使得 P2P-TV 流量识别难度大。文献[31][32]提出一种识别 P2P-TV 应用的新方法，该方法根据较小的时间窗与其他主机交换的数据包数和字节特征，这两种特征包含了应用和内部运作多方面的信息，如信令行为和视频块大小，该方法采用支持向量机算法可以准确地识别 P2P-TV 应用，再通过简单计算数据包数量还可以精细化识别 P2P-TV 应用（如 PPLive，SopCast，TVAnts 和 Joost），最终，数据包和字节准确率均高于 81%。

6.4.4 异常流量识别

虽然研究已经表明基于信息熵的方法在异常检测中可以取得较好的性能，但还未有研究采用熵检测与流量分布相结合的方法。文献[33]提出一种根据流头部特征（IP 地址，端口和流字节数）和行为特征（测量与每个主机通信的目的/源 IP 数量用度分布）分布相结合的方法，发现地址和端口分布的熵值相关性强，异常检测能力非常相似；行为和流字节数分布不太相关，可以检测出根据端口和地址分布无法检测的异常流量，实验结果表明端口和地址分布在检测扫描和泛洪异常能力有限，而基于熵的异常检测方法具有较好的识别性能。Lakhina 等[34]采用数据包的特征（IP 地址和端口）分布对大范围异常流量进行检测和识别，基于熵的识别方法可以非常灵敏地检测到大范围异常流量，还可以通过无监督学习自动识别异常流量。实验结果表明聚类方法可以有效地将正常流量和异常流量分为不同的集群，可以用来发现新的异常流量。Soule 等[35]提出一种采用基于流量矩阵的方法识别异常流量，首先采用卡尔曼过滤器识别出正常流量，然后采用 4 种不同方法（阈值，方差分，小波变换和广义似然比）识别异常流量。实验结果的 ROC 曲线表明这些方法可以较好地实现误报和漏报的平衡。

6.4.5 内容本质识别

内容本质识别就是对加密应用流量从内容本质上进一步识别，如视频清晰度，图片格式。文献[36]首次提出一种内容本质的识别方法 Iustitia，基本思路是统计特定数量的连续字节的熵，再采用机器学习方法进行识别。首先，基于文本流熵值最低，加密流熵值最高，以及二进制流熵值处于中间的特性，实现文本流，二进制流和加密流的实时识别。然后，进一步扩展 Iustitia 方法实现二进制流的精细化识别，区分不同类型的二进制流(如图像，视频和可执行文件)，甚至可以识别二进制流传输的文件类型(如 JPEG 和 GIF 图像，MPEG 和 AVI 视频)。实验使用 1 k 大小缓存的识别精度可以达到 88.27%，且 91.2%的流的识别时间不超过 10%的包到达时间间隔，表明该方法具有较高的识别效果和效率。

6.5 加密流量识别方法

虽然传统流量识别研究取得了不少成果[37-38]，但有些识别方法很难适用于加密流量，加密流量识别的前提是针对不同的应用或协议有明显的区分特征。加密流量识别和未加密流量识别的本质区别在于由于加密使得用于区分的特征发生了改变，流量加密后的变化可以概括如下：第一，IP 报文的明文内容变为密文。第二，流量加密后负载的统计特性(如随机性或熵)发生改变。第三，流量加密后流统计特征发生改变，如流字节数，包长度，包到达时间间隔。这些变化使得有些传统识别方法很难或根本无法适用，如基于端口和应用层负载的方法，下面详细介绍当前主流的加密流量识别技术，并从成本代价、识别速度、识别粒度等方面进行对比分析。

6.5.1 基于有效负载的识别方法

基于有效负载的识别方法[39]通过分析数据包的有效负载来识别流量，但该方法由于解析数据包负载触犯隐私，处理私有协议或加密协议时由于应用层数据加密可能很难起作用，且当协议发生变化时必须同步更新。然而，一些加密协议在密匙协商过程中数据流是不加密或部分加密的，可以从这部分未加密数据流中提取有用的信息来识别协议或应用。文献[40]提出一种 Skype 流量实时识别的框架，由于数据包的协议报头未加密，可以通过统计协议报头前 4 个字节的卡方可以确定数据流的具体协议，甚至可以根据 Skype 流量的随机特征(包到达速率和包长度)采用贝叶斯分类器识别出该协议所承载的应用类型(文件传输，音频和视频等)。Korczynski[41]提出一种基于马尔可夫链的随机指纹方法，该方法对 SSL/TLS 会话从服务器到客户端的 SSL/TLS 协议头部的消息序列建立一阶马尔可夫链，马尔可夫链就是该会话的指纹。实验结果表明该方法具有较好的识别性能，同时发现许多应用未严格遵循 RFC 规范，识别时需要根据协议更新等变化适当调整指纹。

6.5.2 数据包负载随机性检测

负载随机性检测方法根据网络应用的数据流并不完全随机加密的特性进

行识别,由于每个数据包会携带一些相同的特征字段,所以数据包的这些字节可能不是随机的,可以根据这些特征字段的随机性来识别。文献[42]提出一种基于加权累积和检验的加密流量盲识别方法,该方法利用加密流量的随机性,对负载进行累积和检验,根据报文长度加权综合,最终实现在线普适识别,实验结果显示加密流量识别率达到90%以上。文献[36]提出的Iustitia识别方法根据文本流熵值最低,加密流熵值最高,以及二进制流熵值介于两者之间的特性,采用基于熵值的方法精细化识别二进制流(如图像、视频和可执行文件),甚至可以识别二进制流传输的文件类型(如JPEG、GIF图像、MPEG和AVI视频)。

6.5.3 基于机器学习的识别方法

加密技术只对载荷信息进行加密而不对流统计特征进行处理,因此,基于流统计特征的机器学习识别方法[43]受加密影响较小。Okada[44]在分析流量加密导致特征变化的基础上,提出一种基于特征估计的识别方法EFM,根据未加密与加密流量的相关性选取强相关特征,实验结果表明该方法可以达到97.2%的识别准确率。Alshammari[45]采用多种监督学习方法用于加密与非加密流量的识别,实验结果表明机器学习方法具有较好的识别性能,且可以较好地适用于不同网络环境。Korczynski[46]提出一种统计方法识别Skype流量的服务类型(如语音通话,SkypeOut,视频会议,聊天)。使用前向特征选择方法选取最优特征子集,尽管语音和视频流量识别相对较难,但该方法仍取得较高的识别精度。Erman[47]首次将半监督学习方法用于网络流量识别,分类器通过不断的迭代学习可以识别未知的和行为有变化的应用。文献[48]采用子空间聚类方法针对不同分类器使用独立的特征子集单独识别每种应用,而不是采用统一的特征子集来识别应用。文献[49]提出一种针对Tor应用的识别方法,该方法首先选取应用的代表性流特征,如爆发量和方向,再采用隐马尔可夫模型识别Tor应用承载的流量。

6.5.4 基于行为的识别方法

基于行为的识别方法[50]首先是从主机的角度来分析不同应用的行为特征,识别结果通常是粗粒度的,如P2P和Web。其次,对于传输层加密无能为力。最后,使用网络地址转换(NAT)和非对称路由等技术会因为不完整的连接信息而影响其识别性能。基于行为的识别方法可以分为主机行为和应用行为。基于主机行为的方法针对加密协议更新和新协议鲁棒性高,可以用于骨干网实时粗粒度识别[51-52]。Karagiannis[50]提出了一种基于主机行为的流量识别方法BLINC,该方法是一种识别未知流量的启发式技术,尝试获得主机的参数,一旦这些主机的连接被建立，连接到已知主机上的流量可以被简单地标注为已知主机正在使用的应用。Schatzmann[53]利用主机和协议的相关性，以及周期行为特点从 HTTPS 流量中识别加密 Web 邮件。文献[54]提出一种在时间窗口内根据交互数据包的数目和字节数实现 P2P-TV 流量精细化识别。Xiong[55]提出一种基于主机行为关联的加密 P2P 流量实时识别方法。基于某些先验知识，节点和节点之间的连接、节点和服务器之间的连接等通信模式来识别 P2P 流量。虽然基于应用行为的方法根据应用周期性的操作和通信模式能有效地实现精细化识别，但实际上只有部分加密应用可以适用。

6.5.5 基于数据包大小分布的识别方法

在实际网络环境中，为提高用户体验，服务提供商会针对不同的业务类型对数据流中的数据包大小进行处理，如流媒体的数据包不宜过大，否则网络拥塞时影响播放流畅度，而文件下载的数据包通常以最大负载传输。因此，可以根据业务类型数据包大小分布差异进行识别，该方法受加密影响较小。文献[56]提出一种基于数据包大小分布签名的新方法，该方法首先根据双向流模型将流量包聚集成双向流，从而获取不同终端之间的交互行为特征，再使用包大小分布的签名获取双向流中包的负载大小分布(PSD)的概率，最后，采用 Renyi 交叉熵计算双向流和应用的 PSD 之间的相似性来进行识别。该方法在减少数据包处理量的同时实现 P2P 和 VoIP 应用的准确识别。

6.5.6 混合方法

由于很多识别方法只对特定协议有效，因此可以将多种加密流量识别方法集成实现高效的加密流量识别。文献[57]提出一种签名和统计分析相结合的加密流量识别方法，首先采用特征匹配方法识别 SSL/TLS 流量，然后应用统计分析确定具体的应用协议，实验结果表明该方法能够识别 99%以上的 SSL/TLS 流量，F-score 达到 94.52%。文献[58]提出了一种 P2P 流量的细粒度识别方法，该方法通过统计特定 P2P 应用中经常且稳定出现的特殊流。该方法利用流的几个通用特性就可以达到较高的识别准确率；其次，即使待识别的应用混杂其他高带宽消耗的应用也可以很好地识别，性能表现优于大多数现有的主机识别方法。文献[59]提出一种结合多个流量识别算法的混合方法，通过四种不同的组合机制在四个不同的网络场景下进行验证，实验结果表明混合方法在不同场景下都具有较好的识别率和稳健性。

6.5.7 加密流量识别方法综合对比

在上述加密流量识别方法中，很难借助一种方法识别所有的流量，大部分方法适用于特定的协议或应用,因此,有必要对上述加密流量识别方法从不同角度进行深入分析和对比。表 6.1 概述了加密流量识别研究的具体实例,包括识别对象、识别特征和识别方法等。

表 6.1 加密流量识别研究实例概述

文献	识别对象	特征	识别方法	算法	数据集	标记
Ref. [26]	SSL & non-SSL SSL 协议下应用	分组大小	机器学习	基于 GMM 聚类	P6-2004, 2006, UMass	已知
Ref. [36]	加密与未加密,不同加密算法	字符随机性	负载随机性	熵矩阵估计	Campus	签名
Ref. [40]	Skype 及 Skype 协议下应用	签名	有效负载	签名,机器学习	Campus, ISP	已知
Ref. [41]	SSL 协议下应用	指纹	混合方法	指纹,HMM	私有	签名
Ref. [53]	Https, Tor, Oscar 等	签名,流特征	混合方法	匹配算法,NB	DARPA,私有	已知
Ref. [45]	SSH & non-SSH, Skype & non-Skype	分组头特征 流特征	机器学习	C4.5, AdaBoost,GP	MAWI, DARPA99	端口, PacketShaper
Ref. [50]	Edonkey,MSN, SSH 等	行为特征	主机行为	启发式算法	GN, UN1, 2	签名
Ref. [56]	P2P, VoIP	数据分组大小	分组大小分布	Reiyi 交叉熵	CERNET	手动标记
Ref. [62]	SSH, SSL 及非加密应用	流特征	机器学习	改进的 K-means	Campus,公共	L7-filter, 端口
Ref. [63]	SSH 协议下应用	分组大小,方向	机器学习	GMM,SVM	私有	SSHgate
Ref. [64]	BitTorrent 与非加密应用	流特征	机器学习	k-means 和 KNN 混合	私有	Cisco SCE 2020 box
Ref. [65]	SSH, HTTPS 及非加密应用	分组大小,到达时间间隔,方向	机器学习	Profile HMM	GMU	端口
Ref. [66]	SSH 及非加密应用	行为特征	主机行为	图论	LBL, GMU	端口

比较了包头特征(如签名,指纹)和流统计特征所获得的识别性能,结果表明选择性集成两组特征可以获得更快和更准确地识别性能,使用所有可用的特征并不会获得最好的识别性能[61]。

6.6 加密流量分析的问题

从前述内容可知,加密流量识别技术已引起国内外研究人员的极大关注,已成为网络管理领域一项重要的研究内容。尽管当前加密流量识别通过机器学习等方法取得了不少研究成果，但仍然存在潜在问题尚未很好解决，我们认为加密流量识别还存在以下几个方面的问题：(1)算法评估及比较，评估需要当前最新的数据集，不同算法的比较又需要相同的数据集，由于隐私和知识产权等原因很难公开或共享算法和数据集。(2)流量分类器的可扩展能力，由于网络流量爆发式增长，当前研究大都基于小规模流量的测试，应用于真实环境还有一定的距离，特别是骨干网。(3)样本标记，当前大多数样本标记工具都是基于 DPI，该技术标记加密流量的能力有限；另外，公开数据集很少提供标记信息，且不带负载。(4)流量分类器的兼容性和稳健性。分类器需要在不同的网络环境进行长时间的验证，分类器可能在某个环境具有较好的识别性能；另外，随着时间推移，应用协议在不断变化，分类器也需要不断地更新。(5)流量伪装问题。越来越多的加密技术采用流量伪装，把流量伪装成其他常用应用的特征防止识别，如匿名攻击和 P2P 下载。

影响加密流量分析方法的原因主要有以下几点：

(1) 隧道技术

隧道技术常用于在不安全的网络上建立安全通道，将不同协议的数据包封装然后通过隧道发送，识别隧道协议相对容易，识别隧道协议下承载的应用相对较难，因此，加密流量识别要考虑隧道技术的影响。隧道技术的数据包格式主要由传输协议、封装协议和乘客协议组成。乘客协议就是用户数据包必须遵守内网的协议，而隧道协议则用于封装乘客协议，负载隧道的建立、保持和断开。常见的隧道协议有基于 IPSec 的第二层隧道协议(L2TP)或基于 SSL 的安全套接字隧道协议(SSTP)。L2TP 依靠 IPSec 协议的传输模式来提供加密服务，L2TP 和 IPSec 的组合称为 L2TP/IPSec。SSTP 协议提供了一种用于封装 SSL 通道传输的 PPP 通信机制，SSL 提供密钥协商、加密和完整性检查，确保传输安全性。

(2) 代理技术

加密流量识别还要克服代理技术带来的影响，数据压缩代理技术可以有效减少带宽使用，但对流量识别产生较大的影响。如 Chrome 浏览器采用数据压缩代理技术，能够有效提高网页加载速度，并节省网络流量。当用户使用代理功能时，Google 服务器会对 Web 请求的内容进行压缩和优化处理，由于 Chrome 浏览器与服务器之间采用 SPDY 协议，该协议会对内容进一步优化处理，使用数据压缩代理技术可以节约用户 50%的数据流量。然而，数据压缩使得流统计特征发生较大的改变，使得基于流统计特征的方法识别性能下降，如何维持识别方法的稳健性还有待进一步研究。

(3) 流量伪装技术

流量伪装技术(如协议混淆，流量变种)将一种流量的特征伪装成另一种流量(如 HTTP),降低基于流统计特征方法的识别准确率,且木马蠕虫等恶意程序也越来越多地采用流量伪装技术进行恶意攻击和隐蔽通信。Wright[67]提出了一种实时修改数据包的凸优化方法,将一种流量的包大小分别伪装成另一种流量的包大小分布,变换后的流量可以有效地躲避 VoIP 和 Web 等流量分类器的识别。另外,还有一种称为匿名通信的流量伪装技术,用于隐藏网络通信中发送方与接收方的身份信息(如 IP 地址)以及双方通信关系,通过多次转发和改变报文的样式消除报文间的对应关系,从而为网络用户提供隐私保护。Tor 是目前应用最广泛的匿名通信系统,使用 Tor 系统时,客户端会选择一系列的结点建立 Tor 链路,链路中的结点只知道其前继结点和后继结点,不知道链路中的其他结点信息。

(4) HTTP/2.0、SPDY 及 QUIC 协议

为了降低延迟和提高安全性,Google 推出 SPDY 协议替代 HTTP 协议。SPDY 协议采用多路复用技术,可在一个 TCP 连接上传送多个资源,且优先级高的资源优先传送,并强制采用 TLS 协议提高安全性。Google 为了支持 IETF 提出的 HTTP/2.0 协议成为标准弃用 SPDY 协议,HTTP/2.0 协议实际上是以 SPDY 协议为基础,采用 SPDY 类似的技术,如多路复用技术和 TLS 加密技术。由于 HTTP/2.0 协议基于 TCP 仍然存在时延问题,Google 提出一种基于 UDP 的传输层协议 QUIC(Quick UDP Internet Connection)。QUIC 协议结合 TCP 和 UDP 协议两者的优势,解决基于 TCP 的 SPDY 协议存在的瓶颈,实现低延时、高可靠性和安全性。

6.7 加密流量分析研究方向

综上讨论,加密流量分析的有些问题是流量识别的共同问题,不只出现在加密流量识别研究中。这类问题的研究主要有如下的研究方向。

(1) 加密流量精细化识别

随着流量分析需求的提高,为了加强流量管控,识别流量是否加密是远远不够的,因为实际网络管理中需要识别加密协议或隧道协议下的应用或服务。要实现精细化识别这一目标,多阶段逐步精细化识别和混合方法是较好的解决思路,在各个阶段中完成不同的识别任务,或结合不同的算法识别不同的应用。

(2) SSL 协议下的应用识别

由于 SSL 协议较好的兼容性和易用性,越来越多的网络应用都积极使用 SSL 协议来确保通信过程的安全性。SSL 协议在网页浏览、观看视频和社交网络等广泛应用,使得该流量呈爆发式增长,且基于 SSL 协议的应用变得越来越复杂。SSL 协议在保护用户隐私和数据安全的同时也给网络管理提出了更高

的要求，如何精细化识别SSL协议下的网络应用已成为当前网络管理面临的挑战。

(3) 加密视频内容信息识别

随着视频业务应用越来越广泛，视频流量占比不断增加，网络运营商和视频服务提供商需要知道当前的视频体验业务质量，从而改善视频QoS。YouTube作为最常用的视频网络，90%以上流量采用加密技术，国内视频网络也越来越多地采用加密技术。在加密场景下，很难获取与视频体验业务质量相关的参数(如播放码率和清晰度)[68]。因此，如何识别加密视频码率和清晰度对评估和改善QoS具有重要意义。

(4) 加密流量数据集的准确标记

近年来，一些新的算法和技术已被提出，具有较好的分类性能。然而，由于收集的网络流量不同分类结果无法直接比较。无论是建立机器学习分类模型，还是验证分类模型性能都需要标记数据集。公共数据集大都没有有效载荷信息和标记信息，加密流量哪怕有载荷也很难通过DPI工具(如nDPI[69])进行标记。因此，一些研究人员不得不借助常用端口号再增加过滤规则进行标记，导致基准不准确[70]。此外，为了满足加密流量的精细化识别要求，关键是要标记加密协议下运行的不同应用，这使得标记难上加难。自生成数据集主要采用监视主机内核的方式[72]或DPI方式获取标记，自生成数据集虽然相对容易获取标记信息，但各自采用自生成数据集会造成不同算法间无法对比的问题。

(5) 流量伪装

基于流特征的识别方法是加密流量识别最常用的方法，因此，相应的流量模式伪装技术也在不停地研究，如流量填充、流量规范化和流量掩饰，通过伪装技术将一种流量的特征伪装成另一种流量[73]，模糊流量特征以降低流量识别性能。Wright[74]提出了一种实时修改数据包的凸优化方法，将一种流量的包大小分布伪装成另一种流量的包大小分布，变换后的流量可以有效地躲避VoIP和Web等流量分类器的识别。未来流量伪装技术将集成流量填充、流量规范化和流量掩饰等多种手段应对流量分析，且流量伪装的多样性和自适应能力将大大增强。除此之外，匿名通信、隧道技术和代理技术都是流量伪装的不同表现形式，匿名通信通过隐藏网络通信中发送方与接收方的身份信息以及双方通信关系防止追踪，隧道技术通过L2TP、SSTP等协议对数据包再封装，而数据压缩代理技术为了节约流量使得流统计特征发生变化。因此，需要改进目前的识别方法应对即将到来的挑战。

(6) 协议出新及业务分布变化

由于应用协议的改进和优化，以及为阻碍流量识别会不断推出新版本，随之协议签名和行为特征发生改变,因此,原有的识别方法需要周期性更新。随着用户对网络安全和网络性能需求的提高,SPDY、HTTP/2.0 及 QUIC 等新加密协议不断推出,用于解决基于 TCP 及 UDP 的协议存在的瓶颈,实现低延时、高可靠和安全的网络通信。不久的将来,HTTP/2.0 和 QUIC 协议将被广泛应用,如何识别协议下承载的应用面临新的挑战。

另外,机器学习分类方法因其不受加密影响广泛应用于加密流量识别,但基于机器学习的识别方法会因为不同时间段以及不同地域的流量所承载的业务分布差异而引起概念漂移问题[77-78]。大多数算法只在一个或两个特定场景下表现良好,不同算法在不同场景的识别能力差异较大。根据不同场景的流量训练的分类器对新样本的适用性逐渐变弱,导致分类模型的识别能力下降。如果能够准确地识别流量概念漂移,就可以及时有效地更新分类器,从而避免频繁更新分类器。

6.8 小结

加密流量识别是当前流量识别领域最具挑战性的问题之一。本文首先介绍加密流量识别的研究背景及意义。然后,阐述加密流量识别对象及识别的类型,加密流量识别根据应用需求从加密与未加密识别逐渐精细化识别的过程,包括协议识别、应用类型识别、内容本质识别和异常流量识别。其次,综述当前加密流量识别方法并对比分析,可以看出多阶段或多方法集成的混合方法是未来的研究热点。接着,阐述当前加密流量识别的影响因素,包括隧道技术、代理技术、流量伪装和新协议 HTTP/2.0 和 QUIC。最后,归纳现有加密流量识别的不足,展望加密流量识别趋势和未来的研究方向,可以从以下几方面开展:(1)采用两种或多种方法集成的多层分级框架进行加密流量精细化识别;(2)实现 SSL 协议下应用的精细化识别,以及 HTTPS 加密视频流量的内容识别(如视频码率和清晰度);(3)建立大规模具备细粒度标记的加密流量数据集;(4)研究更有效的流量识别技术应对流量伪装等反措施;(5)建立自适应应用协议出新及流量分布变化的分类模型及技术。

流媒体传输过程中,对数据进行加密已经是大势所趋,流媒体数据分析所要面临的问题就是加密流量分析的问题。

参考文献

[1] Global Internet Phenomena-Latin America & North America. [EB/OL]. https://www.sandvine.com/downloads/general/global-internet-phenomena/2016/global-internet-phe-

no mena-report-latin-america-and-north-america.

[2] Netflix From Wikipedia, the free encyclopedia. [EB/OL]. https://en. wikipedia. org/wiki/Netflix, 1997.

[3] YouTube 宣布已完成 97%的链接 HTTPS 加密. [EB/OL]. http://www. wosign. com/News/youtube-https. htm. 2016.

[4] Xu C, Chen S, Su J, et al. a Survey on regular expression matching for deep packet inspection: applications, algorithms, and hardware platforms [J]. IEEE Communications Surveys & Tutorials, 2016, 18(4):2991-3029.

[5] 基于 U-vMOS 视频体验标准的固定宽带网络评估建议白皮书. [EB/OL]. http://www. c114. net/tech/167/a922663. html, 2015.

[6] Nguyen T T T, Armitage G. A survey of techniques for internet traffic classification using machine learning[J]. Communications Surveys & Tutorials, IEEE, 2008, 10(4): 56-76.

[7] Namdev N, Agrawal S, Silkari S. Recent Advancement in Machine Learning Based Internet Traffic Classification[J]. Procedia Computer Science, 2015, 60:784-791.

[8] Dainotti A, Pescape A, Claffy K C. Issues and future directions in traffic classification [J]. Network, IEEE, 2012, 26(1):35-40.

[9] Bujlow T, Carela-Español V, Barlet-Ros P. Independent comparison of popular DPI tools for traffic classification[J]. Computer Networks, 2015, 76:75-89.

[10] Wright C V, Coull S E, Monrose F. Traffic Morphing: An Efficient Defense Against Statistical Traffic Analysis[R]. NDSS, 2009.

[11] Velan P, Čermák M, Čeleda P, et al. A survey of methods for encrypted traffic classification and analysis[J]. International Journal of Network Management, 2015, 25(5):355-374.

[12] Park B, Hong J W K, Won Y J. Toward fine-grained traffic classification[J]. Communications Magazine, IEEE, 2011, 49(7):104-111.

[13] Bernaille L, Teixeira R, Akodkenou I, et al. Traffic classification on the fly[J]. ACM SIGCOMM Computer Communication Review, 2006, 36(2):23-26.

[14] Fadlullah Z M, Taleb T, Vasilakos A V, et al. DTRAB: combating against attacks on encrypted protocols through traffic-feature analysis[J]. IEEE/ACM Transactions on Networking(TON), 2010, 18(4):1234-1247.

[15] Gu G, Zhang J, Lee W. BotSniffer: Detecting botnet command and control channels in network traffic[C]. San Diego: NDSS, 2008.

[16] Tankard C. Advanced Persistent threats and how to monitor and deter them[J]. Network security, 2011, 2011(8):16-19.

[17] Cao Z, Xiong G, Zhao Y, et al. A Survey on Encrypted Traffic Classification[M]. Applications and Techniques in Information Security. Berlin: Springer, 2014:73-81.

[18] Grimaudo L, Mellia M, Baralis E. Hierarchical learning for fine grained internet traffic

classification [C]. Wireless Communications and Mobile Computing Conference (IWCMC), 2012 8th International. IEEE, 2012:463-468.

[19] Rossi D, Valenti S. Fine -grained traffic classification with netflow data [C]. Proceedings of the 6th international wireless communications and mobile computing conference. ACM, 2010:479-483.

[20] Dorfinger P, Panholzer G, John W. Entropy estimation for real-time encrypted traffic identification (shortpaper)[M]. Berlin: Springer, 2011.

[21] Bellovin S M, Merritt M. Cryptographic protocol for secure communications: U. S. Patent 5, 241, 599[P]. 1993-8-31.

[22] Fahad A, Tari Z, KhalilI, et al. Toward an efficient and scalable feature selection approach for internet traffic classification[J]. Computer Networks, 2013, 57(9):2040-2057.

[23] S Kent. Security Architecture for the Internet Protocol[EB/OL]. https://tools. ietf. org/html/rfc4301, 2015.

[24] Yildirim T, Radcliffe P J. VoIP traffic classification in IPSec tunnels[C]. Electronics and Information Engineering (ICEIE), 2010 International Conference On. IEEE, 2010, 1:V1-151-V1-157.

[25] T Dierks. The Transport Layer Security (TLS) Protocol Version 1. 2 [EB/OL]. https://tools. ietf. org/html/rfc5246, 2015.

[26] Bernaille L, Teixeira R. Early recognition of encrypted applications[M]. Passive and Active Network Measurement. Berlin Heidelberg: Springer 2007:165-175.

[27] T Ylonen. The Secure Shell (SSH) Transport Layer Protocol[EB/OL]. https://tools. ietf. org/html/rfc4253, 2015.

[28] Maiolini G, Baiocchi A, Iacovazzi A, et al. Real time identification of SSH encrypted application flows by using cluster analysis techniques[M]. NETWORKING 2009. Berlin Heidelberg: Springer 2009:182-194.

[29] Le T M, But J. Bittorrent traffic classification[R]. Centre for Advanced Internet Architectures. Technical Report A, 91022.

[30] Adami D, Callegari C, Giordano S, et al. Skype-Hunter: A real-time system for the detection and classification of Skype traffic[J]. International Journal of Communication Systems, 2012, 25(3): 386-403.

[31] Valenti S, Rossi D, Meo M, et al. Accurate, fine-grained classification of P2 P-TV applications by simply counting packets[M]. Traffic Monitoring and Analysis. Berlin Heidelberg: Springer 2009: 84-92.

[32] Bermolen P, Mellia M, Meo M, et al. Abacus: Accurate behavioral classification of P2P-TV traffic[J]. Computer Networks, 2011, 55(6): 1394-1411.

[33] Nychis G, Sekar V, Andersen D G, et al. An empirical evaluation of entropy-based traffic anomaly detection[C]. Proceedings of the 8th ACM SIGCOMM conference on

Internet measurement. ACM, 2008: 151-156.

[34] Lakhina A, Crovella M, Diot C. Mining anomalies using traffic feature distributions [C]. ACM SIGCOMM Computer Communication Review. ACM, 2005, 35(4): 217-228.

[35] Soule A, Salamatian K, Taft N. Combining filtering and statistical methods for anomaly detection [C]. Proceedings of the 5th ACM SIGCOMM conference on Internet Measurement. USENIX Association, 2005: 31.

[36] Khakpour A R, Liu A X. An information-theoretical approach to high-speed flow nature identification[J]. IEEE/ACM Transactions on Networking (TON), 2013, 21(4): 1076-1089.

[37] Callado A, Kamienski C, Szabó G, et al. A survey on internet traffic identification[J]. Communications Surveys & Tutorials, IEEE, 2009, 11(3): 37-52.

[38] Kim H, Claffy K C, Fomenkov M, et al. Internet traffic classification demystified: myths, caveats, and the best practices[C]. Proceedings of the 2008 ACM CoNEXT conference. ACM, 2008: 11.

[39] Finsterbusch M, Richter C, Rocha E, et al. A survey of payload-based traffic classification approaches[J]. Communications Surveys & Tutorials, IEEE, 2014, 16(2): 1135-1156.

[40] Bonfiglio D, Mellia M, Meo M, et al. Revealing skype traffic: when randomness plays with you[J]. ACM SIGCOMM Computer Communication Review, 2007, 37(4): 37-48.

[41] Korczynski M, Duda A. Markov chain fingerprinting to classify encrypted traffic[C]. INFOCOM, 2014 Proceedings IEEE. IEEE, 2014: 781-789.

[42] 赵博,郭虹,刘勤让,等. 基于加权累积和检验的加密流量盲识别算法[J]. 软件学报, 2013,24(6):1334-1345.

[43] Moore A W, Zuev D. Internet traffic classification using bayesian analysis techniques [C]. ACM SIGMETRICS Performance Evaluation Review. ACM, 2005, 33(1): 50-60.

[44] Okada Y, Ata S, Nakamura N, et al. Comparisons of machine learning algorithms for application identification of encrypted traffic[C]. Machine Learning and Applications and Workshops (ICMLA), 2011 10th International Conference on. IEEE, 2011, 2: 358-361

[45] Alshammari R, Zincir-Heywood A N. Can encrypted traffic be identified without port numbers, IP addresses and payload inspection? [J]. Computer networks, 2011, 55(6): 1326-1350.

[46] Korczyński M, Duda A. Classifying service flows in the encrypted Skype traffic[C]. Communications (ICC), 2012 IEEE International Conference on. IEEE, 2012: 1064-1068.

[47] Erman J, Mahanti A, Arlitt M, et al. Semi-supervised network traffic classification [C]. ACM SIGMETRICS Performance Evaluation Review. ACM, 2007, 35(1): 369-

370. .

[48] Xie G, Iliofotou M, Keralapura R, et al. SubFlow: towards practical flow-level traffic classification[C]. INFOCOM, 2012 Proceedings IEEE. IEEE, 2012: 2541-2545.

[49] He G, Yang M, Luo J, et al. A novel application classification attack against Tor[J]. Concurrency and Computation: Practice and Experience, 2015,27(18):5640-5661.

[50] Karagiannis T, Papagiannaki K, Faloutsos M. BLINC: multilevel traffic classification in the dark[R]. ACM SIGCOMM Computer Communication Review. ACM, 2005, 35 (4): 229-240.

[51] Li B, Ma M, Jin Z. A VoIP traffic identification scheme based on host and flow behavior analysis[J]. Journal of Network and Systems Management, 2011, 19(1): 111-129.

[52] Hurley J, Garcia-Palacios E, Sezer S. Host-based P2P flow identification and use in real-time[J]. ACM Transactions on the Web (TWEB), 2011, 5(2): 7.

[53] Schatzmann D, Mühlbauer W, Spyropoulos T, et al. Digging into HTTPS: flow-based classification of webmail traffic [C]. Proceedings of the 10th ACM SIGCOMM conference on Internet measurement. ACM, 2010: 322-327.

[54] Bermolen P, Mellia M, Meo M, et al. Abacus: Accurate behavioral classification of P2P-TV traffic[J]. Computer Networks, 2011, 55(6): 1394-1411.

[55] Xiong G, Huang W, Zhao Y, et al. Real-time detection of encrypted thunder traffic based on trustworthy behavior association[M]. Trustworthy Computing and Services. Berlin Heidelberg: Springer 2013: 132-139.

[56] Qin T, Wang L, Liu Z, et al. Robust application identification methods for P2P and VoIP traffic classification in backbone networks[J]. Knowledge-Based Systems, 2015, 82: 152-162.

[57] Qin T, Wang L, Liu Z, et al. Robust application identification methods for P2P and VoIP traffic classification in backbone networks[J]. Knowledge-Based Systems, 2015, 82: 152-162.

[58] Sun G L, Xue Y, Dong Y, et al. An novel hybrid method for effectively classifying encrypted traffic[C]. Global Telecommunications Conference (GLOBECOM 2010), 2010 IEEE, 2010: 1-5.

[59] He J, Yang Y, Qiao Y, et al. Fine-grained P2P traffic classification by simply counting flows[J]. Frontiers of Information Technology & Electronic Engineering, 2015, 16: 391-403.

[60] Callado A, Kelner J, Sadok D, et al. Better network traffic identification through the independent combination of techniques [J]. Journal of Network and Computer Applications, 2010, 33(4): 433-446.

[61] Alshammari R, Zincir-Heywood A N. A preliminary performance comparison of two feature sets for encrypted traffic classification[C]. Proceedings of the International

Workshop on Computational Intelligence in Security for Information Systems CISIS'08. Berlin Heidelberg：Springer，2009：203-210.

[62] 潘吴斌，程光，郭晓军，等. 基于选择性集成策略的嵌入式网络流特征选择[J]. 计算机学报，2014，37(10)：2128-2138.

[63] Zhang M，Zhang H，Zhang B，et al. Encrypted Traffic Classification Based on an Improved Clustering Algorithm[M]. Trustworthy Computing and Services. Berlin Heidelberg：Springer，2013：124-131.

[64] Dusi M，Este A，Gringoli F，et al. Using GMM and SVM-Based Techniques for the Classification of SSH-Encrypted Traffic[C]. IEEE International Conference on Communications. IEEE Xplore，2009：1-6.

[65] Roni Bar Yanai，Langberg M，Peleg D，et al. Realtime Classification for Encrypted Traffic[C]. Naples：Proceedings. DBLP，2010：373-385.

[66] Wright C V，Monrose F，Masson G M. On Inferring Application Protocol Behaviors in Encrypted Network Traffic. [J]. Journal of Machine Learning Research，2006，6(4)：2745-2769.

[67] WRIGHT C V，MONROSE F，MASSON G M. Using visual motifs to classify encrypted traffic[C]. The 3rd International Workshop on Visualization for Computer Security. ACM，2006：42-50.

[68] Wright C V，Coull S E，Monrose F. Traffic Morphing：An Efficient Defense Against Statistical Traffic Analysis[C]. NDSS，2009.

[69] Shen Y，Liu Y，Qiao N，et al. QoE-based evaluation model on video streaming service quality[C]. Globecom Workshops (GC Wkshps)，2012 IEEE，2012：1314-1318.

[70] Deri L，Martinelli M，Bujlow T，et al. nDPI：Open-source high-speed deep packet inspection [C]. Wireless Communications and Mobile Computing Conference (IWCMC)，2014 International. IEEE，2014：617-622.

[71] Alcock S，Nelson R. Libprotoident：Traffic Classification Using Lightweight Packet Inspection[J]. WAND Network Research Group，2012，1(1).

[72] Carela-Español V，Bujlow T，Barlet-Ros P. Is our ground-truth for traffic classification reliable? [C]. Passive and Active Measurement. Springer International Publishing，2014：98-108.

[73] Gringoli F，Salgarelli L，Dusi M，et al. Gt：picking up the truth from the ground for internet traffic[J]. ACM SIGCOMM Computer Communication Review，2009，39(5)：12-18.

[74] Qu B，Zhang Z，Zhu X，et al. An empirical study of morphing on behavior-based network traffic classification[J]. Security and Communication Networks，2015，8(1)：68-79.

[75] Wright C V，Coull S E，Monrose F. Traffic Morphing：An Efficient Defense Against Statistical Traffic Analysis[C]. NDSS，2009.

7 加密视频流量的识别、关联和传输模式识别方法

对加密的视频流分析，面临着传统流媒体分析中完全不存在的问题。不同的移动终端会有不同的传输模式，如何在数据被加密的情况下识别出用户的移动终端类型和传输模式，由于报文内容被加密，也成为一个难题。本章以 YouTube 为分析对象，研究如何对加密流媒体流量进行识别，并如何进行流量关联和传输模式识别的技术。

7.1 YouTube 移动端流量识别

7.1.1 问题分析

已有的对 YouTube 的相关研究成果中，对 YouTube 流量进行测量和分析的文献虽然多，但它们的研究主要侧重点都在 YouTube 的总体架构、流量特征、QoE 测量等。由于这些文献研究的视频流都是非加密数据，大部分文献都没有提到如何识别和关联。但是，在加密流中识别出视频流，并且将属于同一视频观看行为的所有流关联在一起，是进行进一步流量行为分析的基础。本章设计和实现了 YouTube 移动端加密视频流识别和关联系统，其中视频流识别系统包含了 DNS 探测、TLS 扩展字段探测、杂流过滤、白名单四个模块。

YouTube 视频流量识别需要研究两个子问题。第一，加密协议下 YouTube 流与其他应用流的区别。第二，加密协议下 YouTube 流自身的区别。如 YouTube 视频流、广告流，YouTube 缩略图流的区别。DPI、DFI 方法是否仍然有效。

对 YouTube 流的识别首先需要根据 IP 地址判断，来自 YouTube 视频服务器的流量都需要纳入判断。DNS 服务是个好的切入点，但是对 YouTube 服务器的地址查询并不是在每次 YouTube 请求和回复中都可以找到，这是因为 DNS 信息会在多处缓存，因此，本系统首先考虑产生一个 YouTube 服务器白名单。

正如已有文献的研究结果表明，YouTube 在内容分发中使用了负载均衡机制，每一个请求会通过 YouTube 内容的 DNS 系统进行重定向，综合考虑负载均衡给出服务器 IP 地址。因此，对同一个视频的请求随着客户端位置以及网

络连接情况的不同，会有不断地变化，而且也会随着时间变化。因此，在对某个特定接入点的数据处理之前，需要先采集一批 YouTube 视频样本，通过样本中的 DNS 请求和回应信息获得 YouTube 服务器的地址。

总体说来，该名单中的数据有三个来源，见图 7.1：已经搜集到的 YouTube 服务器地址范围名单，YouTube 应用中的 DNS 查询的响应报文以及 TLS 协议中握手协议中的 ClientHello 报文。

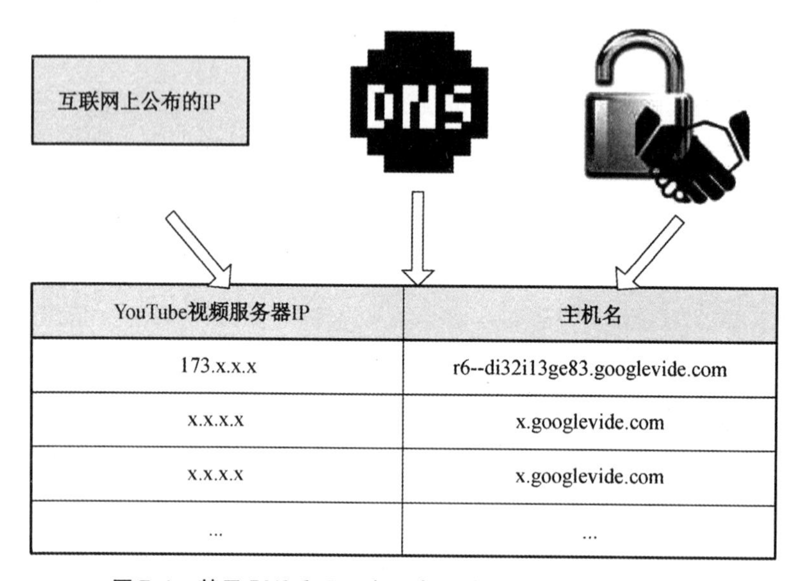

互联网上公布的IP
DNS
YouTube视频服务器IP
主机名
173.x.x.x
r6--di32i13ge83.googlevide.com
x.x.x.x
x.googlevide.com
x.x.x.x
x.googlevide.com
...
...

图 7.1　基于 DNS 和 TLS 握手报文中扩展字段建立白名单

7.1.2　系统设计

图 7.2 展示 YouTube 视频流识别系统，总共包含了以下五个主要的功能模块：

- 离线视频数据模块：负责提供从基站和 PC 采集到的 YouTube 视频数据。
- DNS 探测模块：从 DNS 报文中获取 YouTube 视频服务器信息。
- TLS ServerName 探测模块：从 TLS 握手消息中获取 YouTube 视频服务器信息。

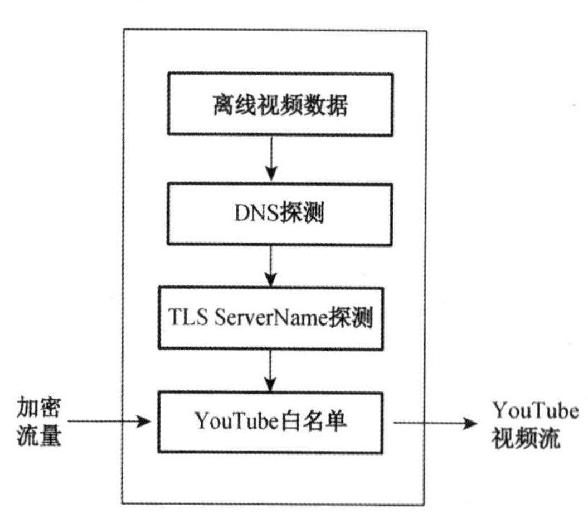

图 7.2　YouTube 视频流识别系统设计

- YouTube 白名单模块:存储查询 YouTube 视频服务器信息。

系统输入,为从基站或者 PC 采集网络流量。输出 YouTube 视频流以五元组表示:{protocol(TCP/UDP),源 IP,目的 IP,源端口,目的端口}。因为目的端口固定为 443,协议一般为 TCP。最后以三元组形式表示,即{源 IP,目的 IP,源端口}。

7.1.3 系统实现

图 7.3 介绍了白名单建立流程,该方案主要通过 DNS 响应和 TLS HandShake ClientHello 收集 YouTube 视频服务器 IP。读取数据报文后,对 Google 的 DNS 响应报文进行判别,如果是视频服务器地址的 DNS 响应,则查找列表,检测该 IP 是否存在,如果该 IP 未曾出现,就对名单更新,继续判断 TLS 握手消息中的 clienthello 报文,如果含有 YouTube 服务器的信息,则看该报文的目的 IP 是否存在于列表内,如果该 IP 未曾出现,就对名单更新。如此过程循环,直到数据文件结束。具体的技术思路如图 7.3 所示。

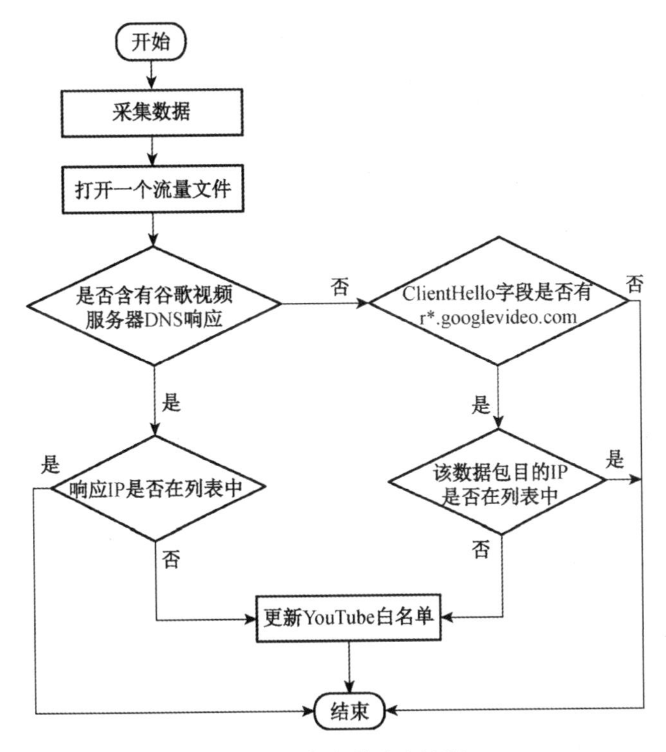

图 7.3 白名单建立流程

(1) DNS 探测

首先考虑从请求和响应消息中获取白名单,图 7.4～图 7.5 为我们采集的 DNS 请求和响应信息。

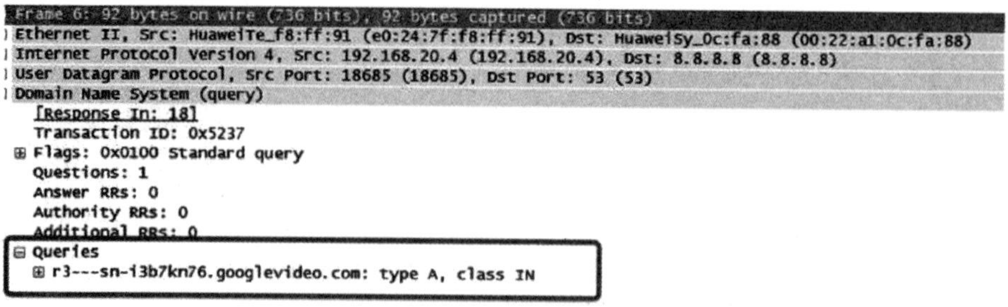

```
Frame 6: 92 bytes on wire (736 bits), 92 bytes captured (736 bits)
Ethernet II, Src: HuaweiTe_f8:ff:91 (e0:24:7f:f8:ff:91), Dst: HuaweiSy_0c:fa:88 (00:22:a1:0c:fa:88)
Internet Protocol Version 4, Src: 192.168.20.4 (192.168.20.4), Dst: 8.8.8.8 (8.8.8.8)
User Datagram Protocol, Src Port: 18685 (18685), Dst Port: 53 (53)
Domain Name System (query)
   [Response In: 18]
   Transaction ID: 0x5237
 ⊞ Flags: 0x0100 Standard query
   Questions: 1
   Answer RRs: 0
   Authority RRs: 0
   Additional RRs: 0
⊟ Queries
  ⊞ r3---sn-i3b7kn76.googlevideo.com: type A, class IN
```

图 7.4　DNS 请求消息

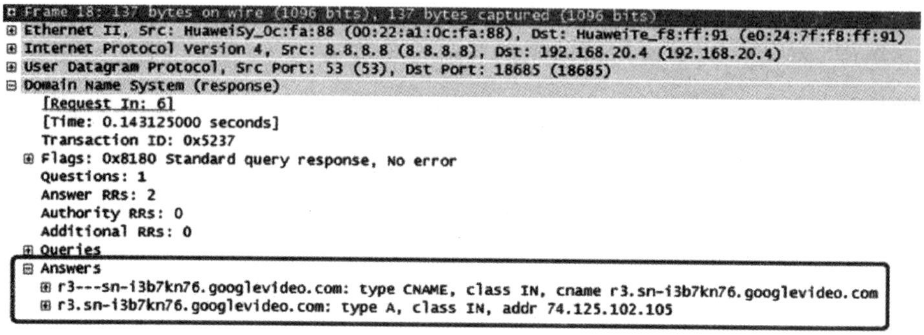

```
⊞ Frame 18: 137 bytes on wire (1096 bits), 137 bytes captured (1096 bits)
⊞ Ethernet II, Src: HuaweiSy_0c:fa:88 (00:22:a1:0c:fa:88), Dst: HuaweiTe_f8:ff:91 (e0:24:7f:f8:ff:91)
⊞ Internet Protocol Version 4, Src: 8.8.8.8 (8.8.8.8), Dst: 192.168.20.4 (192.168.20.4)
⊞ User Datagram Protocol, Src Port: 53 (53), Dst Port: 18685 (18685)
⊟ Domain Name System (response)
   [Request In: 6]
   [Time: 0.143125000 seconds]
   Transaction ID: 0x5237
 ⊞ Flags: 0x8180 Standard query response, No error
   Questions: 1
   Answer RRs: 2
   Authority RRs: 0
   Additional RRs: 0
 ⊞ Queries
 ⊟ Answers
   ⊞ r3---sn-i3b7kn76.googlevideo.com: type CNAME, class IN, cname r3.sn-i3b7kn76.googlevideo.com
   ⊞ r3.sn-i3b7kn76.googlevideo.com: type A, class IN, addr 74.125.102.105
```

图 7.5　DNS 响应消息

在视频传输之前，若资源在 r3-sn-i3b7kn76. googlevideo. com 上，本地缓存没有这个资源的 IP 地址，便会发出向 DNS 请求报文，如图 7. 4 所示，客户端询问 r3-sn-i3b7kn76. googlevideo. com 的 IP 地址。DNS 服务器响应了 r3-sn-i3b7kn76. googlevideo. com 的别名 r3. sn-i3b7kn76. googlevideo. com 及域名对应的 ipv4 地址 74. 125. 102. 105。接下来视频服务器与客户端之间建立 TCP 链接传送数据。测试开始前，通过一定数目的样本数据集，收集到一个区域的视频服务器地址，那么来自这个白名单的数据流便可认为是视频流。此外，在测试过程中，上述对 DNS 信息的匹配仍然正常进行，并且随时将新的 YouTube 服务器地址加入。

为了对基本思路进行验证，对前期采集的样本数据进行了相关分析。首先是数据流开始的时候是否有对 YouTube 服务器的 DNS 请求。对数据的统计结果见表 7. 1。

表 7. 1　从 DNS 请求消息中获得 YouTube 视频流的可能性分析

终端类型	数据样本个数	DNS 中主机为空	占比
iPhone 4G App HLS	18	5	28%
iPhone 4G Safari+Chrome HPD	73	17	23%
三星 4G 自带浏览器 HPD	20	5	25%

（续表）

终端类型	数据样本个数	DNS 中主机为空	占比
三星 4G Chrome DASH	20	1	5%
HTC 4G App DASH	96	87	90.6%
三星 4G App DASH	7	1	14.3%

从表 7.1 来看，没有 DNS 主机名查询的视频数据比例较高，此外，不同的传输机制（终端类型）也对这个结果有影响。总体看来，单从 DNS 信息入手，不确定性过多，但是如果利用这些信息构建一个信息库，可以帮助对 YouTube 视频进行识别。

（2）利用 TLS ServerName

TLS（Transport Layer Security，传输层安全协议）用于两个应用程序之间提供保密性和数据完整性。TLS1.0 是 IETF（Internet Engineering Task Force，Internet 工程任务组）制定的一种新的协议，它建立在 SSL3.0 协议规范之上，是 SSL3.0 的后续版本，可以理解为 SSL3.1，它是写入了 RFC 的。该协议由两层组成：TLS 握手协议（TLS Handshake）和 TLS 记录协议（TLS Record）。TLS 握手协议用来协商密钥，由于非对称加密的速度比较慢，所以双方通过公钥算法协商出一份密钥以及相关的加密算法。TLS 记录协议则定义了传输的格式。

YouTube 视频传输时，如果是使用 TLS 加密传输，则在向视频服务器发送 ClientHello 消息时可以找到视频服务器的名称，见图 7.6。

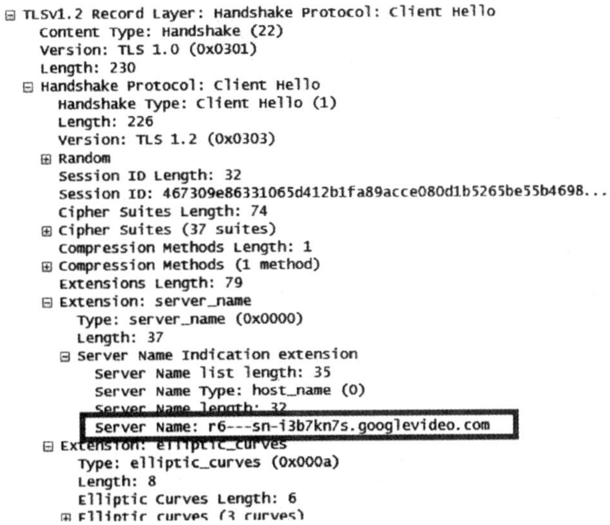

```
⊟ TLSv1.2 Record Layer: Handshake Protocol: Client Hello
    Content Type: Handshake (22)
    Version: TLS 1.0 (0x0301)
    Length: 230
  ⊟ Handshake Protocol: Client Hello
      Handshake Type: Client Hello (1)
      Length: 226
      Version: TLS 1.2 (0x0303)
    ⊞ Random
      Session ID Length: 32
      Session ID: 467309e86331065d412b1fa89acce080d1b5265be55b4698...
      Cipher Suites Length: 74
    ⊞ Cipher Suites (37 suites)
      Compression Methods Length: 1
    ⊞ Compression Methods (1 method)
      Extensions Length: 79
    ⊟ Extension: server_name
        Type: server_name (0x0000)
        Length: 37
      ⊟ Server Name Indication extension
          Server Name list length: 35
          Server Name Type: host_name (0)
          Server Name length: 32
          Server Name: r6---sn-i3b7kn7s.googlevideo.com
    ⊟ Extension: elliptic_curves
        Type: elliptic_curves (0x000a)
        Length: 8
        Elliptic Curves Length: 6
      ⊞ Elliptic curves (3 curves)
```

图 7.6　ClientHello 中的 YouTube 服务器信息

当客户端第一次连接到服务器时，第一条 message 必须发送 ClientHello。另外，rfc 里规定，如果客户端和服务器支持重协商，在客户端收到服务器发来的 HelloRequest 后，也可以回一条 ClientHello，在一条已经建立的连接上开始重协商。

由此，如果识别出的报文发现有 TLS 中的 Clienthello 报文，如果这个报文中的 ServerName 中有“googlevideo”这个关键标签，就可以产生将这个报文的目的地址 IP 和这个主机名产生一对地址映射。

（3）白名单模块

考虑到本文最终的应用场景在中间设备上进行实时分析，关键的问题是算法的效率。白名单模块可采用二分查找加快数据的检索和更新过程。

白名单模块基于 pythonbisect 模块实现。Bisect 可以维持一个有序列表并且在每次插入操作之后不需要重新排序。

白名单模块工作流程如图 7.7 所示。

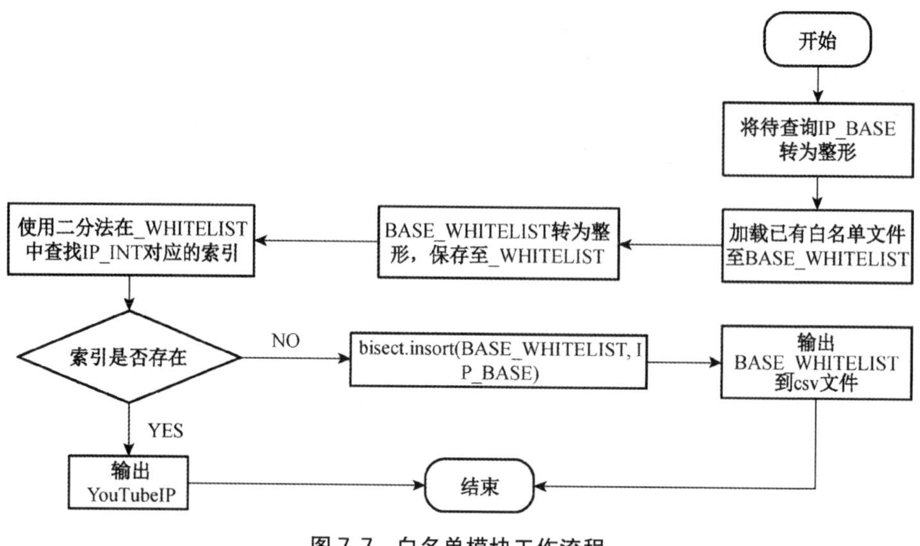

图 7.7 白名单模块工作流程

① 将待查询的 YouTubeIP 转化为整数型 IP-INT；

② 从文件中加载白名单列表，存至 BASE_WHITELIST；

③ 利用 pythonmap 操作将 BASE_WHITELIST 所有 IP 转为整数型，并将结果存至_WHITELIST；

④ 使用二分法在_WHITELIST 中查询 IP-INT 的位置索引；

⑤ 如果索引不存在，则使用 bisect 模块，对 BASE_WHITELIST 进行 insort 操作，返回的是 YouTube 的有序列表。将 YouTube 白名单列表输出到

csv 文件；

⑥ 如果索引存在则输出已存在 YouTubeIP。

7.1.4 实验与结果分析

(1) 数据采集环境

我们使用不同的移动设备使用 YouTube App 或者浏览器(Android 使用 Chrome 浏览器，iOS 使用 Safari 浏览器)来观看并抓取视频，来验证我们的假设和方法，首先描述视频的采集和标记的过程。

手机终端数据采集来自两个网络环境，4G 网络和无线网络。采集架构如图 7.8 所示。

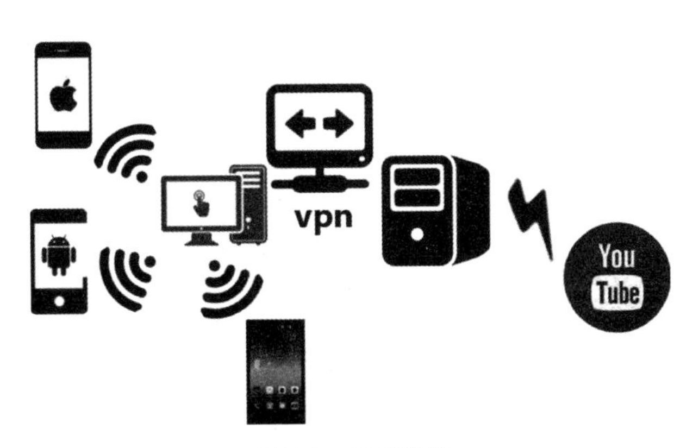

图 7.8 采集架构

(2) 数据集合描述

表 7.2 数据集合描述

终端	手机终端	视频流数量	视频数据总量
iOS App	iphone 6	1 677	1.42 GB
iOS App	iphone 6s	2 210	1.28 GB
Android App	华为 P7	122	1.36 GB
Android App	HTC M7	141	1.65 GB

表 7.2 展示了本次实验使用的数据集合：

- iOS YouTube App，iphone6 和 iphone6 终端共 100 个视频样本；
- Android YouTube App，华为 P7 和 HTC M7 终端共 100 个视频样本。

(3) 实验结果

初步构建的白名单如表 7.3 所示。在这两百个视频样本中,我们一共提取了 67 个有效的视频服务器 IP。表 7.3 第二列表示 YouTube 视频服务器 IP,第三列为该 IP 对应的服务器命名。

表 7.3　YouTube 服务器白名单示例

序号	YouTube IP	YouTube Server Name
1	74.125.162.78	r9.sn-i5h7ln7y.googlevideo.com
2	74.125.215.113	r2.sn-a5m7zu7z.googlevideo.com
3	74.125.215.115	r4.sn-a5m7zu7z.googlevideo.com
4	74.125.215.16	r1.sn-a5m7zu7e.googlevideo.com
5	74.125.215.209	r2.sn-a5m7zu7 k.googlevideo.com
6	74.125.215.215	r8.sn-a5m7zu7 k.googlevideo.com
7	74.125.215.241	r2.sn-a5m7zu7r.googlevideo.com
8	74.125.215.53	r6.sn-a5m7zu7l.googlevideo.com
9	74.125.215.83	r4.sn-a5m7zu7 s.googlevideo.com
10	74.125.215.87	r8.sn-a5m7zu7 s.googlevideo.com
11	74.125.216.18	r3.sn-cg07luee.googlevideo.com
12	74.125.8.58	r4.sn-5hne6n7z.googlevideo.com
13	74.125.9.172	r7.sn-vgqsen7d.googlevideo.com
14	173.194.129.70	r1.sn-aigllnle.googlevideo.com
15	173.194.143.109	r8.sn-q4f7 snel.googlevideo.com
⋮	⋮	⋮

sn 域名普遍用于 YouTube 视频服务器命名。八位关键字母代表了服务器地理位置和服务器所处于的群组。其命名符合“rn-sn-[123][45][6][78].googlevideo.com”模式。[123]位代表城市名,由国际航空运输协会机场代码转换而来。

转换规则基于[1]可进行解析。从表 7.4 第二行开始,从左至右,从上到下分别代表 26 个英文字母。左下角为 0,1 代表 z。

“a5 m”转换后得到“lax”表示洛杉矶。

表 7.4 sn 前三位命名转换表

6	d	k	r	y	
5	c	j	q	x	
4	b	i	p	w	
3	a	h	o	v	
2	9	g	n	u	
0	8	f	m	t	
	7	e	l	s	z

位[45]和[78]是表 7.5 中第一列 10 个字母的组合，它们表示 YouTube 视频服务器所在群组编号。例如在白名单中的，7l 和 7y 转换之后，表示 02 和 09。

以白名单中的“r2. sn-a5m7zu7z. googlevideo. com”为例子，可做推理，该服务器位于洛杉矶 0404 编号服务器群组。

表 7.5 sn 服务器第 4、5、7、8 位转换表

	1	2	3	4	5	6
7	8	9	a	b	c	d
e	f	g	h	i	j	k
l	m	n	o	p	q	r
s	t	u	v	w	x	y
z	0	1	2	3	4	5
6	7	8	9	a	b	c
d	e	f	g	h	i	j
k	l	m	n	o	p	q
r	s	t	u	v	w	x
y	z					

为了验证得到的白名单，本文对结果进行了检验。如图 7.9 所示，这些 IP 位于加利福尼亚州圣克拉拉，ISP 为谷歌公司。实验证明，本文提出的 YouTube 视频流识别系统，能够有效建立 YouTube 白名单，从而能对 Youtube 视频服务器的视频流进行识别。

对加密后的流量进行的初步的识别，找到属于特定服务商的数据流，并将属于同一个视频观看行为的流量关联起来，是视频流识别的第一步。由于市场上各厂商的手机操作系、设备型号差异，视频服务可能会根据各种用户的需求

采用了多种传输模式来分发视频。如果想识别 YouTube 视频流量码率、分辨率等信息，在加密情况下识别其流量是关键一步。本章接着给出流关联和传输模式识别方法。

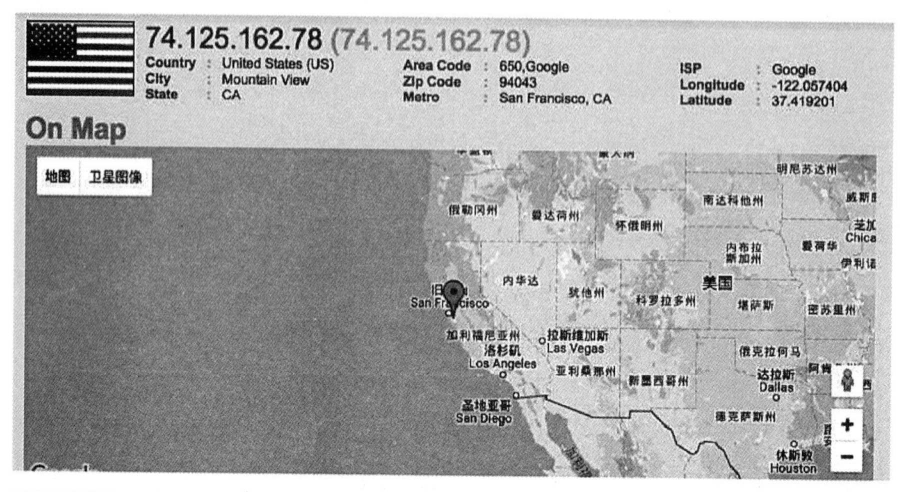

IP	IP的物理位置	IP	IP的物理位置
74.125.162.78	美国 加利福尼亚州圣克拉拉县山景市谷歌公司	74.125.215.113	美国 加利福尼亚州圣克拉拉县山景市谷歌公司
74.125.215.115	美国 加利福尼亚州圣克拉拉县山景市谷歌公司	74.125.215.16	美国 加利福尼亚州圣克拉拉县山景市谷歌公司
74.125.216.209	美国 加利福尼亚州圣克拉拉县山景市谷歌公司	74.125.215.215	美国 加利福尼亚州圣克拉拉县山景市谷歌公司
74.125.216.241	美国 加利福尼亚州圣克拉拉县山景市谷歌公司	74.125.215.53	美国 加利福尼亚州圣克拉拉县山景市谷歌公司
74.125.215.83	美国 加利福尼亚州圣克拉拉县山景市谷歌公司	74.125.215.87	美国 加利福尼亚州圣克拉拉县山景市谷歌公司
74.125.216.18	美国 加利福尼亚州圣克拉拉县山景市谷歌公司	74.125.8.58	美国 加利福尼亚州圣克拉拉县山景市谷歌公司
74.125.9.172	美国 加利福尼亚州圣克拉拉县山景市谷歌公司	173.194.129.70	美国 加利福尼亚州圣克拉拉县山景市谷歌公司

图 7.9　对白名单 IP 的地址检测

7.2　YouTube 移动端加密视频流关联

7.2.1　问题分析

YouTube 采用了 TLS 协议对视频流进行加密。无法获取应用层信息、HTTP 头部信息，关联 HTTPS 下 YouTube 视频流是本文研究的一项重点。

本节对 YouTube 视频流关联的研究点：研究加密情况下，怎样把视频流关联到每个用户；对于同一用户怎么区别哪些流属于一个视频，哪些流属于另一个视频。针对移动端加密情况下的自适应视频流，本节提出一种基于 TLS 会话恢复的方法来关联视频流，并设计实现了关联系统。

- 目前流关联算法主要可分为三大类：

① 基于 IP 和流间隔时间的关联算法；

② 基于 Referer 字段与流间隔时间的关联算法；

③ 主动 HTTP 流关联算法。

第二类方法需要用到 HTTP 请求头部中的 Referer 字段（HTTP Referer 是 header 的一部分，当浏览器向 Web 服务器发送请求的时候，一般会带上 Referer，告诉服务器我是从哪个页面链接过来的，服务器借此可以获得一些信息用于处理），这对于关联移动端 HTTPS 的视频流量是不现实的。用户通过 YouTube App 观看视频产生的视频流经过 TLS 协议加密，可用的明文信息少之又少，无疑加大了关联的难度。

Mah[2]首先按客户端、服务端 IP，把流进行归类，把 IP 均相同的流量归为一个集合，这个集合中的元素表示单个主机访问网站产生的 HTTP 流。F_1 和 F_2 表示两条不同的 HTTP 流。$S(F)$、$E(F)$ 分别代表流的开始和结束时间，如果 $S(F_1) < S(F_2)$，那么只要 $S(F_1) - E(F_2)$ 小于等于 T，就认为这两条流来自同一个文件。如果 $S(F_1) < S(F_2) < E(F_1)$，即这两条流在时间上有重合，便认为它们来自同一个文件。图 7.10 中间的时间线，表示是关联失败的情况，因为 T 间隔时间太长。Mah 认为访问同一个 Web 页面两条流的间隔时间不会太大，同属一个页面的两条流之间的间隔会小于时间，要么会发生重叠。Mah 认为 T 间隔由用户或者浏览器决定，他将这个间隔称为 Think Time，一种是由浏览器请求产生的 Think Time，还有一种是用户浏览网页点击超链接的 Think Time，这两种存在明显的区别。

对于研究移 YouTube 动端加密流关联来说，影响 T 间隔时间因素太多，不仅仅是浏览器、用户决定。还有网络条件、传输模式、手机型号、初始缓冲时延等因素的影响，如果需要通过建模来得出一个合理的 T 时间对视频流进行关联，恐怕是难上加难。但是首先把同一用户的视频流通过 IP 关联起来归为一个集合的思路仍然可以借鉴。为此我们对一批在采集到视频样本进行了统计分析。

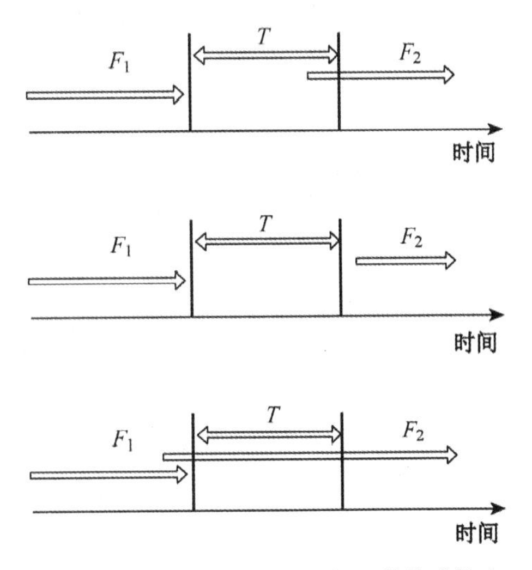

图 7.10 基于 IP 与流时间间隔的关联算法

我们采集了 20 组视频，编号为 A～T。同时，每个视频采集了从 360 P、480 P 到 1080 P 及自适应分辨率样本。通过编写流特征提取程序，对这些样本进行了统计分析。图 7.11 纵向对比 A 系列分辨率为 360 P、480 P、720 P 60 fps 的视频，可以发现这些视频样本中视频流的数量不等，但是无一例外，都有一个共同的特征——源 IP 相同。横向对比四个系列视频流，可以发现源 IP 都不相同。这表明使用 IP 对视频流关联仍然有效。

	A	B	C	D
1	a360.pcapng	f360.pcapng	g360.pcapng	d360.pcapng
2	173.194.22.219:443	173.194.22.137:443	173.194.22.200:443	173.194.22.220:443
3	173.194.22.219:443	173.194.22.137:443	173.194.22.200:443	173.194.22.220:443
4	173.194.22.219:443	173.194.22.137:443		
5		173.194.22.137:443		
6				
7	a480.pcapng	f720.pcapng	g480.pcapng	d480.pcapng
8	173.194.22.219:443	173.194.22.137:443	173.194.22.200:443	173.194.22.220:443
9	173.194.22.219:443	173.194.22.137:443	173.194.22.200:443	173.194.22.220:443
10	173.194.22.219:443	173.194.22.137:443	173.194.22.200:443	173.194.22.220:443
11				
12	a72060.pcapng	f1080.pcapng	g720.pcapng	d72060fps.pcapng
13	173.194.22.219:443	173.194.22.137:443	173.194.22.200:443	173.194.22.220:443
14	173.194.22.219:443	173.194.22.137:443	173.194.22.200:443	173.194.22.220:443
15	173.194.22.219:443	173.194.22.137:443		173.194.22.220:443
16	173.194.22.219:443	173.194.22.137:443		173.194.22.220:443
17				173.194.22.220:443
18				173.194.22.220:443
19				173.194.22.220:443

图 7.11　视频流信息统计分析

7.2.2　TLS 会话恢复机制分析

在传输应用数据之前，客户端必须与服务端协商密钥、加密算法等信息，服务端还要把自己的证书发给客户端表明其身份，这些环节构成 TLS 握手过程，如图 7.12 所示。

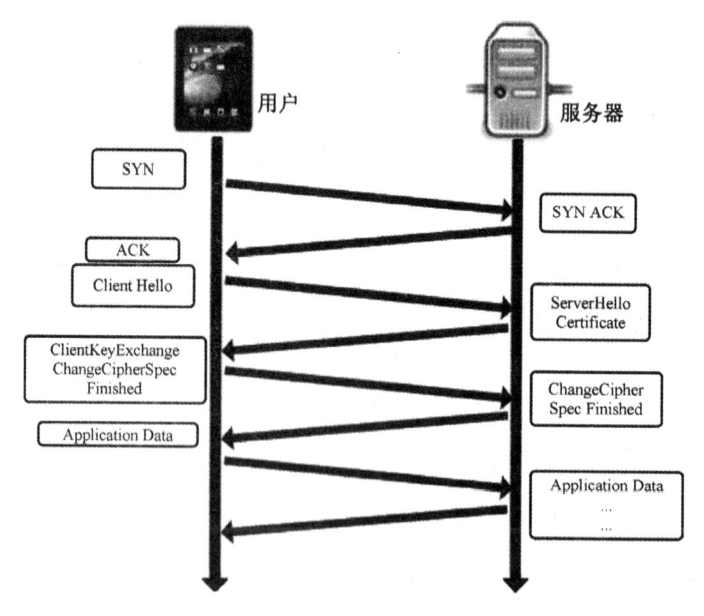

图 7.12　TLS 协议过程

TLS有几种提高握手效率的会话复用机制。其中有两种标准，一种是基于Session ID的(RFC 5246)，另一种是基于Session Ticket(RFC 5077)的。会话复用的原理是将第一次握手辛辛苦苦算出来的密钥存起来，后续请求中直接使用。这样可以将在TLS握手阶段减少一个RTT，见图7.13。

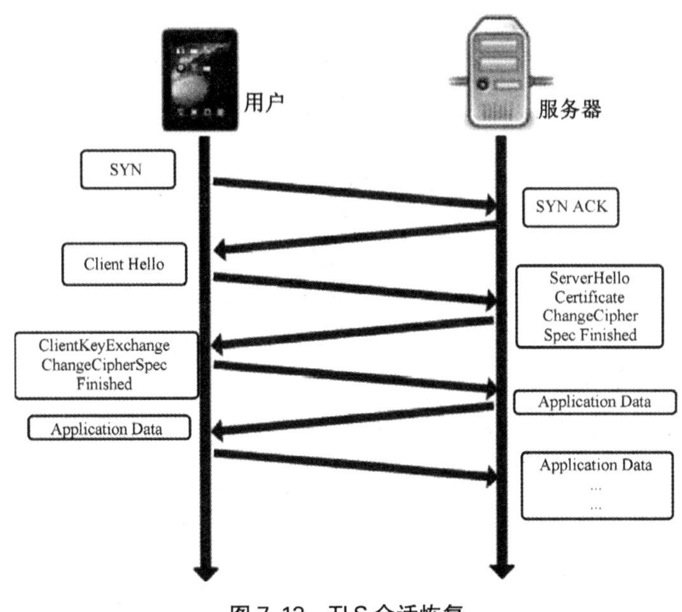

图7.13　TLS会话恢复

Session Id与session ticket各有优缺点[3]。

Session cache机制使用Session Id重用已有的密钥。

Session cache的原理是使用Client hello中的Session Id查询服务端的session cache，如果服务端有对应的缓存，双方就可以重新使用已有的“对话密钥”，而不必重新生成一把。

Session cache有两个缺点：

- 需要消耗服务端内存来存储session内容。
- 目前的开源软件包括nginx，apache只支持单机多进程间共享缓存，不支持多机间分布式缓存，对于百度或者其他大型互联网公司而言，单机session cache几乎没有作用。

Session cache也有一个非常大的优点：

- 所有类型浏览器全都支持session cache。(Firefox，Chrome等)

session cache有两个缺点，session ticke能够弥补这些不足。session ticket的原理参考RFC4507。简述如下：

server将session信息加密成ticket发送给浏览器，浏览器后续握手请求时会发送 ticket，server 端如果能成功解密和处理 ticket，就能完成简化握手。

显然，session ticket 的优点是不需要服务端消耗大量资源来存储 session 内容。

Session ticket 的缺点：

● session ticket 只是 TLS 协议的一个扩展特性，目前的支持率不是很广泛，只有 60%左右。

● session ticket 需要维护一个全局的 KEY 来加解密，需要考虑 KEY 的安全性和部署效率。

YouTube 也普遍采用了这种机制，图 7.14 为 YouTube 使用 TLS 会话恢复的一个示例。在采集的视频样本中，本文发现 YouTube 也采用了 TLS 会话恢复的机制，因此本系统使用 Session ID 和 Session Ticket 对视频流进行关联。图 7.15 给出了一个 Session ID 样本的例子。

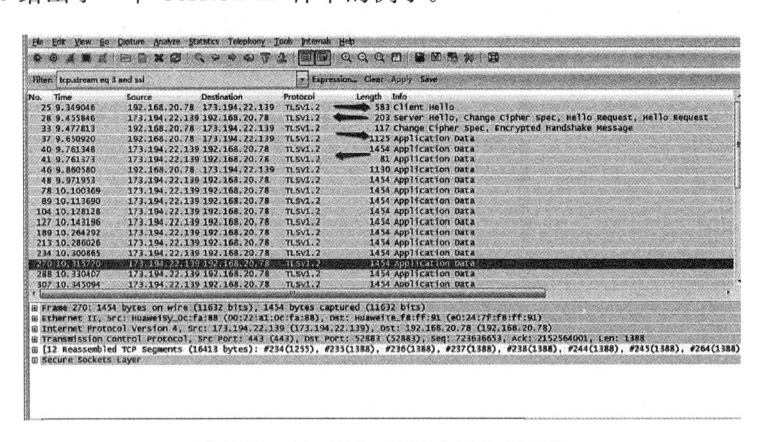

图 7.14　YouTube TLS 会话恢复示例

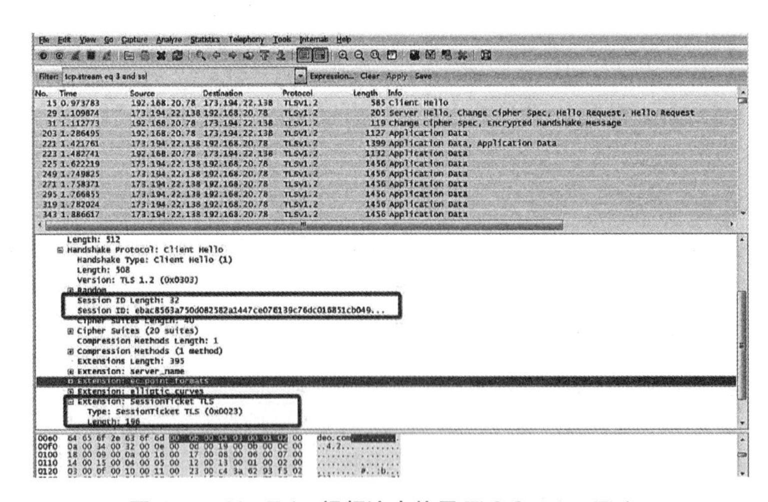

图 7.15　YouTube 视频流中使用 TLS Session Ticket

7.2.3 系统设计

YouTube 加密视频流关联系统设计见图 7.16。关联系统的输入是在网络中抓取的视频流量,格式为 pcap 或者 pcapng 格式的文件。

YouTube 视频识别模块功能是从视频流量中提取出 YouTube 视频流,并过滤掉视频信息控制、缩略图传送等杂流。

关联标记模块的功能是在识别出视频流的基础上对视频流进行预处理,为关联模块提供关联数据。

关联模块是此系统的核心模块,基于 TLS 会话恢复设计的关联方法,准确高效对 YouTube 视频流进行关联。

系统输出的关联结果,是以(客户端源 IP、客户端源端口、YouTube 服务器 IP)为记录的视频流集合。

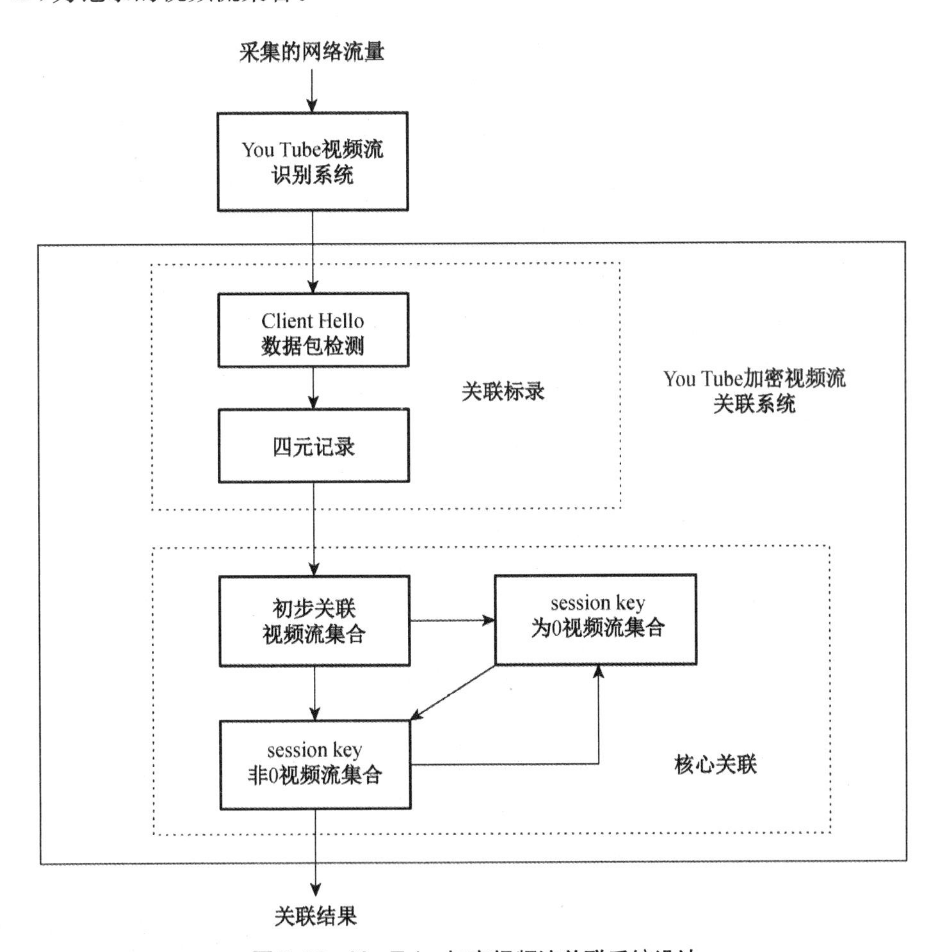

图 7.16 YouTube 加密视频流关联系统设计

7.2.4 系统实现

(1) 关联标记模块

图 7.17 展示了关联标记模块的工作流程。首先打开采集到的数据文件，识别出 YouTube 视频流。接着提取每条 TLS 流开始的 Client Hello 数据包，查看 TLS 握手数据包中的 Session ID 或者 Session ticket 字段是否为空，不为

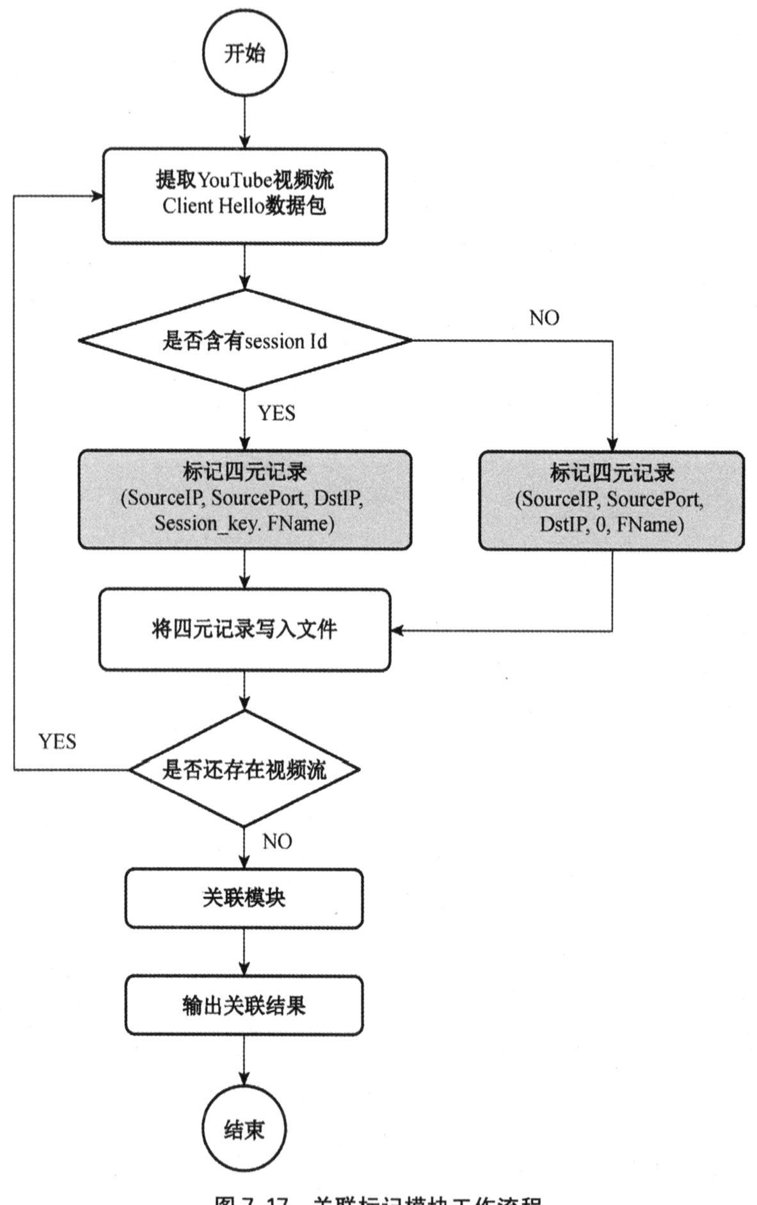

图 7.17 关联标记模块工作流程

空则将流(客户端 IP,客户端端口,YouTube 服务器 IP,Session 值)四元信息组标记写入文件,否则将 Session 值置 0 后写入记录。到此完成了对视频流关联的标记工作。

(2) 关联模块

基于 python pandas 实现了关联模块。Pandas[4-5]是著名的数据分析库,提供了多种数据分析、操作功能。

使用 pandas 中的 Data Frame 数据结构存储四元视频流记录,结构见表7.6 四元记录存储结构。

分组操作由 pandasa 提供的 Groupby 操作完成。Groupby 的高效操作基于 Pandas 的核心功能之一 Factorize。Pandas 的 factorize 操作非常迅速,是因为它并没有采用 Python 的 dict 字典,而是使用了更为高效的 klibC 语言库。

Factorize 功能:将一个数组 k 转换成两个数组:labels 和 levels。

- levels 包含原数组中的所有不重复的值。
- labels 则是一个长度和原始数组相同,值为从 0 到 len(levels)−1 的整数数组,其中的每个值表示原始数组中对应值在 levels 中的下标。

$$k[i]=levels[labels[i]]$$

一旦对原始的字符串数组进行 factorize 运算之后,我们就很容易使用 labels 数组实现快速的 groupby 运算了。

关联模块程序工作流程见图 7.18。

表 7.6　四元记录存储结构

数据项	数据类型	说明
Local_ip	STRING	客户端 IP
Src_ip	STRING	YouTube 服务器 IP
Local_port	INT	客户端端口
Session_key	STRING	Session ID
Video_File	STRING	视频标记,用于验证关联结果

以下为关联模块工作流程:

(1) 读取视频流四元记录并存至 DataFrame 中;

(2) 首先对四元记录按 session key 进行分组,得到 k 个 session key 不同的视频流 DataFrame groups;

(3) 从 group 中提取 session key 为 0 的视频流 DataFrame;

(4) 将 session key 为非 0 值的视频流 DataFrame,存到字典中,字典的键

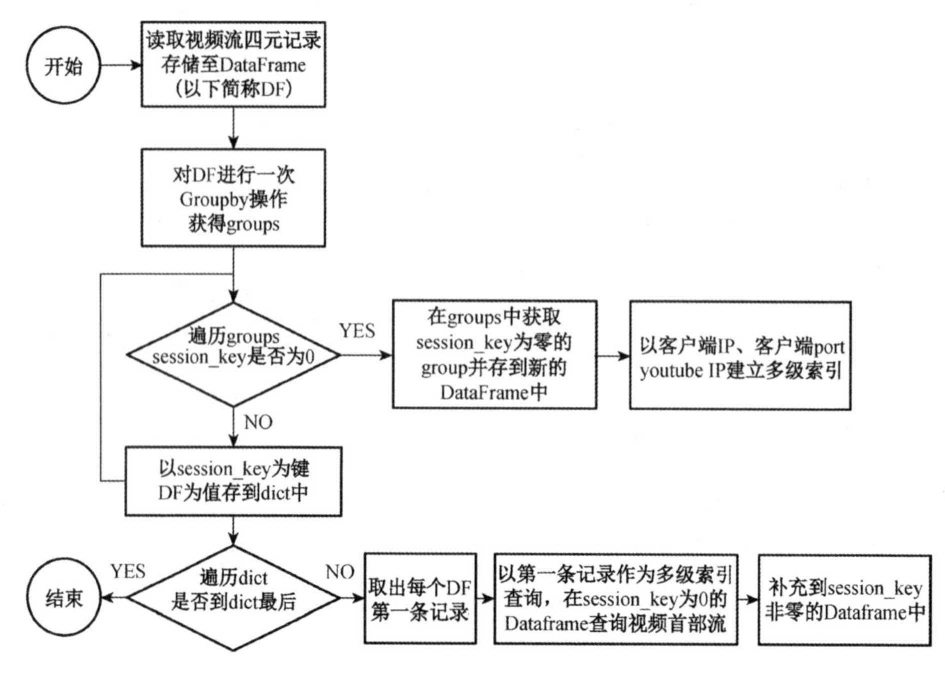

图 7.18　关联模块工作流程

为 session_key;

(5) 遍历字典,取出每个视频流 DataFrame 的第一条记录,并以此做多级索引查询;

(6) 从 session key 非零集合中的第一条四元组记录得到 SrcPort 值。在 sessionkey 为 0 的 DataFrame 中查找,客户端源端口值大于 SrcPort-n 小于 SrcPort 且 SrcIP、DstIP 与该四元记录相等视频记录,补充到对应 sessionkey 的 DataFrame 中。遍历 $k-1$ 个 session key 非零的视频记录 DataFrame,执行相同操作。

7.2.5　算法测试实验

实验对 iOS、Andorid 终端下的 60 个视频文件的 1 674 条视频流进行了标记,然后采用基于 TLS 会话恢复的方法进行关联试验,数据集合见表 7.7。

iPhone 6 YouTube app 采集了 20 个视频,共 432 条视频流。HTC M7 YouTube app 采集了 20 个视频,共 40 条视频流。

iPhone 6s YouTube Web 采集了 20 个视频,共 1 202 条视频流。

图 7.19 是 HLS-App 关联后的一个视频文件示例,关联后得到 8 条视频流记录。

表 7.7 视频流数据集合描述

终端	型号	传输模式	视频文件数量	视频流数
iOS App	iPhone6	HLS-App	20	432
Android App	HTC M7	DASH-App	20	40
iOS WEB	iPhone6	HPD-WEB	20	1 202

	session_key	fileName
(192. 168. 20. 201, 173. 194. 22. 215,51687)	14: 03: 19: 06: 93: ce: e2: dc: 22: 4b:29:ef:f1:fb:09:2.	.\N-app. pacp
(192. 168. 20. 201, 173. 194. 22. 215,51688)	14: 03: 19: 06: 93: ce: e2: dc: 22: 4b:29:ef:f1:fb:09:2.	.\N-app. pacp
(192. 168. 20. 201, 173. 194. 22. 215,51695)	14: 03: 19: 06: 93: ce: e2: dc: 22: 4b:29:ef:f1:fb:09:2.	.\N-app. pacp
(192. 168. 20. 201, 173. 194. 22. 215,51696)	14: 03: 19: 06: 93: ce: e2: dc: 22: 4b:29:ef:f1:fb:09:2.	.\N-app. pacp
(192. 168. 20. 201, 173. 194. 22. 215,51697)	14: 03: 19: 06: 93: ce: e2: dc: 22: 4b:29:ef:f1:fb:09:2.	.\N-app. pacp
(192. 168. 20. 201, 173. 194. 22. 215,51698)	14: 03: 19: 06: 93: ce: e2: dc: 22: 4b:29:ef:f1:fb:09:2.	.\N-app. pacp
(192. 168. 20. 201, 173. 194. 22. 215,51685)	0	.\N-app. pacp
(192. 168. 20. 201, 173. 194. 22. 215,51686)	0	.\N-app. pacp

图 7.19 关联后的视频流示例

我们统计了数据集合中的视频流关联前后的数量、检查每个视频关联后得到的视频流集合中的结果是否一致。对数据集合中的 59 个视频关联统计结果展示在表 7.8 中。其中 HLS App 中的 20 个视频样本的视频流全部关联正确；DASH App 的 20 个视频样本的视频流全部关联正确；HPD WEB 的 19 个视频样本的视频流关联正确。

以 iOS 中的一个问题样本为例。在 iOS WEB 中的一个视频原有 18 条流，关联后只得到了 17 条流。分析这个视频发现，如图 7. 20，其中有一条的 session Id 与众不同。这个问题产生的原因尚不明确，可能来自网络条件、采集操作等多方面因素。

表 7.8　关联结果

传输模式	样本数	视频流数	关联正确文件数量
HLS-App	20	432	20
DASH-App	20	40	20
HPD-WEB	20	1 202	19

192.168.20.201	173.194.22.188	49708	0
192.168.20.201	173.194.22.188	49709	0
192.168.20.201	173.194.22.188	49711	61:b3:e0:dc:dc:b6:b3:cb:7e:38:fe:59:97:7b:9a:a5:ea:09:ff:8d:96:9b:3a:41:38:7f:f8:0f:ff:c2:1b:83
192.168.20.201	173.194.22.188	49712	d1:76:35:93:50:0a:e3:7a:4d:68:cf:48:96:9d:38:d6:a4:8b:ae:e2:b4:7a:77:a5:d9:37:d8:48:fc:f2:02:ed
192.168.20.201	173.194.22.188	49713	d1:76:35:93:50:0a:e3:7a:4d:68:cf:48:96:9d:38:d6:a4:8b:ae:e2:b4:7a:77:a5:d9:37:d8:48:fc:f2:02:ed
192.168.20.201	173.194.22.188	49714	d1:76:35:93:50:0a:e3:7a:4d:68:cf:48:96:9d:38:d6:a4:8b:ae:e2:b4:7a:77:a5:d9:37:d8:48:fc:f2:02:ed
192.168.20.201	173.194.22.188	49715	d1:76:35:93:50:0a:e3:7a:4d:68:cf:48:96:9d:38:d6:a4:8b:ae:e2:b4:7a:77:a5:d9:37:d8:48:fc:f2:02:ed
192.168.20.201	173.194.22.188	49716	d1:76:35:93:50:0a:e3:7a:4d:68:cf:48:96:9d:38:d6:a4:8b:ae:e2:b4:7a:77:a5:d9:37:d8:48:fc:f2:02:ed
192.168.20.201	173.194.22.188	49717	d1:76:35:93:50:0a:e3:7a:4d:68:cf:48:96:9d:38:d6:a4:8b:ae:e2:b4:7a:77:a5:d9:37:d8:48:fc:f2:02:ed
192.168.20.201	173.194.22.188	49718	d1:76:35:93:50:0a:e3:7a:4d:68:cf:48:96:9d:38:d6:a4:8b:ae:e2:b4:7a:77:a5:d9:37:d8:48:fc:f2:02:ed
192.168.20.201	173.194.22.188	49719	d1:76:35:93:50:0a:e3:7a:4d:68:cf:48:96:9d:38:d6:a4:8b:ae:e2:b4:7a:77:a5:d9:37:d8:48:fc:f2:02:ed
192.168.20.201	173.194.22.188	49720	d1:76:35:93:50:0a:e3:7a:4d:68:cf:48:96:9d:38:d6:a4:8b:ae:e2:b4:7a:77:a5:d9:37:d8:48:fc:f2:02:ed
192.168.20.201	173.194.22.188	49721	d1:76:35:93:50:0a:e3:7a:4d:68:cf:48:96:9d:38:d6:a4:8b:ae:e2:b4:7a:77:a5:d9:37:d8:48:fc:f2:02:ed
192.168.20.201	173.194.22.188	49722	d1:76:35:93:50:0a:e3:7a:4d:68:cf:48:96:9d:38:d6:a4:8b:ae:e2:b4:7a:77:a5:d9:37:d8:48:fc:f2:02:ed
192.168.20.201	173.194.22.188	49723	d1:76:35:93:50:0a:e3:7a:4d:68:cf:48:96:9d:38:d6:a4:8b:ae:e2:b4:7a:77:a5:d9:37:d8:48:fc:f2:02:ed
192.168.20.201	173.194.22.188	49724	d1:76:35:93:50:0a:e3:7a:4d:68:cf:48:96:9d:38:d6:a4:8b:ae:e2:b4:7a:77:a5:d9:37:d8:48:fc:f2:02:ed
192.168.20.201	173.194.22.188	49725	d1:76:35:93:50:0a:e3:7a:4d:68:cf:48:96:9d:38:d6:a4:8b:ae:e2:b4:7a:77:a5:d9:37:d8:48:fc:f2:02:ed
192.168.20.201	173.194.22.188	49726	d1:76:35:93:50:0a:e3:7a:4d:68:cf:48:96:9d:38:d6:a4:8b:ae:e2:b4:7a:77:a5:d9:37:d8:48:fc:f2:02:ed

图 7.20　iOS WEB 中的一个问题样本

7.2.6　算法评价与应用

本节提出了一种基于 TLS 会话恢复的流关联方法，并在此基础上设计实现了这个系统。该系统包含 YouTube 视频流识别、关联标记和核心关联 3 个模块。其中 YouTube 视频流识别模块主要负责识别网络流量中的视频流；关联标记模块功能是将 YouTube 视频流转化为四元记录(客户端 IP，客户端端口，YouTube 视频服务器 IP，Session 信息)。核心模块借助 Pandas 对标记好的视频流进行分组操作，从而对视频流进行关联。我们采集三种终端下的 60 个视频、近 1 700 条视频流进行了标记、关联实验验证。实验表明，该方法能够快速、准确关联同属一个视频的 YouTube 加密视频流。

与之前的 HTTP 流关联方法相比，本节所提方法的特点是：(1)本方法可以不使用应用层信息，在 TLS 加密协议下完成对视频流的关联；(2)仅需从 TLS 握手阶段的包中获取信息，完成视频流标记进而进行关联；(3)适用终端机型广，本文对多种终端进行了测试，发现本文提出的方法对使用 TLS1.2 以上的终端普遍适用。需要提出的一点是，在 2016 年年中本文的方法对使用 TLS1.0 版本传输视频的机型关联效果不佳。分析原因后发现在这种终端下加密视频流的 Session ID 为空，这时本文提供的方法仅通过三元信息(客户端 IP、客户端端口、YouTube 视频服务器 IP)来完成关联，会在某些情形下出现一定错误。如，用户观看的两个视频同处于一台视频服务器上。2017 年年初我们重新采集了流量发现此类终端已经升级成了 TLS1.2 版本。

在获得的项目组的另一批来自韩国 YouTube 视频数据中，我们发现一小部分视频从多个主机上同时传输视频，在这种情况下，本文提供的方法仍然适用，解决方案是在标记模块增加一个时间维度，在本文提出的方法基础之上，对四元信息关联后再以时间维度进行二次关联。

对加密视频流的准确关联为下一节的传输模式识别奠定了基础。

7.3　YouTube 视频传输模式识别方法

7.3.1　问题分析

本章 7.1 和 7.2 节分别研究了在加密情况下对视频数据的识别，对视频流进行关联的方法。但是，不同的移动终端会有不同的传输模式，这些传输模式的不同特征对进一步的分析产生影响，因此，还需在数据被加密的情况下进行视频传输模式的识别。

为了进行传输模式识别，必须先了解不同模式的特点，本研究使用 Fiddler 进行中间人攻击，将抓取到的加密视频数据包进行比对后发现，在 DASH 传输模式下，服务器需要先往客户端发送 Initial Segment，如图 7.21 所示。Initial segment 包含了视频解码器需要的初始化信息（ISO/IEC23009-1[6]），然后再开始传输视频数据，在加密数据包中的表现就是经过 TLS 握手阶段后开始传输的前 P 个 Application data 数据包出现 S 种 ack number（即 S 段）。本文根据 YouTube 加密视频流一开始出现的数据包分段情况来区分视频传输模式。

图 7.21　Fiddler 中的 DASH 与 HLS 对比

图 7.22 中展示了，以 DASH-App、HLS-App 和 HPD-App 三种传输模式为例，对 20 个加密视频包（分辨率从 360 P 到 1 080 P 60 fbps、时长从几秒到几小

时)抽取前 3 个 Application data 数据包出现 S 种 ack number(即 S 段)的统计结果。事实上,本文统计发现前三个数据包的段数特征在这两种传输模式的一开始区别非常明显,并且可以很大限度地避免重传带来的消极影响(导致段数变化)。

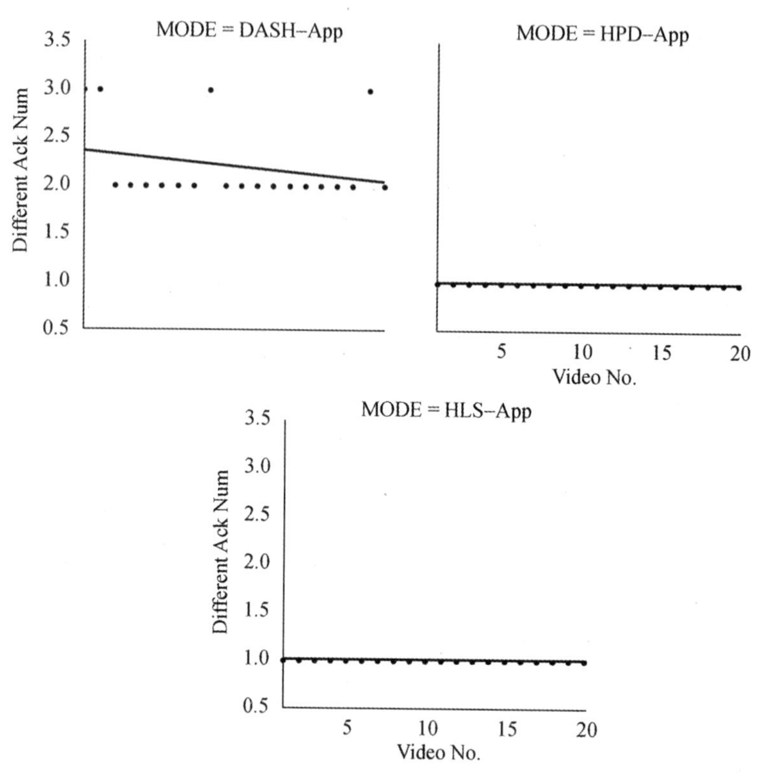

图 7.22　TLS 握手后的前三个数据包分段

本文研究了 DASH、HLS、HPD 的传输机制,并在流级别对比了加密情况下各种传输模式,我们发现了一些特点。在同一时间,HPD 采用单流传输(视频和音频没有分离),而 DASH 和 HLS 用多条流传输,进一步发现表明 DASH 传送视频时总是两条流开始、两条流结束(传输中间可由于网络原因导致端口更换而更换两条流中的一条继续传输)。与 DASH 明显不同是,HLS 会频繁更换流(更换端口)来完成整个视频的传输。

图 7.23 以 flow-id 和甘特图的形式对比了上述几种传输模式在传输视频时流的状态。更重要的是我们发现,DASH 与 HLS 前两条流 SYN-ACK 达到的时间间隔要远远小于 HPD。以这三种传输模式为例,我们随机抓取了二十个对视频前两条流的 SYN-ACK 到达时间间隔进行了统计,对于间隔超过 0.5 秒的视频流标记为 0.5 s,结果展示在图 7.24。不难看出,DASH 的前两条流间隔是最短的,HLS 其次。这是 HPD 与其他传输模式最明显的差异。

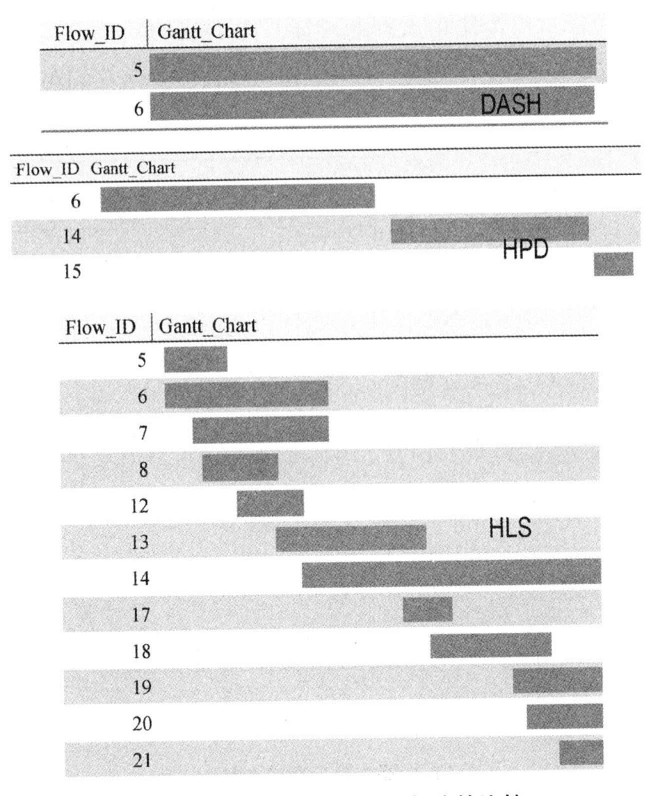

图 7.23 不同传输模式视频流的比较

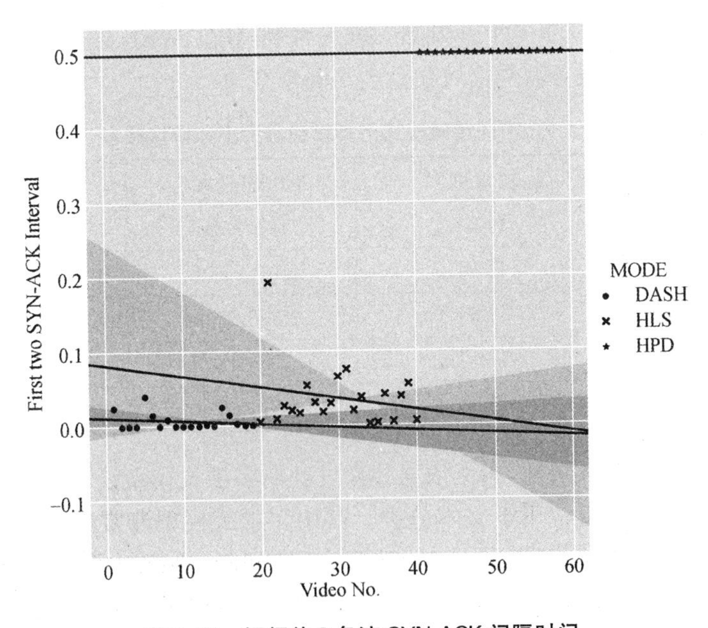

图 7.24 视频前 2 条流 SYN-ACK 间隔时间

TLS指纹常常被作为流量识别的特征。以DASH、HLS、HPD App端的视频为样本,图7.25给出了在这三种模式下一组TLS指纹的对比。

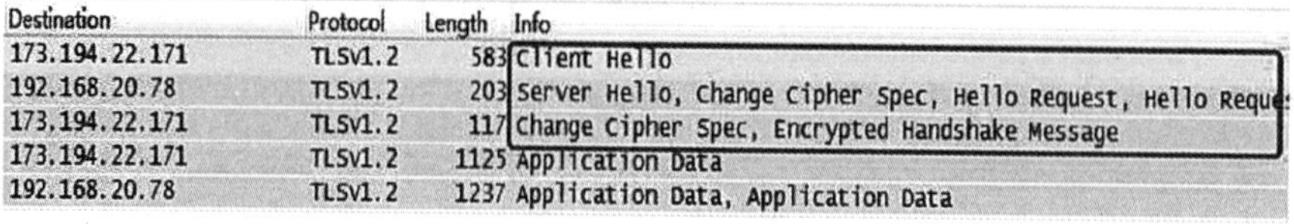

Destination	Protocol	Length	Info
173.194.22.171	TLSv1.2	583	Client Hello
192.168.20.78	TLSv1.2	203	Server Hello, Change Cipher Spec, Hello Request, Hello Reque
173.194.22.171	TLSv1.2	117	Change Cipher Spec, Encrypted Handshake Message
173.194.22.171	TLSv1.2	1125	Application Data
192.168.20.78	TLSv1.2	1237	Application Data, Application Data

(a) DASH指纹

Destination	Protocol	Length	Info
173.194.22.184	TLSv1.2	301	Client Hello
192.168.20.201	TLSv1.2	207	Server Hello, Change Cipher Spec, Encrypted Handshake Mes
173.194.22.184	TLSv1.2	72	Change Cipher Spec
173.194.22.184	TLSv1.2	107	Encrypted Handshake Message
173.194.22.184	TLSv1.2	1321	Application Data

(b) HLS指纹

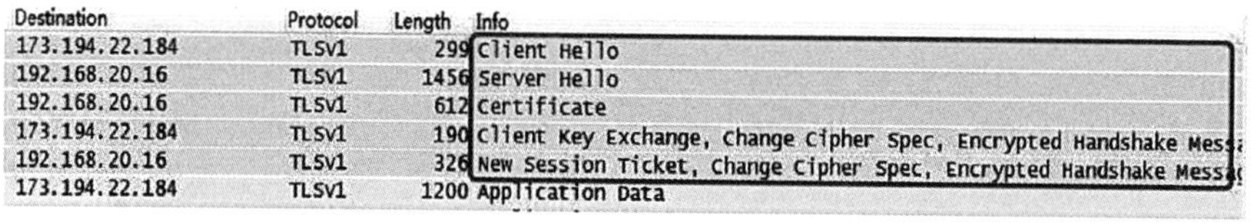

Destination	Protocol	Length	Info
173.194.22.184	TLSv1	299	Client Hello
192.168.20.16	TLSv1	1456	Server Hello
192.168.20.16	TLSv1	612	Certificate
173.194.22.184	TLSv1	190	Client Key Exchange, Change Cipher Spec, Encrypted Handshake Mess
192.168.20.16	TLSv1	326	New Session Ticket, Change Cipher Spec, Encrypted Handshake Messa
173.194.22.184	TLSv1	1200	Application Data

(c) HPD指纹

图7.25 TLS指纹对比

表7.9展示了我们用不同机型观看10组不同视频的对比结果(每种机型至少20个视频样本)。可以发现,同一种机型在WEB端或App端观看YouTube视频时,服务器端指纹包总大小非常规律。

表7.9 不同传输模式下指纹包总大小和协议版本

传输模式	协议版本	指纹包总大小	机型
DASH-App	TLS1.2	197/2 317	HTC M7
HLS-App	TLS1.2	207/2 207	iphone6
HPD-App	TLS1.0	2 323/2 394	华为P7
DASH-WEB	TLS1.2	197/2 317	P7-Chrome
HPD-WEB	TLS1.2	197/2 134	ip6-Safari

基于并发链接数特征,本文依据朴素贝叶斯多项式模型设计实现了一种识别方案。朴素贝叶斯常用于文本分类。其中多项式模型非常适合处理离散化特征的样本。基于ACK分段特征、SYN-ACK间隔、协议版本、握手数据包总大小(A-I-P-FP),本文采用CART决策树设计实现了一种快速识别方案。CART经过训练可生成一颗二叉树,易于理解和实现,借助sklearn可自动生成

分类器伪代码，便于更新和部署分类器，适合现实生产环境。

7.3.2 系统设计

基于上述发现并经过统计验证的视频特征，本文设计了一套传输视频模式识别方案，这套方案分为两个阶段：离线训练阶段和在线识别阶段。

离线训练阶段。这个阶段我们对采集到的视频样本进行标记和训练获得分类模型。将这个模型部署到在线分类器上。

在线识别阶段。利用离线训练得到分类模型对 TLS 协议下的视频流传输模式进行识别。

(1) 离线训练

在此阶段本文采用两种方案，利用采集到的视频样本训练建立判别模型。

- 基于朴素贝叶斯多项式模型的识别方案；
- 基于 A-I-P-FP 的识别方案。

这两种方法的原理及实现在系统实现进行了详细的描述。其中朴素贝叶斯多项式模型方案以并发链接数作为特征，A-I-P-FP 以 SYN-ACK 达到时间(SYN-ACK INTERVAL)、ACK NUMBER 分段数(ACK NUMBER)、加密协议版本(PROTACAL)、TLS 指纹数据包大小(FINGERPRINT SIZE)作为特征。

(2) 在线分类

假设：

- 分类器在线能够获取数据包的头部。分类器把经过分类器的数据包头部作为输入对象。我们只从数据包的 TLS、TCP 及 IP 头部中获取信息。
- 分类器能够接受 TCP 双向数据。在视频传输之初 TLS 握手阶段，在客户端发往服务端的 client Hello 握手包与服务端发往客户端的 Server Hello、Certificate 握手包中含有我们需要的信息。
- 离线采集需要标记对应的视频传输模式。在对加密视频流标记之前，我们需要知道其使用的视频传输模式。可以使用中间人攻击对传输过程进行解密，通过其传输特点如，HLS、DASH 需要向服务器请求目录(HLS 需要 M3U8 文件、而 DASH 需要 MPD 文件)知道对应移动终端的传输模式。已知该终端的使用的视频传输模式后，即可完成终端对应加密视频流的标记。

图 7.26 展示了在线分类设计：

视频流探测模块的功能是从采集的网络流量中识别出视频流。

视频流分析模块主要负责组流和关联。此模块功能是根据五元组信息组流，同时对视频流进行关联。

特征标记模块的功能是按照传输识别模块所需的特征，对视频进行特征提取和标记。对于离线训练得到的不同分类模型，标记方法不同。

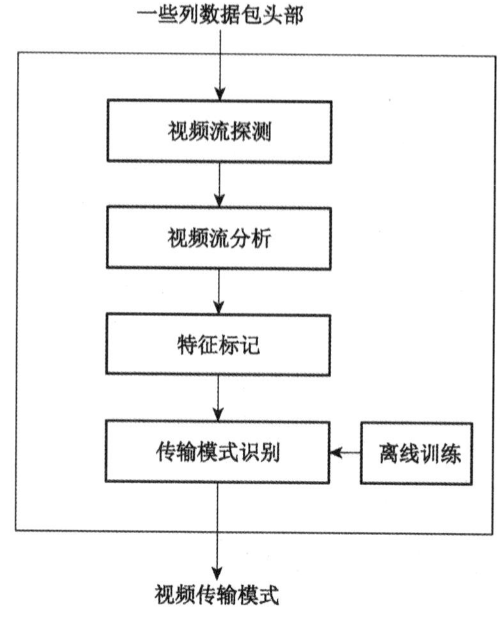

图 7.26　在线分类设计

传输模式识别模块是系统的核心模块。主要功能是用离线训练得到的分类模型对特征标记过的视频流进行传输模式识别。

7.3.3　系统实现

本系统使用贝叶斯分类器。

- 贝叶斯分类器原理及流程

待分类项有 n 个特征属性 a，用向量 x 来表示，即 $x=(a_1, a_2, a_3, \cdots, a_n)$。其所属类别有 m 种，用集合 $C=\{c_1, c_2, \cdots c_m\}$ 表示。

如果 $P(c_k \mid x)$ 等于 $\max\{P(c_1 \mid x), P(c_2 \mid x), \cdots, P(c_m \mid x)\}$，则认为 x 属于 c_k。

一般 x 和 c 的关系是不确定的，可以将 x 和 c 看作是随机变量，$P(c \mid x)$ 称为 c 的后验概率，$P(c)$ 称为 c 的先验概率。

根据贝叶斯公式，可有如下推导：

$$p(c_i \mid x)=\frac{p(x \mid c_i)p(c_i)}{p(x)} \tag{7.1}$$

但在比较不同 c 值的后验概率时，分母 $P(x)$ 总是常数，所以仅需要计算比较得出分子的最大值即可。先验概率 $P(c)$ 可以通过计算训练集中属于每一个类的训练样本所占的比例，此概率计算简化为对类条件概率 $P(x \mid c)$ 的估计。因为朴素贝叶斯假设事物属性之间相互条件独立，$P(x \mid c)$ 计算方法见式(7.2)。

$$p(x \mid c_i) = p(c_i)\prod_{j=1}^{m} p(a_j \mid c_i) \tag{7.2}$$

● 算法原理

基于朴素贝叶斯多项式模型，设某 YouTube 视频 $v=(f_1, f_2, \cdots, f_k)$，$f_k$ 是该视频样本中出现过的单位时间内并发连接数的数量(可以重复)。在一个视频样本中做 k 次抽样。

先验概率计算公式(7.1)，N_c 为视频传输模式 c 下的视频样本总数，N 为整个训练样本视频总数。

$$\hat{p}(c) = \frac{N_c}{N} \tag{7.3}$$

类条件概率计算公式，见公式 7.2。

$$\hat{p}(f_k \mid c) = \frac{count(f_k, c)+1}{count(c)+\mid V \mid} \tag{7.4}$$

$count(f_k \mid c)$ 表示并发连接数 f_k 在视频传输模式 c 下的样本中出现过的次数之和，$count(c)$ 表示传输模式 c 下抽样总数。V 是训练样本的并发链接数表(即所有样本中抽样并发链接数，出现多次，只算一个)，$\mid V \mid$ 则表示训练视频样本包含多少种并发流数。$P(f_k \mid c)$ 表示是并发链接数 f_k 在证明 v 属于传输模式 c 上提供了多大的证据，而 $P(c)$ 则可以认为是类别 c 在整体上占多大比例(有多大可能性)。

● 算法实现

基于朴素贝叶斯多项式模型的方法离线训练系统包含三个功能模块(图 7.27：FeatureExtractor、CountVectorizer、MutinominalNB)。

FeatureExtractor 主要作用是特征提取并标记。基于 Pyshark 和 tshark 完成组流，获取视频样本中的流持续时间。在视频流持续时间内，抽取 n 个单位 T 时间，统计这些 T 时间内的并发链接数(并发链接数示意见图 7.28)，并将 n 个个位时间内的并发链接数量作为一条记录输出到文件，并发连接数文件标记示例见表 7.10。

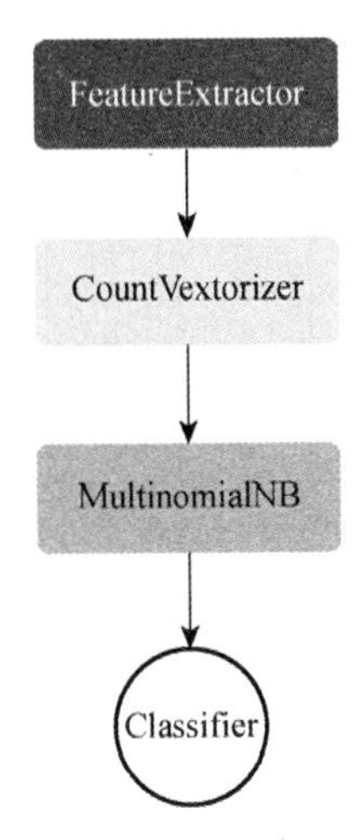

图 7.27 基于朴素贝叶斯多项式模型的离线训练模块

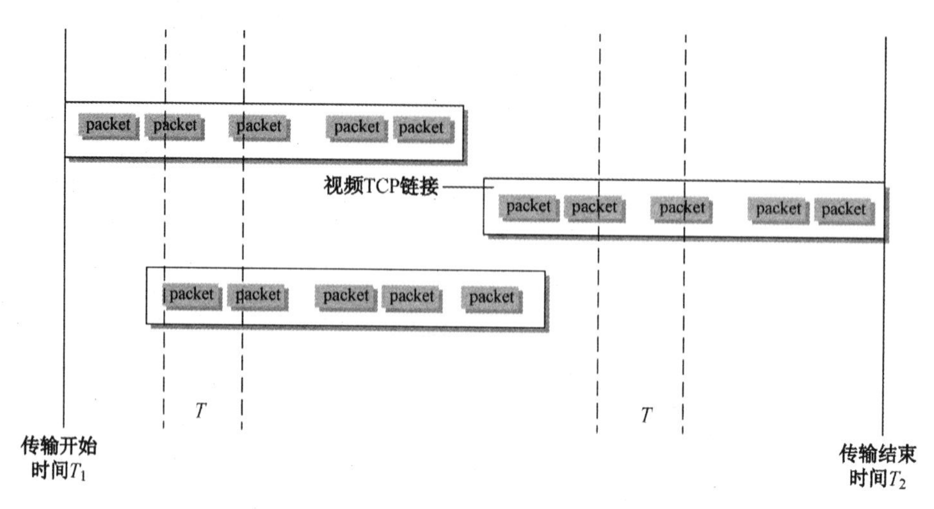

图 7.28　并发链接数示意图

表 7.10　并发连接数文件标记示例

(a) DASH

0	0	1	2	0	2	1	2	2	0	DASH
1	1	1	1	2	1	1	1	1	1	DASH
2	1	1	0	2	2	0	2	2	2	DASH
3	3	2	2	2	2	1	0	0	0	DASH
1	4	2	1	1	2	1	1	2	0	DASH
1	1	0	1	1	1	0	2	1	2	DASH
1	1	1	1	1	1	1	1	1	1	DASH
1	0	1	1	0	5	0	1	0	1	DASH
0	1	0	0	1	1	0	1	0	1	DASH
2	1	2	1	2	0	1	1	2	1	DASH
1	1	2	1	1	2	1	2	1	2	DASH
1	1	0	1	0	0	1	0	0	0	DASH
2	0	2	0	0	2	2	0	0	0	DASH
0	0	0	2	0	2	0	0	1	2	DASH
0	0	1	0	0	0	0	0	0	1	DASH

(b) HLS

3	3	2	3	2	3	1	2	4	1	HLS
2	4	1	2	2	4	2	2	3	5	HLS
3	2	2	4	5	2	2	4	3	5	HLS
3	3	2	2	2	2	3	2	3	2	HLS
2	4	2	4	1	1	1	3	2	3	HLS
0	0	2	0	2	0	0	4	0	0	HLS
1	4	4	1	1	2	4	2	3	4	HLS
2	5	4	3	2	3	1	3	3	2	HLS
3	4	2	3	1	3	2	2	1	2	HLS
1	4	2	3	3	1	1	2	1	5	HLS
2	5	5	3	5	2	2	2	1	5	HLS
4	1	2	1	1	3	3	4	2	1	HLS
2	3	2	4	1	1	1	2	3	3	HLS
4	5	2	5	3	3	2	4	3	5	HLS
4	3	3	1	2	1	4	2	3	3	HLS

(c) HPD

1	1	1	1	1	1	1	1	1	1	HPD
1	1	1	1	1	1	1	1	1	1	HPD
1	1	1	1	1	1	1	1	1	1	HPD
1	1	1	1	1	1	1	1	1	1	HPD
1	1	1	1	1	1	1	1	1	1	HPD
1	1	1	1	1	1	1	1	1	1	HPD
1	1	1	1	0	1	1	1	1	1	HPD
1	1	1	1	1	1	1	1	1	1	HPD
1	1	1	1	1	1	0	1	1	1	HPD
1	0	1	0	1	1	0	0	1	1	HPD
0	0	1	1	0	1	1	1	1	1	HPD
1	1	1	1	1	1	1	0	1	1	HPD
1	1	1	1	1	1	1	1	1	1	HPD
1	2	1	1	1	1	0	1	1	1	HPD
1	1	1	1	1	1	1	1	1	1	HPD

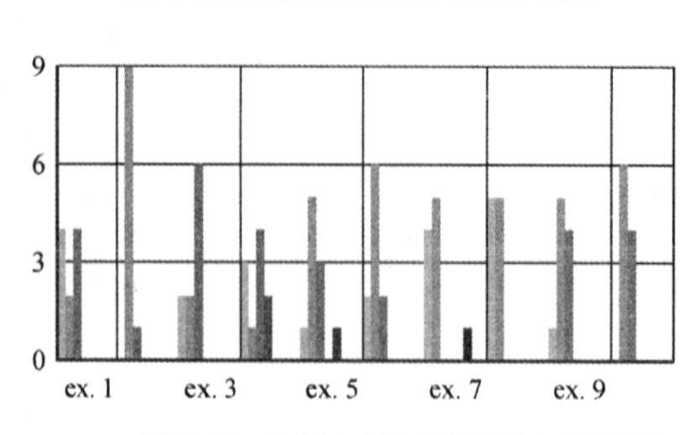

图 7.29 特征向量化示例(见文后彩图)

CountVecotrizer 作用是特征向量化。特征向量化是机器学习用作文本分类时的常见方法。本文借鉴这个方法,基于频率统计对 FeatureExtractor 从视频样本中提取、标记好的并发链接数记录,做特征向量化。图 7.29 是视频流并发链接数特征向量化示例。横坐标代表的是视频样本编号,纵轴代表抽样单位区间出现某并发链接频率。图例中的六种颜色分别表示单位时间并发链接数为 0 到 6 中的数量之一。

举例说明:

- 视频样本 1:'0'出现 4 次,'1'出现 2 次,'2'出现 4 次;
- 抽样标记(1200201202);
- ◆ 特征向量(4, 2, 4, 0, 0, 0);
- 视频样本 2:'1'出现 9 次,'2'出现 1 次;
- 抽样标记(1211111111);
- ◆ 特征向量(0, 9, 1, 0, 0, 0)。

Mutinominal NB 模块的主要功能是基于朴素贝叶斯多项式模型算法,利用向量化之后的视频样本对分类器进行训练。此模块基于 python sklearn 实现。

基于上述学习结果,本文设计了 A-I-P-FP 方法:

- 决策树(表 7.11)

设训练集 $D = \{(x_1, y_1), (x_2, y_2), \cdots, (x_m, y_m)\}$;

属性集合 $A = \{a_1, a_2, \cdots, a_d\}$

表 7.11 决策树生成过程

决策树生成过程	
function TreeGenerate(D, A) 1. 生成节点 node 2. **if** D 中的样本全部属于同一类别 C **then** 3. 将 node 标记为 C 类叶结点;**return** 4. **end if** 5. **if** A 不为空集 D 中样本在 A 上取值相同 **then** 6. 将 node 标记为叶节点,其类别标记为 D 中样本数最多的类;**returen**	

（续表）

7. **end if** 8. 从 A 中选择最优划分属性 a * 9. **for** a * 的每一个值 a_*^v **do** 10. 为 node 生成一个分支；令 D_v 表示 D 在 a * 上取值为 a_*^v 的样本子集 11. **if** D_v 为空 **then** 12. 将分支节点标记为叶节点，其类别标记为 D 中样本最多的类 13. **return** 14. **else** 15. 以 **TreeGenerate**(D_v，A\{a * })为分支节点 16. **end if** 17. **end for**	决策树的基本算法如表 7.11 所示[7]。输入是训练集 *D*，和属性集合 *A*；输出是以 node 为根节点的一颗决策树

● 算法原理

与 ID 系列、C4.5 决策树算法不同的是，前者使用信息熵来选择属性划分，而 CART 决策树使用“基尼指数”(Gini index)来选择划分属性。数据集 *D* 的纯度可用基尼值来度量，计算方法见式(7.5)。*Gini*(*D*)越小，表示数据集 *D* 的纯度越高。

$$Gini(D) = \sum_{k=1}^{|y|} \sum_{k' \neq k} p_k p_{k'} = 1 - \sum_{k=1}^{|y|} p_k^2 \tag{7.5}$$

基于 SYN-ACK 达到时间(SYN-ACK INTERVAL)、ACK NUMBER 分段数(ACK NUMBER)、加密协议版本(PROTACAL)、TLS 指纹大小(FINGERPRINT SIZE)四种特征训练决策树。

根据基尼指数的定义，属性 *a* 基尼指数的计算方法见式(7.6)。

$$Gini\_index(D, a) = \sum_{v=1}^{v} \frac{|D^v|}{|D|} Gini(D^v) \tag{7.6}$$

在这四种属性中，选择划分后基尼指数最小的属性作为最优划分属性递归建立决策树，即 $a_* = \arg\min Gini\_index(D, a)$。

● 算法实现

图 7.30 展示了 A-I-P-FP 方案离线训练模块的实现。StreamFilter 模块用于检测客户端到服务器端并过滤出视频样本首部第一条视频流 F 和其后一条流 F+1 这两条有效的视频流，此部分基于 tshark 实现。有效视频流在 TLS 握手后至少传送 P 个 Application data 包视频流。(设置 P 的原因是为了过滤掉用户与视频服务器之间交互流状态的短流，HPD 模式常见这些短流)。

PackFilter 模块用于从视频样本中获取我们需要提取特征信息的网络数据包。根据视频流 F 过滤出从服务器发往客户端的 SYN-ACK 包、TLS

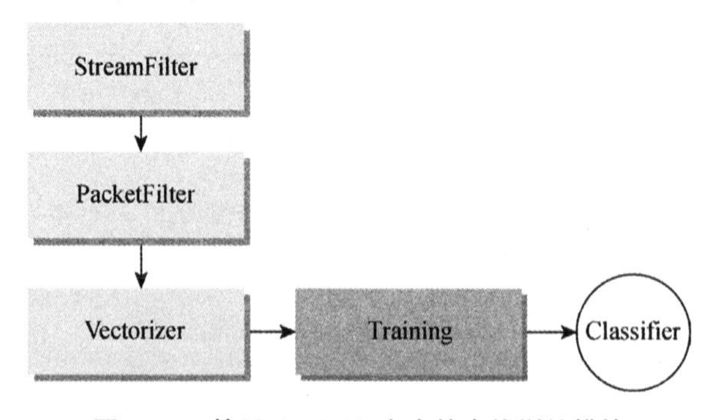

图 7.30　基于 A-I-P-FP 方案的离线训练模块

handshake 包及握手后的 P 个 application data 包。从 F+1 中过滤出 SYN-ACK 包。

Vectorizer 模块负责提取特征并按照训练要求进行标记。此模块基于 Pyshark 实现。提取 F、F+1 服务器两个 SYN-ACK 包达到时间，计算其间隔 ΔT；计算来自服务器端 TLS 指纹总大小；从 TLS 包中提取加密协议版本；统计前 n 个 application 包共有 S 种 acknumber，即前 n 个 application data 被分为 S 段。其中，统计 acknumber 段数，用到了哈希算法。最终生成标记向量(S，指纹数据包总大小，加密协议版本，T，视频传输模式)，以 csv 保存到文件中，表 7.12 为 Vectorizer 处理结果的一个示例。

表 7.12　Vectorizer 处理结果示例

SYN-ACK	TLS_FINGERPRINT	PROC	ACK_SEG	TRANS_MODE
0.002 27	2 317	TLSv 1.2	2	DASH-App
0.001 13	2 317	TLSv 1.2	2	DASH-App
0.000 55	2 317	TLSv 1.2	2	DASH-App
0.002 22	2 317	TLSv 1.2	2	DASH-App
0.000 1	2 317	TLSv 1.2	2	DASH-App
0.000 2	2 317	TLSv 1.2	2	DASH-App
0.001 02	2 317	TLSv 1.2	2	DASH-App
0.000 46	2 317	TLSv 1.2	2	DASH-App
0.000 12	2 317	TLSv 1.2	2	DASH-App
0.006 2	2 317	TLSv 1.2	2	DASH-App
0.000 3	2 317	TLSv 1.2	2	DASH-App
0.000 19	2 317	TLSv 1.2	2	DASH-App

(续表)

SYN-ACK	TLS_FINGERPRINT	PROC	ACK_SEG	TRANS_MODE
0.005 43	2 317	TLSv 1.2	2	DASH-App
0.002 05	2 317	TLSv 1.2	2	DASH-App
0.000 44	2 317	TLSv 1.2	2	DASH-App
0.000 3	197	TLSv 1.2	2	DASH-App

Training 模块负责对训练前的数据清洗和模型训练。在我们采集的数据中,HLS 与 DASH 传输模式的间隔要远远小于 HPD,部分 HPD 视频包只有一条流。在数据清洗阶段,我们将 HPD 间隔 Δt 设置为 0.5 秒。数据清洗阶段的另一个工作是将标记向量数值化。引入 CART 决策树对特征向量化之后视频样本进行训练,使用了著名 Skit-Learn 机器学习库。

7.3.3 实验与结果分析

(1) 数据集合描述

表 7.13 描述了我们的测试数据集合,这些视频分为两批采集,第一批次,我们选取了 20 个视频,按照每个视频分辨率分别从 360 P 到 1 080 P 60 fps 还有自适应情况,从合作方的实验室项目通过 4G 网络共采集了 App 端口 340 个视频—100 个 DASH-App, 100 个 HLS-App, 100 个 HPD-App, 20 个 HPD-WEB, 20 个 Android WEB。App 端访问 YouTube 视频的用户数目将远远大于 WEB,所以采集的视频集中在 App 端。第二批 160 个视频,通过无线网络实验室采集——HLS、DASH 各 50 个,HPD、DASH WEB 各 30 个,第二批次视频没有像第一批次那样指定视频采集,采集自 YouTube 热门视频。

表 7.13 数据集合描述

终端	传输模式	手机终端	数量
iOS App	HLS-App	iphone 6/iphone 6s	150
Android App	HPD-App	三星 S4/华为 P7	100
Android App	DASH-App	HTC M7、红米	150
iOS WEB	HPD-WEB	iphone 6	50
Android WEB	DASH-WEB	华为 P7	50

(2) 实验评估

- 朴素贝叶斯多项式模型实验评估

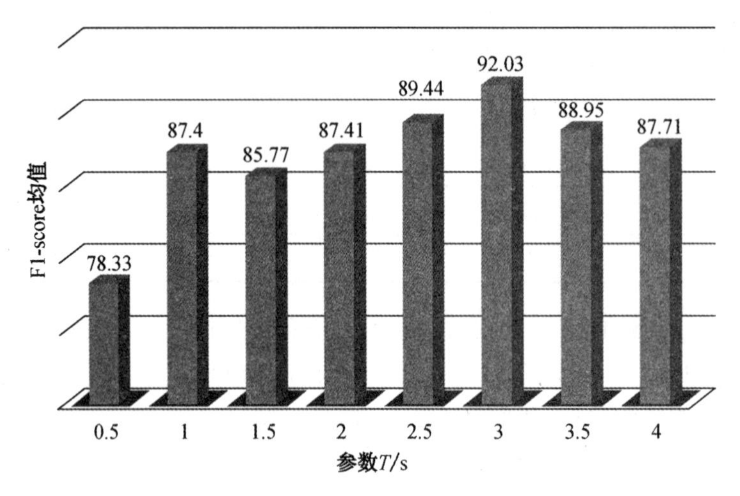

图 7.31　T 时间参数选择对分类器的影响

首先本文在数据集合中随机选取 200 个视频样本，为分析 T 时间参数选择对分类器的影响进行了实验。其中 DASH 样本 70 个，共 1.83 GB。HLS 样本 70 个，4.49 GB。HPD 样本 40 个，共 5.82 GB。图 7.31 是以 0.5 秒为间隔，从 0.5 到 4 秒分别对样本进行十次交叉验证得出的 f1 分数平均值。结果表明当 T 为 0.5，f1 均值最低。T 取超过 1 秒之后，分类器 f1 分数均达到 85，集中在 87 附近。当 T 等于 3 时，分类器 f1 分数达到最大值 92.03。说明在这个实验样本集合中，T 参数选定为 3 时，识别效果最好。

选取数据集中 285 个视频，其中 DASH100 个、HLS100 个、HPD85 个，构成样本集合 D1。将视频集合 D1 中分为 S1、T1 两个集合。S1 作为训练集占总视频集合的 80%，T1 作为测试集占总视频集合的 20%。表 7.14 用查准率、查全率和 F1-score，展示了对该分类器的评估。结果显示基于朴素贝叶斯多项式模型的分类器对 HLS 视频样本识别准确率较高，其次是 DASH，最后是 HPD。在召回率参数中，HPD 最高，DASH 最低。

表 7.14　D1 准确率、召回率与 F1-score

传输模式	准确率	召回率	F1-score
DASH	96%	85%	90%
HLS	93%	93%	93%
HPD	84%	100%	91%

图 7.32 给出了这次实验的混淆矩阵。颜色代表从蓝到红代表召回率高低，颜色越红召回率越高。分类器在 HPD 下的视频样本全部被召回，而 HLS

的 14 个样本中有 1 个被识别为 DASH。27 个 DASH 视频样本,有 3 个被识别为 HPD,有 1 个被识别为 HLS。这说明 DASH 与 HPD 在某些网络情况下,并发链接特征较为接近。显然,HPD 的召回率最高。

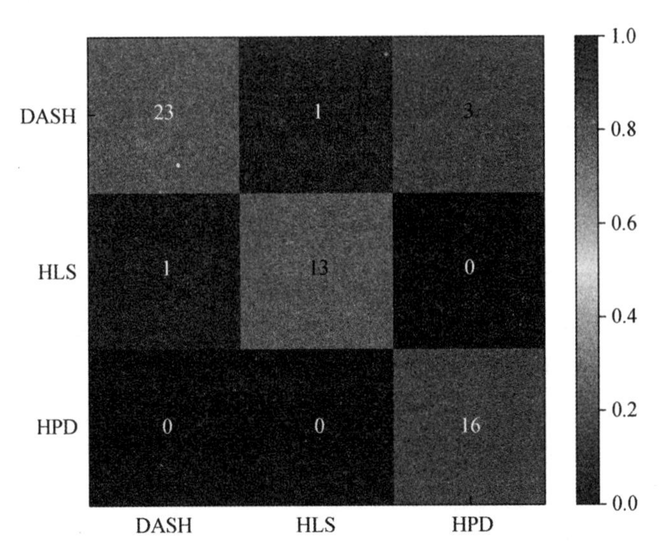

图 7.32 混淆矩阵(MutinomialNB)(见文后彩图)

图 7.33 展示了对朴素贝叶斯多项式模型构建的分类器进行了十次交叉验证的结果。准确率分别为 100%, 92.86%, 89.29%, 100%, 85.71%, 85.71%, 82.14%, 100%, 92.86%, 92.86%,平均准确率达到 92.25%。

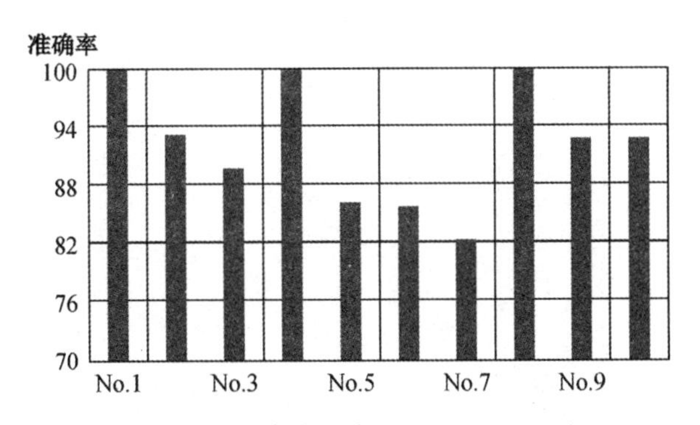

图 7.33 十次交叉验证(MutinomialNB)

- A-I-P-FP 方法实验评估

我们将 500 个视频集合 D2 分为 S2、T2 两个集合。S2 和 T2 中五种视频传输模式的占比相同,S2 作为训练集占总视频集合的 80%,T2 作为测试集占总视频集合的 20%。表 7.15 用查准率、查全率和 F1-score 及其均值,展示了对我们方法的评估。

表 7.15 D2 准确率、召回率与 F1-score

传输模式	准确率	召回率	F1-score
DASH-App	100%	100%	1.00
DASH-WEB	92%	92%	0.92
HLS-App	97%	94%	0.95
HPD-App	100%	100%	1.00
HPD-WEB	83%	100%	0.91

验证结果显示，识别效果最好的两种模式是 DASH-App 和 HPD-App，这也符合我们之前对分段数、前两条流间隔时间两个特征的验证。这两个特征在识别 DASH-App 与 HPD-App 相当有效，准确率到达 100%。识别 HLS-App 和 DASH-WEB 次之，分别为 97%和 92%，HPD 最弱为 83%。

图 7.34 给出了该分类器本次实验的混淆矩阵。分类器对 DASH-App、HPD-App、HPD-WEB 的识别效果相当好，这几种类别的视频样本全部被分类器准确识别。在 12 个 DASH-WEB 视频中 1 个 DASH-WEB 视频被识别为 HLS-App 视频，其余的都被准确识别。31 个 HLS-App 视频中，一个被识别为 DASH-WEB，一个被识别为 HPD。这说明这两种传输模式有着相似特征，DASH-WEB 与 HLS-App 在 TLS 指纹大小上差异最明显，而其他三个特征较为相似。

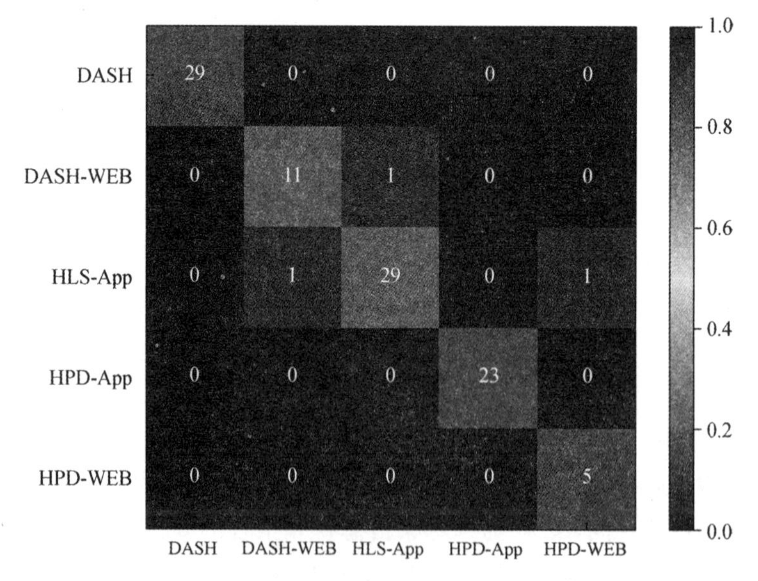

图 7.34 混淆矩阵(A-I-P-FP)(见文后彩图)

图 7.35 展示了我们对 500 个视频进行了十次交叉验证的结果。准确率分别为 98%，98%，94%，96%，100%，96%，96%，94%，98%，98%。实验表明我们的方法能取得良好的识别效果。

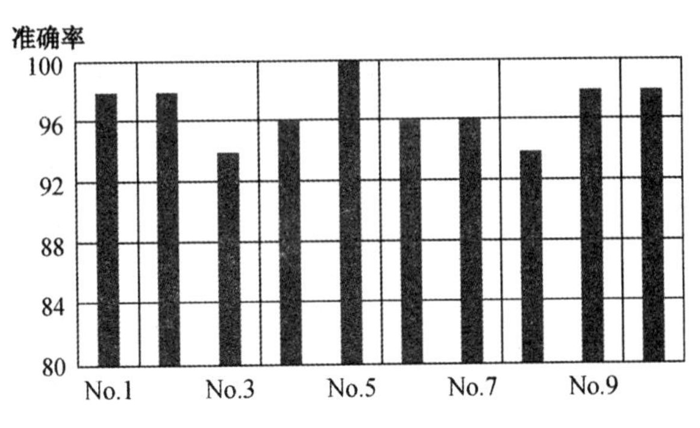

图 7.35 十次交叉验证结果(A-I-P-FP)

7.6 小结

量化视频业务的用户体验目前主要受到三个因素的影响：视频分辨率、初始缓冲时间、卡顿次数和时间。而获得影响这些因素的具体参数，要求我们对视频流量能够细粒度的识别。目前 YouTube 应用了 TLS 协议全站加密，传统的流量识别方法面临着巨大的挑战。本章在无线网络和移动网络下采集了视频数据，利用中间人攻击等方法，从 YouTube 加密视频流识别、视频流关联及加密传输模式识别三个方面进行了相关研究，主要工作包括：YouTube 移动度端加密视频流识别；YouTube 移动端加密视频流关联；YouTube 移动端加密视频传输模式识别。

识别、关联 YouTube 视频流，进而可以对其提取一个视频的网络传输特征，才能更深入地对用户行为，视频传输特征进行统计分析和研究，能够识别出加密视频的传输模式，才能知道视频传输的分片策略，进一步通过统计特征(分段时间、分段大小)知道视频的信息，可用于演算视频的分辨率、码率等细节特征。因此本章的工作是对加密视频流量进行深入研究的基础工作。

参考文献

[1] Lennylxx. sn-domains[EB/OL]. https://github.com/lennylxx/ipv6-hosts/wiki/sn-domains.

[2] Mah B A. An empirical model of HTTP network traffic[C]. INFOCOM'97. Sixteenth

Annual Joint Conference of the IEEE Computer and Communications Societies. Driving the Information Revolution. , Proceedings IEEE. IEEE, 1997, 2:592-600.

[3] Baidu. HTTPS 实践[EB/OL]. http://op. baidu. com/2015/04/https-s01a03/百度运维部. 大型网站的 HTTPS 实践

[4] McKinney W. Data structures for statistical computing in python[C]. Proceedings of the 9th Python in Science Conference. van der Voort S, Millman J, 2010,445:51-56.

[5] Pedregosa F, Varoquaux G, Gramfort A, et al. Scikit-learn: Machine learning in Python[J]. The Journal of Machine Learning Research, 2011, 12:2825-2830.

[6] International Standards Organization/International Electrotechnical Commission (ISO/IEC) 23009-1:2012 Information Technology-Dynamic Adaptive Streaming over HTTP (DASH)—Part 1: Media Presentation Description and Segment Formats[S],2012.

[7] 周志华. 机器学习[M]. 北京:清华大学出版社,2016.

8 自适应流媒体中加密视频数据分段流量分析

8.1 自适应流媒体传输中的数据分段

自适应流媒体技术能够智能感知用户的网络质量，然后动态调节视频的编码速率，为用户提供最高质量的视频演播的技术。目前主流的视频流媒体系统，都采用了自适应流媒体技术。如Adobe公司基于Flash的HTTP动态流媒体方案、苹果的HTTP Live Streaming方案、微软基于Silverlight的平滑流媒体方案、MPEG DASH工作组提出DASH标准。此外，研究者通过测量发现：Akamai、Netflix等公司的流媒体系统中，也实现了各自的自适应流媒体技术方案。这些方案在实现上各有特点，但基础思想是一样的，即：感知用户下载速度，动态调整视频的播放速率。

对使用HTTP传输的流媒体技术来说，由于HTTP传输实际上是文件传输，而不是真的“流”媒体，因此，视频文件必须进行切分，各个数据分段的传输过程与终端播放形成一个控制系统，基于实际的传输和播放情况控制数据的传输。

在不同的传输技术中，对数据的分段大小是一个关键参数。视频数据有两种切割方式，最常见的是根据播放时间进行切分，如我们实验中观察到YouTube App在DASH模式下切片的长度有10.677秒、10.01秒等，对HLS模式下切片长度有5.005秒、5.338秒等。国内一些服务商也有按照文件大小进行切割的。无论是采用哪种方式，对自适应流媒体来说，切割是必须的，因为自适应机制需要分段传输的反馈进行控制。但是，如何设置分段大小是一个难题，如果分段长度过大，自适应就很难有好的效果，因为在网络发生变化的情况下终端无法及时获得网络状况，从而无法做出反馈；如果分段长度过小，会增加终端的负担，由于进行自适应切换时若有一些信息重复传输，频繁进行自适应操作也会引起用户流量的浪费以及服务商成本增加。

在视频流为明文的情况下，视频数据如何切分可直接从报文数据中获取，但是，随着视频流逐步被加密，获得这个参数也非常困难。加密的情况下，虽然可以根据五元组组流，但是无法判断这些流量传输的是视频的那个分段。特别是在网络状况不好的情况下，一个正常传输分段会可能由于 TCP 连接的中断，重新开始传输，一个视频分段由若干传输流负责传输，如何在加密的情况下获得各个分段的数据量，是进而获知视频的码率、分辨率的基础。本章以 YouTube 为研究对象，给出对加密视频流数据分段进行整合的方法。

8.2 研究加密视频流量分段的方法

YouTube 视频的网络流量已经占据北美全部下行流量的 20.87%，同时 YouTube 于 2016 年 8 月已经全面采用 HTTPS 加密方式进行网络流量传输[4]。YouTube 视频大量的加密网络流量，一直是网络服务商（ISP，Internet Service Provider）最关心以及最头疼的问题，一方面要保证这些大量的视频流量不会堵塞网络影响别的网络用户，另一方面又要保证 YouTube 视频用户能够有着良好的视频观看体验。如何从网络流量中获取到用户视频观看体验以及用户的视频观看体验是由哪些因素决定的，这些都是网络服务商的关注点。对于未加密的网络流量，人们一般采用 DPI 的方式进行报文检测，从视频流量中提取出用户观看视频的信息，由此推断出用户的视频观看体验。但是随着 YouTube 开始采用 HTTPS 的方式传输视频流量，DPI 检测方式已经不能从流量中获取到用户观看视频信息了。因此，如何从 HTTPS 加密流量中推断用户的视频观看体验成为加密视频流量研究的难点。

8.2.1 中间人攻击方法获得明文

YouTube App 在 Android 平台和 iOS 平台都是采用的 HTTPS 传输视频流量。由于 HTTPS 流量的加密性和完善性，要想从报文内容获取到 YouTube App 视频流量的特征是相当困难的。但是由于 YouTube App 对 HTTPS 的证书没有强制进行合法性验证，为了能够获得真实数据进行反推，本书利用这个漏洞对这些 YouTube HTTPS 流量进行中间人攻击，从而解密后得到 YouTube App 视频明文信息，并尝试从明文中获取到 YouTube App 视频流量特征，并利用这些特征对这些 HTTPS 流量进行针对性处理，为我们获取到视频的播放码率和分辨率提供重要支持。

中间人攻击是网络中最流行的网络入侵手段之一，虽然这项技术已经相对古老，但是时至今日在网络空间中它依然有着很大的发挥空间。攻击者可以伪装成代理服务器监听流量就可以实现攻击，那是因为以前很多通信协议都是使用明文传输的，比如 HTTP、FTP、Telnet 等。但是随着网络技术的发展，越来越多的网络流量采用加密传输协议，最常用的就是 SSL/TLS，这些加密传输协议保证了数据信息传输的不可窥探和健壮性。HTTPS 连接建立过程的步骤中，客户端对服务端返回的证书进行身份合法性认证，通过认证后服务端将认定为合法并继续后续的连接会话。但是这个步骤的服务端合法性认证是非强制性的，即使该证书没有通过验证，客户端也可以选择相信服务端并继续通话。本文的中间人攻击方法就是利用了 YouTube App 客户端不会因为证书不通过而终止停止传输的特点，成功地获取到了 YouTube App 的明文流量信息。

图 8.1 是中间人攻击获取 YouTube App 流量明文信息方法的网络架构。该方法的具体流程是将移动手机和中间人 PC 连接于同一局域网；在中间人 PC 中生成一个私有证书 CA，同时开启 HTTP 代理服务，作为 HTTP 代理服务器侦听网络流量，同时将私有证书 CA 派发给手机安装并选择信任该证书。至此网络攻击环境搭建完成，这时使用手机中的 YouTube App 观看视频，手机会将流量通过 HTTP 代理发送给中间人 PC，中间人 PC 将这些流量通过与 YouTube 服务器间建立的 HTTPS 连接传输给服务器；服务器接收到信息后，将视频信息通过 HTTPS 连接传输给中间人 PC，中间人将这些视频信息使用私有证书加密后传输给手机；手机接收到加密视频流量后使用私有证书将流量解密后并进行播放。整个流程中，由于没有强制认证证书的合法性，YouTube 服务器返回的 HTTPS 流量在中间人 PC 中解密后可以被窥探到明文信息。

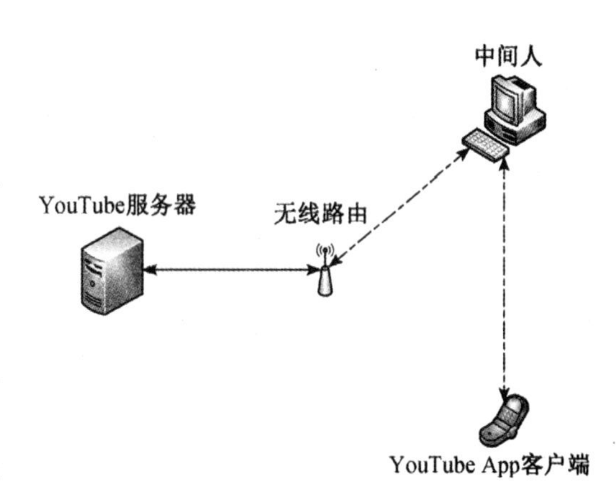

图 8.1 中间人攻击架构图

图 8.2 是使用中间人攻击后得到的 YouTube App 流量的明文信息，通过分析这些明文我们发现 YouTube App 在 Android 平台采用的 DASH 视频传输技术，在 iOS 平台采用的 HLS 视频传输技术。这两种视频传输技术的视频分段传输的特点虽然经过 HTTPS 加密，但是仍然能够从加密流量的报文行为分析出相关性。YouTube App 播放视频时是按照问答模式进行网络交互的，即 YouTube App 向视频服务器请求一段视频后，服务器随即回复一段视频。但是由于 TCP 连接的 MSS 限制，这段视频由于数据量过大会在 TCP 层拆分成大量 1 354 B 大小左右的数据包进行网络传输。

如图 8.3 所示，由于响应报文的 ACK Number 等于请求报文的 Sequence Number 加请求报文的负载。而这些加密视频数据包都是响应的同一个加密视频请求消息，所以这些加密视频数据包都有着相同的 ACK Number。因此根据

	Body	Caching	Content-Type
lz4uqgx9Re&upn=ggTP95CcoUM&sparams=den%2Cdur...	160,705	private...	audio/mp4
lz4uqgx9Re&upn=ggTP95CcoUM&sparams=den%2Cdur...	160,376	private...	audio/mp4
lz4uqgx9Re&upn=ggTP95CcoUM&sparams=den%2Cdur...	160,406	private...	audio/mp4
lz4uqgx9Re&upn=ggTP95CcoUM&sparams=den%2Cdur...	1,013,346	private...	video/mp4
lz4uqgx9Re&upn=ggTP95CcoUM&sparams=den%2Cdur...	160,791	private...	audio/mp4
lz4uqgx9Re&upn=ggTP95CcoUM&sparams=den%2Cdur...	160,192	private...	audio/mp4
lz4uqgx9Re&upn=ggTP95CcoUM&sparams=den%2Cdur...	160,346	private...	audio/mp4
lz4uqgx9Re&upn=ggTP95CcoUM&sparams=den%2Cdur...	1,397,506	private...	video/mp4
lz4uqgx9Re&upn=ggTP95CcoUM&sparams=den%2Cdur...	161,003	private...	audio/mp4
lz4uqgx9Re&upn=ggTP95CcoUM&sparams=den%2Cdur...	160,452	private...	audio/mp4
lz4uqgx9Re&upn=ggTP95CcoUM&sparams=den%2Cdur...	160,502	private...	audio/mp4

图 8.2　YouTube 视频流量明文信息

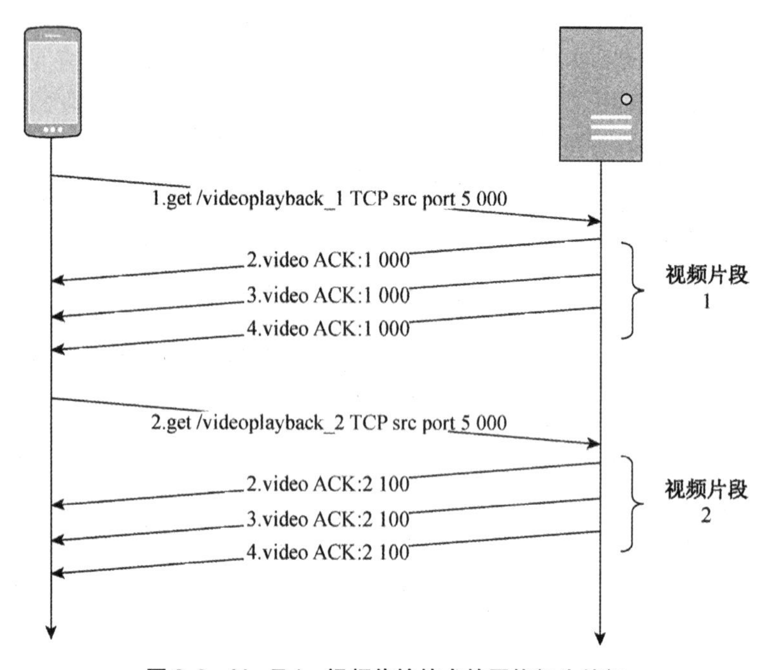

图 8.3　YouTube 视频传输技术的网络行为特征

这些特点，可以在加密流量中将属于同一视频片段的数据报文识别出来，并对 YouTube 加密流量进行分段整合。

8.2.2　流量离线文件 PCAP 格式分析

本系统通过 TCPDUMP 在中间节点对用户观看视频流量进行抓取，抓取的流量文件格式为 PCAP 格式。为了将密文和明文对照，最终仅凭密文可以分析出数据传输特征，需要对 PCAP 格式的报文进行分析，PCAP 文件的内部结构主要是由 PCAP Header、Packet Header 和 Packet Data 三部分组成，具体结构如图 8.4 所示。

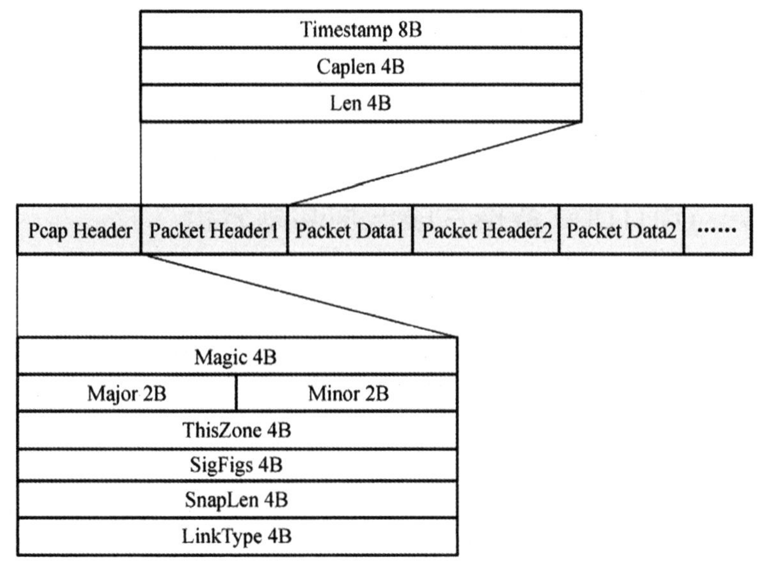

图 8.4　PCAP 文件格式

图 8.4 中 PCAP Header 的主要结构与内容主要由标识位 32 位、主版本号 16 位、副版本号 16 位、区域时间 32 位、精确时间戳 32 位、数据包最大长度 32 位、链路层类型 32 位这七个部分组成。其中标识位一般设置为 16 进制的 0xa1b2c3d4，主版本号默认为 0x02，副版本号默认值为 0x04，区域时间和精确时间戳实际没有使用都是置零；数据包最大长度一般设置为 65 535，这样是为了抓取所有长度的数据包；链路层类型一般是由数据包的链路层包头决定的。

Packet Header 的主要结构和内容，主要是两个 32 位的时间戳分别对应着秒计时和微秒计时，32 位的数据包的长度标识以及 32 位的数据包实际长度标识，两者的正常情况是相等的，但是当抓取的报文不完整时，两者会有差别。图 8.5 是 PacketData 的主要结构和内容，也就是以太网络帧格式。Packet Data 的前 54 位分别包含了目的 MAC 地址、源 MAC 地址、类型、网络标志位、协议类型、检验和、源 IP 地址、目的 IP 地址、源端口、目的端口、帧序号(Sequence Number)、确认帧序号(Acknowledge Number)等内容。其中源 IP 地址、目的

以太网首部	IP首部	TCP首部	应用数据	以太网尾部

图 8.5　Packet Data 结构图

IP 地址、源端口、目的端口、传输层协议这五个内容统称为五元组，这是最常被使用的网络测量内容。帧序号和确认帧序号是用来表示数据包和其他数据包之间的联系的，本文将重点分析五元组和帧序号以及确认帧序号来对 YouTube 加密视频流量进行流量分段整合，识别出 YouTube 数据片段和相关属性。

8.3 YouTube 数据片段识别问题分析

对于 YouTube 视频数据分段的原理我们在之前进行了介绍，主要是一个客户端的 HTTP 资源请求后服务器会发送一个完整的数据片段，数据片段的大小随着各种因素而变化，但是在没有任何干扰情况下，在此期间客户端不会再发送数据给服务器了。因此客户收到的属于同一个数据片段的所有流量数据包的 ACK Number 是一样的。我们主要目的就是希望把 YouTube 视频的加密流量能够整合成和图 8.3 一样的应答模式，即将 YouTube App 加密视频流量整合分段并识别出 YouTube 服务器传输的一系列数据分段。但是，由于网络的复杂性与不可控性，我们对 YouTube 加密视频流量按照 ACK Number 是否相同进行分段整合时面临的关键技术问题包括：

(1) 网络不稳定会导致传输过程产生丢包、重传、乱序，根据 ACK Number 是否相同进行整合将受到干扰。

(2) 由于网络环境的复杂性，片段在传输过程中可能会被中断，中断的视频片段对后续的码率和分辨率识别有干扰。

(3) 音频片段和视频片段分开传输，分段整合的流量片段无法辨别类型。

(4) 视频中断传输后，断线重连并传输的片段在视频传输中的位置较难识别。

8.4 YouTube 加密流量分段分析系统设计

8.4.1 系统总体设计

本章的目的是将 YouTube 加密视频流量按照其对应的视频传输技术特征进行分段整合处理，识别出传输中断的数据片段，计算出音频数据片段的数据量范围，识别出断线重连后传输的视频片段并寻找到对应的传输中断的视频片段。将这些特征标记后为后续的视频码率识别和分辨率识别提供基础。图 8.6 为模块逻辑流程图。

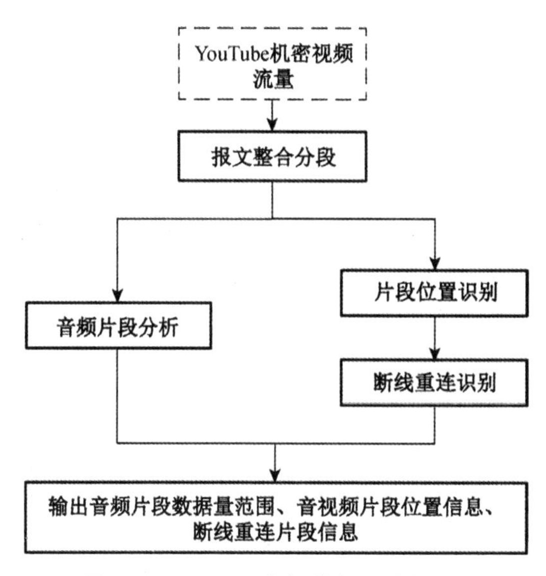

图 8.6　YouTube 数据片段识别流程图

8.4.2　报文整合分段

由于 YouTube App 的视频服务器是将音频资源和视频资源分段传输的，一个视频分段数据(音频片段或视频片段)由于 MSS 限制，会拆分为很多 TCP 数据包传输。那么同一个视频片段的所有 TCP 数据包的 ACK Number 是相同的。根据 ACK Number 相同对加密视频流量进行分段整合，可得到一系列的数据片段。而为了得到视频的播放码率，必须要从数据报文中将属于同一个片段的音频和视频的数据包组合在一起。在网络条件足够理想的情况下，属于同一个片段的音频和视频数据包的 ACK Number 值是一样的。

但是，在实际的网络数据传输中，同一个片段的传输可能会被各种因素影响而中断。报文整合分段算法中，利用 SSL 连接中的 SSL Alert 信息作为网络中断的判断的标识，因此识别出数据报文中的 SSL Alert 信息是关键点。此外，由于 YouTube App 在 Android 平台采用的 DASH 视频传输技术进行视频传输，DASH 视频传输技术采用“目录＋分段”的传输方式来实现自适应视频播放。因此需要将 YouTube App 视频数据报文进行整合成段后，并识别出 SSLAlert 片段、目录片段以及音视频片段。由于 YouTube 在 iOS 平台采用的 HLS 视频传输技术，其传输目录文件的 HOST 和视频服务器的 HOST 不一样，因此本算法识别的目录文件仅仅针对 DASH。

图 8.7 是 DASH 音视频片段数量和对应目录文件数据量的分布散点图，通过分析我们发现音视频数量和其对应的目录文件存在某种线性关系，本文使用

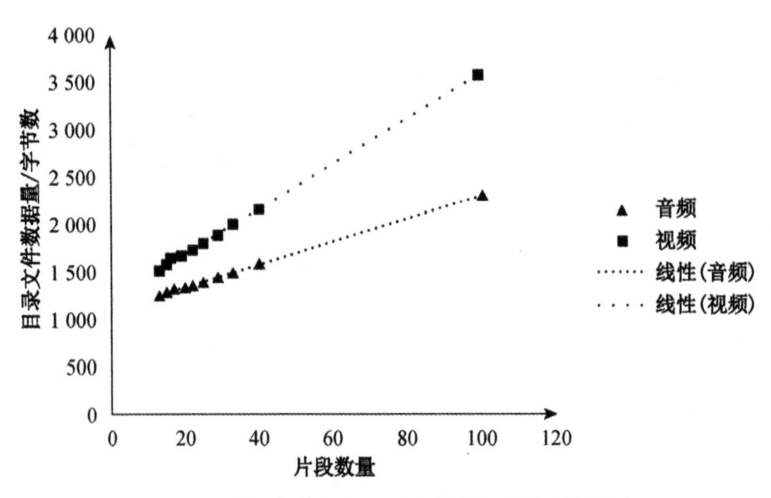

图 8.7 音视频片段和目录文件数据量相关性分析

线性拟合算法来推算音视频片段数量和目录文件数据量之间的线性关系。最终得到：

$$音频目录文件字节数 = 1\,094 + 12.1 * N(\text{bytes})$$
$$视频目录文件字节数 = 1\,213 + 23.82 * N(\text{bytes})$$

这两个公式分别是音频目录文件字节数和视频目录文件字节数与音视频片段数量 N 之间的线性关系公式。因此本算法将 YouTube 加密视频流量分段整合后的音视频片段总量的 1/2 作为可能的视频片段数量(由于存在中断和重传,该数量比实际音频或者视频数量稍大),计算出视频目录文件的最大字节数标记为 M。根据线性拟合结果,音频视频目录最小数据量不小于 1 094 字节,为了保险起见,我们向下拓展将 800 字节作为目录文件的最小字节数,标记为 L。

流量整合分段与片段分类。图 8.8 是报文整合分段的算法流程,其输入是 YouTube 加密视频流量,并根据 ACK Number 是否相同组合成不同的分段;根据报文的源端口或者目的端口是否为 443 来判断是否为 HTTPS 请求,对于 HTTPS 请求,若 Content Type 字段值为 0x15,则此分段为 SSL Alert 片段;如果片段不满足以上两个条件,且是第一个满足客户端数据大小在 L 字节到 M 字节之间的片段,则该片段是目录片段,而其他片段则为视频或音频片段。

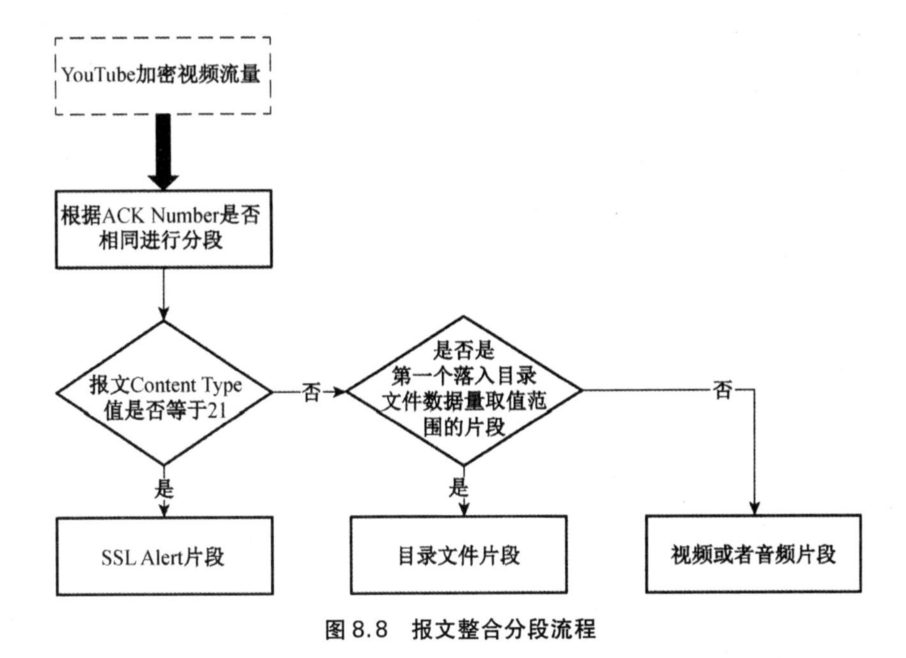

图 8.8　报文整合分段流程

8.4.3　音频片段分析

YouTube App 的音频片段和视频片段是分开单独传输的。本文对 YouTube 视频资源和音频资源下载分析统计，发现 YouTube 视频资源的播放码率是波动变化的，YouTube 音频资源的播放码率是固定不变的。

表 8.1　YouTube 音频码率

分辨率	音频码率	分辨率	音频码率
1 080 P	192 kbps/128 kbps	360 P	128 kbps
720 P	192 kbps/128 kbps	240 P	128 kbps/96 kbps
480 P	128 kbps		

表 8.1 是 YouTube 音频码率的统计结果，该结果与 YouTube 所公布的开发者文档保持一致[1]。通过分析 YouTube App 采用的 DASH 和 HLS 视频传输技术发现，YouTube App 视频分片的播放时长相对稳定。因此在播放时长相等的情况下，视频码率波动变化而音频码率相对稳定，造成的结果就是音频片段的数据量集中分布而视频片段的数据量相对分散分布。因此本文通过这个特征寻找到音频片段数据量集中区域，把这个数据量区域作为初步识别音频片段的重要标准。

图 8.9 是 YouTube 视频传输的音视频片段数据量分布图，横轴是片段数据量以 10 kB 为最小刻度值，纵轴是片段数量。该图把属于同一视频的视频片段和音频片段按照数据量进行统计，寻找到片段数据量集中的区域。由于音频片段的数据量相对集中且码率水平普遍小于视频片段，在该图中对应着第一个波峰。本文把第一个波峰对应横轴的刻度值作为音频片段数据量集中点标记为 a。由于 YouTube 音视频片段的播放时长虽然相对稳定，但是也会有 1 秒左右的波动。YouTube 视频的 1 秒的音频数据量大约为 20 kB，因此本文将 a+20 kB 作为最大音频片段数据量，标记为 a_max；将 a－20kB 作为最小音频片段数据量，标记为 a_min。最终，本文将 a_min 和 a_max 作为识别音频片段的重要参数。

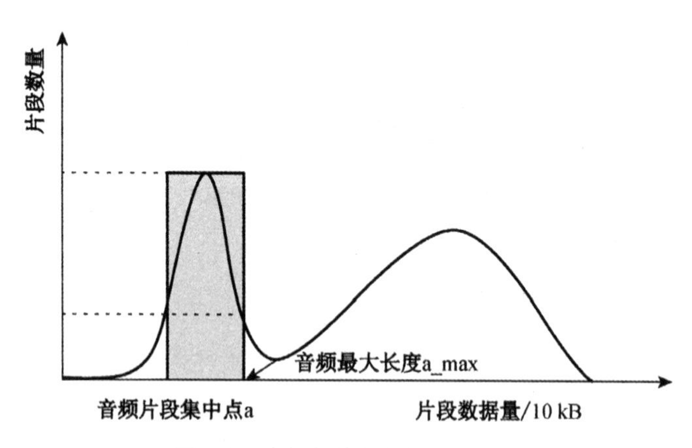

图 8.9　音视频片段数据量分布图

8.4.4　片段位置识别

在同一条 TCP 流中可能会有多个音频片段或者视频片段传输，但是在网络情况不好的情况下，同一个音频片段或者视频片段也有可能在多个 TCP 流中传输。本算法需要检查音视频片段在 TCP 流中的位置（开始、中间、结束），为后续的断线重传算法做准备。

音视频片段位置识别算法逻辑为：按顺序遍历音视频片段集合，每遍历一个片段，将该片段的客户端口与前面片段的客户端端口比较，若找到相同的客户端端口，则认为是中间片段；若不相等则认为该片段是该 TCP 流的开始片段，然后将该片段和后面的片段做比较，若找到相同的客户端端口，则类型不变，若未找到则认为该片段为该 TCP 流的结束片段。通过该算法，可以将音视频片段在 TCP 流中的位置标记出来。具体的算法逻辑流程如图 8.10 所示。

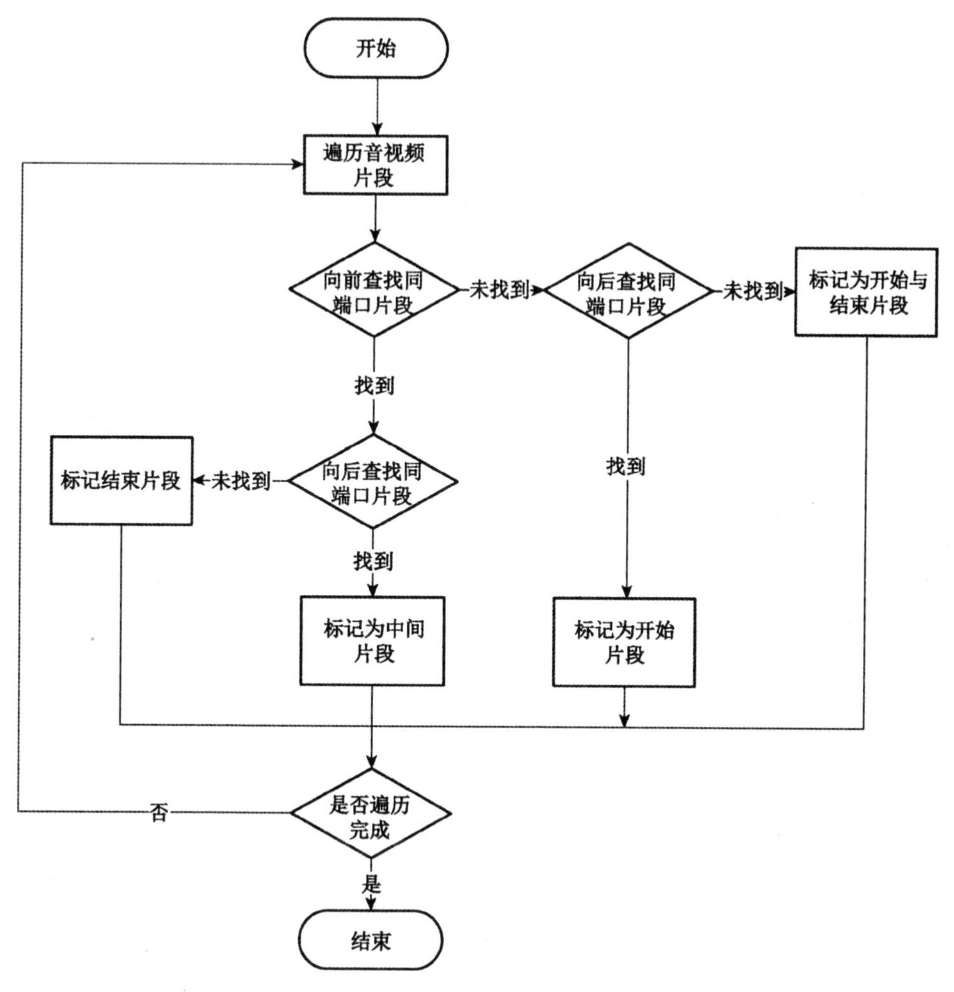

图 8.10　片段位置识别算法流程图

8.4.5　断线重连识别

由于网络的复杂性和不稳定性，YouTube App 客户端和 YouTube 视频服务器之间的视频传输经常发生传输中断现象。图 8.11 是 YouTube 进行视频片段传输时发生断线重连现象的示意图。而应对传输中断情况，YouTube App 在 Android 端和 iOS 端的处理方式不太相同。目前根据对 YouTube App 在 Android 平台的 DASH 传输技术以及 iOS 平台的 HLS 传输技术研究发现，YouTube App 在 Android 平台应用 DASH 传输技术会出现中断片段断点续传的现象，而在 iOS 平台应用 HLS 传输方式则会出现中断片段断片重传现象。因此寻找到这些发生中断的音频和视频片段以及对应断线重连后传输的片段是尤为重要的。

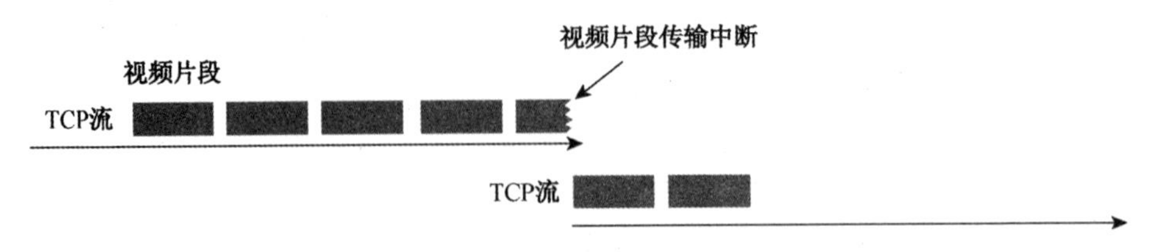

图 8.11　视频片段断线重连示意图

报文整合分段方法将 YouTube 视频流量进行了分段处理，并将这些片段识别为三类：SSLAlert 片段、目录片段和音频视频片段。实验发现，传输中断的片段对应的 TCP 连接在中断传输前会发生大量的重传报文以及 SSLAlert 报文。因此可以把所有带有 SSLAlert 报文的片段并且在 TCP 流中处于结束位置的片段识别为中断片段。

音视频片段在通过 TCP 连接传输中断的时候会出现的 SSLAlert 报文、FIN 报文和 RST 报文。而音视频片段因为网络原因发生传输中断时，上层的要求是立即新建 TCP 连接来传输该片段。本文设计了一种算法来寻找到该重连片段：将发生传输中断的音视频片段的结束时间 T_0 作为开始时间；新建 TCP 连接的三次握手时间 T_1 和 HTTPS 连接建立所需要的验证时间 T_2 作为等待时间；将 $T_0+T_1+T_2$ 的时间作为断线重连片段可能会出现的时间点；为了更容易寻找到断线重连片段，将时间点 $T_0+T_1+T_2$ 往前后拓宽 1 秒作为断线重连片段出现时间点的取值范围。由于 TCP 连接的三次握手和 HTTPS 连接建立与网络等因素相关，因此需要根据流量样本中源 IP 和视频 IP 之间已出现的 T_1 和 T_2 值进行评估，评估结果作为本文的参考值去寻找断线重连片段。

图 8.12 是断线重连识别算法流程图。该算法将报文整合分段出来的 SSLAlert 分段归并到音频视频片段中，并且将断线片段和对应的重连传输片段标记对应起来，为后续的重复片段去除工作提供基础。

8.5　YouTube 加密流量分段识别应用实例

在验证实验中，我们分别使用 Android 设备和 iOS 设备安装 YouTube App 观看 YouTube 视频，并在中间路由器中抓取流量文件。其中 Android 设备使用的是华为 P7 移动版手机，YouTube App 版本号为 10.43.60；iOS 设备使用的是 iphone6 手机，YouTube App 版本号为 10.43。对于抓取的流量样本文件，本文先根据 clienthello 消息寻找到 YouTube 视频服务器的 IP 地址为 173.194.22.219，客户端的 IP 是内网 IP 为 192.168.1.107。

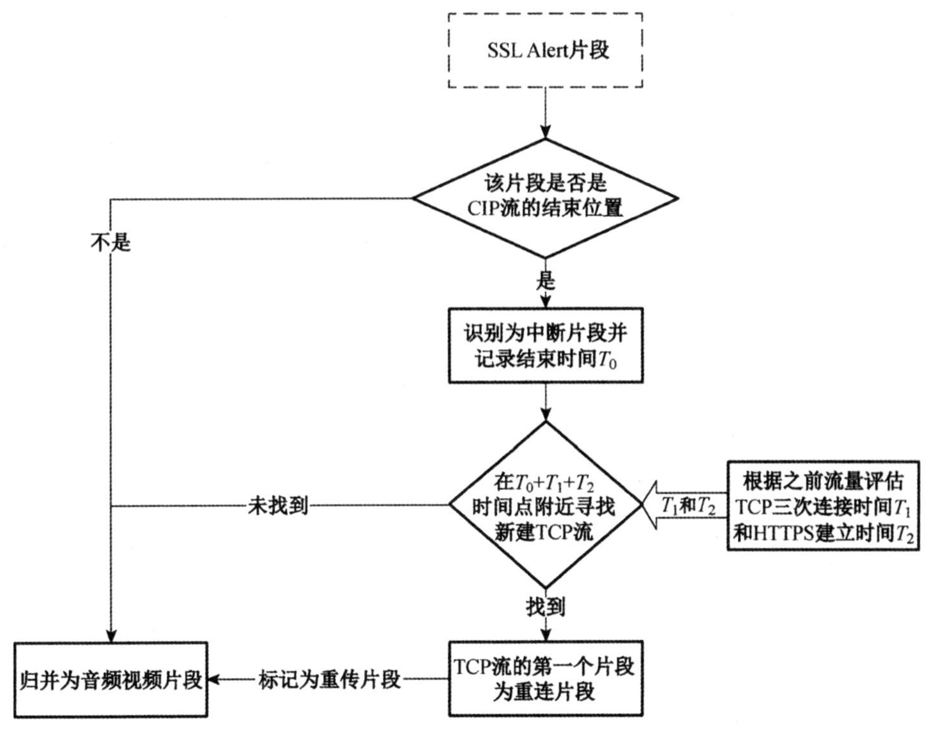

图 8.12　断线重连识别算法流程图

表 8.2 是对用户流量样本进行 YouTube 数据片段识别的结果节选，可以看到该视频在传输过程中发生了一次传输中断，出现 SSLAlert 消息的时间在 85.206 3 秒左右，其后出现大量的 RST 报文后结束了 TCP 流。在经过了 TCP 的三次握手以及 SSL 层的几次交互后在 86.223 3 秒时重连后并传输了一个片段，该片段就是重连重传片段。

表 8.2　YouTube 数据片段识别结果(部分)

客户端端口	源请求时间/秒	响应初始时间/秒	响应结束时间/秒	响应流量数据量 /B	位置	是否断线/重连
42007	5.661 2	5.808 7	6.660 2	161 936	开始	否
54454	5.693 6	5.833	6.176 6	379 418	开始	否
42007	6.797 3	7.113	7.417 8	161 212	中间	否
54454	7.147 1	7.392 9	8.609 4	388 406	中间	否
…	…	…	…	…	…	…
42007	57.4967	57.636 2	58.300 2	161 313	中间	否
42007	60.794 1	60.932 2	63.836 2	466 621	中间	否

（续表）

客户端端口	源请求时间/秒	响应初始时间/秒	响应结束时间/秒	响应流量数据量 /B	位置	是否断线/重连
54454	60.8116	60.972 5	61.381 2	161 046	中间	否
54454	63.843	63.980 5	65.980 4	572 706	中间	否
42007	63.856 3	63.996 8	65.100 7	161 514	中间	否
42007	66.002 7	66.148 8	68.068 7	501 270	中间	否
54454	66.013 4	66.3173	66.780 5	161 533	中间	否
54454	68.088 8	68.220 6	85.206 3	574 632	结束	出现 Alert 报文 TCP 断线
42007	68.094	68.236 7	69.148 8	160 928	中间	否
57294	86.223 3	86.357 6	86.542	105 182	开始	重连
42007	86.623 6	86.917 6	88.982	430 417	中间	否
57294	86.903 1	87.214 6	87.527 4	161 396	中间	否
…	…	…	…	…	…	…

图 8.13 是该视频的加密流量经过流量分段整合后形成的一系列数据片段数据量散点图。根据音频片段分析结果在 140 kB 到 180 kB 是音频片段的分布

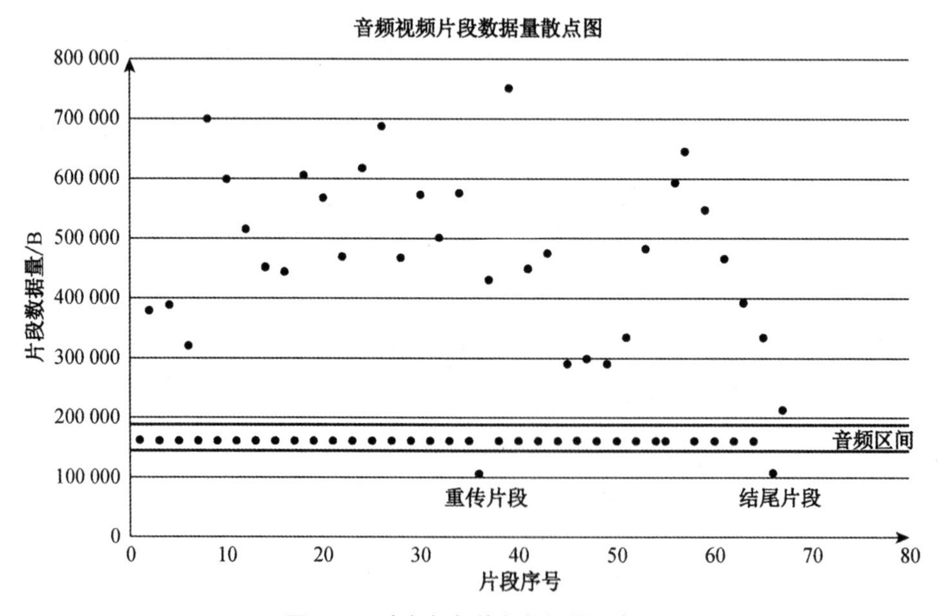

图 8.13　音频视频片段数据量散点图

区间，可以看出该测试视频的绝大多数音频片段都集中在160 kB左右。其中有两个特例片段处于该区间的下方，其中一个片段是图8.13识别出来的重传片段，这个片段的具体性质需要根据其所处平台类型以及对应的视频传输技术来进行相应的处理。另外一个片段是倒数第二个片段，该片段是YouTube视频流量传输的最后两个片段之一，可能是音频片段也可能是视频片段，这个问题也需要根据具体平台类型和视频传输技术来做进一步的识别。

8.6 小结

为了进行自适应传输，流媒体数据必须分段传输。在加密的情况下，分段大小是无法直接获得的，但这一参数又是码率和分辨率识别的必要参数。作为加密流量分析的实例，本文对YouTube加密视频流进行了初步的分析，分析了YouTube离线文件PCAP的数据格式以及YouTube App视频流量密文数据和明文内容的关联特性，提出了一种YouTube数据片段识别方法。同时将识别出的数据片段进行了简单分析，分析了数据片段中音频片段的数据量分布范围、数据片段在TCP流中的位置以及断线重连的数据片段的对应关系。本章的工作为后续的YouTube视频码率及分辨率识别提供了基础。

参考文献

[1] YouTube 编码器设置、比特率和分辨率.［EB/OL］. https://support.google.com/youtube/answer/2853702?hl=en,2017.

9 加密视频流视频码率识别方法

9.1 加密视频流码率识别的基本问题

视频码率又被称作视频位率，是指单位时间内，视频的单个通道所生成的数据量，通常用 bps 来作为单位，由于是以 bit/s 为单位的因此又称为比特率[1]。通常视频码率类型主要分为两种：动态码率（VBR）[2]和固定码率（CBR）[3]。动态码率指的是编码器根据视频图像内容的具体情况动态地调整码率的高低水平，具体的实施策略就是当画面内容中动态内容丰富则码率水平调整到高水平并且根据动态内容运动剧烈程度来进行实时调整，当画面内容中的静止物体较多则码率水平调整到低水平。固定码率是指编码器在不考虑具体画面内容，从始至终只采用一个固定的码率值来对图像进行编码，因此不论画面内容如何变化，视频的码率都恒定在一个固定的值。CBR 相对简单，运算量小，编码时间短而且解码算法也简单，但缺点是在画面剧烈运动的时候会由于码率不够而丢失部分画面信息。用户从视觉上来看就是画面波纹严重，图像不清晰。VBR 就对简单的画面选用较低的码率来缩小文件大小，对复杂的画面就提高码率，这样可以在保证画面的质量的情况下尽量减少数据的传输量。

传统的流媒体技术因为自身的局限性，越来越不能满足用户日益增加的高质量流媒体需求。在这种情况下，采用基于 HTTP 的网络视频传送，逐渐成为研究者和供应商考虑的新方向，目前使用 HTTP 作为流媒体传送协议已经成为主流，也成为动态自适应流媒体传输的技术基础。

本书研究的传输模式都是基于 HTTP 协议传输的，虽然传输模式的特征各不相同，但是为了实现动态自适应有技术，需要将同一媒体内容在不同码率下分别进行编码，提供不同质量的媒体流。在不同带宽的条件下，根据需要动态选择合适码率的流，以实现流畅的播放效果。因此不同的传输模式基本上都有一个共同的特点都是分段传输的，在播放前下载和缓存一小部分流媒体数据，并随后边下载边播放。当然，不同的模式有不同的传输特征，这些传输特征随着各种算法的不断优化改进，也在不断变化中。

为了获得播放码率，必须确定每一个分段的信息量大小和播放时间长短，两者相除的结果就是这个片段的播放码率。

第 8 章解决了如何在数据被加密的情况下，获得每一个分段的数据量大小，但是这些片段如何和视频切割后的片段位置一一对应，如何区分音频和视频片段，需要进一步的研究。进一步地，本章研究如何获得这些视频片段得码率。本章的研究对象仍然是 YouTube 流媒体，分 Android 和 iOS 这两个平台分别研究。

9.2 YouTube Android 平台码率识别

9.2.1 YouTube App DASH 视频传输特征分析

(1) 双流传输特征

首先采用“IP＋端口”的方式分析 DASH 视频流，发现 DASH 视频流由不低于 2 条 TCP 流组成。图 9.1 中的例子显示，该视频使用 DASH 传输时主要由两条 TCP 流承载，图中分析统计了客户端 IP、客户端端口号、YouTube 视频服务器 IP、视频服务器端口号、客户端发送数据量、服务器回复数据量、TCP 流开始时间与结束时间。

\(IP)192.168.20.59-(port)54757-(IP)74.125.102.105-(port)443-(Len1)31.70k-(Len2)6802.19k-(begin time)0.1-(end time)38.5.txt
\(IP)192.168.20.59-(port)54758-(IP)74.125.102.105-(port)443-(Len1)29.59k-(Len2)7526.44k-(begin time)0.1-(end time)38.1.txt

图 9.1 两条 TCP 流构成的 DASH 视频传输

图 9.1 中可以看出客户端观看视频时跟服务器一共只建立了两条 TCP 流，这两条 TCP 流的开始时间和结束时间基本一致，都是 0.1 秒到 38.5 秒左右。而这两条 TCP 流传输的数据量没有明显的区分。然而当网络环境不够理想的情况下，DASH 视频传输过程会建立多个 TCP 流，如图 9.2 所示。

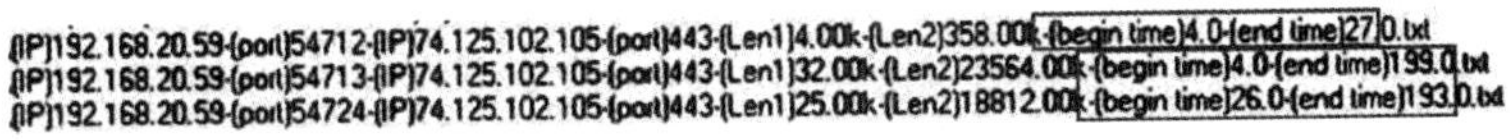

(IP)192.168.20.59-(port)54712-(IP)74.125.102.105-(port)443-(Len1)4.00k-(Len2)358.00k-(begin time)4.0-(end time)27.0.txt
(IP)192.168.20.59-(port)54713-(IP)74.125.102.105-(port)443-(Len1)32.00k-(Len2)23564.00k-(begin time)4.0-(end time)199.0.txt
(IP)192.168.20.59-(port)54724-(IP)74.125.102.105-(port)443-(Len1)25.00k-(Len2)18812.00k-(begin time)26.0-(end time)193.0.txt

图 9.2 由三条 TCP 流构成的 DASH 视频传输

图 9.2 可以看出视频传输过程中一共只有三条 TCP 流，第一条流从 4 秒持续到 27 秒，第二条流从 4 秒持续到 199 秒，第三条流从 26 秒持续到 193 秒。很明显可以看出虽然整个过程出现了三条 TCP 流，但是我们发现其实是其中一条 TCP 流在 26 秒到 27 秒之间进行了新建与续传，总体来看还是两条 TCP 流在并行传输数据。我们查看了该离线 PCAP 文件中的 26 秒左右的位置的数据报文，如图 9.3 所示。

26.567656 192.168.20.59 74.125.102.105 TLSv1.2 109 Encrypted Alert
26.572001 192.168.20.59 74.125.102.105 TCP 78 54712→443 [FIN, ACK]

(a) 原先 TCP 连接中断

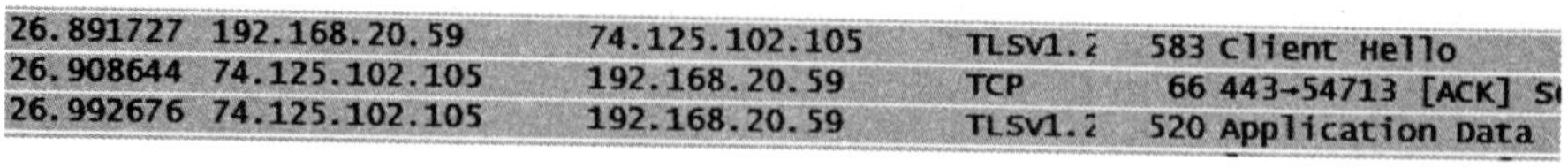

26.891727 192.168.20.59 74.125.102.105 TLSv1.2 583 Client Hello
26.908644 74.125.102.105 192.168.20.59 TCP 66 443→54713 [ACK] S
26.992676 74.125.102.105 192.168.20.59 TLSv1.2 520 Application Data

(b) 新建 TCP 连接继续传输

图 9.3　TCP 连接终止并重新建立连接

从图 9.3 中的 26.56 秒之前的数据包中可以看出，当时的网络状态繁忙多次出现重传，最终选择了终止该 TCP 流的传输，并且在 26.89 秒开始新的 TCP 流的建立。由此可以看出，DASH 传输方式中，YouTube 使用的是双流并行传输，当网络状态繁忙的时候会出现中断原有连接，新建连接来继续传输。总体而言，虽然在视频传输过程中有可能出现多条 TCP 流，但是在同一时刻只能出现两条 TCP 流在并行传输数据。

(2) 视频片段播放时长分析

由于 YouTube App 采取了 HTTPS 连接来传输数据，而我们抓取到用户观看 YouTube 视频的离线流量文件中的数据都是经过加密处理的，因此我们无法从加密数据中获取到有关每个视频片段的播放时长的任何信息。但是幸运的是，通过中间人攻击方法，我们实验统计发现这些视频片段的播放时长有着一定的分类规律。我们通过使用中间人攻击方法抓包获取到了 YouTube App 视频传输时的明文内容，找到了视频分段的相关信息，并分析出每个视频片段的实际数据量和片段可播放时长等信息。表 9.1 是部分 DASH 视频的分段播放时长。

表 9.1　YouTube App 视频片段播放时长

视频名称	片段播放时长(秒)
Best Fails in Sports Vines Compilation	10.67
Best Funny Basketball Vines Ep #6	10.67
Cristiano Ronaldo-A Great Person	10.01
cristiano ronaldo in disguise	10.67
Never Have I Ever	10.01
超长视频 2Ronaldinho vs Zlatan Ibrahimovic	10.01
Best Sports Vines of JUNE 2015(Rewind)	10.67
长视频 3 Great Decisions That Saved Popular Movies	长度不固定(长度为 10 秒左右)
(720 P)Justin Bieber Meets a Super Fan720 P	长度不固定(长度为 10 秒左右)

表 9.1 显示，根据已有的样本分析，YouTube App 在 Android 平台采用的 DASH 视频传输技术的视频片段播放时长大致在 10 秒左右，分为固定长度和不固定长度两种情况，而固定长度时又分为 10.01 秒和 10.67 秒两种情况。

9.2.2 YouTube App DASH 视频码率识别问题分析

根据 YouTube App 在 Android 端采用的 DASH 视频传输技术的特性，一个视频被分割成一组视频片段进行按序传输。那么我们将利用 DASH 视频传输技术这一特点，根据每个视频片段的数据量以及视频片段的播放时长计算出每个视频片段的平均码率，具体计算公式：

$$V_{\text{视频码率}} = \frac{M_{\text{视频数据量}}}{T_{\text{视频播放时长}}} \tag{9.1}$$

一个视频是由一组视频片段组成的，我们将依次计算出这组视频片段的平均码率并按序排列，则这组码率数据就是该视频播放时的实时播放码率的变化情况，码率识别精度就是每个视频片段的播放时长。

本方法的码率识别对象是视频片段整合模块识别出的音视频片段。这组音视频片段虽然已经标记了位置信息、音频数据量信息以及断线重连信息，但是要想从中识别出视频片段的码率本方法将面临如下困难：

音频片段是否等长：You Tube App 在 Android 平台采用的 DASH 视频传输技术中的音频片段的播放时长虽然相对稳定为 10 秒左右，但是还是有着微小的取值波动。这个播放时长的取值波动对于本文的码率计算方法造成了干扰，因此本文需要对音频片段的播放时间是否等长进行识别。

片段类型未知：本方法的目的是识别出 You Tube Android 平台视频片段的播放码率，因此需要从 YouTube 数据片段识别方法识别出的音视频片段中识别出所有的视频片段。

视频片段排序中如何处理重复传输：视频播放的过程中由于网络波动因素或用户因素，视频传输时的分辨率自适应会导致有些片段的重复传输。比如本来第三个视频片段传输的是 360 P 分辨率的视频片段，但是由于网络性能突然提升，此时又将第三个视频片段的 480 P 分辨率的视频片段传输过来，而实际播放的是 480 P 的视频片段，直接丢弃了缓存中的 360 P 的数据。但是在网络中，这个视频片段的 360 P 和 480 P 都传输过来，因此我们需要从所有视频片段中定位到重复的视频片段并去除。

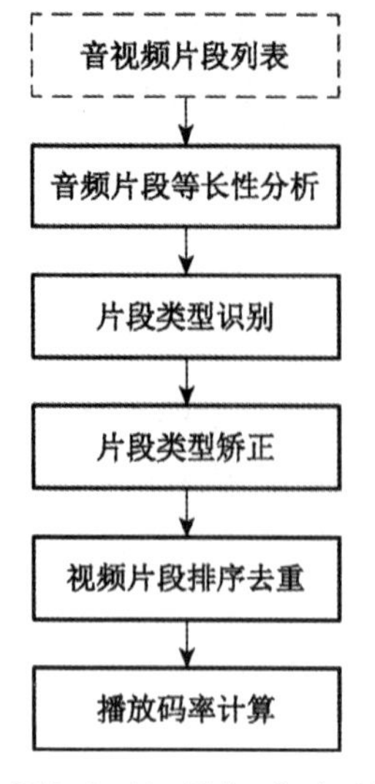

图9.4 YouTube Android 平台码率识别流程图

9.2.3 模块设计

图 9.4 是 YouTube App Android 平台的码率识别方法的流程图,该方法的处理对象是第 8 章 YouTube 数据片段识别模块输出的音视频片段列表以及识别出的目录片段列表。本章提出的 YouTube Android 平台码率识别方法主要的几个内容是:

(1) 音频片段等长性分析:判断音频片段大小是否分布较集中。

(2) 片段类型识别:根据片段大小初步判断片段的类型。

(3) 片段类型矫正:根据 DASH 双流传输特点矫正已识别的片段类型。

(4) 视频片段排序去重:负责对音频和视频片段进行排序和去重工作。

(5) 播放码率计算:计算所有视频片段的码率信息。

9.2.4 音频片段等长性分析

YouTube 视频主要分为音频轨和视频轨,视频码率随时间播放会不停地波动,但是音频码率却基本稳定在一个很小的区间内,根据公式:

$$M_{数据量} = V_{播放码率} \times T_{播放时间} \tag{9.2}$$

音频的播放码率固定,播放时间与数据量成正比,因此当音频片段的播放是否等长可以通过判断音频片段的数据量是否相等推导得出。

该算法的目的是判断音频片段是否大致相等,具体逻辑设计主要是:第一步根据判断出音频片段的集中区间(a_min, a_max),统计落入该区间的片段数量记为 iAudioCount;第二步计算落入(a_min, a_max)区间的片段数量占音视频片段总数量(标记为 iSegCount)的比例,并判断该比例是否超过 same_time_rate。若音频片段的播放时长相等,那么这些音频片段数据量都应该落入音频数据量区间,那么比例值应该为 0.5。但是由于中断片段和末端音频片段不会落入该区间,实际值往往略微小于 0.5。因此本文将 same_time_rate 设置为 0.45,如果超过了则认为该视频的音频片段是等长的,若没超过则认为音频片段非等长。算法逻辑流程图如图 9.5 所示。

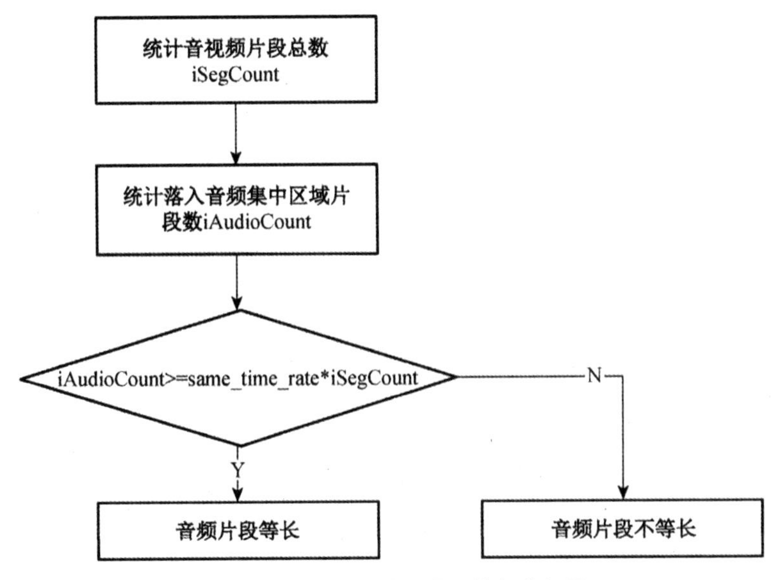

图 9.5 判断音频片段是否等长流程图

9.2.5 片段类型识别

片段类型识别是 YouTube Android 平台码率识别的前期工作，目的是从所有片段中区分出视频片段集合 $H(v_1, v_2, v_3, \cdots, v_i)$ 和音频片段集合 $H(a_1, a_2, a_3, \cdots, a_i)$，以便对视频片段计算播放码率。其主要算法流程如图 9.6 所示。

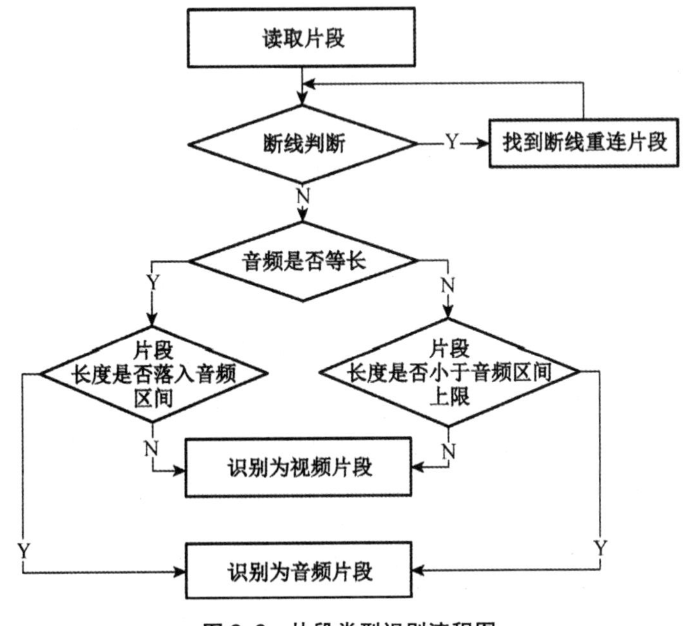

图 9.6 片段类型识别流程图

首先需要对每个片段进行断线判断,具体原理在第 8 章已经进行了详细介绍。若该片段存在断线现象,则寻找到断线重连片段,并进行片段拼接处理。第二步,根据音频片段等长性判断的结果选择不同的处理方式:当该视频文件的音频片段是等长的,那么判断该片段的数据量是否落入了音频数据量区间(a_min, a_max)中,若落入了则该片段标识为音频片段,若没落入则标识为视频片段;当该视频文件的音频片段是非等长的,那么判断该片段的数据量是否大于音频区间的上限 a_max,若超过了该上限则将该片段识别为视频片段,若没超过该上限则将该片段识别为音频片段。

9.2.6　片段类型矫正

片段类型矫正主要是为了对片段类型识别出的片段进行类型识别结果矫正工作。因为片段类型识别主要是通过片段的数据量进行识别的,但是现实情况中,由于网络因素的不固定,会出现断线传输等现象,那么那些断开传输的片段就会落入到音频片段的长度识别区间中,这必将导致片段类型误判。但是,根据我们先前对 DASH 传输特征的观察,DASH 是双 TCP 流传输数据的,视频和音频逻辑上是在两条流上同步传输的,视频片段和视频片段,音频片段和音频片段不会同步传输,而这一特征将被利用来进行片段类型矫正,主要逻辑图如图 9.7 所示。

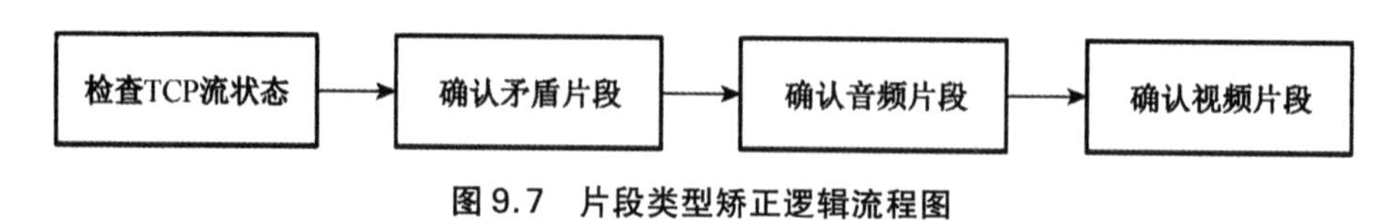

图 9.7　片段类型矫正逻辑流程图

首先对所有音视频片段按 TCP 流分组,并按照时间排序,根据 DASH 音视频片段的传输特征进行判别:若两个同类型的片段(同为音频或同为视频)在时间轴上存在重叠,那么这两个片段中必有其一存在误判。通过这个判别标准将所有相互矛盾的片段标识出来,音视频片段集合现在分为三种:正确识别的音频片段集合 $H(a_1, a_2, a_3, \cdots, a_j)$、正确识别的视频片段集合 $H(v_1, v_2, v_3, \cdots, v_i)$、矛盾片段集合 $H(u_1, u_2, u_3, \cdots, u_k)$。第二步,对比音频片段集合 $H(a_1, a_2, a_3, \cdots, a_j)$ 和矛盾片段集合 $H(u_1, u_2, u_3, \cdots, u_k)$,若矛盾片段集合 $H(u_1, u_2, u_3, \cdots, u_k)$ 中有片段和音频片段集合 $H(a_1, a_2, a_3, \cdots, a_j)$ 中的片段存在并行传输关系,则对应的片段 u 识别为视频片段。第三步,对比视频片段集合 $H(v_1, v_2, v_3, \cdots, v_i)$ 和矛盾片段集中 $H(u_1, u_2, u_3, \cdots, u_k)$,若矛盾片段集合 $H(u_1, u_2, u_3, \cdots, u_k)$ 中有片段和视频片段集合 $H(v_1, v_2, v_3, \cdots, v_i)$ 中的片段存在并行传输关系,则对应的片段 u 识别为音频片段。最终经过这三种判定原则进行矫正的片段就是最终的类型判断结果。

9.2.7 视频片段排序去重

视频片段排序去重是为了将已经识别出的音频和视频片段按照顺序排列编号,并根据音频和视频的同步性将音频片段和视频片段一一对应。在进行片段编号排序的时候,面对的最大的问题就是视频片段的去重工作。网络卡顿重传会造成相同的视频片段在网络中重复传输,而 YouTube 自适应视频播放机制会造成相同视频片段的不同分辨率资源重复传输,比如视频片段会先传输一次 360 P 的资源,然后由于网络条件变好又传输了一次 480 P 的资源,播放视频的时候只播放了 480 P 的资源而之前的 360 P 的资源则从缓存中丢弃了,但是网络测量中我们依然会获得这两种资源文件片段,而我们的工作就是将 360 P 的资源去重处理了。具体的自适应播放示意图如图 9.8 所示。

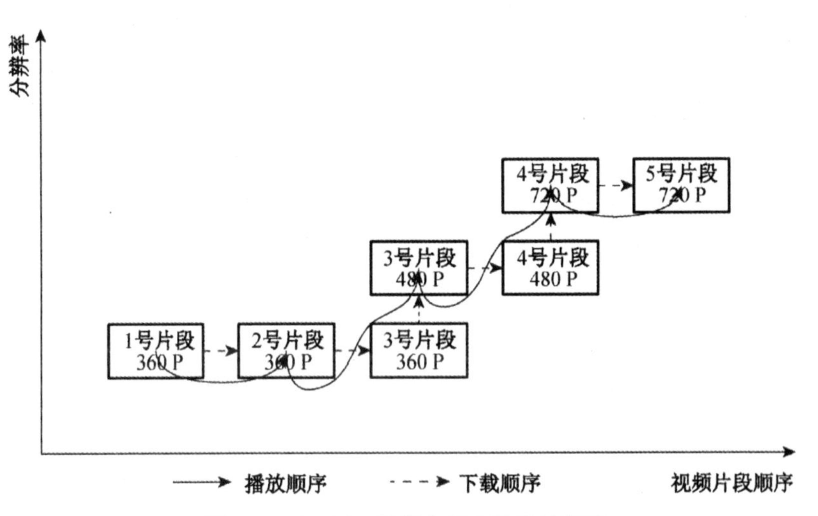

图 9.8 YouTube 视频自适应播放示意图

图 9.8 中,自适应播放视频时按照视频片段的先后顺序进行下载片段操作,在下载完 360 P 的 3 号片段后由于网络状况的提升,又下载了一次 480 P 的 3 号片段,同理在下载 4 号片段的时候也下载了 480 P 和 720 P 的资源。播放视频的时候只播放了 480 P 的 3 号片段和 4 号片段的 720 P,而之前下载的 360 P 的 3 号片段和 480 P 的 4 号片段都被丢弃了。图 9.8 中的整个过程就是自适应视频播放机制造成重复视频片段的原因,而 360 P 的 3 号片段和 480 P 的 4 号片段就是这个过程中重复的视频片段。为了方便解释,本文将 480 P 的 3 号片段和 720 P 的 4 号片段称为重传片段,将 360 P 的 3 号片段和 480 P 的 4 号片段称为重复片段,而将其他的片段称为顺序片段。

本算法主要的工作就是去重和排序。而这两个工作主要通过三次视频片段遍历处理完成:第一次遍历,找到所有的视频片段并确定是顺序片段还是非顺序片段。具体的判断标准是,若该视频片段存在同步的音频片段且下一个视频片段也存在同步的音频片段,则该视频片段为顺序片段,否则就不是顺序片段;第二次遍历,将所有的非顺序片段进行一一识别,若该视频片段存在同步音频片段则为重复片段,若不存在同步音频片段则是重传片段;第三次遍历,则将所有的顺序片段和重传片段按时间顺序排列,并按序编号且与音频片段一一对应。片段编号排序的主要逻辑流程如图 9.9 所示。

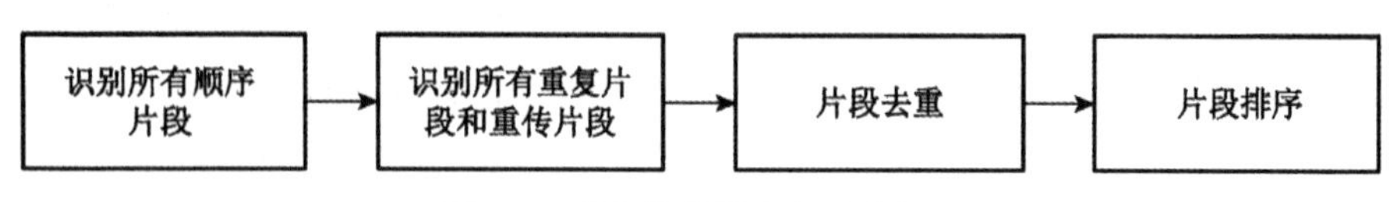

图 9.9　视频片段排序去重流程图

9.2.8　播放码率计算

码率计算是 YouTube Android 平台码率识别的最后一块内容,也是最核心的内容,经过前面的大量的工作本文将 YouTube Android 平台观看视频的加密流量文件 PCAP 转换成了两组数据片段:音频片段和视频片段。这两种视频片段按照播放顺序排列,且每个音频或视频片段都标记了其数据量。根据公式:

$$V_{\text{视频码率}} = \frac{M_{\text{视频数据量}}}{T_{\text{视频播放时长}}} \tag{9.3}$$

视频片段的播放码率的计算必须要获取到视频片段的数据量以及对应的播放时长。视频片段的数据量获取的方法是将数据报文按照 ACK Number 相同整合分段后,将网络报文负载的传输层以上的数据量作为视频内容数据量。那么视频片段的播放时长就成了码率计算的主要问题。根据我们对 YouTube Android App 视频的分析,其采用的 DASH 视频传输技术中,音频片段和视频片段是一一对应的,而音频文件的播放码率是相对稳定的,因此根据公式:

$$T_{\text{视频片段}} = T_{\text{音频片段}} = \frac{M_{\text{音频数据量}}}{V_{\text{音频码率}}} \tag{9.4}$$

可以推导出视频片段的播放时长,再根据式 9.4 就可以得到视频片段的播放码率。因此,Android 平台 YouTube App 的视频码率计算流程如图 9.10 所示。

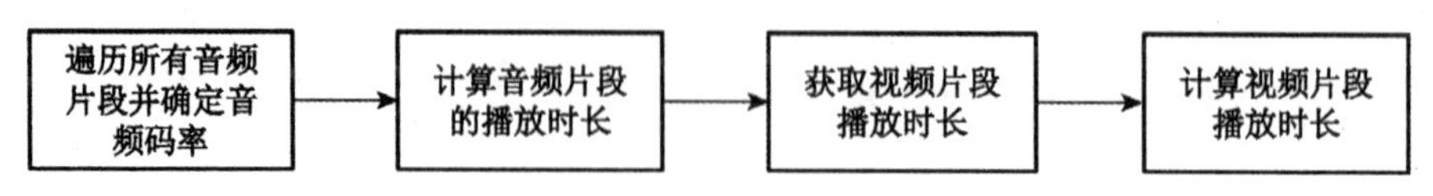

图 9.10　播放码率计算流程图

码率计算主要流程是:遍历所有的音频片段,并根据所有音频片段的数据量的集中点来确定音频播放码率(主要分为 96 kbps、128 kbps 和 192 kbps 三种);根据式 9.4 计算出每个音频片段的播放时长;根据片段编号排序结果,将每个音频片段对应的视频片段的播放时长推导出来;最后根据式 9.3 计算出每个视频片段的播放码率。值得一提的是,本方法计算出来的视频播放码率是用户观看视频时的实时播放码率,而播放码率的识别精度就是每个视频片段的播放时长。正常情况下,对于 YouTube App 在 Android 平台的视频(DASH 视频)本方法的码率识别精度是 10 秒,即每 10 秒计算出一个码率作为这 10 秒视频的码率测量。

9.2.9　实验与结果分析

为了验证本方法对 Android 平台上的 YouTube App 的码率识别的准确性,本书采用了一种基于中间人攻击结果的码率对比验证实验。使用了市面上常用的几款 Android 手机:红米 1s 电信版、华为 P7 移动版、HTC one 国际版、华为荣耀 6X,使用的 YouTube App 的版本号为 10.43.60。本章的主要的网络实验环境分为两种:4G 和 WiFi。4G 网络主要是建立一个小型基站并将其通过 VPN 隧道接入到国际网络中,WiFi 网络主要是使用一台 PC 通过 VPN 隧道接入国际网络,并同时使用无线网卡共享网络给 Android 终端。具体的网络拓扑如图 9.11 所示。

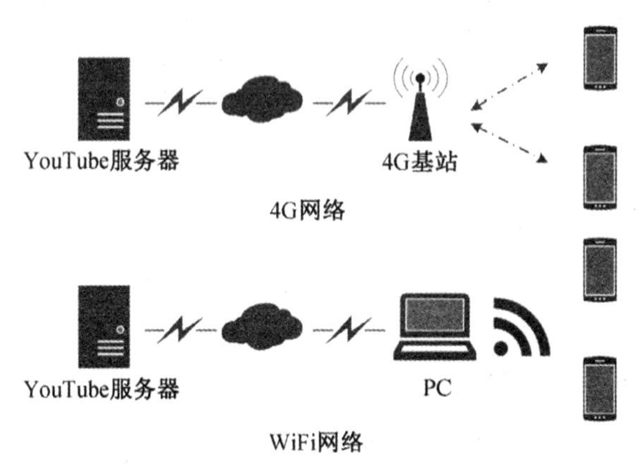

图 9.11　网络实验架构图

码率准确率验证方法的主要原理是使用中间人攻击获取到测试视频的所有分辨率资源的头部文件的 sidx 信息,并对每个分辨率资源的头部文件 sidx 信息进行解析,最终确定每个测试视频片段的真实数据量、播放时长以及播放码率。然后使用图 9.11 中的网络环境对该测试视频进行网络流量抓取,并将抓取的 PCAP 文件使用本方法进行码率识别。最终将计算出来的每个视频片段的播放码率和预先通过中间人攻击获取的标准的播放码率进行对比，确定每个视频片段的码率识别的准确性，并通过统计整个视频的所有视频片段的识别结果来计算该视频的整体的码率识别准确性。

图 9.12 是 DASH 视频文件的 sidx 信息，通常 YouTube Android App 在播放视频的时候首先接收的就是该文件，该文件包括了视频的详细信息。第一行的 0x128 代表视频信息内容共占了 296 个字节；0x73696478 代表字符 sidx；0x15f90 表示数字 90 000，代表 Timescale。

```
00000460h: 00 00 00 01 28 73 69 64 78 00 00 00 00 00 00 00 ; ....(sidx.......
00000470h: 01 00 01 5F 90 00 00 00 00 00 00 00 00 00 00 00 ; ... ?..........
00000480h: 16 00 0B 93 EC 00 07 54 E0 90 00 00 00 00 0B EC ; ...擭..T鄳.....?
00000490h: DA 00 07 54 E0 90 00 00 00 00 0A A8 1B 00 07 54 ; ?.T鄳.....?..T
000004a0h: E0 90 00 00 00 00 0A 15 88 00 07 54 E0 90 00 00 ; 鄳......?.T鄳..
000004b0h: 00 00 0A 60 B1 00 07 54 E0 90 00 00 00 00 0A 47 ; ...`?.T鄳.....G
000004c0h: C1 00 07 54 E0 90 00 00 00 00 0A 3A 4D 00 07 54 ; ?.T鄳.....:M..T
000004d0h: E0 90 00 00 00 00 0A 6D DA 00 07 54 E0 90 00 00 ; 鄳.....m?.T鄳..
000004e0h: 00 00 0A 81 9C 00 07 54 E0 90 00 00 00 00 0A D4 ; ...仠..T鄳.....?
000004f0h: 7A 00 07 54 E0 90 00 00 00 00 09 DA AB 00 07 54 ; z..T鄳.....讷..T
00000500h: E0 90 00 00 00 00 0A 31 A2 00 07 54 E0 90 00 00 ; 鄳.....1?.T鄳..
00000510h: 00 00 0A 78 80 00 07 54 E0 90 00 00 00 00 0B 09 ; ...x€..T鄳......
00000520h: A9 00 07 54 E0 90 00 00 00 00 0A 75 83 00 07 54 ; ?.T鄳.....u?.T
00000530h: E0 90 00 00 00 00 0A 28 9D 00 07 54 E0 90 00 00 ; 鄳.....(?.T鄳..
00000540h: 00 00 0A 34 0A 00 07 54 E0 90 00 00 00 00 0B 2F ; ...4...T鄳...../
00000550h: 45 00 07 54 E0 90 00 00 00 00 0B 24 98 00 07 54 ; E..T鄳.....$?.T
00000560h: E0 90 00 00 00 00 09 FD 9D 00 07 54 E0 90 00 00 ; 鄳.....凉..T鄳..
00000570h: 00 00 09 C8 95 00 07 54 E0 90 00 00 00 00 08 9F ; ...葕..T鄳.....?
00000580h: D4 00 06 23 E2 90 00 00 00                      ; ?.#鈴...
```

图 9.12　DASH 视频的 sidx 信息

图 9.13 是第一段视频片段信息介绍，0x754e0＝480 480，然后通过 480 480/90 000＝5.338 666 即可得出第一段的播放时长为 5.338 秒左右。而经过实验验证发现，YouTube 采用的 DASH 视频传输方法是将两段数据合成一段传输的，因此需要将 sidx 中的第一段和第二段合并得出视频第一段的播放时长为 10 秒左右，再根据式 9.3 就可以计算出该视频片段准确的播放码率。将这些通过解析 sidx 信息获得的一系列视频片段的播放码率作为标准码率以供对比验证。

```
00000470h: 01 00 01 5F 90 00 00 00 00 00 00 00 00 00 00 00 ; ... ?..........
00000480h: 16 00 0B 93 EC 00 07 54 E0 90 00 00 00 00 0B EC ; ...擭..T鄳.....?
00000490h: DA 00 07 54 E0 90 00 00 00 00 0A A8 1B 00 07 54 ; ?.T鄳.....?..T
```

图 9.13　第一个视频片段信息

本章使用 Android 手机使用 YouTube App 观看视频产生了 40 个视频流量文件 PCAP，再经过本文的设计的 YouTube 数据片段识别方法和 Android 平台 YouTube 码率识别方法处理，得出码率结果。图 9.14 是 YouTube Android 某视频播放码率识别结果。

图 9.14 显示，该测试视频的播放总时长为 320 多秒，播放码率在 200 kbps 到 600 kbps 之间波动。实验验证方法则是将 40 个测试视频加密流量文件 PCAP 通过本方法识别出的码率结果与预先通过中间人攻击获得明文信息中的码率结果进行对比验证，最终验证结果如图 9.15 所示。

本章对单个视频的码率识别准确率的计算方法为：视频片段识别码率与标准码率误差小于 15%则认为该视频片段码率识别正确，那么一个视频的码率识别准确率为识别正确的视频片段数除以该视频的总片段数。本文对 40 个视频测试样本设定准确率为 90%和 80%的阈值通过率统计，统计结果如表 9.2 所示。

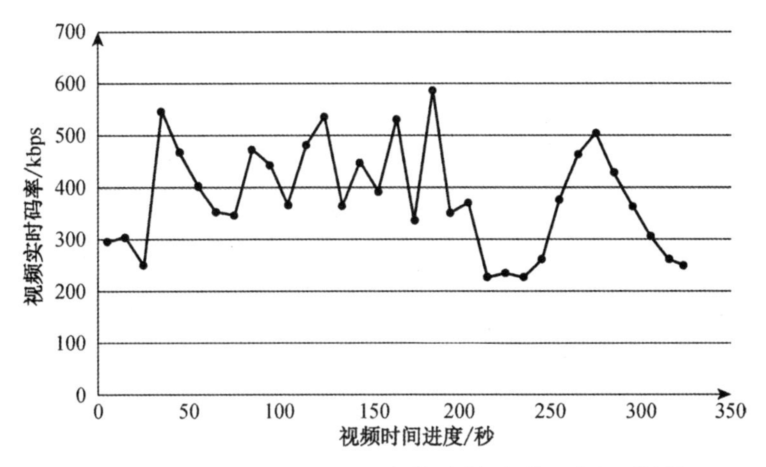

图 9.14　YouTube Android 平台某测试视频的码率识别结果

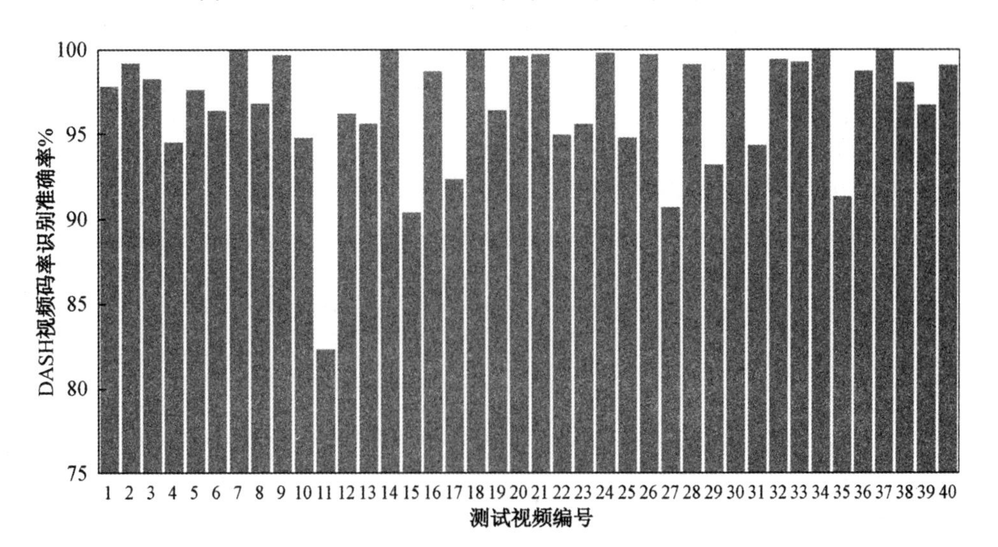

图 9.15　YouTube Android 平台码率识别准确率

表 9.2　YouTube App DASH 视频码率识别效果

准确率阈值	识别准确通过率
90%	97.5%
80%	100%

实验结果显示当我们将达标阈值设定为 90%时，DASH 的识别码率准确通过率都达到 95%以上，当把达标阈值设定为 80%时则通过率为 100%。实验结果表明，本方法对 YouTube Android 平台视频码率识别的效果较好。

9.3　YouTube iOS 平台码率识别

YouTube App 在 iOS 平台采用的是 HLS 视频传输技术，但是也在此基础上做了一定的修改。本节利用 HLS 视频传输技术的已知特征以及其在网络中 HLS 视频流量的表现结合中间人攻击获取的 YouTube 视频流量传输特征，提出了一种基于 HLS 视频传输技术特征的码率计算方法。该方法通过中间人攻击获取到 YouTube HLS 传输视频时每个片段的播放时长特征，并以此统计分析推断 YouTube HLS 视频片段播放时长，通过分析音视频片段之间的关联性以及目录文件和视频自适应播放的关联性对音视频片段进行识别、去重和排序等操作，最终将每个视频片段的播放码率计算出来，并将此结果作为该视频的实时播放码率，且识别精度为视频片段的播放时长。

9.3.1　YouTube App HLS 视频传输特征分析

对于用户使用 YouTube iOS App 观看视频所产生的离线流量样本 PCAP 文件，本文采用“IP＋端口”的方式分析 YouTube HLS 视频流，发现 YouTube HLS 视频流与 DASH 视频流最大的区别就是 TCP 流数量远多于 DASH 视频流。如图 9.16 所示，HLS 视频流是由大量的 TCP 流组成。

```
D:\youtube-data1\youtubeIOS+app\youtube1_APP\BYIP_0-(IP1)74.125.102.76-(IP2)192.168.20.3-(Len1)17914.34k-(Len2)85.79k-(begin time)1.4-(end time)134.0.txt
D:\youtube-data1\youtubeIOS+app\youtube1_APP\BYIP_1-(IP1)192.168.20.3-(IP2)216.58.221.46-(Len1)5.24k-(Len2)11.87k-(begin time)0.2-(end time)142.0.txt
D:\youtube-data1\youtubeIOS+app\youtube1_APP\BYIP_2-(IP1)216.58.221.33-(IP2)192.168.20.3-(Len1)3.49k-(Len2)0.00k-(begin time)0.5-(end time)141.8.txt
D:\youtube-data1\youtubeIOS+app\youtube1_APP\ALLFLOW-(Count)59-(IP)74.125.102.76-(IP)192.168.20.3.txt
D:\youtube-data1\youtubeIOS+app\youtube1_APP\FLOW_(IP S)74.125.102.76-(port)443-(IP C)192.168.20.3-(port)49339-(Len1)189.51k-(Len2)0.00k-(begin time)1.6-(end time)3.9.txt
D:\youtube-data1\youtubeIOS+app\youtube1_APP\LOST_(IP)74.125.102.76-(port)443-(IP)192.168.20.3-(port)49339-(lostLen)0-(lostP)0.txt
D:\youtube-data1\youtubeIOS+app\youtube1_APP\FLOW_(IP S)74.125.102.76-(port)443-(IP C)192.168.20.3-(port)49340-(Len1)149.85k-(Len2)4.97k-(begin time)1.6-(end time)9.9.txt
D:\youtube-data1\youtubeIOS+app\youtube1_APP\LOST_(IP)74.125.102.76-(port)443-(IP)192.168.20.3-(port)49340-(lostLen)0-(lostP)0.txt
D:\youtube-data1\youtubeIOS+app\youtube1_APP\FLOW_(IP S)74.125.102.76-(port)443-(IP C)192.168.20.3-(port)49341-(Len1)188.03k-(Len2)1.28k-(begin time)3.0-(end time)9.2.txt
D:\youtube-data1\youtubeIOS+app\youtube1_APP\LOST_(IP)74.125.102.76-(port)443-(IP)192.168.20.3-(port)49341-(lostLen)0-(lostP)0.txt
D:\youtube-data1\youtubeIOS+app\youtube1_APP\FLOW_(IP S)74.125.102.76-(port)443-(IP C)192.168.20.3-(port)49342-(Len1)355.41k-(Len2)2.75k-(begin time)4.0-(end time)10.3.txt
D:\youtube-data1\youtubeIOS+app\youtube1_APP\LOST_(IP)74.125.102.76-(port)443-(IP)192.168.20.3-(port)49342-(lostLen)0-(lostP)0.txt
D:\youtube-data1\youtubeIOS+app\youtube1_APP\FLOW_(IP S)74.125.102.76-(port)443-(IP C)192.168.20.3-(port)49343-(Len1)192.99k-(Len2)0.23k-(begin time)6.4-(end time)7.8.txt
D:\youtube-data1\youtubeIOS+app\youtube1_APP\LOST_(IP)74.125.102.76-(port)443-(IP)192.168.20.3-(port)49343-(lostLen)0-(lostP)0.txt
D:\youtube-data1\youtubeIOS+app\youtube1_APP\FLOW_(IP S)74.125.102.76-(port)443-(IP C)192.168.20.3-(port)49344-(Len1)284.01k-(Len2)1.52k-(begin time)10.8-(end time)12.7.txt
D:\youtube-data1\youtubeIOS+app\youtube1_APP\LOST_(IP)74.125.102.76-(port)443-(IP)192.168.20.3-(port)49344-(lostLen)0-(lostP)0.txt
D:\youtube-data1\youtubeIOS+app\youtube1_APP\FLOW_(IP S)74.125.102.76-(port)443-(IP C)192.168.20.3-(port)49345-(Len1)597.31k-(Len2)1.29k-(begin time)13.1-(end time)19.1.txt
D:\youtube-data1\youtubeIOS+app\youtube1_APP\LOST_(IP)74.125.102.76-(port)443-(IP)192.168.20.3-(port)49345-(lostLen)0-(lostP)0.txt
D:\youtube-data1\youtubeIOS+app\youtube1_APP\FLOW_(IP S)74.125.102.76-(port)443-(IP C)192.168.20.3-(port)49346-(Len1)29.88k-(Len2)0.23k-(begin time)13.0-(end time)13.8.txt
D:\youtube-data1\youtubeIOS+app\youtube1_APP\LOST_(IP)74.125.102.76-(port)443-(IP)192.168.20.3-(port)49346-(lostLen)0-(lostP)0.txt
D:\youtube-data1\youtubeIOS+app\youtube1_APP\FLOW_(IP S)74.125.102.76-(port)443-(IP C)192.168.20.3-(port)49347-(Len1)237.55k-(Len2)0.05k-(begin time)15.2-(end time)16.6.txt
D:\youtube-data1\youtubeIOS+app\youtube1_APP\LOST_(IP)74.125.102.76-(port)443-(IP)192.168.20.3-(port)49347-(lostLen)0-(lostP)0.txt
D:\youtube-data1\youtubeIOS+app\youtube1_APP\FLOW_(IP S)74.125.102.76-(port)443-(IP C)192.168.20.3-(port)49348-(Len1)22.74k-(Len2)1.24k-(begin time)18.5-(end time)19.0.txt
D:\youtube-data1\youtubeIOS+app\youtube1_APP\LOST_(IP)74.125.102.76-(port)443-(IP)192.168.20.3-(port)49348-(lostLen)0-(lostP)0.txt
```

图 9.16　YouTube App HLS 视频的 TCP 流

此外我们还采用了中间人攻击方法来获取到了 YouTube HLS 视频传输流的明文信息，如图 9.17 所示，YouTube HLS 视频流的明文信息：

图 9.17 中展示的是 YouTube App HLS 视频流传输的明文信息，由左往右分别是视频片段的 url 信息、数据量信息、数据类型。其中数据量为 80 000 byte左右的片段都是音频片段，数据量远大于 80 000 byte 的片段为视频片段。通过大量的 YouTube HLS 视频加密流量与对应明文信息对比分析，我们发现 YouTube HLS 视频流具有这些特征：(1) YouTube HLS 视频分为视频和音频两种资源传输的，分别对应着 video/mp4 和 audio/mp4；(2) YouTube HLS 视频分段是根据播放时间长度等间隔切分的，根据明文分析 YouTube HLS 视频片段长度为 5 秒左右；(3) 视频播放时发生自适应分辨率情况时，音频资源不变，视频资源发生切换；(4) YouTube HLS 视频的音频资源的播放码率固定为 128 kbps。

目录文件分析特征：由于 HLS 视频传输技术也是采用“目录＋视频片段”的传输机制，我们通过中间人攻击获取到了 YouTube App HLS 视频的目录文件，该文件的格式为 m3u8，市面上常见的视频播放器均可打开该文件，本文使用的是“Potplayer 播放器”打开该文件。本文将 YouTube HLS 视频流的视频目录文件和音频目录文件下载分析，发现目录里列出的视频片段数量和音频片段数量总是相等。因此，和 YouTube DASH 视频流一样，YouTube HLS 视频流中视频片段和视频片段是一一对应的。

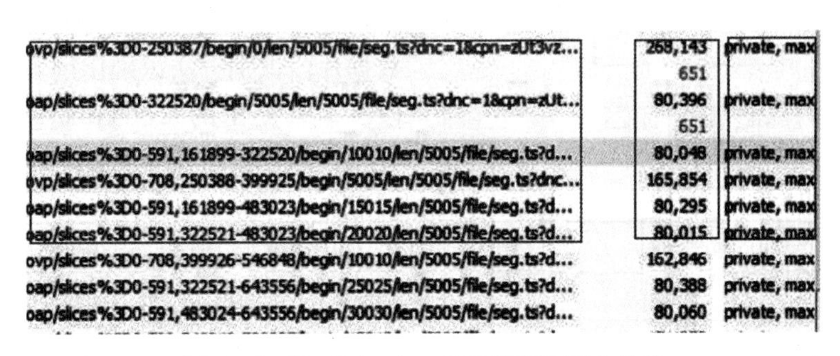

图 9.17　YouTube App HLS 视频流明文信息

时间轴分析特征：通过对密文数据流的各个 TCP 流的开始和结束时间分析，我们发现了 YouTube App HLS 视频流的一些时间特征：(1) YouTube App HLS 视频传输过程中有四条 TCP 流并行传输，两条负责音频传输，两条负责视频传输；(2) YouTube App HLS 视频传输过程中视频/音频片段是顺序传输的，但是音频片段传输却可以领先视频片段传输很多；(3) 音频片段的播放时长可能相同，也可能不同，其对应的视频片段也是呈现这种特征。

9.3.2 YouTube App HLS 视频码率识别问题分析

本方法的码率识别对象是视频片段整合模块识别出的音视频片段。这组音视频片段虽然已经标记了位置信息、音频数据量信息和断线重连信息，但是要想从中识别出视频片段的码率本方法将面临如下困难：

片段类型未知：本方法的目的是识别出 YouTube iOS 平台视频的播放码率，因此需要从 YouTube 数据片段识别出的音视频片段中识别出所有的视频片段。

视频目录未知：YouTube iOS 平台的视频目录文件和视频片段文件来自不同的 HOST，因此第 8 章提出的 YouTube 数据片段识别方法没有识别出 HLS 视频传输技术架构里的目录文件。而目录文件是 HLS 视频传输技术实现自适应播放的关键因素。

视频片段排序去重：由于 HLS 是一种自适应码率视频传输技术，视频播放的同时会产生大量的重复视频片段。如何识别并去除这些重复的视频片段是 YouTube iOS 平台码率识别的关键问题。

9.3.3 模块设计

图 9.18 是 YouTube App iOS 平台的码率识别方法的流程图，该方法的码率识别对象是第 8 章 YouTube 数据片段识别方法识别出的音视频片段。本章提出的 YouTube iOS 平台码率识别方法的几个主要工作如下：

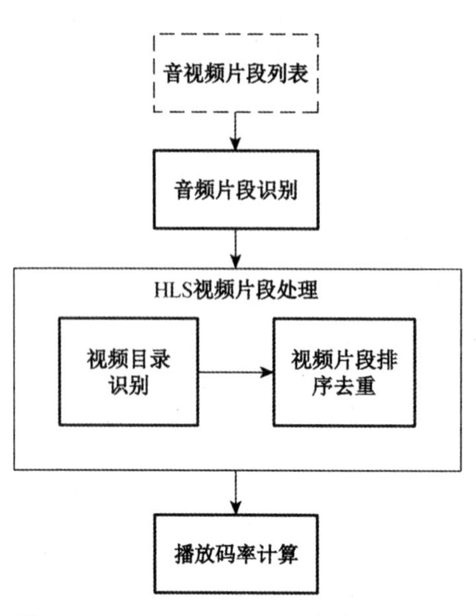

图 9.18　YouTube App HLS 视频码率识别流程图

(1) 音频片段识别：判断音频片段以及将音频片段标记出来。

(2) 视频片段处理：本部分主要分为两部分内容，第一部分是根据 SSL 的 client hello 数据包定位到每个视频目录服务器的 IP 以及目录文件传输的位置；第二部分是根据目录文件的位置进行冗余视频片段排序去重处理。

(3) 播放码率计算：计算视频片段的播放码率，并按序排列成视频的实时播放码率，识别精度为每个视频片段的播放时长。

9.3.4　音频片段识别

音频片段识别是 YouTube iOS 平台码率识别方法中最为基础的一环，主要的目的是从第 8 章 YouTube 数据片段识别方法识别出的音视频片段列表中识别出音频片段。

在加密流量中音频片段和视频片段的流量没有明显区别，而经过本文第 8 章中的 YouTube 数据片段识别方法，将流量按 ACK Number 进行分段整合，最终输出了大量的数据片段，这些数据片段中包含了视频片段和音频片段。为了区分出音频片段和视频片段，根据音频流和视频流特征的描述：两条 TCP 流负责音频传输，两条 TCP 流负责视频传输。那么可以根据排除法来进行音频片段识别：若一个 TCP 流传输的数据片段中出现明显不是音频片段的情况，那么该 TCP 流传输的所有分段都不是音频片段。利用这个方法将所有符合音频片段数据量的数据片段都标记为音频片段。如图 9.19 所示，音频片段识别算法的逻辑是：

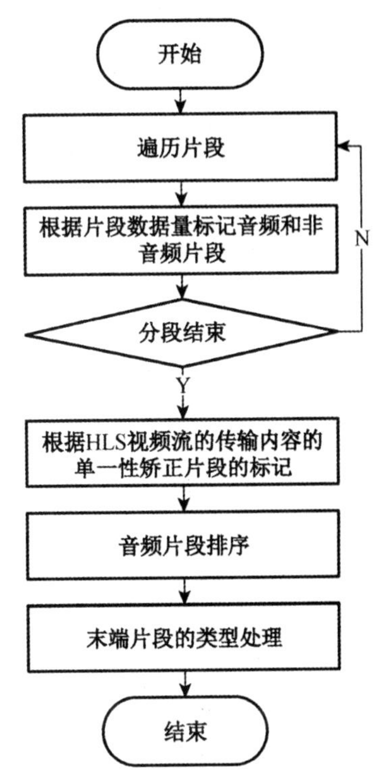

图 9.19　音频片段识别算法流程图

（1）片段类型初步识别。遍历音视频片段列表，若该数据分段的数据量大于两倍音频片段估计数据量的片段，则认为该分段为非音频片段；若该数据片段小于音频片段估计数据量区间上限且未中断过，则认为该分段为音频片段。将所有片段按此规则标记为音频片段和非音频片段以及未标记的片段。

（2）TCP 流中片段类型同一性分析。遍历所有的片段的 TCP 流，若该流中出现非音频片段，则将该流中的所有片段标记为非音频片段；若该流中被标记的片段都是音频片段，那么将其他所有未标记的片段也标记为音频片段。

（3）音频片段时间轴排序。将所有音频片段按照开始时间和结束时间固定到时间轴中，并按照先后顺序进行排序。

（4）末端片段类型矫正。将音视频片段列表的最后一个数据片段定位出来，若该片段标记为音频片段则从后往前遍历找到倒数第二个音频片段，若该片段小于 3/4 的音频片段估计数据量，则最后一个片段不是音频片段，修改为视频片端,否则为音频片段。这部分考虑的是末端片段的播放时长偏小,对应片段的音频片段和视频片段的数据量都偏小,通过对比倒数第二个音频片段数据量可以识别出该末端片段是否误判为音频片段。

9.3.5 视频片段处理

视频片段处理是 YouTube iOS 平台码率识别方法的关键内容,该算法的主要目的是将 iOS 平台 YouTube App 自适应播放所产生的视频片段进行去重排序处理。YouTube HLS 视频流是一种自适应码率视频传输流,客户端根据本身网络状况向服务器请求不同码率水平资源的视频资源。而 HLS 视频传输技术是采用“目录+分段”的模式进行视频数据传输的,具体的自适应过程如图 9.20 所示。

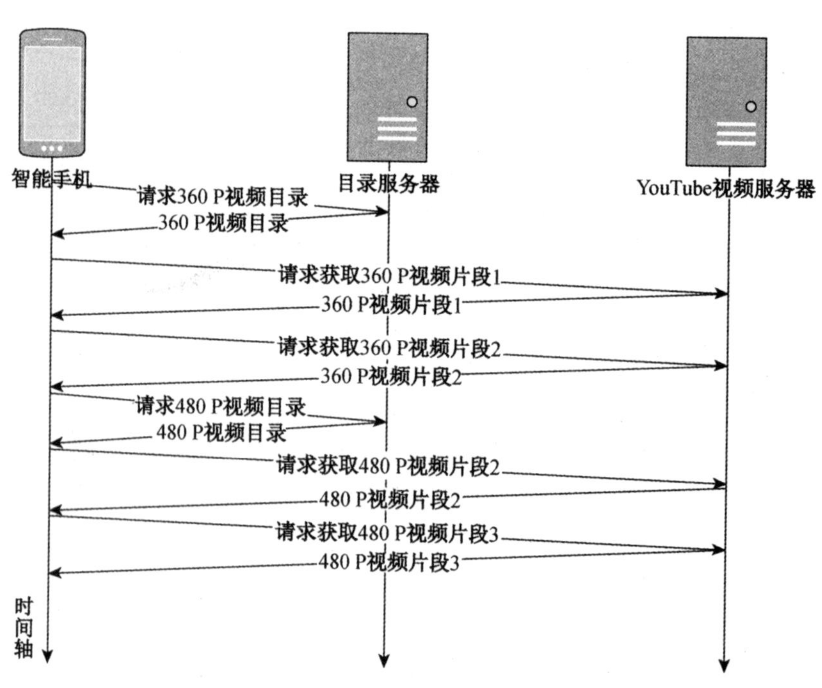

图 9.20 YouTube App HLS 视频自适应过程的网络请求

从图 9.20 可以看出 YouTube iOS 平台采用的 HLS 视频传输技术中,目录文件传输时间点和自适应分辨率切换时间点有着很强的关联性。识别出这些目录文件是视频片段去重工作的基础。因此视频片段处理主要分为两个算法:视频目录识别算法和视频片段排序去重算法。

(1) 视频目录识别

视频目录识别是视频片段处理的核心问题,后续一系列的视频片段去重和排序等工作都是基于视频目录识别结果的。因此，视频目录识别的准确性决定着视频片段去重和排序的准确性，进而影响到 YouTube App HLS 码率识别的准确性。根据图 9.20 所示，YouTube App HLS 视频传输过程中存在着 YouTube App 客户端、YouTube 目录服务器以及 YouTube 视频服务器三种角色，YouTube App 客户端与 YouTube 目录服务器以及 YouTube 视频服务器间的交互关系构成了 YouTube HLS 视频传输的整个过程。不同于 Android 平台的 YouTube App，iOS 平台的 YouTube App 的目录文件是由其他的 HOS TIP 传输的，因此第 8 章 YouTube 数据片段识别方法识别出的目录片段不可作为 YouTube App HLS 视频传输的目录片段，本算法是为了寻找到真实的目录文件片段。由于 YouTube 视频的目录文件传输是由 YouTube 目录服务器单独传输的，不是和 YouTube 视频服务器共享的，因此本算法主要通过 YouTube iOS App 客户端与 YouTube 目录服务器之间 HTTPS 连接的建立过程中的 client hello 数据包中内容来定位寻找 YouTube HLS 视频目录文件的位置的。

定义结构体 stManifest 用于保存从 client hello 握手消息中找到指定字符串的目录服务器的信息，初始为空；定义结构体 stManiData 用于保存目录传输过程中涉及的目录时间和数据长度，这些信息统称为目录数据，初始为空。如下：

```
struct StManifest{
DWORD srcIP;                //目录服务器 IP
DWORD dstIP;                //客户端 IP
DWORD srcPort;              //目录服务器 IP
DWORD dstPort;              //客户端端口
TList * lstManiData;        //目录数据列表
};
struct stManiData{
double beginT;              //目录开始传输的时间
double endT;                //目录结束传输的时间
unsigned int cBeginSeq;     //客户端报文开始序号
unsigned int cEndSeq;       //客户端报文结束序号
unsigned int sBeginSeq;     //服务端报文开始序号
unsigned int sEndSeq;       //服务端报文结束序号
};
```

图 9.21 是 YouTube App HLS 目录服务器识别流程图。第一步是根据 client hello 消息报文识别出目录服务器。首先对用户使用 YouTube iOS App 观看视频所产生的加密流量离线 PCAP 文件进行遍历检索，定位到用户 IP 所

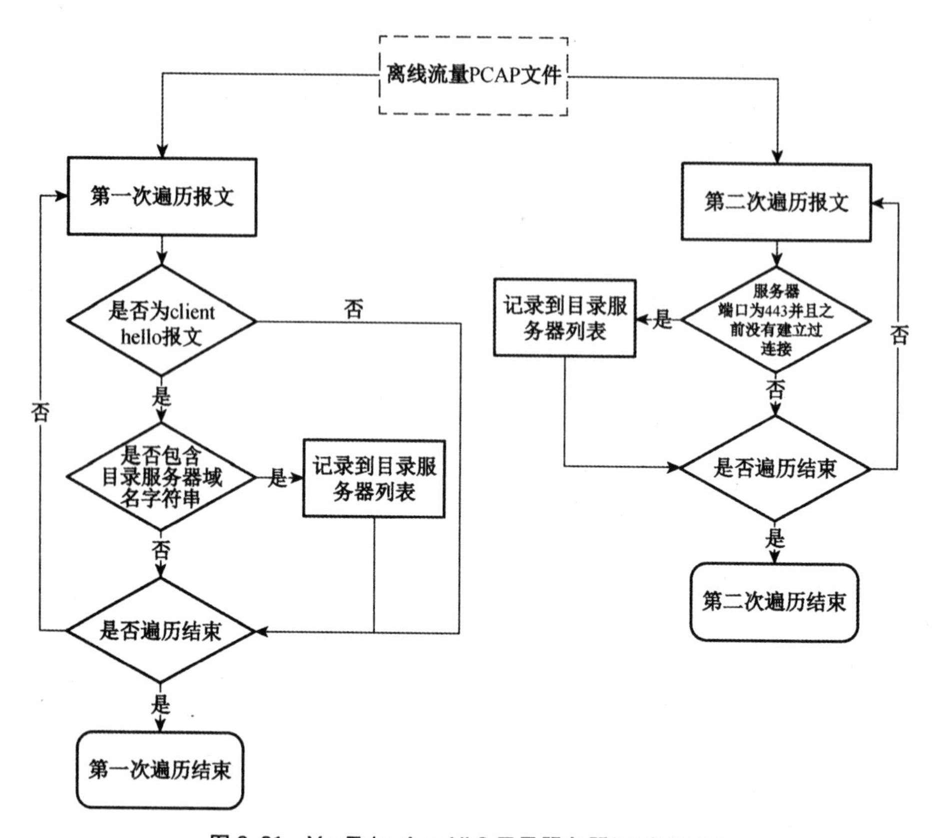

图 9.21 YouTube App HLS 目录服务器识别流程图

发送出的所有 client hello 握手信息,检索该数据包。若握手信息中包含“manifest. googlevideo. com”字符串,则认为该 client hello 握手信息包的目的 IP 地址为目录服务器的 IP,保存相关 IP 地址和端口到 StManifest 中,并添加到目录服务器列表中。

第二步是识别已存在连接的目录服务器。再次遍历离线流量文件,若遇到客户端与远程 IP 的 443 端口直接进行通信的情况(没有建立连接的报文信息),遍历目录服务器列表,若该远程 IP 地址和客户端端口不在列表中,则认为该 IP 所对应的是新的目录服务器,再将其添加到目录服务器列表中。这一步考虑的是用户在使用 YouTube App 观看视频时,观看完 A 视频后继续看 B 视频,而客户端与目录服务器的连接并不会中断而是继续传输目录文件,这样导致我们无法找到 client hello 报文中含有“manifest. googlevideo. com”字符串。

图 9.22 是目录文件流量识别流程图,目的是识别目录服务器传输的流量是不是目录文件。遍历离线流量文件,若发现报文的远程 IP 地址和客户端端

口信息在目录服务器列表中，则开始判断通信流量是否为目录文件流量。具体的判断标准有两个：

客户端目录请求报文的数据量：图9.23是YouTube App iOS平台音视频资源目录请求数据报文数据量散点图。可以发现客户端发送的目录请求报文的数据量一般都大于1 260字节。由于目录请求报文分为音频目录请求和视频目录请求，因此在图9.23中出现分层现象，两个分层分别对应音频请求报文大小和视频请求报文大小。本算法将1 200字节作为目录请求报文的最小数据量。当客户端向目录服务器发送的请求数据报文的数据量大于1 200字节，那么目录服务器返回的数据就有可能为目录文件。

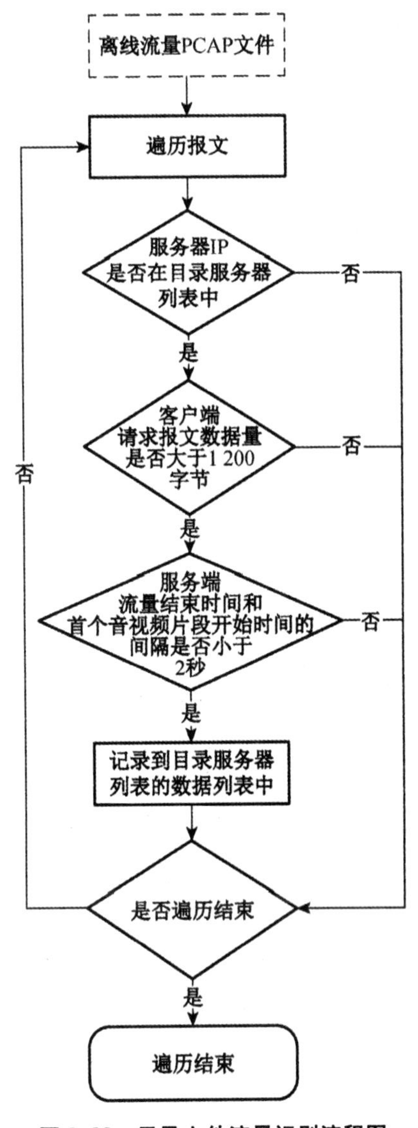

图9.22　目录文件流量识别流程图

首个音视频片段和目录文件的间隔时间：客户端接收到目录文件后，会分析目录文件并发送音视频片段请求。因此目录数据流量和第一个音视频片段流量之间有一个目录文件分析时间间隔。通过对YouTube iOS端视频流量样本统计分析，我们发现首个音视频片段流量和目录文件流量的间隔最大为1.8秒。

因此，若发现客户端向目录服务器发送了报文大小大于1 200字节的数据，并且目录服务器返回的数据流量的结束时间和第一个音视频片段流量的开始时间间隔小于2秒(保险起见本算法将阈值从1.8秒扩大到2秒)，那么目录服务器返回的数据就识别为目录文件，将该流量的相关信息记录到目录数据列表。

(2) 视频片段排序去重

视频片段排序去重算法是YouTube iOS平台码率识别方法的核心内容，本算法的目的是将那些由于网络因素导致的视频和音频碎片去除，将由于视频自适应切变分辨率导致的重复的视频片段去重，将所有的视频片段和音频片段按照传输顺序和播放顺序进行排列和对应。这三项工作保证了YouTube iOS

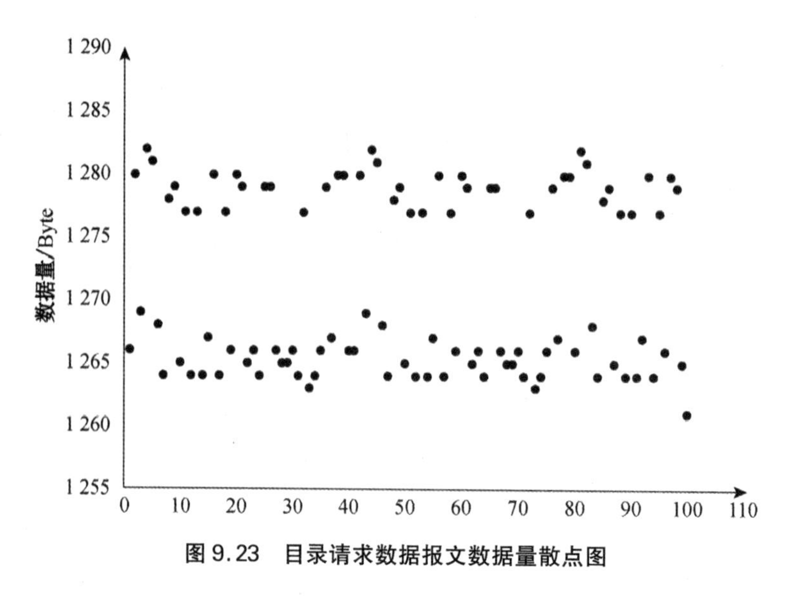

图 9.23　目录请求数据报文数据量散点图

平台码率识别工作中的视频片段数据量和时间性的识别准确性。YouTube App 在 Android 平台采用的 DASH 视频传输技术，该视频传输技术在传输视频片段中断后会选择在新的 TCP 流断点重传；而 YouTube App 在 iOS 平台采用的 HLS 视频传输技术，该视频传输技术在传输视频片段中断后会选择在新的 TCP 流断片重传。因此 YouTube iOS 平台视频片段去重排序的算法流程如图 9.24 所示。

区分完整和不完整的音视频片段：遍历所有数据片段，找出所处位置是 TCP 流中最后一个片段的音视频片段(在第 8 章的 YouTube 数据片段识别方法中已经识别出了每个音视频片段在 TCP 流中的位置信息)。若这些片段的结束时间和 TCP 流的结束时间接近，则认为该片段是不完整的，然后统计所有完整的音频片段和视频片段的数量。

对音频片段进行排序：将音视频片段中的不完整片段排除后，按照时间顺序进行排序，因为 HLS 传输技术采用的是断片重传机制，所以不完整的片段的去除不会影响音频片段的排序。

对视频片段进行排序：由于 YouTube App HLS 自适应播放过程中，视频片段会出现切换重传的现象而音频片段不会重传，因此我们把音频片段的排序结果和数量作为该视频真实的排序结果。本算法需要将所有完整的视频片段和这些音频片段进行一一对应排序。

若视频传输过程中出现新的目录传输，则将目录之后的视频片段从后往前排列，将目录之前的视频片段从前往后排列，最终对两种排序方法重叠的视频片段进行去重处理。

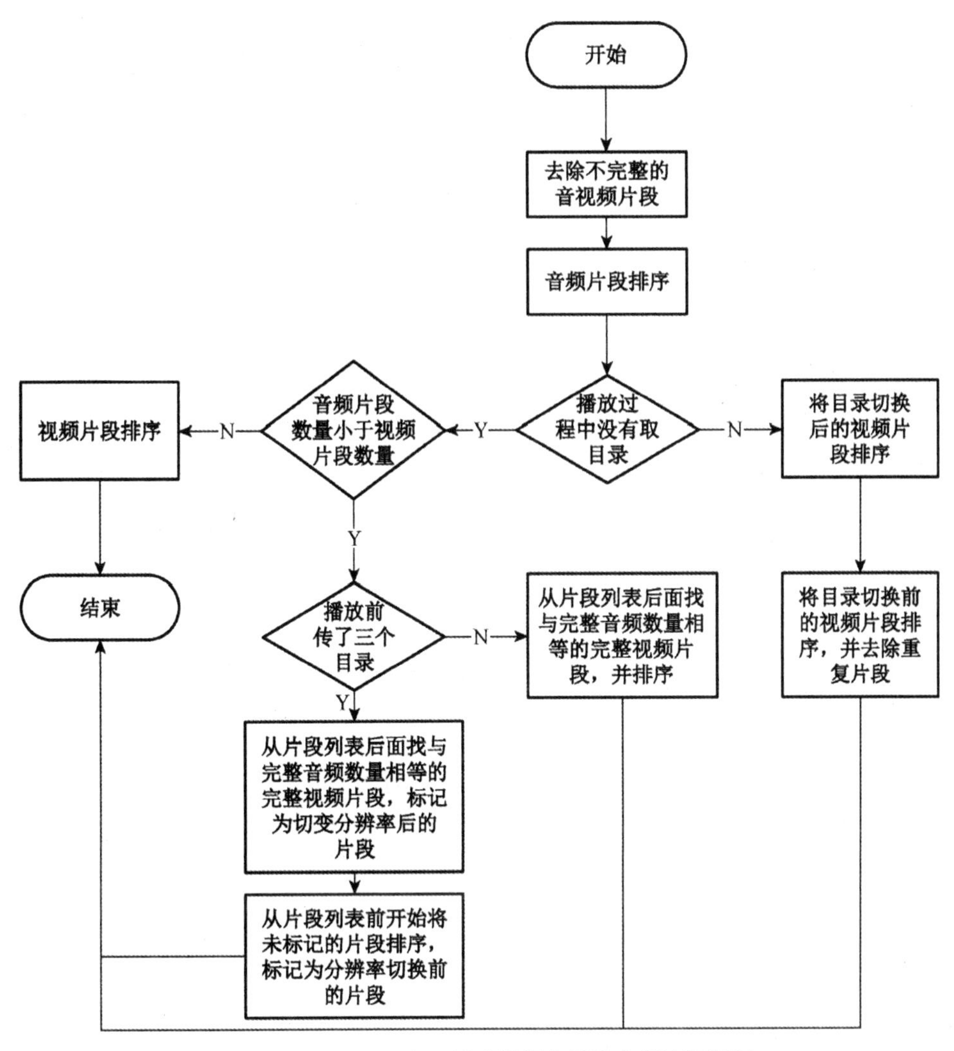

图 9.24　YouTube App HLS 视频去重排序算法逻辑图

若视频传输过程中没有出现新的目录传输，且完整的音频片段数和完整的视频片段数相等，说明视频传输时没有发生分辨率切换的情况，此时音频片段和视频片段按照时间顺序一一对应。

若视频传输过程中没有传输新的目录且完整的音频片段数量小于完整的视频片段数量，那么视频传输过程中出现了分辨率切换或重连的情况，这里主要分两种情况处理：(1)视频传输之前传输了三个目录，一个音频目录和两个不同分辨率视频目录。这种情况我们从片段列表后面找到与完整音频数量相等的完整视频片段并标记排序，这部分为分辨率切换后的视频片段；再从片段列表的前面开始将未标记的视频片段排序，这部分为分辨率切换前的视频片段；

(2)视频传输之前传输了两个目录,说明视频传输出现了重连。这种情况只需要从视频片段列表后面找到与完整音频片段数量相同的完整视频片段,这部分就是重连后的视频片段。

9.3.6 播放码率计算

播放码率计算是 YouTube iOS 平台码率识别方法的最后一个内容,也是最重要的内容。经过第 8 章的 YouTube 数据片段识别方法以及本章前面几个算法的处理,本模块成功将用户使用 YouTube iOS App 观看视频所产生的离线流量文件 PCAP 转换成了两组数据片段:音频数据片段组和视频数据片段组,并且这两组片段按照播放顺序一一对应的。根据公式:

$$V_{视频码率} = \frac{M_{视频数据量}}{T_{视频播放时长}}$$

可以知道视频片段的播放码率必须要获取到视频片段的数据量以及对应的播放时长。那么视频片段的播放时长就成了码率计算模块的主要问题。根据本章对 HLS 传输技术以及流量特征的分析,YouTube iOS App 采用的 HLS 视频传输技术中,音频片段和视频片段是一一对应的,而音频片段的播放码率稳定为 128 kbps,因此根据公式:

$$T_{视频片段} = T_{音频片段} = \frac{M_{音频数据量}}{V_{音频码率}}$$

可以推导出每个视频片段的播放时长,再根据式 9.1 就可以计算出每个视频片段的播放码率。因此 iOS 平台 YouTube App 的视频码率计算流程如图 9.25 所示。

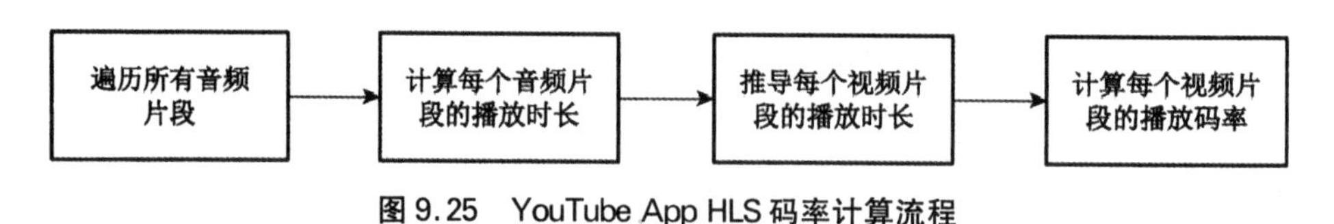

图 9.25 YouTube App HLS 码率计算流程

码率计算算法主要流程是:遍历所有的音频片段,已知 YouTube iOS 平台音频片段的播放码率恒定为 128 kbps,根据公式 $T_{音频片段} = \frac{M_{音频数据量}}{V_{音频码率}}$ 计算出每个音频片段的播放时长;根据片段编号排序结果,将每个音频片段对应的视频片段的播放时长推导出来;最后根据公式 9.1 计算出每个视频片段的播放码率。本算法计算出来的视频播放码率是用户观看视频时的实时播放码率,而播放码率的识别精度就是每个视频片段的播放时长。正常情况下,对于 YouTube App 在 iOS 平台的视频(HLS 视频)本算法的码率识别精度是 5 秒左右,即每 5

秒计算出一个码率作为这 5 秒视频的码率测量。

9.3.7　实验与结果分析

为了验证本方法对 iOS 平台上的 YouTube App 的码率识别的准确性，本章采用了一种基于中间人攻击结果的码率对比验证实验。本章使用了市面上常用的几款 iOS 终端设备：iPad mini 2、iPhone 6、iPhone 6s，使用的 YouTube App 的版本号为 10.43。本章主要的网络实验环境分为两种：4G 和 WiFi。4G 网络主要是建立一个小型基站并将其通过 VPN 隧道接入到国际网络中，WiFi 网络主要是使用一台 PC 通过 VPN 隧道接入国际网络，并同时使用无线网卡共享网络给 iOS 终端。

本章采用的码率准确率验证方法的主要原理是使用中间人攻击获取到测试视频的所有分辨率资源的目录文件(m3u8)，并对测试视频的每个分辨率资源的目录文件进行解析，最终确定每个视频片段的真实数据量、播放时长以及播放码率。然后使用图 9.11 中的网络环境对该测试视频进行网络流量抓取，并将抓取的 PCAP 文件使用本方法进行分析计算分辨率。最终将计算出来的每个视频片段的播放码率和预先通过中间人攻击获取的标准的播放码率进行对比，确定每个视频片段的码率识别的正确性，并通过统计整个视频的所有视频片段的识别结果来计算该视频的整体的码率识别准确性。本实验中，中间人攻击的实验环境同第 8 章。

图9.26 是 iOS 平台 YouTube App 视频文件的目录文件信息，通常 YouTube iOS App 在传输视频文件的时候首先传输的就是该文件，该文件包

```
#EXTM3U
#EXT-X-VERSION:3
#EXT-X-PLAYLIST-TYPE:VOD
#EXT-X-TARGETDURATION:5
#EXTINF:5.338666,
https://r14---sn-5hn7ym7e.googlevideo.com/videoplayback/id/o-ALfsrs6gvBGwdJmKc7RRgg4U
#EXTINF:5.338666,
https://r14---sn-5hn7ym7e.googlevideo.com/videoplayback/id/o-ALfsrs6gvBGwdJmKc7RRgg4U
#EXTINF:5.338666,
https://r14---sn-5hn7ym7e.googlevideo.com/videoplayback/id/o-ALfsrs6gvBGwdJmKc7RRgg4U
#EXTINF:5.338666,
https://r14---sn-5hn7ym7e.googlevideo.com/videoplayback/id/o-ALfsrs6gvBGwdJmKc7RRgg4U
#EXTINF:5.338666,
https://r14---sn-5hn7ym7e.googlevideo.com/videoplayback/id/o-ALfsrs6gvBGwdJmKc7RRgg4U
#EXTINF:5.338666,
https://r14---sn-5hn7ym7e.googlevideo.com/videoplayback/id/o-ALfsrs6gvBGwdJmKc7RRgg4U
#EXTINF:5.338666,
https://r14---sn-5hn7ym7e.googlevideo.com/videoplayback/id/o-ALfsrs6gvBGwdJmKc7RRgg4U
#EXTINF:5.338666,
https://r14---sn-5hn7ym7e.googlevideo.com/videoplayback/id/o-ALfsrs6gvBGwdJmKc7RRgg4U
#EXTINF:5.338666,
https://r14---sn-5hn7ym7e.googlevideo.com/videoplayback/id/o-ALfsrs6gvBGwdJmKc7RRgg4U
#EXTINF:5.338666,
https://r14---sn-5hn7ym7e.googlevideo.com/videoplayback/id/o-ALfsrs6gvBGwdJmKc7RRgg4U
```

图 9.26　YouTube App HLS 目录文件信息

括了每个视频片段的详细信息。该目录文件的前三行分别代表：版本号、目录类型和目标片段时长；第三行以后每行代表的是每个视频片段的实际播放时长和片段的 URL 信息，其中每个视频片段的 URL 信息中会暴露出视频片段的数据量信息。因此我们可以根据 YouTube 视频目录文件中的每个视频片段的数据量和播放时长信息计算出每个视频片段准确的播放码率。将这些通过 YouTube 目录文件获得标准播放码率作为标准码率以供对比验证。

本章使用 iOS 终端安装 YouTube App 观看视频产生了 40 个视频流量文件 PCAP，再经过本文的设计的 YouTube 数据片段识别方法和 iOS 平台 YouTube 码率识别方法处理，得出码率结果。图 9.27 是 YouTube iOS 平台某测试视频的码率识别结果。

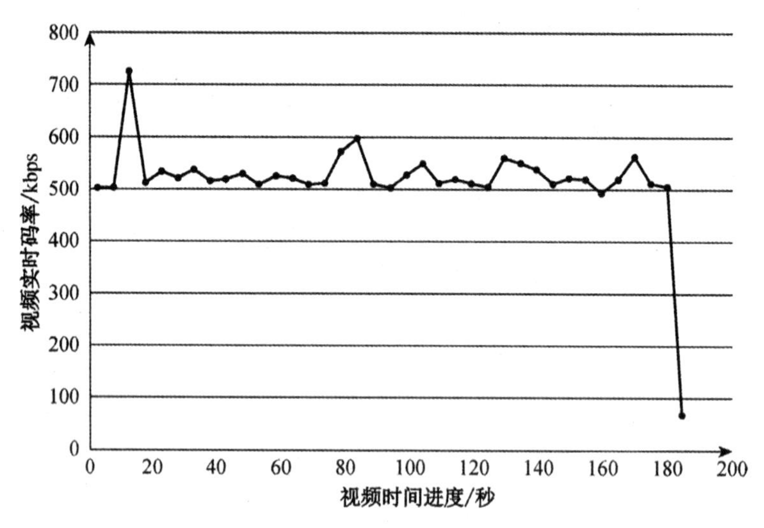

图 9.27 YouTube iOS 平台某测试视频的码率识别结果

识别结果显示，该测试视频总播放时长为 180 多秒，视频码率水平稳定在 500 kbps 以上，只有视频结尾阶段码率水平急剧下降。实验验证方法则是将 40 个测试视频加密流量文件 PCAP 通过本方法识别出的结果与通过中间人攻击获得明文信息进行对比验证，最终验证结果如图 9.28 所示。

本章单个视频的码率识别准确率的计算方法为：视频片段识别码率与标准码率误差小于 15%则认为该视频片段码率识别正确，那么一个视频的码率识别准确率为识别正确的视频片段数除以该视频的总片段数。我们对 40 个视频测试样本设定准确率为 90%和 80%的阈值通过率统计，统计结果如表 9.3 所示。

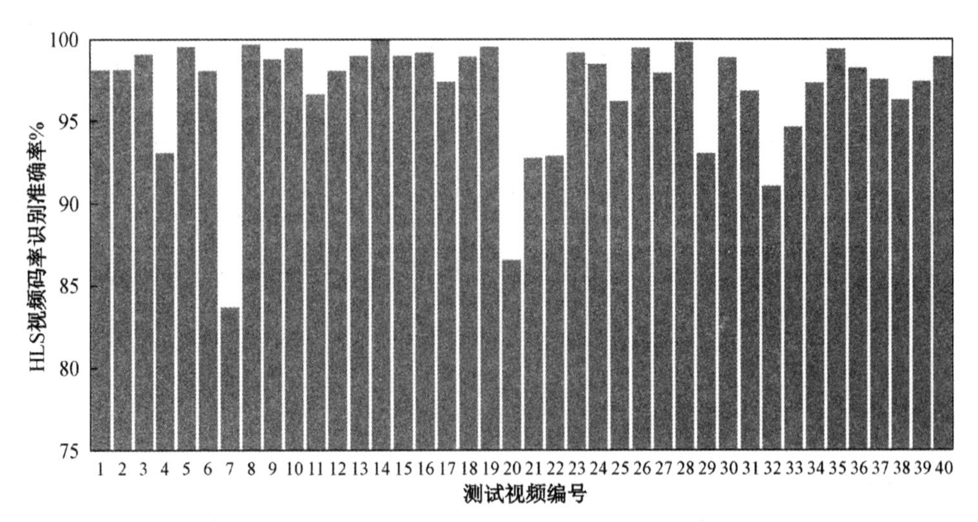

图 9.28 YouTube iOS 平台码率识别准确率

表 9.3 YouTube App HLS 视频码率识别效果

准确率阈值	识别准确通过率
90%	95%
80%	100%

表 9.3 结果显示当我们将准确率阈值设定为 90%时，YouTube iOS 平台的码率识别准确通过率都达到 95%以上，当把准确率阈值设定为 80%时则通过率为 100%。本实验方法对 YouTube iOS 平台码率识别的效果较好。

9.4 小结

为了从 Android 平台的 YouTube App 的 HTTPS 加密流量中识别出用户观看视频的播放码率信息，首先对 Android 平台的 YouTube App 所采用的 DASH 视频传输技术进行原理分析，获取在该技术的视频传输报文在网络中的特性。并使用中间人攻击方法，对 YouTube App 所采用的 DASH 视频传输技术的流量特征做出详尽的分析。在此基础上，提出了一种 YouTube Android 平台码率识别方法，该方法包括音频片段等长性分析、片段类型识别、片段类型矫正、视频片段排序去重和播放码率计算 5 个内容。实验表明，该方法能够较准确地从 Android 平台 YouTube App 的加密视频流量中识别出用户观看视频的播放码率信息、视频片段数量和视频播放时长等信息。

为了从 iOS 平台的 YouTube App 的 HTTPS 加密流量中识别出 YouTube

视频的播放码率信息，首先对 Android 平台的 YouTube App 所采用的 HLS 视频传输技术进行原理分析，获取在该技术框架下的视频传输报文在网络中的特性。与 Android 平台类似，使用中间人攻击方法，对 YouTube App 所采用的 HLS 视频传输技术的流量特征做出分析。在此基础上，提出了一种 YouTube iOS 平台码率识别方法，该方法包括音频片段识别、视频目录识别、视频片段排序去重和播放码率计算 4 个内容。实验结果表明，该方法能够较准确地从 iOS 平台 YouTube App 的加密视频流量中识别出用户观看视频的播放码率、视频片段数量和视频播放时长等信息。

参考文献

[1] Santos H, Rosário D, Cerqueira E, et al. A Comparative Analysis of H. 264 and H. 265 with Different Bitrates for on Demand Video Streaming[C]. Proceedings of the 9th Latin America Networking Conference. ACM, 2016:53-58.

[2] Gutta V B R, Hoffert E, Newsome R L, et al. Receiving content for mobile media sharing: U. S. Patent 9, 384, 299[P]. 2016-7-5.

[3] Chen Y J, Lin Y J, Hsieh S L. Analysis of Video Quality Variation with Different Bit Rates of H. 264 Compression[J]. Journal of Computer and Communications, 2016, 4(5):32.

10 加密视频流视频分辨率识别方法

10.1 视频分辨率

显示分辨率是屏幕图像的精密度，是指显示器所能显示的像素有多少。由于屏幕上的点、线和面都是由像素组成的，显示器可显示的像素越多，同样的屏幕区域内能显示的信息也越多，所以分辨率是视频质量的一个非常重要的性能指标。分辨率越高，图像越大，分辨率越低，图像越小。理论上来说肯定是分辨率越高视频的显示效果越清晰，但是由于保存完整的一帧一帧图片的视频原文件太大，必须要通过某种视频压缩算法将视频中的图片压缩，以减小视频文件大小。压缩比为原始画面压缩前的每秒数据量除以码率，压缩比越大，解压缩还原后用来播放的视频就会越失真，因为压缩的同时不可避免地丢失了视频中原来图像的数据信息。因此实际上，在码率一定的情况下，分辨率与清晰度成反比关系：分辨率越高，图像越不清晰，分辨率越低，图像越清晰。在分辨率一定的情况下，码率与清晰度成正比关系，码率越高，图像越清晰；码率越低，图像越不清晰。

本书研究的自适应流媒体使用动态码率，基于静态分辨率对视频片段进行压缩，对不同的网络环境自适应提供不同分辨率的视频片段。因此分辨率越高，图像越清晰，但是，较高的分辨率意味着较多的数据量，也要求较快的传输信道，如果在低速信道上播放高清视频，会引起视频播放卡顿，甚至无法播放。因此视频播放器的自适应机制，实际上就是基于播放终端可获得的数据下载实际带宽，选择尽可能高分辨率的视频文件播放。

本章分析了 YouTube 视频片段的码率和分辨率之间的关联性，同时引入了其他四种视频片段属性，提出了一种基于 C4.5 算法和 k-means 算法的视频片段分辨率识别方法。实验结果表明，该方法能够较准确识别出 YouTube 视频的分辨率信息。

10.2 视频分辨率和码率关系分析

视频分辨率是决定视频码率的主要因素[1]，不同的分辨率对应着不同的码率水平。总体而言，一个视频的分辨率越高，其对应的视频码率也越高。但是通常不同分辨率的视频在编码的时候都对应着一个合适的码率范围，当码率低于这个码率范围则图像质量变得很差，当码率高于这个范围则没有那个必要，只会造成资源浪费。一种视频分辨率对应着码率的一段范围，且总体上来看两者是成正比关系。YouTube 视频片段由于其播放时长相对稳定，因此每个视频片段的数据量和其对应的分辨率也存在着某种正比关系，但是不同分辨率对应着视频片段数据量水平既有着分层关系也存在着交叉关系。

图 10.1、图 10.2 中展示的是不同分辨率下 YouTube 视频片段的数据量分布散点图，可以较清楚地看到不同分辨率视频片段的数据量还是存在着分层关系，但是同时也存在交叉关系。因此视频片段的数据量是我们判断其分辨率类型的关键因素。

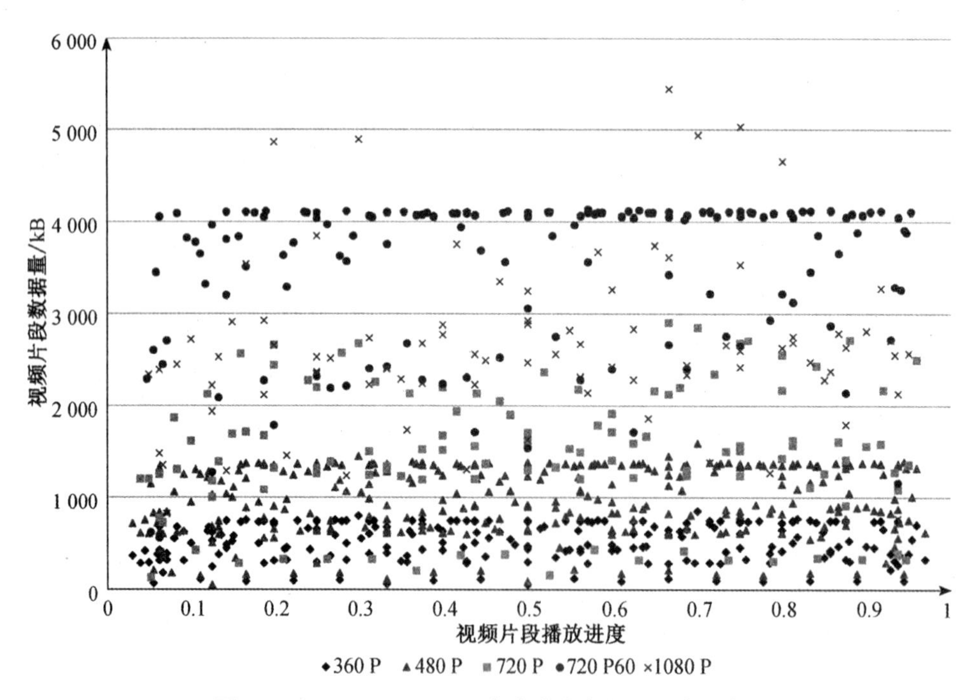

图 10.1 YouTube Android 视频片段数据量散点分布图

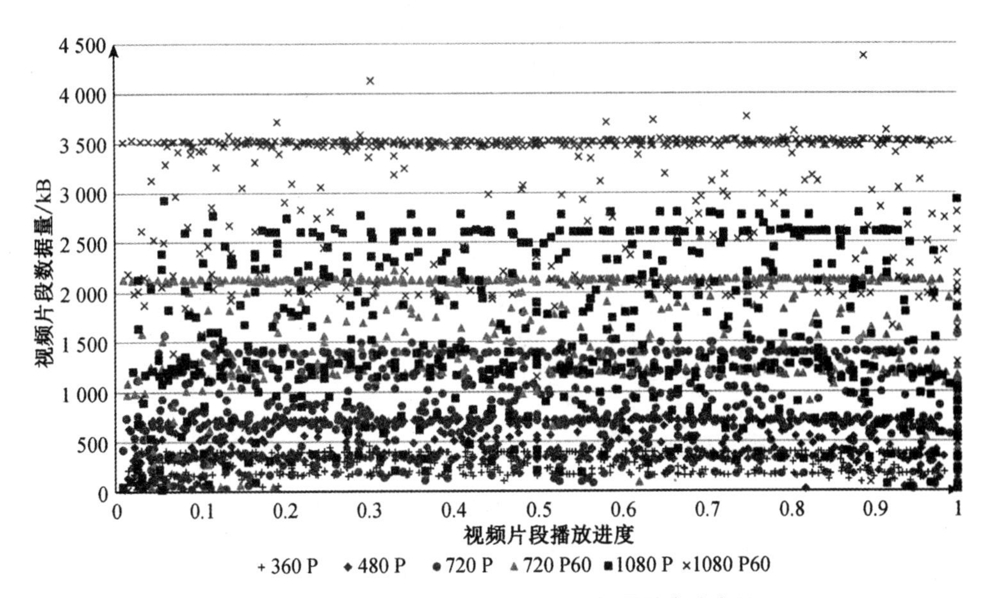

图 10.2 YouTube iOS 视频片段数据量散点分布图

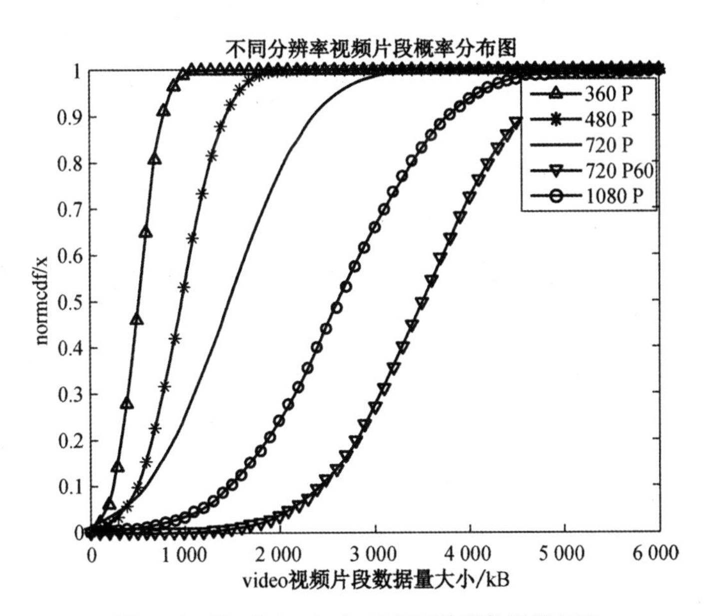

图 10.3 YouTube Android 视频片段数据量 CDF

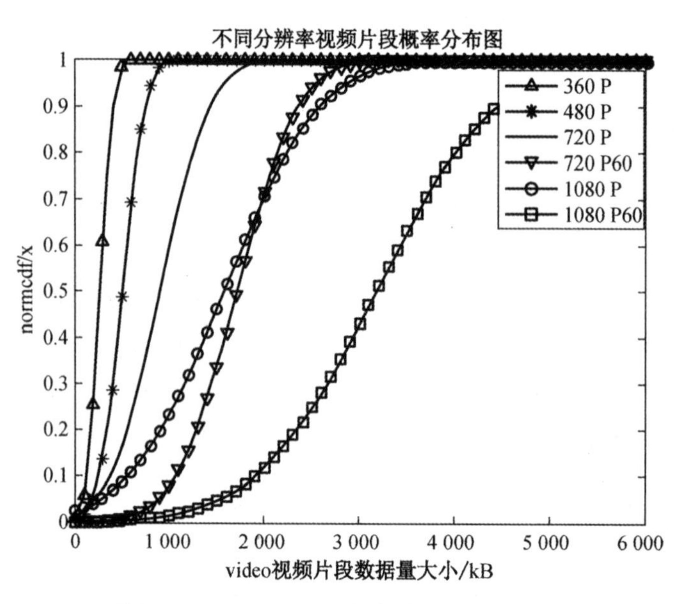

图 10.4 YouTube iOS 视频片段数据量 CDF

图 10.3、图 10.4 显示的是 YouTube 视频片段数据量分布的 CDF 概率图，可以看出当数据量在 0～500 kB 时不同分辨率的 CDF 曲线十分贴近因此这个区域内的视频片段仅仅根据数据量很容易发生误判；图 10.4 中 720 P60 分辨率和 1 080 P 分辨率的 CDF 曲线在 1 500～2 000 kB 之间发生了交叉，因此在这个区间内的 720 P60 分辨率和 1 080 P 分辨率的视频片段非常容易发生误判。因此 YouTube 视频片段的数据量是识别分辨率的主要因素，但是也需要其他因素来辅助识别分辨率以规避误判。

10.3 C4.5 决策树算法识别 YouTube 视频分辨率

10.3.1 C4.5 决策树算法分析

决策树算法[2]是一种基于实例的归纳学习算法，通过选择的属性的度量来将元组划分为不同的类，该算法可以从一个没有次序和规则的实例集合中总结归纳出一组树形结构的决策分类规则。决策树方法在识别分类、结果预测、规则提取方面有着广泛的应用。通常利用决策树方法来进行识别分类的时候分为两个步骤：首先通过对训练集的样本进行学习，生成决策树分类规则；第二步利用生成的决策树分类规则对那些未知样本进行决策分类。由于该规则是一种树形结构，因此使用决策树分类规则对未知样本进行类型分类时，从根部节点开始对样本进行判断测试，并根据判断结果决定到达的叶节点，并继续进行判断直至到达末端节点，此时最终的叶子节点所代表的就是该样本的分类结果。

本方法将C4.5决策树算法[3-4]应用到YouTube视频片段的分辨率识别中去，该算法主要是依据信息增益率(Information Gain Ratio)。已知YouTube的网络流量样本，经过分段整合和码率计算的处理，我们设定S为YouTube视频片段样本集合，X为视频片段的视频片段，则$S=\{X_1, X_2, \cdots, X_n\}$，其中每个样本$X$包含着一个包含着$m$项视频片段树形的属性向量$(A_1, \cdots, A_m)^T$来表示，假设类别属性$A_m$具有$k$个不同取值，那么根据$A_m$的不同取值可以将样本集划分为$C_1, C_2, \cdots, C_k$共$k$个子集，由此可以得出样本集$S$对分类的平均信息量：

$$H(S)=-\sum_{p=1}^{k}P(C_p)\log_2 P(C_p) \tag{10.1}$$

其中，$P(C_p)=|C_p|/|S|(1\leqslant p\leqslant k)$。决策树构建的目的就是为了降低不确定性。以任意的离散属性$A_i(1\leqslant i\leqslant m-1)$为例，假设$A_i$存在$t$个不同的取值$A_q(1\leqslant q\leqslant t)$，那么根据$A_i$的取值，不仅可以将$S$划分为$S_1, S_2, \cdots, S_t$共$t$个子集，还可以将$C_1, C_2, \cdots, C_k$这$k$个子集进一步划分为$k\times t$个子集，每个子集$C_{pq}$表示在$A_i=a_q$的条件下属于第$p$类的样本集合，其中，$1\leqslant p\leqslant k$，$1\leqslant q\leqslant t$。由此，选择离散的非类别属性$A_i$进行划分后，样本集合$S$对分类的平均信息量为

$$H(S/A_i)=-\sum_{p=1}^{k}P(C_q)\left[-\sum_{p=1}^{k}P(C_{pq})\log_2 P(C_{pq})\right] \tag{10.2}$$

其中$P(C_q)=\sum_{p=1}^{k}|C_{pq}|/|S|$，$P(C_{pq})=|C_{pq}|/|S|$，那么利用$A_i$对$S$进行划分的信息增益量(Information Gain)，$f_G(S, A_i)$则等于使用A_i对S进行划分前后，不确定性下降的程度：

$$f_G(S, A_i)=H(S)-H(S/A_i) \tag{10.3}$$

由于使用属性A_i对S进行划分的信息增益率等于信息增益率与分割信息量(Split Information)的比值，即：

$$f_{GR}(S, A_i)=\frac{f_G(S, A_i)}{f_{sp}(S, A_i)} \tag{10.4}$$

其中，分割信息量$f_{sp}(S, A_i)=-\sum_{l=1}^{t}(|S_l|/|S|)\log_2(|S_l|/|S|)$对于非离散的YouTube视频片段的属性，C4.5决策树算法采用离散化其取值空间的策略，将其转化为离散属性进行计算。选择具有最大信息增益率的属性作

为测试属性，将视频码率属性作为测试属性，C4.5 决策树算法自上而下建立了树形判断规则。当然为了去除噪点和孤立点引起的分支异常情况，C4.5 决策树算法还利用了训练数据集样本的其他属性信息，比如 YouTube 视频片段的播放进度、播放时长、数据量等信息对生成的决策树进行辅助判断，最终得到最好的 C4.5 决策树。

C4.5 决策树原理的分析我们可以看出该算法处理 YouTube 视频片段分辨率分类的问题具有以下几个优势：(1)C4.5 决策树算法在规则生成和样本预测都不会依赖于 YouTube 视频片段样本的分布，该方法能够有效地避免 YouTube 视频片段样本分布变化带来的影响，保证了效果的稳定性。(2)利用 C4.5 决策树生成的树形判断规则对样本进行分类时，仅需要对 YouTube 视频片段样本属性值自上而下地进行比较，找到对应的末端叶节点，处理简单具有高效性。

因此，本文提取了大量视频片段的相关属性，具体属性集合为{视频片段码率，视频片段播放进度，视频片段播放时长，视频片段数据量，视频片段分辨率}。本文将前面四个属性作为判断属性，将分辨率属性作为分类结果。通过对测试视频片段样本的前四个属性的分类学习，最终生成一个树状判断规则来对视频片段的分辨率属性进行分类。

10.3.2　实验与结果分析

本实验的 Android 测试机器为 HTC ONE 手机，系统为 Android 4.4 版本，安装的 YouTube App 的版本号为 10.43.60；本实验的 iOS 测试机器为 iPhone 6，系统为 iOS 9.3.5 版本，安装的 YouTube App 的版本号为 10.43。本章主要的网络实验环境分为两种：4G 和 WiFi。4G 网络主要是建立一个小型基站并将其通过 VPN 隧道接入到因特网中，WiFi 网络主要是使用一台 PC 通过 VPN 隧道接入因特网，并同时使用无线网卡共享无线网络。本次实验在 Android 平台获取了 60 组流量样本，共 926 个视频片段样本；在 iOS 平台获取了 96 组流量样本共 3 144 个视频片段样本。通过视频分段整合提取出来的每个视频片段的特征主要有视频片段进度、视频片段数据量、视频片段播放时长、视频片段播放码率。YouTube Android App 视频分辨率分类类型为：360 P、480 P、720 P、720 P60、1 080 P；YouTube iOS App 视频分辨率分类类型为：360 P、480 P、720 P、720 P60、1 080 P、1 080 P60。

表 10.1 和表 10.2 是使用 C4.5 决策树算法分别对 YouTube 视频片段分辨率识别的结果，可以看出使用该算法对 YouTube Android App 视频片段的分辨率识别准确率为 91.576 7%，对 YouTube iOS App 视频片段的分辨率识别准确率为 74.586 5%。很明显在 Android 平台识别效果较好，而在 iOS 平台识别效果稍差。因为 Android 平台使用的 DASH 视频传输技术的分段时长为

10秒左右，而iOS平台使用的HLS视频传输技术的分段时长为5秒左右，这导致视频片段样本的区分度上Android样本比iOS样本高。结合图10.3和图10.4发现，iOS视频片段样本更容易发生误判。但是总体而言，C4.5决策树算法对YouTube视频片段分辨率识别的效果还是比较准确的。

表10.1　YouTube Android视频片段C4.5决策树分类准确性

指标	测试值		指标	测试值
正确分类的样本	848	91.576 7%	均方根误差	0.170 8
错误分类的样本	78	8.423 3%	绝对平均误差率	13.841 3%
Kappa系数	0.889		均方根误差率	43.798 1%
绝对平均误差	0.042 1		样本总数	926

表10.2　YouTube iOS视频片段C4.5决策树分类准确性

指标	测试值		指标	测试值
正确分类的样本	2 345	74.586 5%	均方根误差	0.253 2
错误分类的样本	799	25.413 5%	绝对平均误差率	35.388 4%
Kappa系数	0.694 2		均方根误差率	67.996 4%
绝对平均误差	0.098 1		样本总数	3 144

10.4　k-means算法辅助识别YouTube视频分辨率

10.4.1　k-means聚类算法分析

在使用C4.5决策树算法识别YouTube视频分辨率时，识别的对象是单个的视频片段X，但是本方法实际应用场景是识别一个视频播放过程的所有视频片段的分辨率情况。因此设定视频样本为S，该视频播放过程中传输了n个视频片段，即$S=\{X_1, X_2, \cdots, X_n\}$。视频样本集合$M$，则视频样本集合表示为$M=\{S_1, S_2, \cdots, S_m\}$。虽然在10.3小节中C4.5决策树算法对YouTube视频片段的分辨率识别效果较好，但是当对视频样本集合M中的视频样本S进行分辨率识别时就会发生不稳定性。比如会对视频样本S_1中的所有视频片段X识别正确率较高，但是会对视频样本中S_2的所有视频片段X识别准确率较低。为了降低C4.5决策树算法对实际应用场景中视频分辨率识别准确性波动性，本节引入k-means聚类算法[5][6]对C4.5决策树算法识别的分辨率结果进行辅助识别。

对于视频样本S在Android平台共有360 P、480 P、720 P、720 P60、1 080 P五种分类选项，在iOS平台共有360 P、480 p、720 P、720 P60、

1 080 P、1 080 P60 六种分类选项。标记分类类型数量为 k，则每个视频片段 X_i 选取其播放码率和视频片段数据量作为其聚类特征 $(A_{i1}, A_{i2})^{\mathrm{T}}$。

选取 k 个质心样本 $C_1, C_2, \cdots, C_k$ 作为初始质心，且每个质心样本 C_j 同样有着聚类特征 $(A_{j1}, A_{j2})^{\mathrm{T}}$。计算视频样本 S 中的所有视频片段样本 X_p 与每个质心 C_q 的欧几里得距离 D_{pq}：

$$D_{pq} = \sqrt[2]{| A_{p1} - A_{q1} |^2 + | A_{p2} - A_{q2} |^2} \tag{10.5}$$

其中 $(1 \leqslant p \leqslant n, 1 \leqslant q \leqslant k)$，获取到每个视频片段样本 X_p 距离最近的质心 $\min\limits_{1 \leqslant q \leqslant k} D_{pq}$，且将该视频片段归为对应质心所属的集合，将所有的视频片段根据与每个质心的欧几里得距离 D_{pq} 分为 k 个集合，此时 $S = \{S_1, S_2, \cdots, X_k\}$，每个集合 $S_i = \{X_1, X_2, \cdots, X_l\}(1 < i < k)$。计算每个聚类集合 S_i 的平方误差 $V(S_i) = \sum\limits_{m=1}^{l} D_{mi}$，若该聚类集合的平方误差跟前次的平方误差大于 1，则计算每个聚类集合新的质心 C_i，其聚类特征为 $(A_{i1}, A_{i2})^{\mathrm{T}}$。其中新的 $A_{i1} = \dfrac{\sum\limits_{m=1}^{l} A_{l1}}{l}$，$A_{i2} = \dfrac{\sum\limits_{m=1}^{l} A_{l2}}{l}$。生成 k 个新的质心 $C_1, C_2, \cdots, C_k$，然后重复以上操作，直至每个聚类集合的平方误差与前次的平方误差小于 1 则结束聚类操作。最终该视频样本 S 的所有视频片段 $X_1, X_2, \cdots, X_n$ 分为了 k 个聚类集合 $S = \{S_1, S_2, \cdots, S_k\}$。

对这 k 个聚类集合里的所有视频片段 X 使用 C4.5 决策树算法生成的决策树规则进行分辨率识别，对于识别出来的分辨率结果，按照每个聚类集合中少数服从多数的原则进行分辨率识别结果的辅助修正，最终修正后的分辨率结果为该视频所有视频片段分辨率识别的最终结果。

通过 k-means 聚类算法辅助识别修正 C4.5 决策树识别的结果主要有两个原因：(1)识别对象为一个完整视频，该视频的所有视频片段并不是互相独立而是相关联的，利用这些视频片段的关联性可以修正 C4.5 决策树的识别整个视频所有视频片段分辨率的不稳定性；(2)某些视频片段的基本属性基本相同，但是由于其所属视频类别不同，其分辨率结果也不同，所以使用 k-means 聚类算法引入视频样本的整体性来辅助识别修正分辨率结果。

10.4.2　实验与结果分析

(1) 分辨率识别准确率

本实验的数据采集设备为市面售卖的 Android 手机和 iOS 设备，主要使用了华为 P7 移动版手机、HTC ONE 手机、红米 1s 手机、iPhone 6、iPad mini 2。其中 Android 手机使用的时 YouTube 官方 App 版本号为 10.43.60。iOS 设备使用的是 App Store 提供的 YouTube App 版本号为 10.43。本章主要的网络实验环境分为两种:4G 和 WiFi。4G 网络主要是建立一个小型基站并将其通过 VPN 隧道接入到因特网中,WiFi 网络主要是使用一台 PC 通过 VPN 隧道接入因特网,并同时使用无线网卡共享无线网络。跟 C4.5 决策树算法识别分辨率的验证方法不同,本实验的应用场景是识别一个视频播放时的所有视频片段的分辨率情况,因此我们在 Android 端抓取了 40 个视频的加密流量样本,在 iOS 端抓取了 40 个视频的加密流量样本,这 80 个样本均使用的自适应分辨率选项播放。又使用中间人攻击对这 80 个视频的所有明文信息进行提取和解析,解析出每个视频片段的标准播放码率,共计获取了 440 组视频片段集合的标准码率信息。通过将每个视频片段码率和不同分辨率标准码率比对来确定该视频片段的标准分辨率,再将该分辨率和我们识别出的分辨率进行对比,若匹配则判定识别正确,若不匹配则判定为识别错误。视频分辨率的识别正确率为正确识别分辨率的视频片段数除以视频总片段数。

图 10.5 和图 10.6 分别是 Android 平台和 iOS 平台分辨率识别准确率统计图。我们对 80 个视频测试样本设定正确率为 80%和 70%的准确率阈值通过率统计,统计结果如表 10.3 所示。

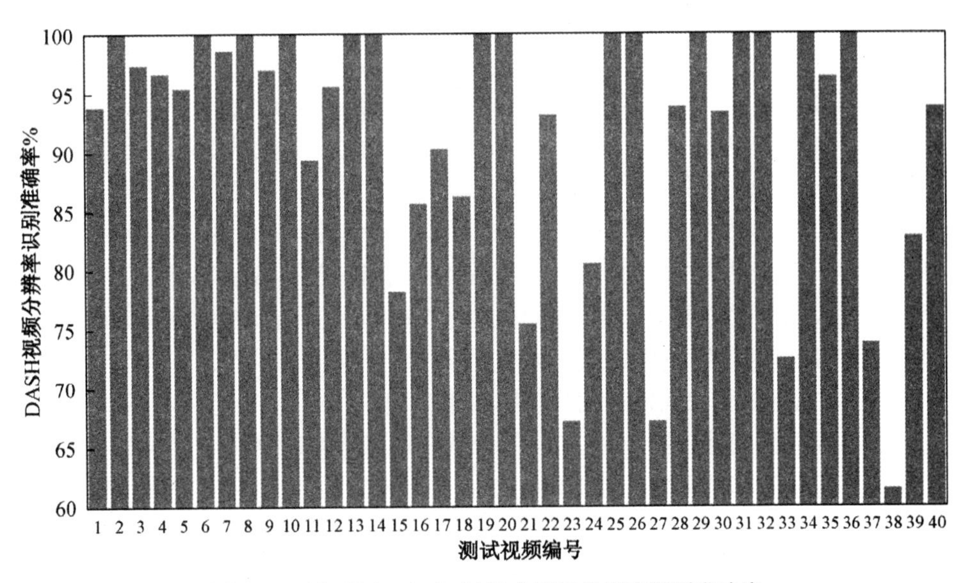

图 10.5　YouTube Android 平台视频分辨率识别准确率

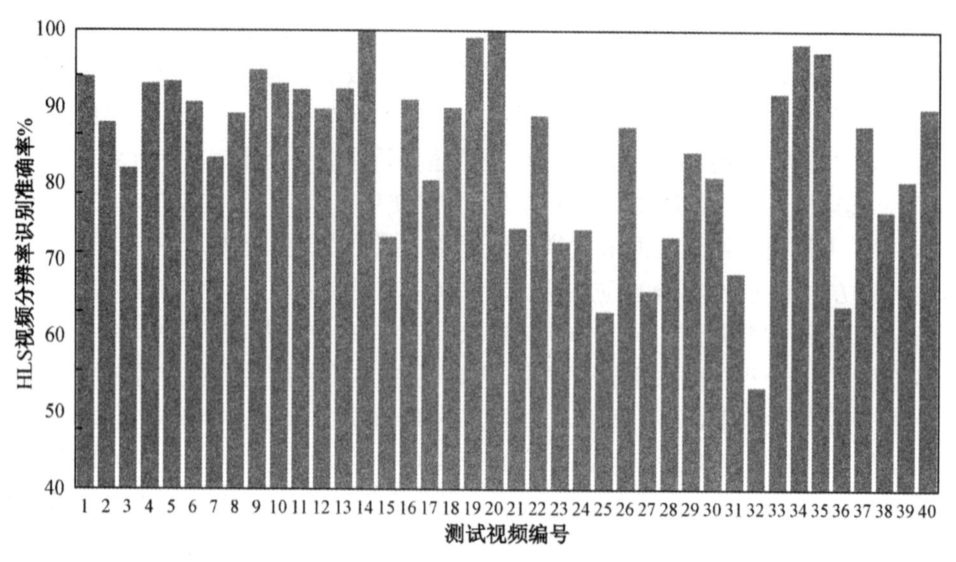

图 10.6　YouTube iOS 平台视频分辨率识别准确率

表 10.3　YouTube 视频分辨率识别结果

传输模式	80%准确率阈值通过率	70%准确率阈值通过率
DASH(Android)	82.5%	92.5%
HLS(iOS)	67.5%	87.5%

结果显示 C4.5 决策树算法结合 k-means 聚类算法的分辨率识别方法对 YouTube Android 平台视频分辨率的识别效果较好，80%和 70%准确率阈值通过率都超过了 80%。对 YouTube iOS 平台视频分辨率的识别效果相比较差一些，80%阈值通过率只有 67.5%，但是 70%阈值通过率达到 87.5%。该方法在 iOS 平台分辨率识别效果不如在 Android 平台，主要原因在于 iOS 平台的视频片段数量更多，每个视频片段可播放时长更短，每个视频片段的数据量更小，这样直接导致每个视频片段的特征更具有偶然性和特异性，容易对我们的识别判断造成很大的干扰。但是总体而言该方法对 YouTube App 视频分辨率识别效果较好，可以满足实际应用场景的生产要求。

(2) k-means 算法辅助识别分辨率效果对比

为了提高识别准确性，本文引入了 k-means 聚类算法对 C4.5 决策树算法识别出来的分辨率结果进行辅助修正。通过对测试的 80 个视频样本中的视频片段分别进行 C4.5 决策树算法识别和“C4.5 决策树算法＋k-means 聚类算法”识别。视频分辨率识别的准确率计算方式为识别正确的视频片段占总片段的比例。如图 10.7 和图 10.8 是 YouTube Android 端和 iOS 端部分测试视频的分辨率识别效果对比。

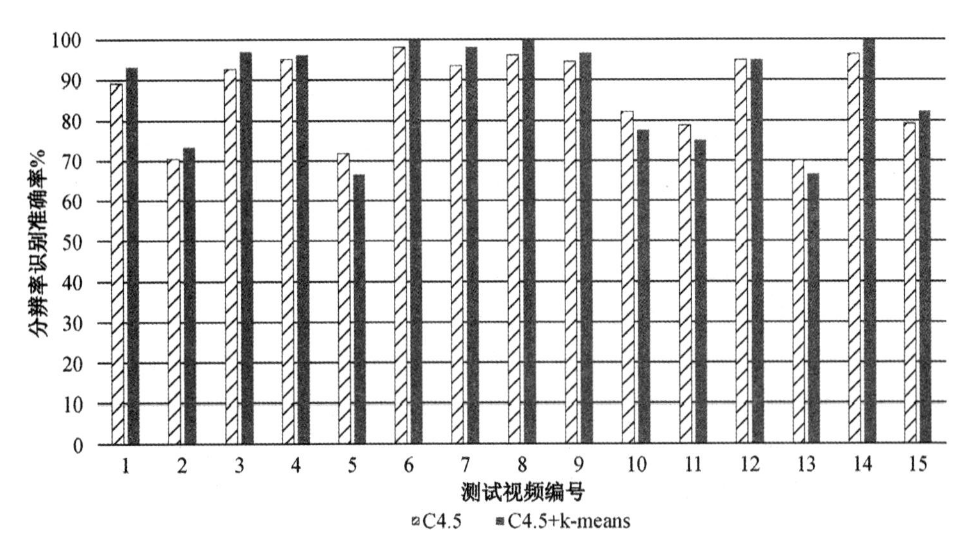

图 10.7 YouTube Android 端两种分辨率识别算法效果对比

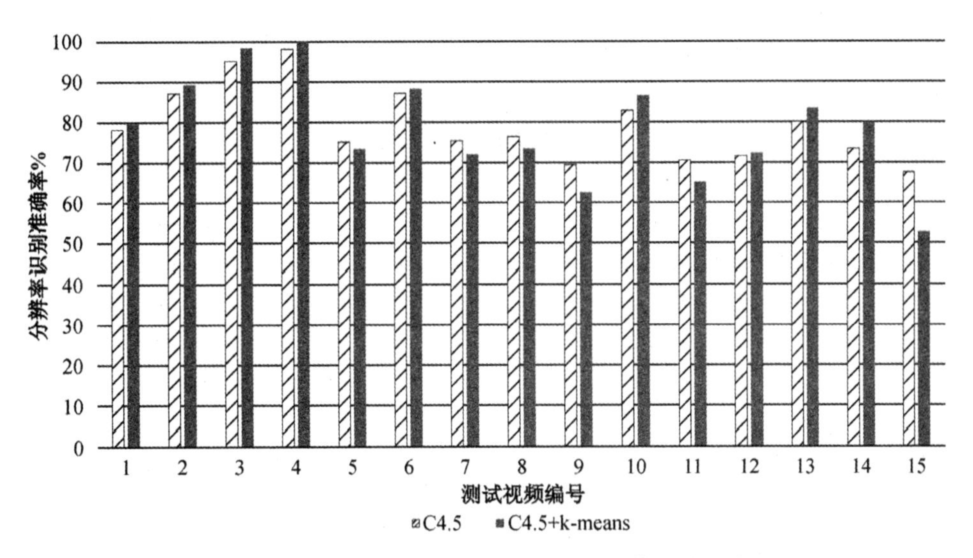

图 10.8 YouTube iOS 端两种分辨率识别算法效果对比

通过对比发现，在加入了 k-means 聚类算法辅助识别视频分辨率后，YouTube 视频分辨率识别效果呈现两个主要特征：(1)C4.5 决策树算法分辨率识别准确率较高的视频样本，加入 k-means 算法后会提高分辨率识别准确率。(2)C4.5 决策树算法识别准确率较低的视频样本，加入 k-means 算法后会没有效果或者降低识别准确率。

10.5 小结

为了从 iOS 平台和 Android 平台 YouTube App 的 HTTPS 加密流量中识别出用户观看视频时真实的分辨率变化状况，首先需要对这些加密流量进行处理，可以从加密流量中提取出用户所观看视频的所有视频片段以及这些视频片段的播放位置、播放码率、数据量和播放时长等特征。根据这些特征本章引入了 C4. 5 决策树算法对这些视频片段的分辨率进行分辨率识别，在 Android 平台和 iOS 平台的识别效果都较好。但是 C4. 5 决策树算法识别视频片段分辨率水平的方法跟实际应用场景不是完全匹配，本方法的实际应用场景是识别出用户所观看视频的所有视频片段的分辨率水平，C4. 5 决策树算法忽略了该视频所有视频片段之间的关联性。因此，本方法引入了 k-means 聚类算法对C4. 5决策树算法识别出来的分辨率结果进行辅助修正识别。根据该视频的视频片段之间的关联性进行聚类分簇，对于每个簇里的视频片段的分辨率结果，按照“少数服从多数”的原则进行分辨率结果修正，修改后的分辨率结果作为该视频的最终分辨率识别结果。

参考文献

[1] McGuinness C D, Walker D, Taylor C, et al. Evaluation of H. 264 and H. 265 full motion video encoding for small UAS platforms[C]. SPIE Defense + Security. International Society for Optics and Photonics, 2016:98410M-98410M-12.

[2] Schmitt J J, Leon D A C, Occhino J A, et al. Determining Optimal Route of Hysterectomy for Benign Indications: Clinical Decision Tree Algorithm[J]. Obstetrics & Gynecology, 2017, 129(1):130-138.

[3] Mašetic Z, Subasi A, A zemovic J. Malicious Web Sites Detection using C4. 5Decision Tree[J]. Southeast Europe Journal of Soft Computing, 2016, 5(1).

[4] Quinlan J R. C4. 5: programs for machine learning[M]. [s. l.]:Elsevier, 2014.

[5] Kanungo T, Mount D M, Netanyahu N S, et al. An efficient k-means clustering algorithm: Analysis and impl ementation[J]. IEEE transactions on pattern analysis and machine intelligence, 2002, 24(7):881-892.

[6] Guha S, Mishra N. Clustering data streams[M]//Data Stream Management. Berlin Heidelberg: Springer, 2016:169-187.

11 VoIP 服务质量体验评估方法

11.1 引言

传统的公用电话交换网(PSTN, Public Switch Telephone Network)是一种以模拟技术为基础的电路交换网络。PSTN 提供的是一个模拟的专有通道,通道之间经由若干个电话交换机连接而成。当两个主机或路由器设备需要通过 PSTN 连接时,在两端的网络接入侧(即用户回路侧)必须使用调制解调器(Modem)实现信号的模/数、数/模转换。从 OSI 七层模型的角度来看,PSTN 可以看成是物理层的一个简单的延伸,没有向用户提供流量控制、差错控制等服务。而且,由于 PSTN 是一种电路交换的方式,所以一条通路自建立直至释放,其全部带宽仅能被通路两端的设备使用,即使他们之间并没有任何数据需要传送。因此,这种电路交换的方式不能实现对网络带宽的充分利用。

VoIP[1, 2](Voice over Internet)就是将模拟信号(Voice)数字化,以数据封包(Data Packet)的形式在 IP 网络(IP Network)上做实时传递。VoIP 最大的优势是能广泛地采用 Internet 和全球 IP 互联的环境,提供比传统业务更多、更好的服务。VoIP 可以在 IP 网络上传送语音、传真、视频和数据等业务,如统一消息业务、虚拟电话、虚拟语音/传真邮箱、查号业务、Internet 呼叫中心、Internet 呼叫管理、电话视频会议、电子商务、传真存储转发和各种信息的存储转发等。

在 IP 网络技术高速发展的今天,VoIP 的应用也越来越普遍。VoIP 技术能够通过协同数据和语音,使数据传输和语音通信在同一个网络中完成,这在提高用户们使用效率的同时,还有效地降低了系统的管理成本。在各运营商们将这些成本低廉的技术带入市场之后,VoIP 业务逐渐成熟,与原有的网络数据传输和语音相互结合,提供的服务与之前的相比更优质、全面,从而形成了 VoIP 自己的竞争优势。同时 VoIP 具有不受时间、空间的限制,信息量巨大,通信方式灵活等特点,深受用户们的喜爱。

VoIP 主要有以下三种方式[3]:

网络电话：完全基于 Internet 传输实现的语音通话方式，一般是 PC 和 PC 之间进行通话。

与公众电话网互联的 IP 电话：通过宽带或专用的 IP 网络，实现语音传输。终端可以是 PC 或者专用的 IP 话机。

传统电信运营商的 VoIP 业务：通过电信运营商的骨干 IP 网络传输语音。提供的业务仍然是传统的电话业务，使用传统的话机终端。通过使用 IP 电话卡，或者在拨打的电话号码之前加上 IP 拨号前缀，这就使用了电信运营商提供的 VoIP 业务。

VoIP 中数据报文在 IP 网络中采用的是 UDP 的网络协议，该项协议是尽最大努力传输，提供无连接和不可靠的传输服务，语音质量因此无法得以保证。而传统的 PSTN(公共交换电话网络，Public Switched Telephone Network)技术是一项已经成熟的技术，其优秀的语音质量是 VoIP 技术无法达到的。

VoIP 是以 IP 网为载体进行传输的，而 IP 网并不是只为 VoIP 设计的，网络上的时延[4]、丢包[5]、抖动[6]等因素对语音质量[7]具有巨大的影响，怎样有效地预测语音质量并且有效地提高语音质量，这是各运营商和用户关心的话题。

对 VoIP 的语音质量有重大影响的有很多因素，其中包括语音编解码损伤、时延、数据包丢失、网络抖动、网络带宽限制等。一般来说，网络因素中的网络时延、数据包丢失和抖动是影响语音质量的最主要的三个因素。这三种损伤是不能被根除的，只能减弱。当网络时延高于 400 毫秒，数据包丢包率大于 5%，网络抖动超过 50 毫秒时，这样的语音质量是人们无法可以接受的。在语音通信中，人们用平均意见得分 MOS[8, 9]表示 VoIP 的语音质量，该指标直接体现了用户对语音的感知。

MOS 的值有两种办法获取，一个是主观感知，一个是客观测试[10-11]。主观感知的方法浪费人力、物力，又不便于重复测量，并且在当今网络高速发展的今天，该方法又无法实现大规模且长期的测量。相比之下，客观的语音质量评价方法更能被人们所接受。各大运营商和各研究机构对如何高效地、精确地评价 VoIP 语音质量已有了广泛的讨论和研究。

因为当前的 IP 网络使用的是尽最大努力的服务方式，网络性能中存在着动态变化，如数据包的丢失率，网络路径延迟，网络抖动等。这将不能保证 VoIP 语音的传输质量。本章的目的是针对现有的 VoIP 语音，设计一个系统，该系统用来对网络路径中的性能参数进行实时监测，其中性能包括(抖动、时延、丢包等)，然后使用一个方法模型将这些性能参数反映出来，对语音质量做出评价，用来检测 VoIP 服务质量。

11.2 VoIP关键技术

11.2.1 VoIP的网络性能要求

公共交换电话网络PSTN通过传输连续的模拟信号[12]的方式达到电话对电话的通信。VoIP和PSTN有所不同,其采用语音编码技术对模拟信号采集、编码,将数字信号封装在UDP报文中,通过IP协议在网络上传输。VoIP的传输至少需要两个终端,发送端通过模数转换将模拟型号转化为数字信号,以IP分组的形式发送出去。接收端接收到数据后,将数字信号解调成模拟信号,经过刚刚发送的逆过程恢复原来的语音。网络中的VoIP传输过程见图11.1。

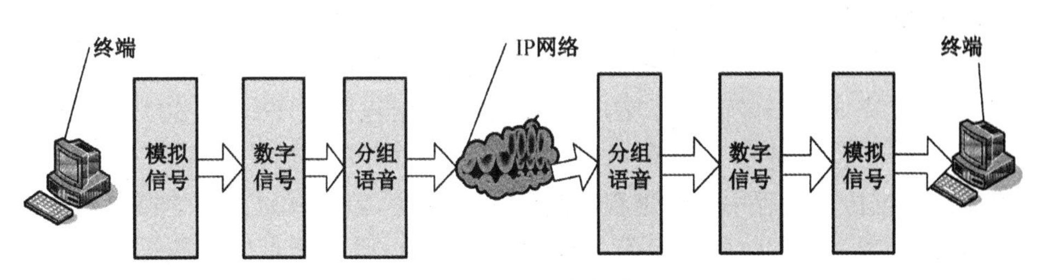

图11.1 VoIP传输过程

除此之外,VoIP在很多方面也和传统数据网络应用存在着不同。如:FTP传输文件占用较大的网络带宽传输文件,但是对网络时延和抖动的要求并不高,而VoIP则相反,它占用的网络带宽较少,但是,网络时延和抖动则是VoIP所关注的网络性能测度,它更需要实时性。针对用户的服务感受而言,PSTN服务质量好,但是VoIP通话具有廉价、方便的特性,而绝大多数的网络无法为端到端的VoIP提供等同于PSTN的服务。VoIP的网络性能要求有:

VoIP使用的是RTP协议传送数据。RTP协议使用的是尽最大努力、无连接的UDP传输协议,所以不会跟踪数据包,数据包到达后也不予以回复。因而无法对网络丢包进行重传。由此可见整个传输中的丢包率不应过大。

VoIP是交互式的服务,所以网络延迟的控制很重要,发送端与接收端的交互越多,所能容忍的延迟越小。

由此可见VoIP的传输有很多地方和PSTN、传统数据网络不同,这些因素都必须考虑在内,才能使VoIP有更好的发展。

11.2.2 VoIP协议架构

网络电话VoIP使用一组协议完成数据传输应用,使用的协议包括RTP[13-14]、实时传输控制协议RTCP、H.323协议[15-16]、SIP协议和MGCP[17]

协议等。各协议关系如表 11.1 所示。

表 11.1 VoIP 协议体系

	音频 VoIP			
应用层	RTP 协议	RTCP 协议	SIP 协议	H. 323 协议
传输层	UDP 协议			TCP 协议
网络层	IP 协议			
物理层	如 Ethernet/SDH			

实时传输协议 RTP 是一个负责传输流媒体的协议,其可以进行一对一、一对多的传输,并使数据流达到同步。RTP 报文封装在 UDP 报文内部,运输层协议采用的是 UDP 协议,VoIP 语音的传输是由 RTP 和 RTCP 共同完成的。因为 RTP 协议所使用的 UDP 传输协议使用的是尽最大努力、无连接的传输方式,其只能完成数据传输的工作,并不能保证数据包按顺序到达,也不能对网络中的数据流量进行控制。控制数据流量的工作由实时传输控制 RTCP 负责,它可以在数据传输过程中完成进程之间的信息交换,如向发送方传达已接收的数据包数目、遗失数据包的数目等。根据这些信息,服务器可以对数据的传输进行调整。RTP 和 RTCP 各司其职,同时工作,能更加经济有效地进行网络流媒体的实时传输。

H. 323 协议是因特网上的一种标准,该标准是 ITU-T 在 1996 年制定的,原本的目的是在局域网中进行语音和视频的传输。1998 年后其改名为“基于分组的多媒体通信系统”。这里的网络定义范围很广,大到因特网、广域网、城域网,小到局域网。H. 323 负责在端系统之间进行实时音频和视频的传输,它是一组协议而不是一个独立的协议。

不同的运输协议都可以供其使用,H. 323 协议体系结构如表 11.2 所示。

表 11.2 H. 323 协议体系结构

<table>
<tr><td>数据应用</td><td colspan="4">信令和控制</td><td colspan="2">视频/音频应用</td></tr>
<tr><td rowspan="2">T. 120
数据</td><td rowspan="2">H. 245 控制信令</td><td rowspan="2">H. 225. 0 呼叫信令</td><td rowspan="2">RTCP</td><td rowspan="2">H. 225. 0 登记信令</td><td>视频编解码</td><td>音频编解码</td></tr>
<tr><td colspan="2">RTP</td></tr>
<tr><td colspan="3">TCP</td><td colspan="4">UDP</td></tr>
<tr><td colspan="7">IP</td></tr>
</table>

H. 323 具体内容包括描述系统和其构件、呼叫模型,控制报文、视频语音编解码以及一些数据协议。H. 323 标准中指明了 4 种构件:H. 323 终端、网关、网闸和多点控制单元 MCU,有了这些构件就能够实现一对一、一对多或多对一的

多媒体通信。非 H. 323 网络和 H. 323 网关连接图见图 11. 2。

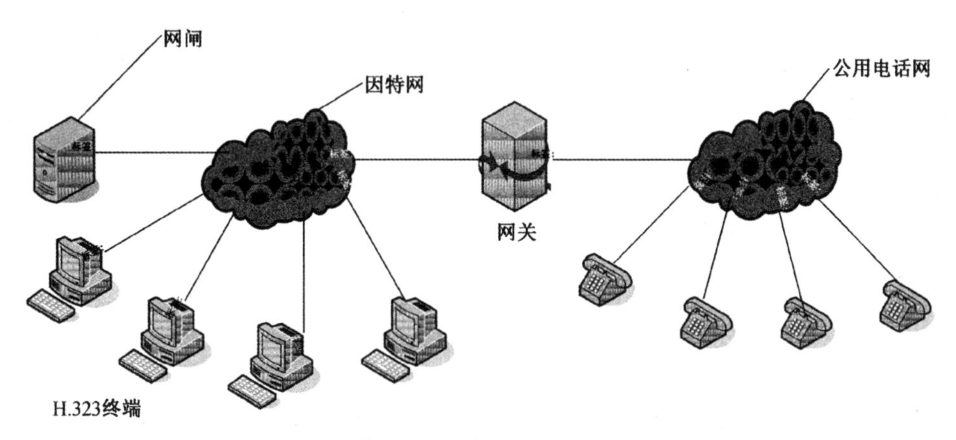

图 11.2 非 H.323 网络和 H.323 网关连接图

当一个计算机终端想跟另一个计算机建立 VoIP 呼叫连接时,呼叫端先通过 RAS 信令,得到关守的同意,随后源终端采用 H. 225 呼叫信令跟目的终端完成通信连接。然后源终端跟目的终端进行协商,该过程是通过 H. 245 呼叫信令来实现的,从而形成 RTP 传输通道,流媒体得以传输。H. 323 建立呼叫过程如图 11. 3 所示。

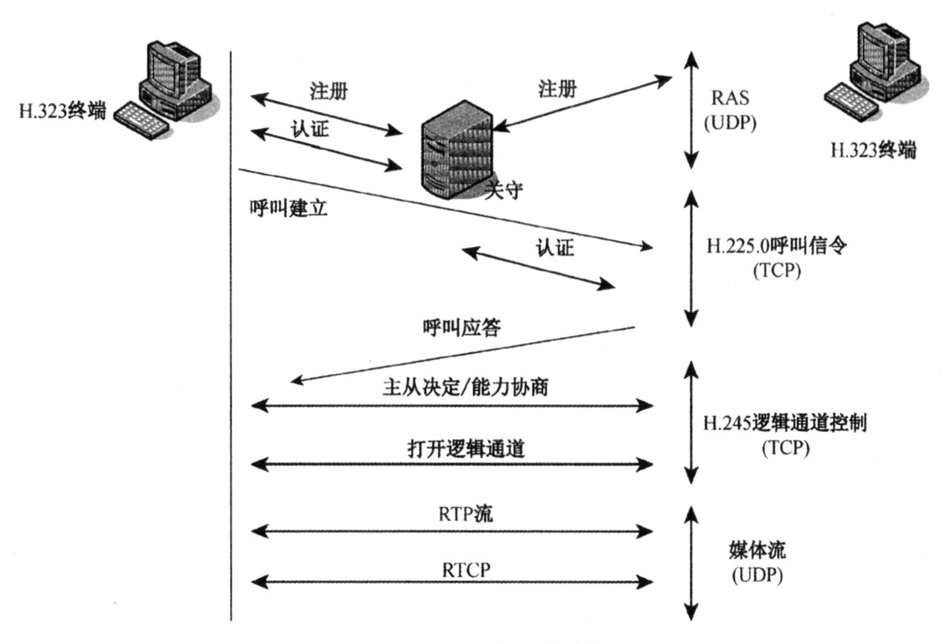

图 11.3 H.323 建立呼叫过程

H.323协议过于复杂，阻碍了IP的新业务的发展。因此会话发起业务SIP(Session Initiation Protocol，会话初始协议)，这套较为简单而且实用的标准被人们采用。SIP是由IETF(Internet Engineering Task Force，因特网工程任务组)制定的多媒体通信协议。它是一个基于文本的应用层控制协议，用于创建、修改和释放一个或多个参与者的会话。广泛应用于CS(Circuit Switched，电路交换)、NGN(Next Generation Network，下一代网络)以及IMS(IP Multimedia Subsystem，IP多媒体子系统)的网络中，可以支持并应用于语音、视频、数据等多媒体业务，同时也可以应用于Presence(呈现)、Instant Message(即时消息)等特色业务。

媒体网关控制协议MGCP是1999年由Internet工程任务组制定的媒体网关控制协议，由简单网关控制协议SGCP和互联网协议控制IPDC演化而来，其主要由多个媒体网关和一个呼叫代理构成。

11.2.3　影响语音质量的因素

因为IP电话是在因特网中传输，而语音传输使用的又是UDP协议，该协议是尽最大努力交付、不可靠的传输方式，这个传输过程必然会使语音质量在传播过程中受到损失。影响语音质量的因素有设备终端因素、时延、网络数据包丢失、网络抖动以及某些其他因素。

(1) 设备终端

在语音设备接收数据时，语音设备会对语音质量有所影响。同时为了消除回声和静音抑制，DSP处理也会对语音带来一定的损伤。语音的传输需要将语音流被压缩后才能实行，在发送端将语音流压缩，在接收端再还原出来，根据压缩算法的不同，这个过程中也会对语音质量造成损伤。

(2) 编解码

编解码[18]对VoIP语音质量带来的损伤有两个方面，一是对语音数据编码和解码的过程产生的时延。在数字信号和模拟信号相互转换的过程中，由于编码类型的不同，所采用的读取语音数据时间和编解码的时间都不相同。二是在编码和解码过程中对语音数据造成的失真。不同的编码类型涉及不同的算法，在压缩语音数据和还原语音数据时，会对数据带来不同程度的失真。

(3) 时延

时延是网络性能的重要参数。时延由两部分组成：固定时延与可变时延。固定时延与软件设备和硬件设备本身特性相关，当软件设备种类、硬件设备种类和参数选定后，固定时延的值也就确定了，不再受网络运行情况的影响。而可变时延是跟实际网络的状况相关，这些包括网络上的传输时延、节点排队时延、服务器处理时延等。这些值跟输入和输出设备的端口速率、整个网络中的负载和网络路径有关。随着科技的发展,硬件技术、解码技术的提高,IP 网络中的传输时延和为了去除抖动而采用的缓冲区技术产生的时延已成为最主要的时延方式。一般时延在 150 毫秒以下是人们可以接受的范围,150 毫秒到 400 毫秒,人们勉强可以忍受,当大于 400 毫秒时,已不能忍受。

(4) 丢包率

RTP 协议传输语音,采用的是 UDP 不可靠的传输方式,数据包的丢失是在所难免的。网络中丢包[19]现象的产生有以下三种原因:

- 在 IP 网络中传输发生误码,这在过去发生的可能性比较大,但现在网络硬件条件较好,这种错误的发生概率已变得微乎其微。
- 物理设备的链路连接发生故障,以及在数据传输的过程中的路由信息出错。
- 网络中的负载过大,流量过大,使网络出现拥塞,从而导致丢包率的上升。基于因特网的基本原理,这种丢包是无法避免的,通常情况下,VoIP 应用可以忍受一定范围内的丢包率,而当丢包率大于 10%时,接受方就不能忍受了。

(5) 抖动

数据在传输过程中要经过不同的路由器和不同的链路,每个数据包在传输过程中的时延都不一样,数据包在离开发送端时按照其规定好的间隔排列离开,通过网络传输后,到达接收端时因为每个包所经历的路径不同,时延不同,从而使接收端各数据包之间的间隔跟原先的出发间隔发生了变化,因而产生了抖动[20]现象。网络传输中的抖动想要彻底根除是无法做到的,因此提高 VoIP 语音质量中一个重要的难题就是如何减轻抖动带来的不利影响。

为了减小网络中的抖动对语音质量的影响,研究者们引入了一个抖动缓冲区,设置在接收端。到达的语音包暂时存入抖动缓冲区,随后系统用从缓冲区中平稳地读出数据,经过解码后播放出来。这个技术的使用能够减小抖动,达到提高语音质量的目的。如有 5 个语音包 A、B、C、D、E,他们的发出时间分别为 10 ms、20 ms、30 ms、40 ms、50 ms,经过 IP 网络,他们的到达时间分别为 40 ms、50 ms、65 ms、70 ms、80 ms,采用抖动缓冲技术,将这 5 个语音包在 45 ms、55 ms、65 ms、75 ms、85 ms 播放出来,即 A、B、D、E 这 4 个数据包延迟 5 ms 播放,这样就可以获得流畅的语音。从上述例子中可以明显地看出,这种抖动缓冲区的使用减小了网络语音的抖动,但同时增大了网络语音的时延。因此应该对这抖动的减弱和时延的增加取得一个平衡,这样才能更加有效地提高语音质量。

(6) 其他因素

回声:回声有两个类型,一个是声学回声,一个是电气回声。声学回声是语音者说话时声音通过反射传入话筒中的声音。电气回声是语音设备通过混合线路的连接而导致语音信号出现反射现象。当回声的延迟低于16毫秒时，人耳感受不到回声的影响。

使用者的语言各异、性别不同、年龄不等，这些因素都会对语音质量造成不同程度的影响。

11.3　VoIP的QoE评价方法及改进

VoIP的语音数据在IP网络中使用尽最大努力、无连接、不可靠的UDP协议进行传输，由于IP网络性能的不确定性，IP网络会对IP语音的质量造成一定的影响，使得VoIP无法和传统的PSTN相比，其在通话质量方面，会有许多的不确定性，这些影响直接制约了VoIP的普及和发展。因此，改善VoIP的通话语音质量最重要的一点就是，VoIP运营商们采用什么方法可以在整个范围内对大量的同时使用的VoIP语音质量实施检测和评估。找到影响IP电话语音质量的重要因素，对这些因素减弱甚至消除，从而优化VoIP的语音质量。

为了保证VoIP的服务质量，运营商必须能够监测服务质量，在服务质量降低的时候及时发现，因此对VoIP的体验质量(Quality of Experience，QoE)需要有可操作的评价方法，本小节介绍常用的VoIP的QoE评价方法。

11.3.1　VoIP的QoE评价方法介绍

VoIP系统话音质量的评价方法通常分为两类，一类是主观评价方法，第二类是客观评价方法[21]。

(1) 主观评价方法是人工评价。ITU-TP.800提出体现主体对用于对话或用于听取的语音资料的电话传输系统性能的意见值平均分(MOS)。让听众代表听一个话音样本，然后把这些被试听的语音样本经过网络传输后，人工投票，评价刚刚经过网络传输的语音质量。这个测量方法要求参与者要有不同的语言、年龄和性别，这样可以得到更加客观的判断。经过试验可以得出关于语音质量的分数：1分，语音质量最差；2分，较差；3分，中等；4分，挺好；5分，非常好。MOS方法是一种模糊的评估方法。

绝对分类定级(ACR，Absolute Category Rating)测试是主观评价方法之一，该方法给出一个值——平均意见得分MOS(Mean Objection Score)。退化分类定级(DCR，Degradation Category Rating)也在一些场合使用，它给出了恶化平均意见得分(DMOS)。

主观评价与客观评价相比可以准确地测量用户的真实感知，但也比客观评价参与的人数多，它执行起来既费时，又费力。这使得MOS值测试耗时、昂贵和严格。

(2) 客观评价是指用使用机器进行自动地预测,得出主观质量的测试结果,这样的方式相对节约时间并且更容易执行。客观评价有两种,侵入式方法与非侵入式方法。在侵入式评价方法中,原始信号和失真信号都要使用,将两者进行比较,根据失真情况对语音质量进行评价,该方法也可以称作基于输入—输出方法。非侵入式方法只需要经过网络传输的信号,不需要原始信号,针对失真信号做出语音质量的评价,其称为基于输出的方法。

客观的评价方法种类颇多,有感知分析测量(PAMS, Perceptual Analysis Measurement System)、有感知话音质量测量(PSQM, Perceptual Speech Quality Measurement)、E模型等。

语音质量评价方法分类见图11.4。

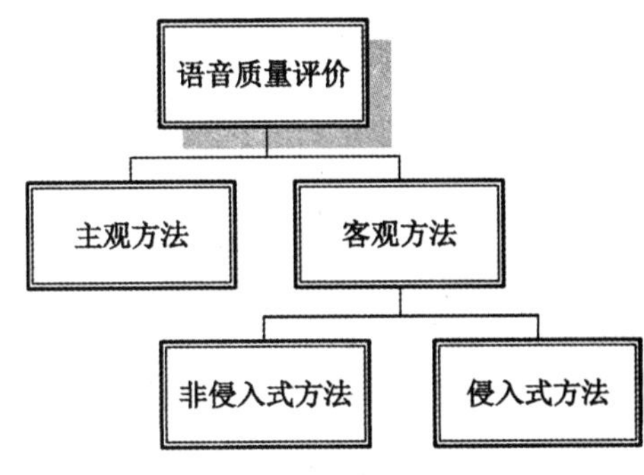

图11.4 语音质量评价方法分类图

11.3.2 主观评价方法

(1) ACR方法

语音主观评价方法中,绝对种类定级(ACR)评价方法最为大家所熟知。ITU-TP.800提出了使用这个方法的测量方式,参与者对听到的语音进行划分等级,等级有1~5之分,对所有的参与者的得分给出一个平均分。一般需要参与评价的人数大于16个,同时评价时的环境也很重要,需要非常安静,这样结果才更加精准,MOS越大,说明语音的质量越好。ACR测试评分标准如表11.3。

表11.3 ACR测试评分标准表

评分	语音质量等级	评分	语音质量等级
1	差	4	好
2	较差	5	非常好
3	可以		

(2) DCR方法

当评估优质的语音样本时,绝对分类定级(ACR)的测量方法通常是不敏感的,质量差异变化小的情况检测不到。在这样的情况下,测量者们一般会使用退化分类定级(DCR)测量方法。DCR要求参与评估的人比较样本语音和退化后的语音,通过其中的变化来评定退化的等级。在DCR中,参与评估的人给出的平均得分被称为退化平均意见得分(DMOS)。该方法也是主观评价方法。DCR 测试评分标准如表 11.4 所示。

表 11.4 DCR 测试评分标准表

评分	语音质量等级	评分	语音质量等级
1	听不到	4	有噪音
2	听到,不明显	5	严重噪音
3	轻微噪音		

(3) 其他主观评价方法

人们提出了对照种类定级方法——CCR(Comparison Category Rating)评价,该方法比较一对文件,然后给出 CMOS 得分。欧洲电讯开发和战略研究所也提出了新的研究方法,他们使用一个滑动窗口来测试连续尺度的 MOS 值,这种方法可以估计多媒体服务的质量。

11.3.3 客观评价方法

(1) PSQM 方法

ITU-T 在 P. 861 中建议的 PSQM (Perceptual Speech Quality Measurement)方法是客观评价方法。首先选取符合条件的基准信号源,可以是真实的声音,也可以是规定的人工语音。把基准信号源和经过网络的干扰后信号输入到知觉模型,这个知觉模型实际上是对信号进行时间—频率映射,以及频率和强度偏差处理。从知觉模型输出得到的信号内部表现通过差别模型进行处理,为了获得主观和客观之间的较高关联性,再输入到认识模型,最后得到质量评分。从这个评价模型可以看出使用者对语音清晰度的评价主要取决于使用者的认识模型,而使用者的认识模型又是受其知觉模型影响。PSQM 客观评价在窄带语音编解码器的测量上使用得较为频繁。

(2) PESQ

PESQ(Perceptual Evaluation of Speech Quality)是 ITU-TP. 862 建议书提供的客观 MOS 值评价方法。其算法属于输入—输出的方法中的一种。先将两个信号通过电平调整,接着通过滤波器,经过滤波处理后,再变换听觉、调整时间,然后分别取出失真信号,对其分析后可以得到 PESQ 分数。最后通过这个最终分数,得出主观平均意见分,即 MOS 分数。PESQ 得分区间在−0.5 至4.5 之间。分数越高,质量越好。但是缺点也有,如:网络时延、数据抖动、数据包丢失等网络问题,因为 PESQ 不是基于数据网络的,而导致 PESQ 不能如实反映。该方法也忽略了在网络发生故障的时候,用户会受到的影响,只是简单地根据信号失真的问题分析经过网络传输的语音。这不符合 VoIP 具有可以根据网络具体情况进行自身调整的能力的事实。

11.3.4　E 模型评价方法

E 模型最早是由欧洲的 ETSI 标准组织提出，后来又由 ITU-T 标准化形成 G. 107[22]建议，E 模型是一个非干扰式的语音评价方法，它根据网络质量的变化和信噪比等参数估计网络语音的质量。E 模型的方法中有一个参数 R，它由 VoIP 语音在网络传输中对其语音质量造成影响的因素得到，这些因素包括消极因素和积极因素。这个参数 R 可以评价语音的质量。随后根据 R 值和主观意见分数 MOS 相映射的表，得到 MOS 值。E 模型关心网络中所有的影响语音质量的因素（无论是积极的还是消极的），并且能适应复杂的网络状况，准确地对语音质量进行评估。其结构图如图 11.5 所示，它的通话系统有两端，一边是发送端，一边是接收端。E 模型评价方法中的参数都是图中的基本参数推算出来的。

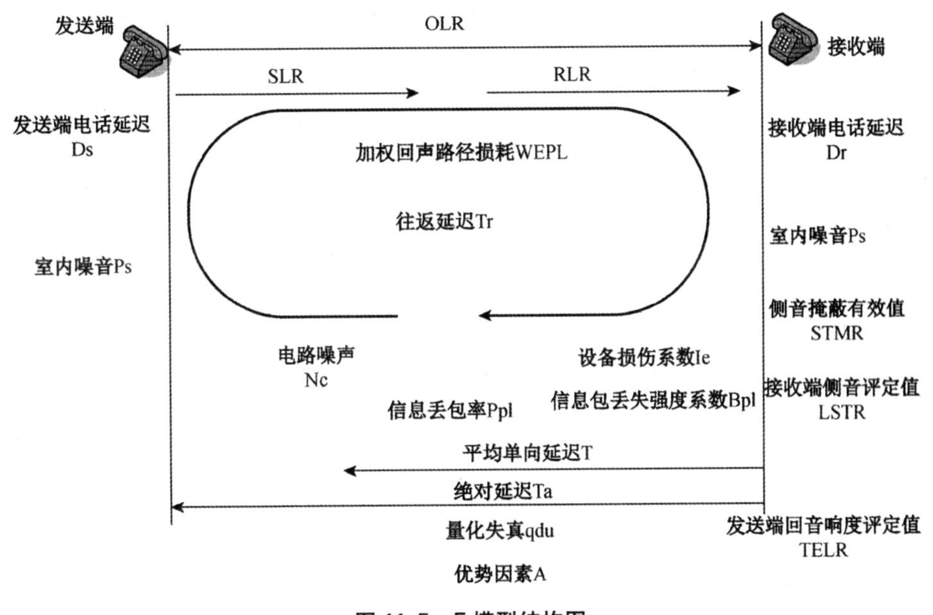

图 11.5　E 模型结构图

采用 E 模型得出的最终计算结果为传输等级要素 R，该值取 0 到 100。

R 值的计算从没有网络和设备的损伤影响开始，此时语音质量是最好的，$R=R_0$。R_0 是无网络延时和设备损伤因素的基本信号与收发噪声以及电流、背景噪声之比，即基本信噪比。但是因为网络和设备损伤因素的存在，降低了通过网络的语音质量，R 值的基本计算公式如下：

$$R = R_0 - I_s - I_d - I_{e\text{-}eff} + A \tag{11.1}$$

其中，R_0：基本信噪比，包括噪声源诸如电路噪声和室内噪声；I_s：与语音信号传输同步的损伤；I_d：语音信号传输延时后的损伤；$I_{e\text{-}eff}$：由设备引入的损伤，例如编码器损伤；A：优势因素，致力于考虑呼叫者的期望因素，在大部分情况下，一般设置为 0。

由公式可知，全面的语音质量的计算是通过首先估计一个连接的信噪比(R_0)，然后从中减去网络损伤(I_s，I_d，$I_{e\text{-}eff}$)，最后再用呼叫者对语音质量的期望(A)进行补偿后得到。实际应用中，基本公式中的输入 R_0，I_s，I_d 和 $I_{e\text{-}eff}$，每一个都需要考虑各种各样的实际网络损伤因素，通过数学计算而得到。下面根据 G. 107 对公式中各个测度的计算要求，结合实际情况，给出最终的计算方法。

(1) 基本信噪比 R_0 的计算方法

R_0 表示基本的信噪比，R_0 的表达式为：

$$R_0 = 15 - 1.5(SLR + N_0) \tag{11.2}$$

SLR 表示发送端音量评测值，ITU 建议的默认值为 8 dB；

N_0 表示不同噪声源功率之和。N_0 的计算方法为：

$$N_0 = 10\lg\left[10^{\frac{N_c}{10}} + 10^{\frac{N_{os}}{10}} + 10^{\frac{N_{or}}{10}} + 10^{\frac{N_{fo}}{10}}\right] \tag{11.3}$$

N_c 表示电路引起的所有噪声功率之和，N_{os} 表示发送端背景噪声引起的电路噪声。N_{os} 的表达式为：

$$N_{os} = P_s - SLR - D_s - 100 + 0.004(P_s - OLR - D_s - 14)^2 \tag{11.4}$$

其中 $OLR = SLR + RLR$。

N_{or} 表示接收端背景噪声引起的电路噪声。N_{or} 的表达式为：

$$N_{or} = RLR - 121 + P_{re} + 0.008(P_{re} - 35)^2 \tag{11.5}$$

P_{re} 项是由受话器侧音通道引起的 Pr 增强产生的“有效室内噪声”：

$$P_{re} = Pr + 10\lg\left[1 + 10^{\frac{(10-LSTR)}{10}}\right] \tag{11.6}$$

$LSTR$ 表示接收端侧音评定值，$LSTR$ 的表达式为：

$$LSTR = STMR = D_r \tag{11.7}$$

N_{fo} 表示接收端的室内噪声。N_{fo} 的表达式为：

$$N_{fo} = N_{for} + RLR \tag{11.8}$$

以上噪声参数因与网络传输无关，可用默认值代入，根据 G. 107 给出的结果为 93.2。其中使用默认值可计算得到 $N=-61.1333$，该参数在后继计算中会用到。

(2) 同步损伤系数 I_s

I_s 表示语音实时传输所产生的同步损伤，I_s 的表达式为：

$$I_s = I_{olr} + I_{st} + I_q \tag{11.9}$$

I_{olr} 表示是由太低的 OLR(Overall Loudness Rating)所引起的质量的下降，该参数与音量有关，与网络因素无关，也可以用默认值代入，I_{olr}的表达式为：

$$I_{olr} = 20\left\{\left[1+\left(\frac{X_{olr}}{8}\right)^8\right]^{\frac{1}{8}} - \frac{X_{olr}}{8}\right\} \tag{11.10}$$

X_{olr}表达式为：

$$X_{olr} = OLR + 0.2(64 + N_0 - RLR) \tag{11.11}$$

代入默认值为，$X_{olr} = 10 + 0.2[64 + (-61.1333) - 2] = 10.17334$

则

$$I_{olr} = 20\left\{\left[1+\left(\frac{X_{olr}}{8}\right)^8\right]^{\frac{1}{8}} - \frac{X_{olr}}{8}\right\} = 20\left\{\left[1+\left(\frac{10.17334}{8}\right)^8\right]^{\frac{1}{8}} - \frac{10.17334}{8}\right\}$$
$$= 0.437586$$

I_{st}表示是由非适宜的电话噪声引起的损伤，与网络传输无关的参数用默认值代入，I_{st}的表达式为：

$$I_{st} = 12\left[1+\left(\frac{STMR_0-13}{6}\right)^8\right]^{\frac{1}{8}} - 28\left[1+\left(\frac{STMR_0+1}{19.4}\right)^{35}\right]^{\frac{1}{35}} - 13\left[1+\left(\frac{STMR_0-3}{33}\right)^{13}\right]^{\frac{1}{13}} + 29 \tag{11.12}$$

其中：

$$STMR_0 = -10\lg\left[10^{-\frac{STMR}{10}} + e^{-\frac{T}{4}}10^{-\frac{TELR}{10}}\right] \tag{11.13}$$

代入默认值：

$$STMR_0 = -10\lg\left[10^{-\frac{STMR}{10}} + e^{-\frac{T}{4}}10^{-\frac{TELR}{10}}\right] = -10\lg\left[10^{-\frac{15}{10}} + e^{-\frac{T}{4}}10^{-\frac{65}{10}}\right]$$
$$= -10\lg\left[0.031623 + 0.000000316\,2^{-\frac{T}{4}}\right],$$

需要与延迟有关的 T 参数(Mean one-way delay of the each path)。

(3) I_q 表示量化失真所造成的损伤，I_q 的表达式为：

$$I_q = 15\lg[1 + 10^Y + 10^Z] \tag{11.14}$$

Y 和 Z 的表达式分别为：

$$Y = \frac{R_0 - 100}{15} + \frac{46}{8.4} - \frac{G}{9} \tag{11.15}$$

$$Z = \frac{46}{30} - \frac{G}{40} \tag{11.16}$$

G 的表达式为：

$$G = 1.07 + 0.258Q + 0.0602Q^2 \tag{11.17}$$

Q 的表达式为：

$$Q = 37 - 15\lg(qdu) \tag{11.18}$$

取 $qdu = 1$，得到 $Q = 37$，$G = 93.0298$，$Z = -0.79241$，$Y = 5.110903$，$I_q = 76.6636$

(4) 延迟损伤系数 I_d

I_d 表示语音信号的延迟损伤，I_d 的表达式为：

$$I_d = I_{dte} + I_{dle} + I_{dd} \tag{11.19}$$

① I_{dte}表示发送端回音所造成的损伤，I_{dte}的表达式为：

$$I_{dte} = \left[\frac{R_{oe} - R_e}{2} + \sqrt{\frac{(R_{oe} - R_e)^2}{4} + 100} - 1\right](1 - e^{-T}) \tag{11.20}$$

式中的 R_{oe} 和 R_e 的表达式为：

$$R_{oe} = -1.5(N_0 - RLR) \tag{11.21}$$

$$R_e = 80 + 25(TERV - 14) \tag{11.22}$$

若 $STMR < 9$ dB，$TERV$ 用 $TERV_s$ 代替：

$$TERV_s = TERV + \frac{I_{st}}{2} \tag{11.23}$$

若 9 dB $\leqslant STMR \leqslant$ 20 dB，

$$TERV = TELR - 40\lg\frac{1 + \frac{T}{10}}{1 + \frac{T}{150}} + 6e^{-0.3T^2} \tag{11.24}$$

若 $STMR > 20$ dB，

$$I_{dtes} = \sqrt{I_{dte}{}^2 + I_{st}{}^2} \tag{11.25}$$

根据本章的研究目标，取值为 0。

② I_{dle} 表示接收端回音所造成的损伤，I_{dle} 的表达式为：

$$I_{dle} = \frac{R_0 - R_{le}}{2} + \sqrt{\frac{(R_0 - R_{le})^2}{4} + 169} \tag{11.26}$$

R_{le} 的表达式为：

$$R_{le} = 10.5(WEPL + 7)(T_r + 1)^{-0.25} \tag{11.27}$$

在本章的试验中，I_{dle} 取值为 0。

③ I_{dd}表示太长的绝对延迟所引起的损伤。

当 $T_a \leqslant 100$ 毫秒时，$I_{dd} = 0$

当 $T_a > 100$ 毫秒时，

$$I_{dd} = 25\left\{(1 + X^6)^{\frac{1}{6}} - 3\left(1 + \left[\frac{X}{3}\right]\right)^{\frac{1}{6}} + 2\right\} \tag{11.28}$$

X 的表达式为：

$$X = \frac{\lg\left(\frac{T_a}{100}\right)}{\lg 2} \tag{11.29}$$

(5) 设备损伤系数 $I_{e\text{-}eff}$

$I_{e\text{-}eff}$ 表示采用低比特率编解码的设备损伤系数，也包含丢包引起的损伤。在下面的计算中，与网络无关的参数使用默认值，与网络传输有关的丢包特性根据分析的报文 *trace* 获得。$I_{e\text{-}eff}$ 用如下公式计算：

$$I_{e\text{-}eff} = I_e + (95 - I_e)\frac{P_{pl}}{\frac{P_{pl}}{BurstR} + B_{pl}} \tag{11.30}$$

其中 I_e 表示设备损伤，即没有丢包情况下的编码损伤；B_{pl} 表示信息包丢失强度系数，例如丢包隐藏算法的有效性、编码特性等。采用不同的编码方式将对应不同 I_e 和 B_{pl}，分别取默认值 0 和 4.3，B_{pl} 表示包丢失概率，*BurstR* 表示突发比，随机机丢包时 $BurstR = 1$，突发丢包时 $Burst\ R > 1$。由于 VoIP 应用广泛存在突发丢包的情况，因此采用 E-Model 方法估计语音质量时必须考虑 *BurstR* 参数的影响，*BurstR* 可采用以下公式进行计算：

$$BurstR = \frac{1}{p + q} = \frac{P_{pl}/100}{p} = \frac{1 - P_{pl}/100}{q} \tag{11.31}$$

p 为 Gilbert 模型中已接收状态到丢失状态的转移概率，q 为丢失状态到已接收状态的转移概率。

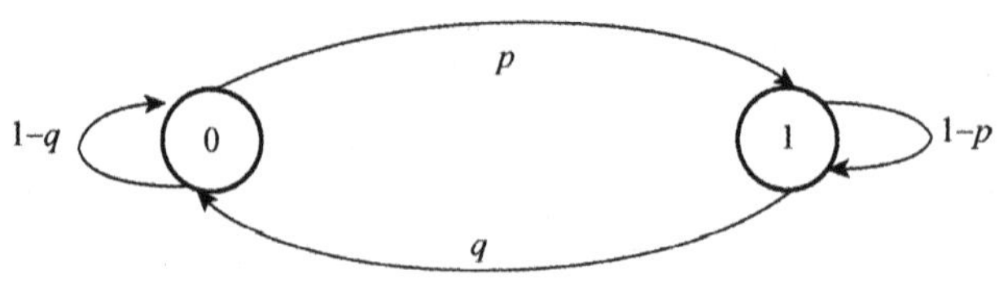

图 11.6　Gilbert 丢包模型

Gilbert 丢包模型(图 11.6)用两个独立的事件概率 p 和 q 来完整地描述丢包。设一随机变量 X 代表丢包事件，$X=0$ 表示没有丢包，$X=1$ 表示丢包。概率 p 表示由“0”状态转变到“1”状态的概率，q 表示由“1”状态转变到“0”状态的概率。p 又可以表示为 P_{01}，$P(x=1 \mid x=0)=$ 发生丢包事件的次数 /0 状态出现的次数，其中“发生丢包事件的次数”将连续若干数据包丢失记为一次丢包事件，“发生丢包事件的次数”即为从 0 状态转变为 1 状态的次数，同时也是从 1 状态转变到 0 状态的次数。同样，q 又可以表示为 P_{10}，由于从 1 状态转变到 0 状态的次数等于从 0 状态转变到 1 状态的次数，因此 $P(x=0 \mid x=1)=$ 发生丢包事件的次数 /1 状态出现的次数。

(6) 优势因素 A

优势因素 A：表示其他的对语音质量产生优势的因素，这跟别的传递参数不相关。优势因素 A 的默认值为 0，在移动蜂窝室内通信，A 为 5，在移动蜂窝车载移动通信，A 为 10，在偏远地区使用多跳卫星通信，A 为 20。

(7) E 模型中的默认参数值

E 模型中参数众多，为了方便起见，标准也给出了算法中使用的所有输入参数的默认值和范围如表 11.5 所示。

表 11.5　参数的默认值及允许的范围

参数	简写	单位	默认值	允许的范围
发送响度评测值	SLR	dB	+8	0～+18
接收响度评测值	RLR	dB	+2	5～+14
侧音掩蔽额定值	STMR	dB	15	10～20
接收端侧音评定值	LSTR	dB	18	13～23
发送端电话延迟值	D_s	—	3	−3～+3
接收端电话延迟值	D_r	—	3	3～+3

（续表）

参数	简写	单位	默认值	允许的范围
发送端回音响度评定值	TELR	dB	65	5～65
加权回声路径损耗	WEPL	dB	110	5～110
平均单项回音路径延迟	T	ms	0	0～500
回路延迟	T_r	ms	0	0～1 000
绝对延迟	T_a	ms	0	0～500
量化失真	qdu	—	1	1～14
设备损伤因素	I_e	—	0	0～40
信息包丢失强度系数	B_{pl}	—	4.3	4.3～40
随机信息包丢失概率	P_{pl}	%	0	0～20
突发比	BurstR	—	1	1～8
0 dB 的电路引起的所有噪声功率之和	N_c	dBm0p	70	80～40
接收端的基底噪音	N_{for}	dBmp	64	—
发送端背景噪音	P_s	dB(A)	35	35～85
接收端背景噪音	P_r	dB(A)	35	35～85
优势因素	A	—	0	0～20

如果所有的值取默认值，则 $R=93.2$。

E-Model 最终的计算结果的 R 值，被称为全面的网络传输等级要素，取值范围从 0 到 100。E-Model 与 MOS 的对应关系见表 11.6。

表 11.6 E 模型与 MOS 对应关系

序号	R 值	MOS	用户满意度
1	90～94	4.3～4.5	非常满意
2	80～90	4.0～4.3	满意
3	70～80	3.6～4.0	有些用户不满意
4	60～70	3.1～3.6	很多用户都不满意
5	50～60	2.6～3.1	几乎所有用户都不满意
6	0～50	1.0～2.6	没有定义

R 值越大，说明语音质量越好，R 值的范围是 0 ～ 100，0 最差，100 最好。MOS 值根据 R 值取不同的值，如下：

$$MOS=\begin{cases}1(R<0)\\1+0.035R+7R(R-60)(100-R)\times10^{-6}\quad(0<R<100)\\4.5(R>100)\end{cases}\tag{11.32}$$

综合上述各个阶段默认的常量参数和待测的网络性能参数，可以获得计算公式。取 $R_0=93.2$，$A=0$，则

$$R=R_0-I_s-I_d-I_{e\text{-}eff}+A=93.2-I_s-I_d-I_{e\text{-}eff}\tag{11.33}$$

步骤 1：

$$I_s=I_{olr}+I_{st}=I_q\tag{11.34}$$

$$I_{olr}=0.437\,586\tag{11.35}$$

$$I_{st}=12\left[1+\left(\frac{STMR_0-13}{6}\right)^8\right]^{\frac{1}{8}}-28\left[1+\left(\frac{STMR_0+1}{19.4}\right)^{35}\right]^{\frac{1}{35}}-13\left[1+\left(\frac{STMR_0-3}{33}\right)^{13}\right]^{\frac{1}{13}}+29\tag{11.36}$$

其中

$$STMR_0=-10\lg[0.031\,623+0.000\,000\,316\,2e^{-\frac{T}{4}}]$$

$$I_q=76.663\,6$$

步骤 2：

$$I_d=I_{dte}+I_{dle}+I_{dd}\tag{11.37}$$

$$I_{dte}=\left[\frac{94.699\,95-R_e}{2}+\sqrt{\frac{(94.699\,5-R_e)^2}{4}+100}-1\right](1-e^{-T})\tag{11.38}$$

$$R_e=80+2.5(TERV-14)\tag{11.39}$$

$$TERV=TELR-40\lg\frac{1+\frac{T}{40}}{1+\frac{T}{150}}+6e^{-0.3T^2}=65-40\lg\frac{1+\frac{T}{10}}{1+\frac{T}{150}}+6e^{-0.3T^2}\tag{11.40}$$

根据目标，$I_{dle}=0$。
当 $T_a \leqslant 100$ 毫秒时，$I_{dd}=0$
当 $T_a > 100$ 毫秒时，

$$I_{dd}=25\left\{(1+X^6)^{\frac{1}{6}}-3\left(1+\left(\frac{X}{3}\right)^6\right)^{\frac{1}{6}}+2\right\} \tag{11.41}$$

$$X=\frac{\lg\left(\frac{T_a}{100}\right)}{\lg 2} \tag{11.42}$$

步骤3:计算出 $I_{e\text{-}eff}$。

步骤4:将从 trace 获得的参数代入计算公式，获得 R 值，转换成 MOS 值。

由上节的计算方法可知，在本次实验中，和网络传输有关的丢包，及其模式（突发性）、延迟是计算出最终 MOS 的关键测度，但是标准中没有说明如何获取这些测度。RTP（Real-Time Transport Protocol，实时传输协议）协议是 IETF（Internet Engineering Task Force，因特网工程任务组）提出的标准，对应的 RFC 文档为 RFC3550。RTP 为实时应用提供端到端的数据运输，但不提供任何服务质量的保证，服务质量由 RTCP（Real-Time Control Protocol，实时流控制协议）来提供。RTP 通常与 RTCP 协议一起工作，RTP 只负责实时数据的传输，RTCP 负责对 RTP 的通信和会话进行带外管理（如流量控制、拥塞控制、会话源管理等）。由于这两个协议在视频通话中同时出现，我们分别进行分析，分析 RTCP 报文，获得往返延迟，丢包模式的参数则从 RTP 数据包中获得，从这两类报文中获得的参数，代入计算公式中，最终获得 MOS 值。

11.4　E 模型优化

11.4.1　E 模型的不足之处

运用 E 模型测量方法中的公式，测量出相应的网络参数，就可以对网络电话的语音质量进行评估。但是 E 模型测量方法对 VoIP 语音质量的评估还不够完善。该方法没有将网络抖动带来的损伤考虑进去，而网络抖动又是对语音质量产生影响的一个关键因素。文献[23]对此做出研究，针对网络抖动提出一个新的测量方法。

11.4.2　E 模型中抖动参数的加入

抖动是指接收端各数据包之间的间隔跟原先的出发间隔发生了变化，即

VoIP 传输过程中所有的数据包到达接收端的时间差异的程度。对抖动的测量,涉及一个参数——时间戳。VoIP 语音以 RTP 报文的形式在网络中传输,RTP 报文中的一个字段就是时间戳字段,位于 RTP 报文头部第 5 到第 8 字节。

时间戳代表一个数据块产生的时刻或者被采集的时刻,是一个时间点。先产生或被采集的数据块的时间戳小于后产生或被采集的数据块的时间戳,并且时间戳的初始值是个随机值。时间戳的单位是采样频率的倒数,如:采样频率为 6 000 赫兹,那么时间戳的单位就是 1/6 000。如果发送端是实时流传输,那么 RTP 报文中的时间戳就是数据块被采集的时刻,如果是传输流媒体文件,那么 RTP 报文中的时间戳就是在发送端,系统读取流文件的时刻。时间戳的增量表示两个相邻 RTP 报文中,发送后一个 RTP 报文和发送前一个 RTP 报文时间点的间隔,其中数值的单位是时间戳单位。

根据 RTP 报文的时间戳,将 RTP 报文排序,得到 n 个 RTP 报文,其被接收端接收的系统时间分别为 T_1, T_2, T_3, …, T_n,这构成一个 T 数列。这 n 个 RTP 报文的时间戳为 $Time_1$, $Time_2$, $Time_3$, …, $Time_n$,构成一个递增的 $Time$ 数列。将时间数列 T 相邻的值相减(后一个减前一个),生成一个新数列 A,其中 $A_1 = T_2 - T_1$, …, $A_n - 1 = T_n - T_{n-1}$。将 RTP 报文时间戳 $Time$ 数列相邻的值相减得到一个新数列 B,其中 $B_1 = Time_2 - Time_1$, $B_2 = Time_3 - Time_2$, …, $B_{n-1} = Time_n - Time_{n-1}$。$B$ 数列是个正数数列。数列 T 中的项和数列 $Time$ 中的项表示每个 RTP 报文接收端时间点和发送端时间点。这些时间点一一对应。如果在理想状态下,网络数据传输没有抖动,那么相邻两个 RTP 报文的发送时间点的差和接收时间点的差的比值是不变的。即 $\frac{A_k}{B_k} = S$,无论 k 为何值,S 保持不变。为了计算网络数据传输的抖动,求出 A 数列的均方差 A_σ 和 B 数列的均方差 B_σ。在概率统计学中,均方差是对统计分布程度的测量,它反映这个组内个体间的离散程度。因为均方差表示数列的离散程度的幅度跟这个数列的平均值有关,这两个均方差不能直接比较。再将两个均方差的值除以各自数列的平均数,得到 $I_A = A_\sigma / A_u$, $I_B = B_\sigma / B_u$,计算 I_A 和 I_B 的绝对差 I_m, $I_m = |I_A - I_B|$,在理想情况下,网络抖动为零时,显而易见,I_m 的值为 0。将算出 I_m 的值乘以 $\sqrt{n-1}$, n 表示 RTP 报文的数量,得到抖动系数 I_g,I_g 越大,说明网络抖动值越大,网络抖动越明显。

将 I_g 加入 E 模型传输等级要素 R 的计算公式中,得到 E 模型的传输等级要素 R 的新的计算公式:

$$R = R_0 - I_s - I_d - I_{e\text{-}eff} - I_g + A$$

11.5 VoIP 的 QoE 评估系统

11.5.1 评估系统的实验环境

本系统的目的是要评估 VoIP 传输中的语音质量。因此本系统的实验环境为:在客户端上点播服务器的音频文件,音频文件通过网络传输给客户端,在客户端上将通过客户端网卡的数据包抓取下来,解析数据包中的内容,从而测量出网络时延和网络中的数据丢包率。再根据对数据包的分析,设计出语音质量评估系统。系统运行环境如图 11.7 所示。

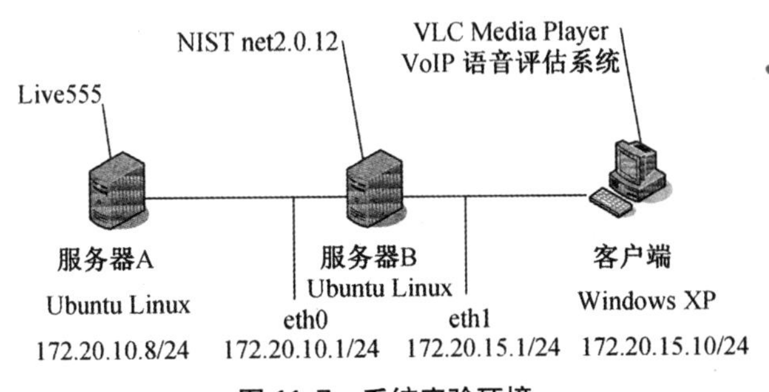

图 11.7 系统实验环境

本实验采用两台服务器,服务器 A、服务器 B、一个客户端,其中服务器 B 是一个双网卡的服务器。服务器 A 为语音文件发送端,操作系统为 Ubuntu Linux,在上面运行的是 Live555,网卡配置的 IP 地址为 172. 20. 10. 8/24,网关为 172. 20. 10. 1。客户端为语音文件接收端,操作系统为 Windows XP,上面运行的是 VLC Media Player 多媒体播放器,网卡配置 IP 为 172. 20. 15. 10/24。服务器 B 作为网络模拟器,操作系统为 Ubuntu Linux,在上面运行的是网络模拟器 NIST net。网卡 eth0 配置 IP 地址为 172. 20. 10. 1/24,和服务器 A 在同一个网段 172. 20. 10. 0/24。网卡 eth1 配置 IP 地址为 172. 20. 15. 1/24,和客户端在同一个网段 172. 20. 15. 0/24。在客户端上运行语音评估系统,即可抓取数据包,进行解析、测量。下面介绍系统运行环境中用到的各个组件。

本系统采用的 Live555 服务器这是一个基于 C++的开源流媒体服务器。它可以为 RTP、RTCP、SIP、RTSP 等标准的流媒体传输协议提供支持。对于多种编码格式的音频和视频数据,Live555 都能够支持其流化、接收与处理,这些编码方式包括 JPEG、DV、H. 263+、MPEG 视频以及各种音频的编码方式。因为其设计的性能优秀,Live555 也可以支持其他格式的流媒体。

VLC Media Player 多媒体播放器支持多数视频和音频解码器以及各种文

件格式，且其具有跨平台的特性，在 Linux、Windows、Solaris、Mac OS X 等操作系统下都可以运行。

NIST net 是一款在 Linux 系统下运行的开源网络模拟软件。它可以让 Linux 服务器像路由器一样工作，并将时延、丢包、抖动、重传、限制带宽、网络拥塞等真实的网络条件都模拟出来。在 NIST net 上可以进行各种可控制的，可重复的实验，为研究网络性能提供了方便。

11.5.2 评估系统实施总体结构

本节介绍非侵入式 VoIP 质量评估系统的设计，该系统部署在客户端上，对从服务器上传输过来的语音流媒体进行数据包解析，并给出服务质量评估值。

基于 E 模型的 VoIP 评估系统总体模块图见图 11.8 所示。

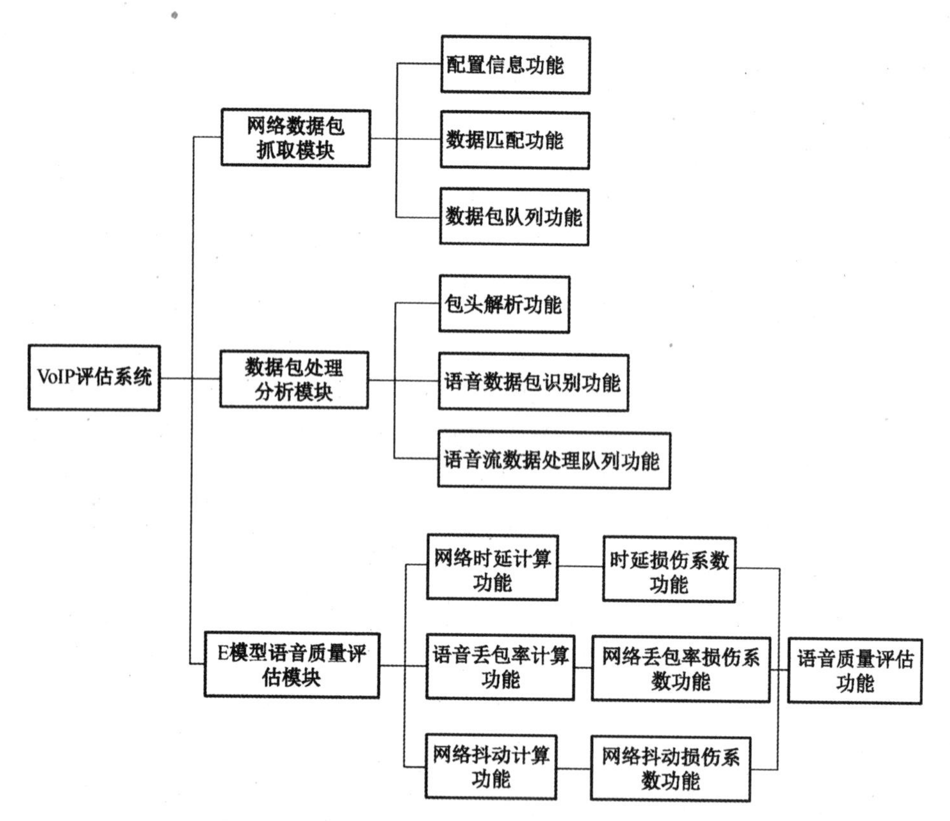

图 11.8 基于 E 模型的 VoIP 评估系统总体模块图

其结构主要包括：网络数据抓取模块、数据包处理分析模块、E 模型语音质量评估模块。

网络数据抓取模块在网络中抓取数据包，提取我们需要的特定语音流的数据包。该模块的配置信息功能用于存储 VoIP 服务器的 IP 等配置信息,数据包匹配功能根据配置信息功能中存储的服务器信息,判断从网络中抓取的数据包是否来自服务器或发往服务器,若数据包的源 IP 地址是 VoIP 服务器的 IP 地址并且目的 IP 地址是本客户端的 IP 地址,或源 IP 地址是本客户端的 IP 地址并且目的 IP 地址是 VoIP 服务器的 IP 地址,就将该数据包输出至数据包队列功能。数据包队列功能用于存储从数据包匹配功能中输出的符合要求的数据包。

数据包处理分析模块对抓取的语音流数据包的 TCP 协议、RTP 协议、RTCP 协议进行分类识别。其中的包头解析功能读取外部的数据包队列功能中数据包的包头信息,解析包头信息中网络协议。如果采用的网络协议是传输层的 TCP 协议,则将该包头所对应的数据包输出至语音流数据处理队列功能,如果采用的网络协议是传输层的 UDP 协议,则将该包头所对应的数据包输出至语音数据包识别功能。

E 模型语音质量评估模块:对语音流数据包的各项数据进行计算,完成语音的质量评估。其中网络时延计算功能,从外部的语音流数据处理队列功能中读取含有 TCP 报文的数据包。根据客户端呼叫服务器进行数据传输,首先建立三次握手的联络方式,计算从客户端到服务器的往返时间,再根据往返时间算出从客户端到服务器的单向网络时延,随后将网络时延值输出至时延损伤系数功能中。时延损伤系数功能根据事先设置的时延损伤系数计算公式和接收的网络时延参数计算时延损伤系数,结果输出至语音质量评估计算功能。语音丢包率计算功能:从外部的语音流数据处理队列功能中读取出含有 RTP 报文的数据包,从 RTP 报文中读取出序列号,根据收到的不同序列号总数和序列号的最大区间,计算出语音传输过程中的丢包率,然后把结果输出到网络丢包率损伤系数功能。语音丢包率损伤系数功能则根据事先设置的计算公式和网络丢包率损伤系数计算出结果,输出至语音质量评估计算功能。网络抖动计算功能:从外部的语音流数据处理队列功能中读取出含有 RTP 报文的数据包,从每个 RTP 报文中读取出时间戳和收到该报文的系统时间,将结果输出至网络抖动损伤系数功能。网络抖动损伤系数功能根据之前新定义的网络抖动损伤系数公式,求出网络抖动损伤系数。最后是语音质量评估计算功能,根据预先获取的一系列系数,按照设计好的公式,进行语音质量的评估计算。

11.5.3　评估系统测试

实现本评估系统有三部分,设置网络参数、网络数据抓取、E 模型语音质量评估,而数据包处理分析由 E 模型语音质量评估部分在后台运行。

本评估系统开始先设置参数,然后开始抓包,这时开启语音流传输,系统抓取到数据包后进行语音评估。选取三段音频文件 A、B、C，长度分别为 5 秒、20 秒、50 秒。对这三个音频文件分别采用 E 模型的测量方法，改进后的 E 模型的测量方法和主观评价的方法。这测量的时延分别为 10 毫秒、100 毫秒、200 毫秒，丢包率都为 0.1%。前两个方法是系统自动评估的方法，后一个是让 50 个用户听这三段音频文件，给出主观 MOS 值，取平均值。三个方法得到的 MOS 值如表 11.7、表 11.8、表 11.9 所示。

表 11.7 时延 10 毫秒、丢包率 0.1%时的 MOS 评分值

音频文件长度(s)	5	20	50
E 模型 MOS 值	3.74	3.73	3.72
改进后的 E 模型 MOS 值	3.71	3.70	3.69
主观测量 MOS 值	3.8	3.7	3.7

表 11.8 时延 100 毫秒、丢包率 0.1%时的 MOS 评分值

音频文件长度(s)	5	20	50
E 模型 MOS 值	3.64	3.64	3.62
改进后的 E 模型 MOS 值	3.61	3.58	3.60
主观测量 MOS 值	3.6	3.6	3.5

表 11.9 时延 200 毫秒、丢包率 0.1%时的 MOS 评分值

音频文件长度(s)	5	20	50
E 模型 MOS 值	3.39	3.39	3.36
改进后的 E 模型 MOS 值	3.26	3.25	3.07
主观测量 MOS 值	3.2	3.2	3.1

从实验数据中我们可以看出，无论音频文件多长，E 模型求出的 MOS 值和改进后的 E 模型得出的 MOS 值都比较接近主观测量。但是当丢包率一定时，音频文件时延越长，代入抖动的 E 模型方法比不代入抖动的 E 模型方法更加靠近主观的测量值。这说明网络抖动带来的语音损伤系数受到网络时延的影响，当网络时延接近 0 时，抖动带来的损伤很小，抖动损伤可以忽略。但是当时延越大，抖动损伤值越大，抖动损伤越不能被忽略。

11.6 小结

本章首先介绍了影响 VoIP 服务质量的网络关键因素，对基于 E 模型的语音质量评估的测量方法做了介绍和改进，根据实验背景，将测量方法中的由非网络原因导致的语音损伤拟合成一个常量，然后只将 E 模型中的网络因素带来的语音损伤考虑进去，设计一个评估 VoIP 语音质量的系统。后对整个系统的总体设计模块和各个子模块的作用和功能作了详细地说明。最后用 Java 语言实现了该系统。系统可以完成对语音质量的评估。分别用 E 模型测量方法、改进后的 E 模型测量方法和主观评价方法对语音质量进行评估，得出 MOS 值。根据测量结果，丢包率一定时，网络时延越大，抖动越明显，抖动损伤值越不能被忽略。

参考文献

[1] 黄永峰. IP 网络多媒体通信技术. 北京：人民邮电出版社，2003.

[2] 毛期俭，杨松，齐英. VoIP 测试模型研究. 重庆：重庆邮电大学，2006.

[3] 中国通信学会信息通信科学传播专家团队组，中兴通讯学院编著. 信息通信技术百科全书——打开信息通信之门. 北京：人民邮电出版社，2015.

[4] 徐勋业，熊中柱，王志军. VoIP 语音的时延分析和研究光通信研究，2007，33(1)11-14.

[5] 李如玮，鲍长春. VoIP 丢包处理技术的研究进展. 通信学报，2007，28(6)：103-110.

[6] 蔡铁，龙志军，伍星. 基于语音质量预测的 VoIP 自适应抖动缓冲算法. 计算机工程与应用，2011，47(10)：63-66.

[7] 胡治国，张大陆，张俊生. 一种 VoIP 语音质量评价模型. 计算机科学，2011，38(5)：49-53.

[8] Liu C T, Wang C H, Chang R I. A QoS Improvement for Voice over Mobile IPv4 (Mobile VoIPv4)//Future Generation Communication and Networking (FGCN 2007). IEEE, 2007, 1:237-243.

[9] Sat B, Wah B W. Analyzing voice quality in popular VoIP applications. IEEE MultiMedia, 2009, 16(1):46-59.

[10] 陈国，胡修林，张蕴玉，等. 语音质量客观评价方法研究进展. 电子学报，2001，4(29)：548-552.

[11] 陈明义，罗娅莉. 基于 E-model 的 VoIP 语音质量评估的研究. 计算机与数字工程，2006，34(8)：62-64.

[12] 卞佳丽. 现代交换原理与通信网技术. 北京：北京邮电大学出版社，2010.

[13] RFC3550. RTP: A Transport Protocol for Real Time Applications, 2003.

[14] 陈化，游志胜，洪玫，等. 基于 RTP 协议的实时语音传输性能优化方案. 计算机应用，2003，23(10)：97.

[15] ITU-T Rec. H. 323. Visual telephone systems and equipment for local area networks which provide a non-guaranteed quality of service, 2001.

[16] ITU-T. Recommendation H. 323. Packet Based Multimedia Communication Systems,

2003.
[17] RFC 3660. Basic Media Gateway Control Protocol (MGCP)Packages,2003.
[18] 陈罘.基于G.729.1语音编解码标准的DTX/CNG算法研究与实现.大连:大连理工大学,2007:39-40.
[19] Perkins C, Hodson O, Hardman V. A survey of packet loss recovery techniques for streaming audio. IEEE network, 1998,12(5):40-48.
[20] Zheng L, Zhang L, Xu D. Characteristics of network delay and delay jitter and its effect on voice over IP (VoIP). IEEE International Conference, 2001:122-126.
[21] De Rango F, Tropea M, Fazio P, et al. Overview on VoIP: Subjective and objective measurement methods. International Journal of Computer Science and Network Security, 2006, 6(1):140-153.
[22] ITU E-Model (Rec. G.107). The E-model: a computational model for use in transmission planning. http://www.itu.int/rec/U-REC-G.107-201112-I/en.
[23] 张华.E模型基于延迟抖动的扩展.上海:复旦大学,2009.

12 流媒体应用路由性能测量研究

12.1 研究目的

影响流媒体服务质量的因素有很多,视频服务商能够进行技术优化的包括视频编码技术,数据传输技术,数据管理技术,以及数据分发策略。在数据分发策略中,很重要的是选择将数据发送给请求用户的路径。显然数据传输路径的拥塞程度很大程度上会影响用户的服务质量体验,但是对流媒体服务器来说,他们可以确定服务器的上行带宽,但是从服务器到用户之间的网络链路拥链路一般会经过多跳,甚至会经过多个 ISP,对这样的链路拥塞状态,服务器接入服务商缺乏有效的监测手段。

对网络性能的测度测量最常用的是报文往返延迟和丢包这两个测度,但是对报文的延迟和丢包测量结果并不能直接反映端到端网络链路的拥塞程度,本章首先分别从延迟和丢包的角度给出对路径拥塞程度的描述测度,再给出从报文的延迟和丢包测量结果估计网络链路拥塞程度的方法,并通过仿真实验进行验证。

本章的研究成果可用于流媒体服务器进行数据分发路由选择决策优化,提高用户的服务质量感受。

12.2 研究对象的定义

首先定义本文的研究对象。根据 RFC2330 里的定义,网络路径是针对端到端测量的,指可以用 $< h_0, l_1, \cdots, l_n, h_n >$ 表示的序列,以下简称 $Path_{0\_n}$,其中 $n \geqslant 0$, h_i 是主机或者转发设备,而 l_i 是在 h_{i-1} 和 h_i 之间的接入链路。

$Path_{0\_n}$ 表示的网络路径是一个 IP 报文在网络上经过的所有设备和链路的有序集合,这一定义明确了测量结果描述的对象,即 IPPM 给出的测度值是端到端之间。但是对管理者而言,要给出管理域内所有端点主机的 SLA 指标精确测量结果是不可行的,那是一个 $n \times m$(n, m 为端点数目)的矩阵。因此实际可行的方法是将上述主机到主机之间的性能指标概括为所有具有共同接入条件主机所共有的性能指标。通常假设从数据发送主机 h_0 到接入路由器 h_1，以及接收路由器 h_{n-1} 到 h_n 这两段接入链路属于局域网，其对整个网络路径的性能（延迟、丢包）没有实质影响，可以忽略。因此可以用 $< h_1, l_2, \cdots, l_{n-2}, h_{n-1} >$（以下简称 $Path_{1\_n-1}$）的性能测度值作为 P_{ath0_n} 的性能测度值，$Path_{1\_n-1}$ 给出的是端系统所在子网之间的路径，这段路径的属性反映了子网间性能属性。这段路径的性能特征对应用的服务质量具有明确的意义，也是本文的首要研究目标。

$Path_{1\_n-1}$ 中的每个转发设备从输入链路接收报文放入一个有限长度的报文队列，当队列满或者将要满的时候根据一定的算法丢弃报文。对这些转发设备来说，可用的输出带宽为（$Bandwidth_1, \cdots, Bandwidth_{n-1}$），设 $h_j(1 \leqslant j \leqslant n-1)$ 的可用带宽最小，最有可能发生队列满和丢包事件，因此称 h_j 为拥塞点，对这条网络路径来说，这是最可能发生拥塞的地方。这样对 $Path1_{\_n-1}$ 拥塞状态的描述可转变成对拥塞点拥塞现象的描述。对经过这条网络路径的所有 IP 流来说，拥塞点的拥塞现象直接影响了 IP 报文的传输，因此它的状态可以作为这条网络路径状态的代表。

需要指出的是，就 $Path1_{\_n-1}$ 这一测量对象的性能测度来说，用户关注的不是实际网络路径的物理路径，而是由该路径上所有链路所构成的一条数据通路的性能，因此实际物理路径的意义在此需要弱化。将网络路径理解成一条逻辑路径，这条路径上的每段链路具有不同的可用带宽和队列长度，拥塞点也有可能随时间的变化出现在不同的转发设备上。在本论文的讨论中，为简单起见，认为在特定的测量和性能评估涉及的时间粒度内网络路径的拥塞点是唯一的。一次测量获得的性能评估值不会长期有效，因此这个限定是合理的。另外在讨论往返延迟的时候，实际网络路径可能会有不对称路由现象，本文对此也不加考虑，因为本文的研究对象为逻辑路径的性能特征，可与实际路由无关。

本文要给出描述网络路径延迟和路径丢包的测度，虽然这些测度的测量方法是基于 TCP 流报文序列的，但是这些测度表达的性能状态体现的是网络路径本身的性能特性，对这条网络路径上所有的报文性能具有代表作用。本文中，将这条路径上往返延迟测度称为 Path_RTT。和通常的往返延迟测度不同，Path_RTT 表达的是路径上所有 IP 报文可能的 RTT 特征，而非针对某种类型报文或某个报文的 RTT。将这条网络路径的丢包特征称为 Path_Loss，反映网络路径的基本丢包特征。由于通常将丢包视为拥塞的信号，因此，Path_Loss 也是反映网络拥塞状态的测度。

12.3 基于报文延迟测度估计网络路径拥塞

12.3.1 路径拥塞状态和报文 RTT 和关系

在测量中,由于关注的是一条逻辑路径的性能,对 RTT 的测量,可以忽略不对称路由造成的物理通路不对称,反向的 ACK 报文经过的路径,可以和数据报文一样,也可以不一样。本文为简化问题,认为拥塞都发生在数据报文发送过程中。因为相对于 TCP 块数据传输过程,TCP 连接建立过程足够短。此外报文传输在 $Path_{0\_n}$ 和 $Path_{1\_n-1}$ 上 RTT 的差别只是两边局域网内的传输延迟。因为考虑到一般情况下局域网与主干网的延迟相比非常小,这部分传输延迟可以忽略不计,从而可以将 $Path_{0\_n}$ 上的延迟视作 $Path_{1\_n-1}$ 上的延迟,得到的测度值对 $Path_{1\_n-1}$ 上处于相同局域网和相同数据传输方向的端用户有代表性。

在不考虑端点处理延时的情况下,任何类型报文的 RTT 都可以分成三个部分:线路传播时延,中继节点排队延迟和转发延迟。传播延迟与端到端路径的物理媒介和物理距离相关;排队延迟是不断变化的,和当时网络中的流量、网络中的路由器/队列管理策略都有关系;转发延迟是中间节点对报文的处理时间,对于相同大小的报文,在固定的路径情况下,转发延迟也可以认为是确定的值。报文的 RTT 应该为发送数据报文的这三个延迟与相应 ACK 报文的这三个延迟之和。

基于上述考虑,对于一个进行块数据传输的 TCP 流,假设在测量时间内,发送方总是有报文在发送,接收方收到报文就给出 ACK 报文。另设子网间的网络路径的路由在测量期内是固定的(不管对称与否),因此传播时延是固定的。排队时间是报文在拥塞点处的队列中等待时间,随着拥塞状态的不同,这个值会变化。对进行块数据传输的 TCP 流来说,稳定传输后,数据报文大小总是等于网络路径的 MSS(Maximum Segment Size),网络路径带宽也是固定的,因此转发时延也是固定的。

从 RTT 测量的角度看,影响转发延迟的主要是报文发送速率。端节点准备一个报文发送的时间很短,据实测,在目前一般的 PC 中,当发送块状数据时,持续发送的主机发送报文的时间间隔小于 10 微秒,可以忽略不计。

对一个块数据传输的 TCP 流中所有数据报文来说,如果可变的排队时延为 0,则达到了这条路径上 RTT 的最小值 RTT_{min};如果所有队列的排队时间达到了最大(队列最长的情形),则达到了这条路径上 RTT 的最大值 RTT_{max}。

在传输过程中,受到网络拥塞现象影响的是排队时间 T_{queue},RTT 中这部分延迟是由数据报文的延迟和 ACK 报文延迟构成的,大小变化受到双向传输时队列中排队报文数目的影响。根据传输块状数据的 TCP 传输流在稳定传输后约束 cwnd 大小的因素不同，RTT 与网络路径的拥塞状态间有不同的关系。

本文将网络路径的拥塞状态类型分为三种类型：

定义 1 网络逻辑路径拥塞状态

畅通：网络路径中所有队列不需要排队，报文到达即被转发；

约束：网络路径中有的队列需要报文排队，但是尚未出现丢包现象；

拥塞：网络路径中有的队列已经满，报文到达会导致丢包。

下面分析各个拥塞状态中 RTT 变化范围，以及这些状态中丢包的产生可能。

(1) 如果网络路径通畅，发出的报文就不需要排队，$T_{queue}=0$，RTT 就始终保持为这条线路的 RTT_{min} 不变。造成这种现象的原因有可能是网络路径的带宽延时乘积(Bandwidth Delay Product, BDP)很大，也有可能是发送端将窗口限制在较小的范围[1]，总之带宽资源充分满足当前负载的需要。此时瓶颈带宽不是约束 cwnd 变化的要素，网络路径状态处于畅通阶段。

(2) 如果受到瓶颈带宽的限制，TCP 流到达瓶颈处的报文不能立刻转发出去，而是在队列中进行排队；且相对报文到达速度而言，队列缓冲区足够大，因此并没有出现丢包。在这种情况下，由于每个报文的排队时间根据该报文所排队列长度而定，排队时间 T_{queue} 是一个变量，其值域的下界为 0，表示完全不用排队；上界为队列缓冲区全部占满时的排队时间。相应地，这导致随着排队报文数目的变化，每个报文的 RTT 会在 RTT_{min} 和 RTT_{max} 之间变化。

(3) 当排队队列满，到达的报文有可能不能进入队列，而被转发设备丢弃，这种情况下认为瓶颈处进入了拥塞阶段。进入拥塞阶段后，由于队列维持在满状态，因此所有未丢弃报文的 RTT 保持在 RTT_{max}。

总结上述分析，在畅通阶段、约束阶段和拥塞阶段，拥塞点处的拥塞状态与 TCP 流报文 RTT 以及丢包事件有表 12.1 所示的关系。当缓冲区不够大，带宽也不够高的时候，约束数据传输的拥塞点处发生拥塞，在瓶颈处会由转发设备按照某种丢包策略丢包。如果丢包率比较高，TCP 连接会不断在拥塞控制状态和约束状态之间转换，此时 RTT 会在 RTT_{min} 和 RTT_{max} 之间变动。

表 12.1 网络逻辑路径拥塞状态与 TCP 流报文 RTT 的关系

瓶颈处的拥塞状态	RTT 取值	是否有丢包
畅通阶段	RTT_{min}	无
约束阶段	RTT_{min} 和 RTT_{max} 之间	无
拥塞阶段	接近或者等于 RTT_{max}	有

12.3.2 网络延迟特性测量

对报文延迟特性的测量在互联网上是一个非常基础的问题,因此相关的测量研究有很多。报文的延迟有单向延迟和双向延迟两大类,为了避免两端时钟不同步带来的测量误差,再考虑大部分网络应用协议是使用双向流传输的,通常用 RTT 来表示网络传输的延迟。

对 RTT 的测量分主动和被动测量两大类型。

主动测量 RTT 的测度定义可以在 RFC2681 中找到。最为常见的实用方法是基于 ICMP 的 PING,端系统根据发送 ICMP 报文和收到响应报文之间的时间差计算 RTT。在这个方法中,被测量的报文类型为 ICMP,在此基础上可以根据 RFC2681 的测度定义建立测试序列并给出测量统计结果。

使用主动测量方法,一方面会干扰网络的正常运行,另一方面转发设备有可能对测试报文给予特殊的限制,导致测量结果不能反映应用性能,因此用被动方式测量 RTT 已经有很多文献报道。这些文献中,由于是使用被动测量方式,被测量和估计的 RTT 都是根据 RFC2681 所定义的 RTT 进行某些转换得到的。在被动测量中,往往是用那些存在有相应 ACK 报文的高层协议来进行 RTT 测量,特别是 TCP 协议。

Hao Jiang 等在文献[2]中提出了两个通过被动测量估计 RTT 的方法。第一个方法称为 SYN-ACK(SA)方法,是将 TCP 连接发起方产生的 TCP 三次握手中的 SYN-ACK 报文之间的时间间隔定义为 RTT。第二个方法称为慢启动(Slow-Start, SS)方法,也是分析数据发送方的报文数据,但它将三次握手后开始的慢启动过程中第一和第二个报文群发送的间隔时间定义为 RTT。

这两种方法分别使用三次握手的报文和 TCP 慢启动的开始状态的报文计算 RTT,存在的问题是:(1)连接建立之初的 RTT 和传输稳定后的 RTT 并不完全一致,如果是长流,在传输状态稳定后,随着发送窗口的增大和瓶颈带宽的限制,可能会因瓶颈处的排队问题引起 RTT 的增大;(2)特定报文之间的时间差也意味着如果报文采集出现丢失或者报文被抽样,就无法得到对应的 RTT。这些问题导致这两个算法只能用于报文 trace 数据的离线分析,不能应用于网络管理的在线监测。

Bryan Veral[3] 使用 TCP 首部中可选项 Timestamp Value (TSval) 和 Timestamp Echo Reply (TSecr)判断 TCP 报文的对应关系。这两个值本来是为了对 TCP 的重传超时进行判断使用的,使用这个选项的时候,在发出的报文中将 TSVAL 置为当前的发出时间,接收方在 ACK 报文中将 TSecr 置为最近收到的 TSecr 的值,在没有错序的情况下,根据这个响应报文的到达时间和其中的 TSecr 值,可以得到 RTT。这个方法在使用的时候虽然是分析被动的监测数据,但是要求报文中 Timestamps 可选项被使用,而通过监测得到的 trace

数据中，这个选项一般没有被使用。这导致该方法也不适合网络管理者作为在线监测网络性能时使用。

测量 RTT 的时候，从端点测量相对来说比较容易，但是从网络管理系统的角度出发，监听点通常位于中间的某一点，这样文献[1]中的 SA、SS 以及文献[2]中使用 TCP 头部 Timestamp 标识的方法，都会面临报文采集中会出现遗漏的问题。Jason But 在文献[4]中指出，在设计测量算法的时候需要考虑诸如请求报文在采集点之前被丢弃，在采集点之后被丢弃，响应报文在采集点之前被丢弃，在采集点之后被丢弃等情况，这无疑大大增加了算法的复杂性。

文献[5]提出了一种在中间点估计 RTT 的方法，使用有限状态机在中间点估计发送端的 TCP 状态参数，维持一个有限状态机来模仿发送方的 cwnd 变化状况，以此判定数据报文与 ACK 报文之间的触发关系来估计 RTT。这种方法使用有限状态机在中间节点复制发送端的行为，涉及对发送端所使用的拥塞控制算法的先验知识，每种拥塞控制算法必须有一种对应的状态机，此外该方法也涉及报文丢失导致的错误估计问题。

上述方法都是通过寻找 TCP 序列中特定报文和其相应 ACK 的对应关系给出 TCP 报文 RTT 测量值，方法的关键在于寻找到符合条件的对应报文，因为只有找到满足需求的报文才能用于计算 RTT。这类算法存在的问题是，算法的目标是寻找 TCP 流中的特定报文的 RTT，但是特定报文的 RTT 只是该段时间上所有报文的一个样本。文献[6]在一个大学校园的端点收集了 8 个小时的双向 trace，包含了 22 000 000 个 TCP 连接和大约 1 000 000 个远程地址。分析结果显示，TCP 流的每报文 RTT 存在显著的可变性，因此单个报文的 RTT 不能代表其他报文的 RTT。

文献[2]和文献[7]提出了相似的基于单向报文记录的 RTT 估算方法。对于大规模的 TCP 数据传输，在达到稳定的传输状态后，报文的发送出现固定周期的突发模式，称为自同步状态。TCP 的自同步机制使得成块数据的传输出现特定的模式，一个 RTT 内数据段的到达模式会在下个 RTT 中重复出现，因此可以使用自相关方法估计 RTT。这种方法的关键点在于能够在报文到达间隔时间序列中提取出稳定的窗口周期，因此给出的是统计意义上的 RTT，对大部分报文都具有参考意义。这种方法的缺点在于(1)只能估计发送端在自同步状态下的发送周期，但是 TCP 流的自同步发送会受到端系统和网络路径上突发现象的干扰，这些会对结果估计造成偏差；(2)对数据发送模式的分析只有在接近数据发送方的监测点监听才可以得到，如果在接近接收方的监听点，由于报文的到达间隔受到中间瓶颈带宽中其他报文的影响，这种发送模式会被干扰，从而导致无法辨认出准确的发送周期。

文献[8][9]使用基于频谱分析的方法估计 RTT。这类估计方法的基本思路类似于文献[3][7],得到的是TCP传输中具有一定统计意义的测度值,但是数据源必须满足算法所要求的特定传输模式,对不满足所要求传输模式的TCP流,估计结果就会无法得到或者误差很大。

由上述研究成果可见,RTT的被动测量基本上是对TCP流的报文进行测量,从方法上看主要是两大类,一类是利用双向报文对特定报文的RTT测量;另一类是利用单向报文,根据TCP的自同步现象,通过单向报文的窗口发送周期进行RTT估计。就测量结果而言,上述研究成果的研究重点在于RTT的准确性,但是对各种RTT测量目的之间的具体含义并没有区分(亦即谁更具有代表性),个体值和统计平均含义也没有区分。在实际环境中,有可能由于测量对象的差别而导致测量结果不一致,虽然这并不是误差,只是测量对象定义不同导致,但是给出RTT测度值时会由于测量结果不一致会引起误解,无法达成对网络性能的共识。

此外,上述算法都是基于IPPM的延迟定义进行研究,但是没有明确具体的RTT测度值和网络状态之间的关系。求出一个测度值后,除非根据历史信息和其他相关经验进行判断,否则无法直接根据测度值确定出网络路径的拥塞状态。因此,有必要研究子网间网络路径延迟测度和网络路径拥塞状态的关联关系,为网络路径拥塞状态的分析提供更明确的结论。

12.3.3 子网间延迟测度 Path_RTT 定义

TCP报文RTT的变化规律和取值范围与当时网络路径的拥塞状态关系密切,而网络路径拥塞的主要特征是发生了丢包。报文在发出后,可能被丢弃的概率取决于当时的网络状况,只有队列管理机制判断拥塞点进入拥塞状态后,才会发生丢包。实验拓扑示意图为用NS2仿真实验给出的拥塞点的队列长度变化和丢包事件的关系。该实验的基本拓扑示意如图12.1所示。

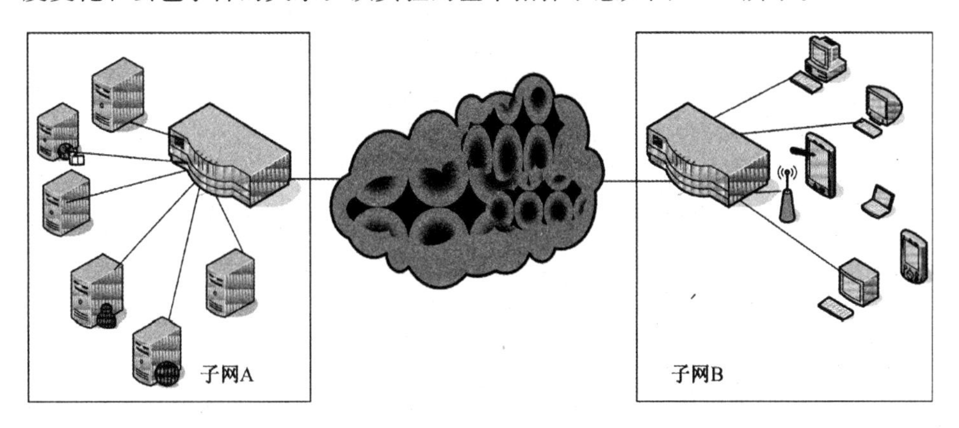

图12.1 实验拓扑示意图

6 个应用服务从子网 A 向子网 B 发送块数据，6 个流的开始和结束时间不一样。子网内为短延迟高带宽信道，中间公用信道为长延迟低带宽信道，即为网络路径的瓶颈，瓶颈队列的长度设为 60，队列管理策略为 FIFO。丢包事件的定义取自 RFC2680。

单向包丢失：如果源端在 T 时刻发送 P 类包的第一位到目的端，且目的端收到了该包，则认为 T 时刻从源端到目的端的 P 类单向丢包为 0；相反，如果源端在 T 时刻发送 P 类、目的地址为目的端的包的第一位，但是目的包没有收到该包，则认为 T 时刻从源端到目的端的 P 类单向丢包为 1。

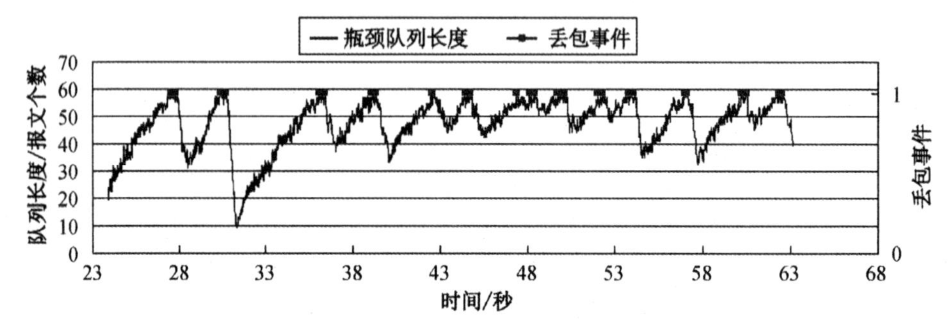

图 12.2　拥塞点队列长度变化和丢包事件关系

通过实验可以观察到，由于在拥塞点处丢包呈现阵发性，在一次阵发的过程中，会有 1 个到多个丢包事件发生，在此期间，队列始终是满的或者仅余下几个报文的空位。由于物理数据传输技术的发展，网络的物理信道通常认为是可靠的，即在无拥塞的情况下信道不会丢包，因此这种丢包的阵发性与我们基于 TCP 协议机制的直觉想象是一致的。从图 12.2 中可以看到，对某个拥塞点来说，当队列长度不具有上升或者下降的趋势，而是呈现出相对平稳（队列长度等于最大长度或者比最大长度略小）的状态，这时丢包处于阵发期。仿真试验中丢包算法为丢尾，是一般路由设备的默认策略，如果使用的是 RED 等主动队列管理算法，在形式上，也会由于队列到达一定阈值后出现丢包，因此也会有丢包阵发期的概念，虽然在具体的分析方法上，会和丢尾算法有所不同，但基本思路是一致的。

Joel 在[10]中给出了类似的队列长度变化图，在相关的研究中，这种瓶颈处丢包的阵发现象称为丢包片段（loss episode），在本文中，为这种现象定义了丢包平台的概念：

定义 2　丢包平台

对逻辑路径的瓶颈队列来说，其出现的相对平稳（队列长度等于最大长度或者比最大长度略小）的丢包持续状态称为一个丢包平台。

在本文中,用丢包平台来描述网络路径处于拥塞状态的特征,体现出网络逻辑路径在丢包事件出现时,会呈现出持续性。图 12.3 为截取图 12.2 中发生在横坐标 30.5 秒处的丢包平台放大图。

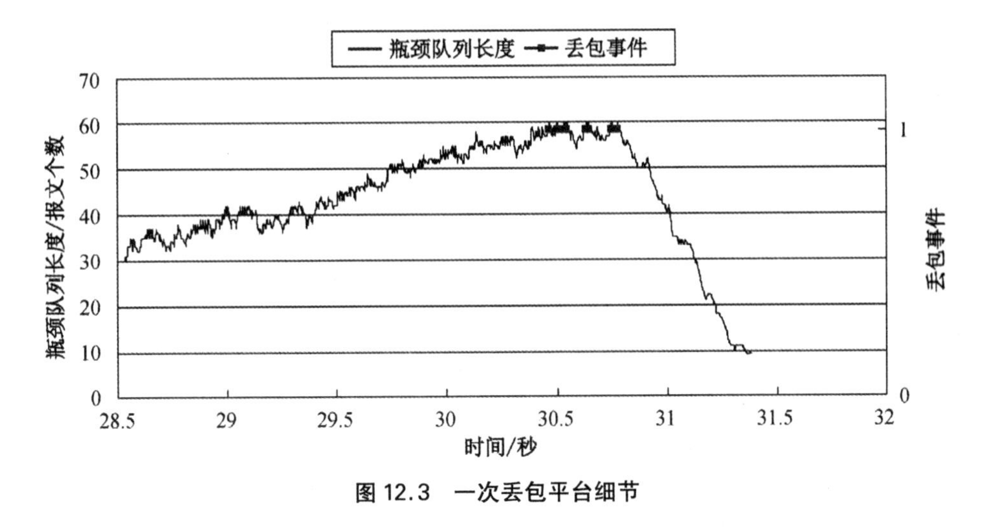

图 12.3　一次丢包平台细节

这个丢包平台的丢包个数 13 个,平台时间长度为 0.313 秒。

丢包是网络路径拥塞的标志,丢包平台的特性反映了网络路径的拥塞特性(持续性)。这个概念表明,简单地统计一段时间内网络路径的丢包平均情况(正是目前所普遍使用的方法)并不能准确地反映这个网络路径的拥塞状况,而丢包平台的出现频次与持续时间更适合于准确反映网络路径的拥塞情况,因此该定义的提出为本章的 Path_RTT 和 Path_Loss 提供了背景。

本节讨论网络路径延迟的测度问题,结合网络路径的拥塞状态,给出从 TCP 报文序列的 RTT 到 Path_RTT 的定义。在本节中,要求被分析的是 TCP 块数据传输流,报文数大于一定阈值,使得在进入稳定传输后,可以较好地探测到网络路径的状态。

根据 RFC2681 测度定义,对 IP 报文的延迟定义为:

Type-P-Round-trip-Delay:如果源点在 T 时刻发出报文的第一个比特,宿点收到报文后立即发出一个响应报文给源点,源点收到响应报文的最后一个比特的时间为 T+dT,则 Type-P-Round-trip-Delay 为 dT。

当 Type-P 为 TCP 报文时,Type-P-Round-trip-Delay 表示的是 TCP 报文的 RTT。对于传输块数据的 TCP 流,在达到一定长度后,所有 TCP 报文的 RTT 序列 BDTRS(Bulk DataTransfer RTT Series)以及变化区间 BDTRI (Bulk DataTransfer RTT Interval)可以反映网络路径的延迟特性,这两个测度综合反映网络路径的延迟特性,称为 Path_RTT。

定义 3　Path_RTT

反映网络路径 RTT 特性的 Path_RTT 由两个测度构成：

BDTRS：排除达到 Delayed ACK 超时的报文和端点反馈延迟过大的报文，TCP 块数据传输中报文 RTT 的(时标，RTT)有序组，时标为报文发送时间；

BDTRI：在 BDTRS 中，最大和最小 RTT 之间的区间，输出格式为 $(RTT_{min\_TCP}, RTT_{max\_TCP})$。

BDTRS 的定义中，对 TCP 流中所有报文的 RTT，要排除段系统对报文 RTT 的影响。这是因为本文的监测目标是网络路径的性能，端系统对测度值的影响必须排除。主要有两种端系统导致的延迟：(1) 目前端系统普遍使用 Delayed ACK 机制[11]来响应 TCP 报文，一般系统默认的响应频率为 2，也就是接到 2 个报文响应一个 ACK，如果两个报文是连续到达的，延迟的 ACK 时间可以忽略不计。但是如果一个报文到达后，后继报文间隔超过 200 ms 的时间才到达，则在到达 200 ms 的时候，会发出一个 ACK 报文，用来响应已到达的前一个报文。因此对这个报文的 RTT 来说，多了 200 ms 的等待时间，这样的数据不能作为网络路径性能的评价依据；(2) 如果接收点对数据必须进行处理后给出 ACK，处理时间视具体应用而定，这样的处理时间会被加到报文的延迟中，因此，这样的 RTT 也不能作为网络路径性能的评价依据。因此我们使用的测量数据是视频或者 FTP 这样的块数据传输应用。

上述定义中，BDTRS 是报文 RTT 的时间序列，其变化模式能给出网络拥塞状态的即时变化情况；BDTRI 给出的是 RTT 区间，既包含了网络路径本身的传输延迟，也包含了路径上负载不一致的时候可能变化的区间。

基于 TCP 流的报文序列给出 Path_RTT，是一个从单个报文测度序列给出网络路径测度的过程中，在这个过程中不能简单地直接应用数学统计方法，还需要充分考虑了测度的应用背景，根据网络路径拥塞状态变化过程中 TCP 报文所呈现的性能特征进行参数的提取。

12.3.4　基于 BDTRS 的派生测度定义

就 Path_RTT 的两个组成成分而言，BDTRI 是网络性能评估可以直接使用的结论，而 BDTRS 给出的是路径特征测量的中间结果，需要进一步的分析处理。因此本节中提出了基于 BDTRS 的两个派生测度，它们的测度值可以直接用于对网络路径拥塞状态的判断。下面首先根据 RTT 变化的原因定义基于 BDTRS 的这两个派生测度，以及这两个测度的计算方法，然后通过仿真试验对这两个测度的实用性进行讨论。

基于 BDTRS 提供的中间结果，本节定义了基于 BDTRS 的两个派生测度，它们通过分析 BDTRS 的变化周期，以及各个周期中谷底 RTT 和 RTT_{min} 的关系，可以得到网络路径的拥塞状态信息。

由于排除了端系统的影响，引起 RTT 变化的原因是报文在路由中排队时间的变化，因此 RTT 的变化周期是路由队列变化的周期。路由队列中排队报文减少的原因主要为：(1)发生丢包后数据发送方减慢发送速度；(2)多个流同时结束。从长期的统计观点看，原因(2)发生的可能性比较小。因此，引起 RTT 变化的原因是发生了网络丢包，RTT 的变化周期可以用来判断网络路径队列排队和丢包的变化周期。

首先对 BDTRS 定义一个变化周期的概念。由于 RTT 的变化没有标准的周期规律，对 RTT 变化趋势中的每次增长和降低的间隔用相邻的谷底距离来区分，相邻谷底之间的一次变化称为一个变化周期。基于这个区分原则，对 BDTRS 定义如下的统计值：

$\bar{T}_{period}$：平均周期长度，在观测时间内所有变化周期的平均时间长度；

$\overline{RTT}$：BDTRS 的平均值；

$\overline{RTT}_{bottom}$：平均谷底 RTT，测量期间内所有位于谷底的 RTT 的平均值。

基于上述的统计值，给出两个测度定义：

定义 4 Period_RTT

平均周期 RTT 时间，表达了测量期间内用平均报文 RTT 度量的平均周期长度。

Period_RTT 的计算方法为：$Period\_RTT = \bar{T}_{period} / \overline{RTT}$。

定义 5 $T_{bottom\_to\_min}$

平均谷底 RTT 和路径上最小 RTT 的时间差。

$T_{bottom_to_min}$的计算方法为：$T_{bottom\_to\_min}$。

这两个派生测度是基于 TCP 流的 BDTRS 计算出的，由于报文 RTT 的变化和网络路径队列的直接相关性[12]，报文 RTT 变化周期特征可以视为网络路径队列变化周期特征的统计值。因此在推算出上述网络路径队列的统计值后，就可以根据 $Period\_RTT$ 和 $T_{bottom_to_min}$评估出网络路径的拥塞状态。

在目前的主流 TCP 协议栈实现中，端系统根据报文 ACK 的到达决定窗口的变化趋势和数据的发送，因此发送数据的节奏是根据报文 RTT 时间来控制的。如在 TCP-Reno 拥塞控制算法中，如果端系统发现丢了一个报文，就会将当前 cwnd(Congestion Window)减半，并通过拥塞避免算法将 cwnd 逐步增加。按算法的规则，如果丢包时的 cwnd 为 n，当 cwnd 降低为 $n/2$，则要经过 n 个 RTT 才能使得 cwnd 重新到达 n。如果在此期间又遇到了丢包，窗口会被再次减半，从而无法到达 n。由此看来，TCP 流丢包之间的间隔决定了 cwnd 可以达到的数目，如果间隔太小，cwnd 就无法增长上去，流速就较低。反之，如果丢包之间的间隔较大，则 cwnd 可以达到较大值，因此流速快。需要注意的是丢包间隔的具体衡量标准是多少个 RTT 时间长度，而不是绝对的时间长度。Period_RTT 就是用平均 RTT 时间来衡量的，如果测量出的 Period_RTT 值偏小，则传输路径上 TCP 流被丢包的事件间隔时间就会偏小，从而导致 cwnd 无法上升上去。在同样 RTT 的情况下，流速无法上升，也就是网络路径比较阻塞，性能相应较差。反之，如果 Period_RTT 较大，则 TCP 流的 cwnd 有上升的空间，流速较大，网络比较畅通，网络路径的性能相应较好，由此也可以看出讨论丢包平台概念的意义。

由于不同的 TCP 拥塞控制算法的窗口增长机制有所不同，对应于相同的 Period_RTT，每种 TCP 流可能增长的 cwnd 大小不会一样，但原理是一致的，因此 Period_RTT 越大，网络服务质量越好，反之，则网络服务质量较差。$\overline{RTT}_{bottom}$ 给出了每次谷底的 RTT 平均值，$\overline{RTT}_{bottom}$ 和完全没有排队时的最小 RTT_{min} 之间的差值反映了网络路径中排队报文最少时的情况，据此可以从另一个角度给出拥塞状态的评价。如果网络路径比较通畅，每次的 RTT 波动周期中，谷底的值应该接近或者等于 RTT_{min}，则 $\overline{RTT}_{bottom}$ 也应该是接近 RTT_{min}；如果网络路径比较拥塞，每次的 RTT 波动周期中，在谷底也会有排队延迟，谷底的 RTT 值很难降低，$\overline{RTT}_{bottom}$ 和 RTT_{min} 的差距就比较大。因此通过 $\overline{RTT}_{bottom}$ 和 RTT_{min} 的差值可以对网络拥塞状态进行评估，这也就是 $T_{bottom\_to\_min}$ 的设置目的。

12.3.5 数据处理方法

BDTRS 是一个 RTT 的时间序列。要给出有直观含义的派生测度才能使之得到应用。两个派生测度是基于 BDTRS 的统计值的。在统计过程中，需要对 BDTRS 进行一系列统计处理才能得到统计值。数据处理主要有以下两个步骤：

（1）数据预处理

在 RTT 组成分析中，假设端点处理延迟可以不考虑，但在实际的测量序列里，即使是采用 TCP 块数据传输报文，端点在某些时间内的处理延迟也会在报文 RTT 中反映出来。由于在一般系统实现中，Delayed ACK 机制的超时设置为 200 ms，因此会出现值为（RTT_{max}＋200 ms）的 RTT（延迟报文超时后被响应）和更长时间的 RTT（端系统处理时间过长的报文），这样的 RTT 值不能作为网络路径延迟的测度值，需要从序列中剔除。上述处理的过程比较简单，具体算法就不细述了。

由于 TCP 报文的发出时间不是等间隔的，但是下文中对 RTT 序列中趋势成分的提取所使用的 SSA 方法需要等间隔的时间序列，因此需要进行插值处理。

上述处理的过程比较简单,可选算法也比较多,具体算法就不细述了。

(2) 主要趋势成分提取

对 BDTRS 关注的是大模式的改变。由于背景流量的存在,TCP 流的 BDTRS 会存在小的扰动,为了分析 RTT 变化的大趋势,必须去除噪音。由于 RTT 的变化并不具有周期性的规律,而是由网络状态和背景流的变化决定的,因此用常用的频谱分析无法到达目的。

本论文在实践中使用了奇异谱分析[13](Singular Spectrum Analysis,简称 SSA)实现主成分的提取。SSA 的功能是对于事先未知物理本质的系统,可以从它的包含噪声的有限长观测序列中提取尽可能多的可靠的信息,它的好处主要是能够提炼出主要成分。

SSA 分析的对象是一维时间序列,记为 x_i, $i=1, 2, \cdots, N$, 要求是中心化的。采用动力系统分析中的方法,将序列排列建立相空间:

$$X=\begin{bmatrix} x_1 & x_2 & \cdots & x_{i+1} & \Lambda & x_{N-M+1} \\ x_2 & x_3 & \Lambda & x_{i+2} & \Lambda & x_{N-M+2} \\ \Lambda & \Lambda & \Lambda & \Lambda & \Lambda & \Lambda \\ x_M & x_{M+1} & \Lambda & x_{i+M} & \Lambda & x_N \end{bmatrix}=\begin{bmatrix} X_{10} & X_{11} & \Lambda & X_{1,N-M} \\ X_{20} & X_{21} & \Lambda & X_{2,N-M} \\ \Lambda & \Lambda & \Lambda & \Lambda \\ X_{M0} & X_{M1} & \Lambda & X_{M,N-M} \end{bmatrix} \tag{12.1}$$

X 的第 i 个状态向量为:

$$X_i=\begin{bmatrix} x_{i+1} \\ x_{i+2} \\ M \\ x_{i+M} \end{bmatrix}=\begin{bmatrix} X_{1i} \\ X_{2i} \\ M \\ X_{Mi} \end{bmatrix} \quad i=0, 1, \cdots, N-M \tag{12.2}$$

共 $n-m+1$ 个状态,称相空间的轨迹矩阵,矩阵 X 中的元素与原一维序列对应关系为:

$$X_{ji}=x_{j+i} \tag{12.3}$$

后延量 M 称为窗口长度或嵌入维数。原序列的 M 阶迟后协方差矩阵记为 T_x。T_x 的第 k 个特征向量 E^k 称为第 k 个时间经验正交函数(T-EOF),分量记为,$E_j^k=1, 2, \cdots, M$。第 k 个时间主成分(T-PC)为:

$$a_i^k=\sum_{j=1}^{M} x_{i+j}E_j^k \quad (0\leqslant i\leqslant N-M, 1\leqslant k\leqslant M) \tag{12.4}$$

任意 T-EOF 的 M 个分量构成一个时间序列,反映 x 序列中的时间演变型,时间主成分 a_i^k 是 E^k 表示的时间型在原序列的 x_{i+1}, x_{i+2}, …, x_{i+m} 时段的权重。

由公式 12.4 以及 E^k 的正交归一性可得 T-PC 与 x_i 的功率谱之间的关系:

$$p_x(f)=\frac{1}{M}\sum_{k=1}^{M}P_k(f) \tag{12.5}$$

$$\frac{1}{M}\sum_{k=1}^{M}|\widetilde{E}^k(f)|^2=1 \tag{12.6}$$

其中 $p_x(f)$ 和 $p_k(f)$ 分别是 x_i 和第 k 个 T-PC 的功率谱,$\widetilde{E}^k(f)$ 是依公式 12.4式从原序列到 T-PC 序列变换的频率相应函数,它是 E^k 的傅立叶变换。

SSA 的重要功能由重建成分(Reconstruction Components,简称 RC)实现,用于在分析和预报中提取感兴趣的信息,过滤掉噪声。所谓重建是由 T-EOF 和 T-PC 重建一个长度为 N 的序列。由第 k 个 T-EOF 和 T-PC 重建 x_i 的成分记为 x_i^k,公式是:

$$x_i^k=\begin{cases}\dfrac{1}{M}\sum\limits_{j=1}^{M}a_{i-j}^kE_j^k & (M\leqslant i\leqslant N-M+1)\\ \dfrac{1}{i}\sum\limits_{j=1}^{i}a_{i-j}^kE_j^k & (1\leqslant i\leqslant M-1)\\ \dfrac{1}{N-i+1}\sum\limits_{j=i-N+m}^{M}a_{i-j}^kE_j^k & (N-M+2\leqslant i\leqslant N)\end{cases} \tag{12.7}$$

RC 具有叠加性,所有 RC 之和等于原序列:

$$x_i=\sum_{k=1}^{M}x_i^k \tag{12.8}$$

在求 T-EOF 的过程中,先将求得的滞后协方差矩阵 T_x 的特征值按绝对值大小进行排列,再依次求出相应的特征向量,即 T-EOF。经过这样的处理,建立重建成分的时候,反映原序列主要特征的重建成分排在前面。将主要的重建成分进行叠加产生新的序列,可以达到降低噪声的干扰,提炼主要趋势的目的。

经过上述处理,就可以得到用于计算 $Period\_RTT$ 和$\overline{RTT}_{\text{bottom}}$ 的统计值,也就可以求出 $T_{\text{bottom\_to\_min}}$。

12.3.6 分析实例

本节通过 NS2 仿真环境中的实验给出 $Period\_RTT$ 和 $T_{bottom\_to\_min}$ 的应用实

例,以验证测度概念的可行性。首先通过一个实验给出数据处理的流程,再通过一组实验验证 $Period\_RTT$ 和 $T_{\text{bottom\_to\_min}}$ 和网络路径拥塞特性的直接联系。

在仿真环境中,使用了常见的纺锤形拓扑,一边是服务器在发送块数据,另外一边是接收方并发回 ACK 报文。拓扑示意图如图 12.4 所示。

被监听的是上图中数据服务器和数据接收方之间的 TCP 块数据传输。

除了这两台服务器的和请求方的双向 TCP 流,仿真实验中还设置了背景 TCP 流和 UDP 流。

图 12.4 仿真环境拓扑示意图

(1) 数据处理流程

根据 12.3.5 节给出的数据处理方法,给出对一个 BDTRS 的分析过程,被监听的 TCP 块传输持续时间为 500 秒,原始的时间序列分布图如图 12.5 所示。

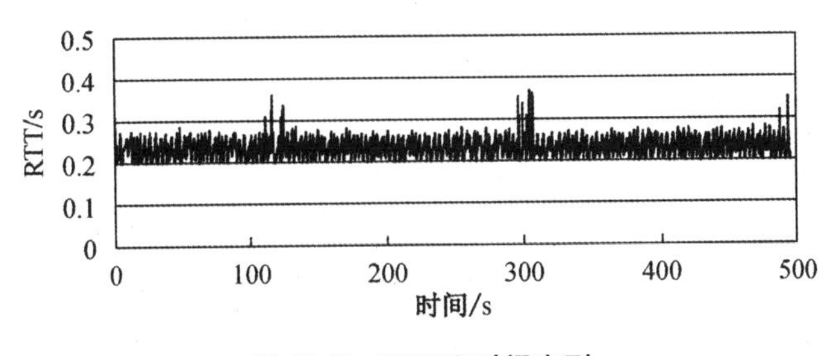

图 12.5 BDTRS 时间序列

首先对数据进行预处理,分两个步骤进行,首先是去除奇异点,随后采用拉格朗日插值,将原序列插值到等间距(六十分之一秒)的时间点上。

数据预处理后,BDTRS 的序列如图 12.6 所示。

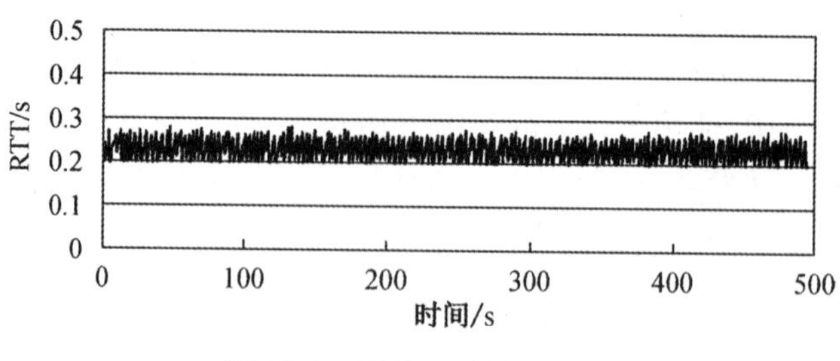

图 12.6　预处理后的 BDTRS

然后使用 SSA 对预处理后的数据进行趋势成分提取，如图 12.7 所示。

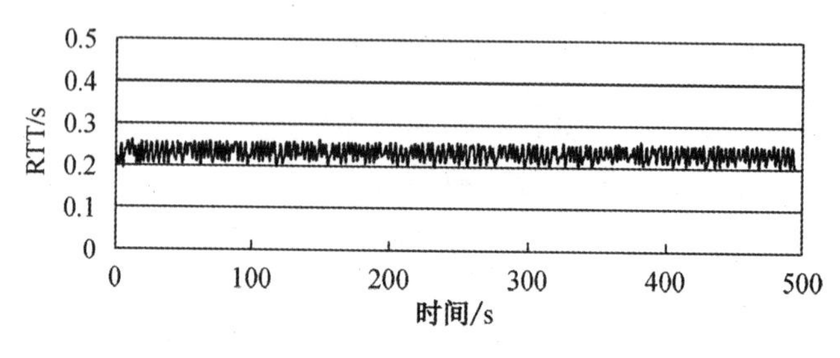

图 12.7　BDTRS 的主要趋势成分

对上述试验数据进行了预处理和主要趋势成分提取后，可以算出的统计参数如表 12.2 所示。

表 12.2　试验中 BRTDS 的统计数据

$\bar{T}_{period}$ (s)	3.177 7
$\overline{RTT}$ (s)	0.233 2
$Period\_RTT$	13.626 9
$\overline{RTT}_{bottom}$ (s)	0.204 9
$T_{bottom\_to\_min}$ (s)	0.01

表 12.2 中的 *Period_RTT* 为 13.626 9，对 *TCP-Reno* 来说，从平均意义上，cwnd 可以在 13 个平均 RTT 的时间段内保持增长趋势。$T_{bottom\_to\_min}$ 为 0.01 s，这个差距比较小，因此可以说测量的网络路径比较通畅。

(2) *Period_RTT* 和 $T_{bottom_to_min}$对路径拥塞状态的评价

上述试验只是给出了一个特定的实例，为了验证这两个测度和网络路径拥塞状态的关系，在同样的拓扑和流量压力下，做了一组验证试验。将瓶颈带宽从 4 M 增加到 18 M，观察这 15 个试验中 *Period_RTT* 和 $T_{bottom_to_min}$随着试验条件的变化趋势，结果如图 12.8 所示。

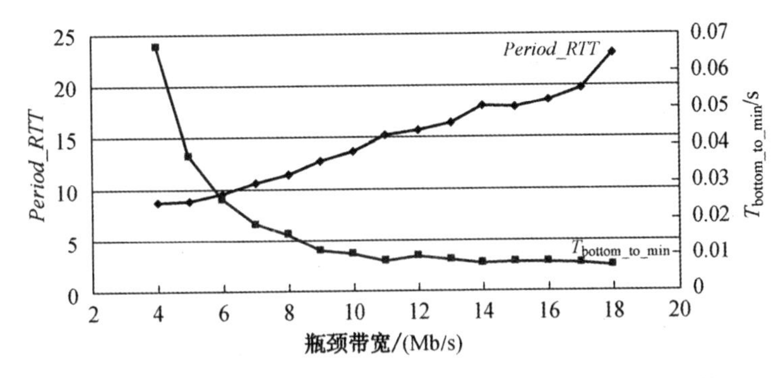

图 12.8 *Period_RTT* 和 $T_{\text{bottom\_to\_min}}$ 随着瓶颈带宽的变化趋势

可以看到，随着瓶颈带宽的逐步增大，*Period_RTT* 在逐渐变大；$T_{\text{bottom\_to\_min}}$ 的变化趋势相反，随着可用带宽的逐步增大，$T_{\text{bottom\_to\_min}}$ 逐步变小。因此，通过对 *Period_RTT* 和 $T_{\text{bottom\_to\_min}}$ 的计算，可以将 *TCP* 块数据传输中 *RTT* 的变化规律和网络路径拥塞状态联系起来，从而得到网络路径的拥塞状态评价。这个方法提供了从端系观察网络路径拥塞状态的实用思路。但是，从变化的幅度来看，*Period_RTT* 随着可用带宽而变化的趋势更明显，因此 *Period_RTT* 比 $T_{\text{bottom\_to\_min}}$ 更适合用于观测网络路径的拥塞程度。

从另外一个方面看，BDPRS 本身的基本统计值也可以对网络的拥塞状态提供评价。

图 12.9 为上面这组实验中的平均 RTT 随着瓶颈带宽的增大的变化趋势。

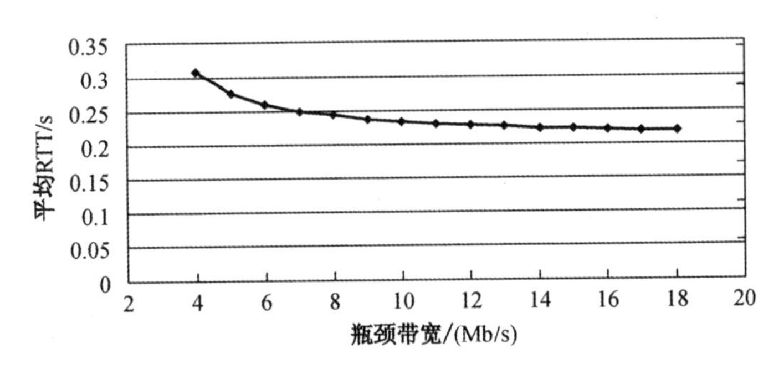

图 12.9 平均 RTT 随着瓶颈带宽的增大的变化趋势

虽然平均 RTT 随着瓶颈带宽的增大而变小，但是从图 12.9 上可以看出，这个统计值的变化幅度非常平缓，再考虑到被监测的 TCP 流传输状态的波动，根据基本统计值评价拥塞状态不具有可行性。

Period_RTT 和 $T_{\text{bottom\_to\_min}}$ 两个测度是基于 BDTRS 的统计值计算出的，因此反映了网络路径延迟的统计特性，其中，*Period_RTT* 随着网络路径拥塞状态的变化有着显著的变化特征，可以更好地给出了网络路径拥塞状况的评价指

标，对流媒体服务商来说，基于这个测度进行流媒体数据分发的路由选择具有一定的应用前景。

12.4 基于报文丢包测度估计网络路径拥塞

12.4.1 网络丢包特性测量

丢包通常被视为网络拥塞的信号，传统的端到端丢包率测量方法给出的是特定 IP 报文的丢包状态，测量结果和端系统行为、测量方法有较大关系，使得这些传统的网络端到端丢包率不能直接映射为网络路径的丢包状况。针对这个问题，本章定义了一个面向网络路径的丢包率测度，并使用概率统计的方法给出从端到端 TCP 流的丢包特征估计子网间逻辑路径上丢包特征的算法。

对网络丢包状况的测量是性能测量的一个基本问题。已有的测量方法中，主动测量和被动测量都可以对丢包进行测量，但不同的测量方法给出测量结果在实质上是有区别的。

主动测量丢包最为常见的是方法是 ICMP 的 PING，它除了可以给出 ICMP 报文在链路上的往返时间，同时也根据是否收到相应响应计算出丢包率。PING 给出的丢包率为双向丢包率，而单向丢包特性的测量需要被测网络路径两端的合作，文献[14]给出了由互相合作的两个端点得到单向 UDP 报文丢包率的测试方案，一端按协商好的参数发出 UDP 报文，另外一端根据接收的报文统计丢包率。文献[15]给出了通过主动发送的报文队列估计网络丢包平台频次的方法。

通过主动发送测试报文方式给出丢包率，不能完全代表端到端之间路径的丢包状况，对端到端所属子网之间的路径来说，在这条路径上除了这一对测试点之间的流量，还有其他端点间的流量也会发生丢包，并且由于端系统性能、控制方式和使用协议的不同，各类流量的丢包率在测量期间并不是等比例发生的，这就使得直接用等比例方式推断子网之间丢包状态的方法具有一定的局限性。

主动测量方法中，测试端的测试报文发送的密度和分布情况就是抽样的参数，如果抽样密度太小，会导致误差过大；但是抽样密度的增加，会导致测试报文干扰网络的正常运行，也无法得到正确的测量结果。此外，测试报文发送的时间间隔分布也会对测试结果造成影响。事实上，通过主动测量方法测量得到丢包率，相当于对路径丢包状态来进行抽样测量，由于抽样参数的不一样，会有多种抽样结果。如果要据此给出子网间的丢包率，就要根据抽样特征估计总体特征，也就是需要建立抽样估计模型。但是目前使用主动方法测量丢包率的方法中尚无这方面的研究成果出现，这是由于建立抽样估计模型需要考虑到端系统行为以及网络背景，这些因素非常复杂，要模型化有很大难度。

文献[16]对同样的网络路径分别用主动方法和被动方法测量丢包率，结果发现，不同数据源的被动测量方法得到的丢包率近似，而主动测量和被动测量方法得到的测量结果无论在丢包率值的大小和分布方面都没有相关之处。这说明这两类测量方法给出的结果并非遵从同一测量目的，因此使用主动测量方法得到的端到端丢包率不应直接作为子网间路径上的丢包率的值给出，仅表明用同一种方法给出的测量结果和子网间路径上的丢包率会有正相关的关系，这也是当前网络管理中丢包率测度给出的依据。

相对于主动测量，网络路径通过被动测量给出的丢包率根据数据源的不同，有属于抽样测量的，也有属于全报文测量的。被动测量丢包率的数据来源有两种，第一类是在确定的网络路径上得到设备的 SNMP 端口发送和接收的统计数据，在两端进行比较得到丢包率。这种方法相当于要求对专用网络路径进行监测。如果是在互联网中，由于物理链路与网络路径之间不存在一一映射关系，前者可被后者共享，因此 MIB 反映的丢包率对网络路径而言并无实际意义。第二类是通过网络路径两端的 trace 数据进行分析[17][18]，这需要在路径两端监听的海量数据里进行分析匹配，考虑到目前广域网主干速度，即使可以在两端得到数据源，分析的时间复杂性也是不可接受的。文献[19]提出，可以通过路径两端 NetFlow 流的估计结果进行匹配，从而得到网络路径的丢包率估计值。这个方法使用了抽样的流信息，算法的时间复杂性有可能不是瓶颈了。但是，通常情况下 NetFlow 的报文抽样率非常高，在两端都进行抽样的情况下，进行流信息的比对误差较大。此外，这种方法要求 ISP 要在自己的 POP 广泛部署流记录测量功能，并需要在各点之间共享测量结果，因此存在部署与维护成本和协同与操作一致性问题。这是精细化网络管理系统所面对的问题，在目前的网管中实施仍有相当的难度。

由上述分析可知，目前对子网间路径上的丢包估计尚无较好的评估方案。

12.4.2 网络路径丢包测度定义

12.2 节给出了本论文的研究对象，是网络路径的性能特征。本节将网络路径丢包和拥塞状态结合起来，给出网络路径丢包测度 *Path_Loss*。

一个报文是否会在传输过程中被丢失，取决于当报文到达拥塞点时，拥塞点是否处于丢包平台期。但是即使拥塞点处于平台期，报文也并非全部被丢弃。报文丢包是网络路径丢包状态的一种表现，反映的是网络路径丢包的部分状态；而网络路径丢包状态更全面的描述，是由网络逻辑路径拥塞点出现丢包平台的频率以及其他有关丢包平台的统计特性所给出的，可通过下面给出的测度来体现。这些测度可基于丢包平台特征对网络逻辑路径丢包特性进行描述。

在一定的测量时间段内，丢包平台给出了拥塞点发生丢包事件的场景定义，一次传输中丢包平台可能会出现多次。对每一个丢包平台所具有的个体特性为：

定义 6 平台丢包个数：一个丢包平台丢弃的数据报文个数。

但是单个丢包平台的丢包个数无法反映一段时间内的网络路径拥塞特征，因此将丢包平台的丢包个数取平均值。

定义 7 平台平均丢包个数：丢包平台平均丢弃的数据报文个数。

丢包平台平均丢包个数往往和用户的发送窗口，以及网络 TCP 流之间同步的程度有关。如果用户发送窗口较大，在同一个丢包平台被丢包的可能性就会增加；如果多个 TCP 流在同一线路上使用了共同的控制机制，有可能导致 TCP 流同步，从效果上看，类似于一个窗口很大的 TCP 流，也会增加报文在同一个丢包平台被丢的可能性，导致平台平均丢包个数增加。

在观察时间段内，除了丢包平台个数，丢包平台出现的频率也代表了网络路径的丢包特性。由于丢包平台发生时认为网络路径处于拥塞状态，所以丢包平台出现的频率可以定义为：

定义 8 $Path\_Loss(N_{\text{loss\_flat\_path}})$：网络路径拥塞频次：单位时间网络逻辑路径的拥塞点发生丢包平台的次数。

Path_Loss 是网络路径丢包特性的重要指标，反映了网络路径发生丢包平台的频次而非单个丢包事件的频次。对 TCP 流来说，当网络路径中的拥塞频次变大，意味着窗口的增长受到丢包影响的可能性越大，窗口难以实现持续增加，也就是 TCP 流的流速无法增长上去，因此 *Path_Loss* 越大，TCP 的流速就越小。为了推导的方便起见，本文中也用 $N_{\text{loss\_flat\_path}}$ 表示这个测度。

IPPM 给出的丢包测度和丢包模式测度关注的是丢包事件本身，以及丢包事件之间的序列关系模式，没有结合网径的拥塞状态，因此其含义不能直接映射到网络的拥塞特性。本文提出 *Path_Loss* 测度的目的是从丢包事件和路径拥塞的相互关系中估计出网络路径的丢包状况，并从 *Path_Loss* 这个网络路径丢包的统计测度来客观描述网络路径的拥塞状况。

12.4.3 丢包平台基本性质分析

对 *Path_Loss* 无法直接在网络路径上布设测量点，只能通过端系统的测量估计出。本节将基于端系统的 TCP 流报文丢包行为来估计网络路径的丢包频次，并给出通过端系统估计 *Path_Loss* 的估计算法。在给出具体的估算方法前，先对丢包平台的性质进行分析，这些性质的明确将为下面提出的算法做铺垫。此外，为了方便后文中估计算法的阐述，需要给出 TCP 流中的相关测度定义。

(1) 丢包平台时间长度

之前给出了丢包平台的概念,对丢包平台的定性描述比较直观,但是在实际的拥塞点状态变化分析过程中,要把丢包平台识别出来,需要对丢包平台的性质进行进一步分析。首先要确定丢包平台的时间长度,下文中用 Δt 表示。

丢包平台的时间长度分布和丢包平台开始和结束的原因有关。开始的原因是因为报文到达速度过快,导致队列满引起丢包。结束的原因主要为 TCP 流的发送端在察觉丢包后,会主动降低发送速度,从而导致丢包平台期的结束。当然在此期间,也可能是因为突发流量消失导致丢包平台期结束。主要的 TCP 拥塞控制机制都将三次重复 ACK 视为丢包信号并开始采取拥塞控制,因此丢包的信号传到发送端,再由发送端的控制行为影响拥塞点,至少是一个 RTT 时间加上发送另外三个数据报文的时间。如果使用丢尾的队列管理算法,在平台期的 RTT 为最大时延 $RTT_{\max}$,因此需要的反应时间为一个 $RTT_{\max}$ 时间加上发送另外三个数据报文的时间。另一方面,如果造成丢包的主要原因是在很短的时间内突发了大量的短流,在 TCP 流的发送端采取拥塞控制措施之前平台期就可能结束,使得 Δt 有可能小于 $RTT_{\max}$。总的说来,由于流量的随机加入和退出,长度会在 $RTT_{\max}$ 周围一定范围内变动,波动的范围取决于网络流量的行为特点。

(2) 丢包平台丢包个数

在 TCP 流持续区间,网络路径的拥塞状况不是稳定不变的,每次出现拥塞的严重程度也会有不一样,因此每次拥塞的丢包个数不同。总的说来,如果网络比较通畅,每次平台的丢包个数会较少,丢包个数的分布范围比较狭窄;如果网络比较拥塞,每次平台的丢包个数会较多,丢包个数的分布范围比较广。因此不同的拥塞状态下,丢包平台的丢包个数分布是不一样的。

12.4.4　TCP 流丢包和丢包平台丢包的关系

本章的目的是通过 TCP 流的丢包特性给出网络路径丢包平台的特性,因此要明确 TCP 流丢包和丢包平台丢包的关系。图 12.10 为一个丢包平台期内拥塞点丢包和一个 TCP 流丢包的关系示意图。

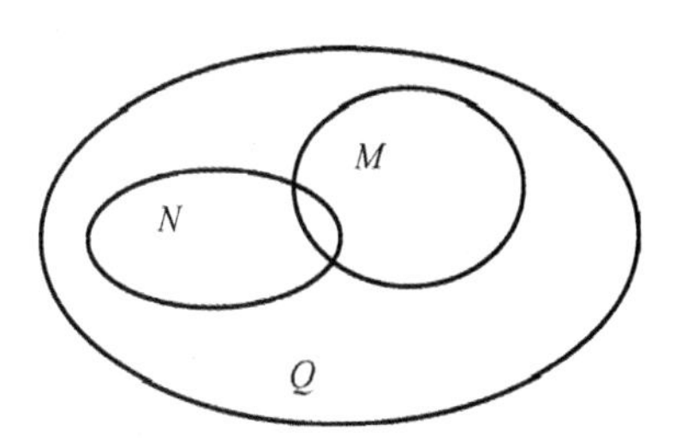

图 12.10　TCP 流丢包和拥塞点丢包的示意图

图 12.10 中,Q 为某个丢包平台时期所有到达的数据报文集合,N 为平台期到达的属于一个 TCP 流(称为 TCP_i)的报文集合,M 为这个平台期丢弃的报文集合。这个 TCP 流

所有到达报文中被丢弃的报文为 $N \cap M$。设 $q = Number(Q)$，$n = Number(N)$ 和 $m = Number(M)$ 分别表示总报文到达个数、TCP_i 的到达报文个数、总的丢弃报文个数。TCP_i 被丢弃的报文数为 $o = Number(N \cap M)$。对一个丢包平台来说，$m > 0$ 是必要条件，TCP_i 的丢包个数 o 和平台的丢包个数 m 的会有以下 3 种可能的关系：

(1) $0 < o < m$：TCP_i 在丢包平台处遇到了丢包，也有其他的 IP 流在此遇到了丢包，因此 TCP_i 的丢包代表了拥塞点的部分丢包实例。

(2) $0 < o = m$：TCP_i 在丢包平台处遇到了丢包，没有其他的 IP 报文在此遇到了丢包。因此 TCP_i 的丢包代表了拥塞点的全部丢包实例。

(3) $o = 0$：TCP_i 在丢包平台处没有丢包，因此 TCP_i 无法给出拥塞点的丢包实例。

本文通过 TCP 流报文序列所能提供的数据给出网络路径拥塞点的丢包状态估计，因此需要给出 TCP 流中的相关测度定义，作为估计算法的输入。根据上述分析，定义了四个 TCP 流的相关测度：

定义 9 TCP 流丢包平台：如果 TCP 流在某个拥塞平台有丢包，则称这个 TCP 流在此拥塞平台有一个 TCP 流丢包平台。

如图 12.10 所示的关系，如果 $o > 0$，则这个 TCP 流在这个拥塞平台有一个 TCP 流丢包平台。TCP 流丢包平台的定义指出了在拥塞平台上，也有可能发生 TCP 流有报文到达，但是没有受到拥塞现象影响。

定义 10 TCP 流平台拥塞窗口：TCP 流发生丢包时的 cwnd。

由于 TCP 流在发生丢包时的拥塞控制窗口大小影响了单个流的传输能力，将发生丢包事件的 TCP 流在丢包时的 cwnd 称为 TCP 流平台拥塞窗口。对某个丢包平台期来说，发生丢包的不同 TCP 流的平台拥塞窗口不一定相同。

定义 11 TCP 流平台丢包个数：TCP 流在一个丢包平台处丢失的数据报文个数。

TCP 流在一个丢包平台处总共丢失的数据包个数。TCP 流的丢包数必然小于所在丢包平台的丢包数；在只有一个 TCP 流通过，没有其他背景流量的时候，TCP 流平台丢包个数等于丢包平台总丢包数。

定义 12 TCP 流丢包平台频次 ($N_{loss\_flat\_tcp}$)：单位时间内 TCP 流中出现 TCP 流丢包平台的次数。

TCP 流传输期间单位时间内遇到丢包平台的次数称为 TCP 流丢包平台频次。每遇到一个丢包平台中可能会丢 0 次到多次包。由于 TCP 流的丢包总是发生在丢包平台时，但是丢包平台期中到达的流并不一定都会丢包，而且 TCP 流不一定会遇到所有的平台期，因此 TCP 流丢包平台频次 $N_{loss\_flat\_tcp}$ 必然小于或等于网络路径的丢包频次 $N_{loss\_flat\_path}$。

TCP 流平台拥塞窗口、TCP 流平台丢包个数、TCP 流丢包平台频次这三个测度可以通过分析 TCP 流报文序列得到，这些测度是通过 TCP 流丢包状态估计网络路径丢包状态所用的输入参数。

12.4.5 基于 TCP 平行流的 Path_Loss 估计算法

本节给出从端系统观测到的 TCP 流报文序列估计 Path_Loss 的算法。首先给出数据选择的条件和推理中的基本假设，使用这些条件推导得到拥塞频次的计算公式，然后根据实际情况对推导的结果进行误差分析，最后用 NS2 仿真实验对模型进行了验证。

12.4.5.1 基本假设和被测数据的选择条件

12.4.4 节分析了 TCP 流丢包和丢包平台丢包的关系，表明 TCP 流的丢包个数 o 和平台的丢包个数 m 会有 3 种可能的关系，下面从概率统计的角度给出进一步的说明。

根据图 12.10 的示意关系，n/q 是 q 个报文中任意一个报文属于 TCP_i 的概率，因此 $(1-n/q)$ 是 q 个报文中任意一个报文不属于 TCP_i 的概率，$(1-n/q)^m$ 为 q 个报文中任意 m 个报文都不属于 TCP_i 的概率，$(1-n/q)^m$ 也为 m 个丢包都不属于 TCP_i 的概率，因此 $1-(1-n/q)^m$ 是 m 个丢包中有属于 TCP_i 的报文的概率，这也是 TCP_i 在这个平台可能发生丢包的概率，记为：

$$p = 1-\left(1-\frac{n}{q}\right)^m \tag{12.9}$$

由上述分析可见，一个 TCP 流遇到一个丢包平台并被丢包，是一个概率事件，和这个丢包平台的总体到达报文总数、被丢报文总数以及这个 TCP 流在此期间到达的报文数目都有关系。

TCP 流中的报文如果被丢了，必然发生在丢包平台上，但是并不是在每个丢包平台所有通过的 TCP 流必然会丢包，在平台期到达的报文是否被丢弃是由报文到达时的队列状况决定的。从累计的效果来看，一段时间内，单个 TCP 流的丢包频次是小于或者等于 Path_Loss 的。因此，得到一条 TCP 流丢包频次并不能得到网络路径的拥塞频次。

本算法的基本思路是基于端系统的测量数据所体现的丢包特征，使用概率统计的方法估计出网络路径的拥塞频次。为了简化模型的推导，先给出三个假设条件，模型推导中首先假设这三个条件是成立的，在随后的章节中，再对假设条件造成的误差进行分析和结果修正。

假设 1：报文是否属于某个 TCP 流与报文是否被丢是相互独立的事件。

假设 2：TCP 流中的丢包平台发生在每个丢包平台的可能性是一样的。

假设 3: 在任意一个丢包平台期内每个到达报文被丢的可能性是一样的。

在选择测试数据时,必须尽可能满足以上的 3 个假设。假设 1 要求报文是否属于某个 TCP 流与报文是否被丢是相互独立的事件。在实际网络环境中,即使没有使用区分服务机制,由于端系统的差别、传输协议的不同,相同的主干路径中,不同端点之间报文被丢的可能性会不一样。例如,两个 TCP 流的 cwnd 大小差别很大,分别称为 TCP_{large_cwnd} 和 TCP_{small_cwnd},那么在一个 RTT 内,TCP_{large_cwnd} 发出的报文数要大于 TCP_{small_cwnd}。如果转发设备对每个报文都是等概率丢包的,被丢报文属于 TCP_{large_cwnd} 的可能性大于属于 TCP_{small_cwnd} 的可能性,也就是假设 1 就不成立了。为了满足这个假设条件,样本数据必须属于同源同宿端点(保证端系统环境一样),传输的时间也是同时发生的(保证网络状态一致)。这通常可见于多线程下载,如 Flashget、迅雷等软件在下载大文件的时候会分成若干个 TCP 流下载。这些流的网络条件是一样的,源地址、宿地址和协议是一样的,两端的端口号中服务器端是一样的,仅仅客户端的高端端口不一样。通过这些特征可以找到基本满足假设 1 的 TCP 流。

假设 2 要求 TCP 流中的丢包平台发生在每个平台的可能性是一样的。从被测量的全部时间范围看,这段时间内网络路径上可能会有若干次拥塞平台的发生。由于背景流量的变化,每次拥塞平台所表现的特征(时间持续长度,丢包个数)不一样,这导致从端点观察到的 TCP 流的丢包平台发生在每个丢包平台的可能性是不一样的,持续时间长、丢包个数多的丢包平台更容易被遇到。如果要满足假设 2,就是要求丢包平台特征是一样的,在实际情况中,这是不可控的,因此这个假设条件的满足无法从端点控制,只能通过后期修正来解决。

假设 3 要求任意一个丢包平台期内每个到达报文被丢的可能性是一样的。事实上,由于报文的到达存在时序关系,而图 12.10 给出的关系示意不包含时序的概念,对一个丢包平台中丢包事件的发生来说,肯定存在先后顺序。如果是 TCP_i 先于 TCP_j 丢包,两个 TCP 流的丢包总数 $n_i \approx n_j$,$1-(1-n_i/q)^m$ 是 TCP_i 在这个平台可能发生丢包的概率,则后继丢包的 TCP_j 发生丢包的概率就变为 $1-(1-n_j/q)^{m-1}$。如果 m 值比较大,这两者之间的区别就可以忽略,如果 m 比较小,特别当 m 为最小可能值 1,则这两个概率的区别就比较大。这个假设条件的满足也无法从端点控制,只能通过后期修正来解决。

由此可见,上述 3 个假设条件中,假设 1 的满足可以通过选择合适的测试样本达到,假设 2 和假设 3 都和测试期间的网络路径状态有关,只能通过后期修正来解决。

为了满足假设 1 的条件,本文定义平行流的概念。

定义 13 平行流:同源同宿、传输协议相同、路由相同、传输时间重叠并具有近似丢包特征的 TCP 流。

在平行流的定义中，要求具有近似丢包特征，这是因为即使是同源同宿、传输协议相同、路径相同、传输时间重叠的流，也会由于网络中突发事件的影响导致传输状态不一样。为了判断传输状态是否一样，就要使用丢包特征作为衡量标准，具体的丢包特征为12.4.4节中定义的TCP流丢包平台频次。如果要满足所有丢包特征：TCP流平台拥塞窗口、TCP流平台丢包个数、TCP流丢包平台频次一致，就要求平行流是同步的，这样的要求过于苛刻，因此本论文选择平行流的条件是丢包频次接近。通过这样的筛选，得到的TCP流报文序列作为算法估计的输入。

在同源同宿的多线程下载中，会使用到多条TCP平行流，由于每条TCP流在传输遇到的网络背景情况略有差别，因此不能完全保证丢包特征是完全一致的。为了尽量减少假设1带来的误差，本文在多条TCP流中，选择两条丢包频次最接近的，作为估计算法的数据源，然后用概率统计的方法，通过双平行TCP流的丢包特征估计网络路径的丢包特征。

12.4.5.2 基于TCP平行流的Path_Loss估计算法设计

下面给出基于TCP平行流对Path_Loss的估计算法。为了推导的方便，使用如下的表示符号：

$N_{loss\_flat\_tcpi}$：一个被称为TCP_i的TCP流的丢包频次；

$N_{loss\_flat\_tcpj}$：一个被称为TCP_j的TCP流的丢包频次；

$N_{loss\_flat\_tcpi\&tcpj}$：TCP_i和TCP_j同时发生丢包平台的丢包频次；

$N_{loss\_flat\_path}$：网络路径的丢包频次。

假设存在两个TCP平行流TCP_i和TCP_j，这两个TCP流持续的时间是重合的。由于处于相同时间段、相同的链路、相同的端系统性能，因此这两个流的传输状态大致相似，具有相近的TCP流丢包特征，丢包频次$N_{loss_flat_tcpi} \approx N_{loss_flat_tcpj}$，但是这两个TCP流遇到的丢包平台未必完全一致的。通过对这两个TCP流的trace的分析，可以找到这两个TCP流在同样的丢包平台都发生丢包的频次$N_{loss_flat_tcpi\&tcpj}$，根据这些已知信息，可以估计出网络路径的丢包频次。

问题简化成：设这段时间内网络路径的拥塞频次为$N_{loss_flat_path}$，已知$N_{loss_flat_tcpi}$和$N_{loss_flat_tcpj}$，以及$N_{loss_flat_tcpi\&j}$，要求出$N_{loss_flat_path}$。

平行TCP流的限定条件要求在每个平台期到达的报文数是非常近似的，设都为n，根据式12.9，TCP_i和TCP_j在一个平台发生丢包的概率为：$p = 1-(1-n/q)^m$。TCP_i和TCP_j的丢包频次都为：

$$N_{loss\_flat\_tcpi} = N_{loss\_flat\_tcpj} = N_{loss\_flat\_path} \times \left[1-\left(1-\frac{n}{q}\right)^m\right] \quad (12.10)$$

由于 TCP_i 和 TCP_j 在一个平台发生丢包的概率为：$p=1-(1-n/q)^m$，那么这两个事件发生在同一个平台的概率为 $p^2=[1-(1-n/q)^m]^2$，测量期间，总共发生的 TCP_i 和 TCP_j 同时丢包的丢包平台频次为：

$$N_{loss\_flat\_tcpi\&tcpj}=N_{loss\_flat\_path}\times\left[1-\left(1-\frac{n}{q}\right)^m\right]^2 \tag{12.11}$$

将式 12.10 代入式 12.11：

$$\begin{aligned}N_{loss\_flat\_tcpi\&tcpj}&=N_{loss\_flat\_path}\times\left[1-\left(1-\frac{n}{q}\right)^m\right]\left[1-\left(1-\frac{n}{q}\right)^m\right]\\&=N_{loss\_flat\_tcpi}\times\frac{N_{loss\_flat\_tcpj}}{N_{loss\_flat\_path}}\end{aligned} \tag{12.12}$$

由此得到：

$$N_{loss\_flat\_tcpi\&tcpj}=N_{loss\_flat\_tcpi}\times\frac{N_{loss\_flat\_tcpj}}{N_{loss\_flat\_path}} \tag{12.13}$$

也就是：

$$N_{loss\_flat\_path}=\frac{N_{loss\_flat\_tcpi}\times N_{loss\_flat\_tcpj}}{N_{loss\_flat\_tcpi\&tcpj}} \tag{12.14}$$

公式 12.14 给出了根据双 TCP 流的丢包频次估计 Path_Loss 的方法。由于是使用个体值根据统计原理给出估计值，称为 $N_{loss\_flat\_path\_estimate}$。在实测中，有可能被测的两个 TCP 流没有同时在一个丢包平台上丢包，也就是 $N_{loss\_flat\_tcpi\&tcpj}=0$，此时无法估计出 $N_{loss\_flat\_path}$，因此要求 $N_{loss\_flat\_tcpi\&tcpjp}\neq 0$。如果不能满足这个条件，样本数据就不能作为可用数据。

$$N_{loss\_flat\_path\_estimae}=\frac{N_{loss\_flat\_tcpi}\times N_{loss\_flat\_tcpj}}{N_{loss\_flat\_tcpi\&tcpj}}(N_{loss\_flat\_tcpi\&tcpj}\neq 0) \tag{12.15}$$

因此通过对符合条件的两条并行传输的 TCP 流在端系统的 trace 分析，可以得到在拥塞点处发生丢包平台频次的估计值。

在实际应用中，为了使得估计值具有可比较性，需要将公式 12.15 给出的估计值根据两个 TCP 流的测量时间长短换算成固定时间长度的数值，假设这两个 TCP 流的持续时间是 T_1，网络管理设置中给出的固定时间长度为 T，则：

$$N_{loss\_flat\_path\_estimae}=\frac{N_{loss\_flat\_tcpi}\times N_{loss\_flat\_tcpj}}{N_{loss\_flat\_tcpi\&tcpj}}\times\frac{T}{T_1} \tag{12.16}$$

$(N_{loss\_flat\_tcpi\&tcpj}\neq 0)$

综上所述，为了能够从端系统的 TCP 流行为推导出网络路径的丢包频次，需要按以下步骤进行：

(1) 监听网络中平行流的传输，取出 TCP 流丢包频次最接近的作为数据源，分别称为 TCP_i 和 TCP_j；

(2) 分析出的 TCP_i 的丢包频次记为 $N_{\text{loss\_flat\_tcpi}}$，$TCP_j$ 的流丢包频次记为 $N_{\text{loss\_flat\_tcpj}}$，两者共同的丢包频次为 $N_{\text{loss\_flat\_tcpi\&tcpj}}$，如果 $N_{\text{loss\_flat\_tcpi\&tcpj}}=0$，需要重新选择 TCP 平行流，如果找不到合适的样本则重新进入步骤(1)；

(3) 设这两个 TCP 流的持续时间是 T_1，网络管理设置中给出的固定时间长度为 T，则：

$$N_{\text{loss\_flat\_path\_estimae}}=\frac{N_{\text{loss\_flat\_tcpi}}\times N_{\text{loss\_flat\_tcpi}}}{N_{\text{loss\_flat\_tcpi\&tcpj}}}\times\frac{T}{T_1}$$ 为 $Path\_Loss$ 的估计值。

12.4.6 算法误差分析

理论公式产生误差的主要原因在于基本假设偏离了实际情况。上一节估计算法成立的条件依赖于上文中的若干假设条件，当现实中这些条件不能完全满足时，就会产生误差。下面对算法的误差进行分析，并提出误差修正的方法。为了给出估计算法，一共有三个假设被提出，下面分别对这三个假设条件产生的误差进行分析。

(1) 假设 1 的误差分析

假设 1 认为报文是否属于某个 TCP 流与报文是否被丢包是相互独立的事件。由于算法使用的是平行流，这两个流除了端口号不一样，其他属性，包括端设备配置、路径，协议等都一样，转发设备对这些平行 TCP 流的报文使用相同的优先级进行转发，此外使用了丢包频次 $N_{\text{loss\_flat\_tcpi}}\approx N_{\text{loss\_flat\_tcpj}}$ 的筛选条件排除了意外事件的干扰，因此假设 1 是成立的，不会带来误差。

(2) 假设 2 的误差分析

假设 2 认为 TCP 流中的丢包平台发生在每个平台期的可能性是一样的，这是式 12.10 成立的基础。但是，在实际环境中，每个丢包平台的丢包个数是不一样的，由于网络流量的不同，有的平台丢包个数多些，有的平台总丢包个数少些，也就是当报文到达时，背景不是总一样，这相应地导致到达的 TCP 流报文在各个平台上的丢包概率也是不一样的。直观地看，如果平台总丢包个数多，TCP 流在这个平台发生丢包的概率就大；如果平台总丢包个数少，TCP 流在这个平台发生丢包的概率就小，这种不均匀性给上述推导带来的误差需要进行理论分析。

为了具体给出上述假设导致的误差，将测量期间的丢包平台按丢包个数分类。在丢包个数相同的丢包平台上，TCP 流的丢包概率是一样的，在此基础上给出估计值之和，就消除了假设 2 引起的误差。但是如果按丢包个数直接分类，对丢包个数小的平台，极有可能导致平行 TCP 流没有同时发生丢包的平台；即使是丢包个数比较大的丢包平台，也可能出现被测量的 TCP 平行流没有同时丢包的平台的情形。这种情况应用到式 12.15 时，导致分母为零，无法给出估计值。针对这种可能的情况，本论文将丢包平台分在不同集合内，分类的原则为：

- 同一集合内的丢包平台丢包个数相近；
- 每一集合中平行 TCP 流都存在共同丢包的丢包平台。

按上述分类原则，分类后的 TCP 流总能满足评估的要求，只是具体分多少个集合，以及集合内丢包平台丢包个数的相近程度，要视样本数据的特征而定。

设在测量期间，网络路径上丢包平台按上述原则分为 k 个集合，相对应的丢包平台的个数为 E_{1_path}，E_{2_path}，…，E_{k_path}。对符合要求的双 TCP 流，在相同类型的丢包平台上丢包个数接近的，现认为两者是相等的，分别用 D_{1_tcp}，D_{2_tcp}，…，D_{k_tcp} 表示，相同类型丢包平台上两个 TCP 流重合的次数分别为 F_{1_tcp}，F_{2_tcp}，…，F_{k_tcp}。根据式 12.15，有：

$$E_{1\_path\_estimate} = \frac{D_{1\_tcp}^2}{F_{1\_tcp}},\ E_{2\_path\_estimate} = \frac{D_{2\_tcp}^2}{F_{2\_tcp}},\ \cdots,\ E_{k\_path\_estimate} = \frac{D_{k\_tcp}^2}{F_{k\_tcp}}$$

测量期间的丢包频次总数为：

$$\sum_{i=1}^{k} E_{i\_path\_estimate} = \sum_{i=1}^{k} \frac{D_{i\_tcp}^2}{F_{i\_tcp}} \tag{12.17}$$

按本算法给出的已知条件，只知道平行 TCP 流在端系统的 trace 信息，要将测量时间内丢包频次分段计算是不可能的，因为在不知道丢包平台总数及其具体丢包个数的情况下，是没法将丢包平台分类的。因此在不考虑丢包平台差异的假设下，根据式 12.17 给出的频次估计实际上是：

$$\sum_{i=1}^{k} E_{i\_path\_estimate} \approx \frac{(D_{1\_tcp} + D_{2\_tcp} + \cdots + D_{k\_tcp})^2}{F_{1\_tcp} + F_{2\_tcp} + \cdots + F_{k\_tcp}} \tag{12.18}$$

误差 err 为式 12.17 和式 12.18 的差：

$$err = \sum_{i=1}^{k} \frac{D_{i\_tcp}^2}{F_{i\_tcp}} - \frac{(D_{1\_tcp} + D_{2\_tcp} + \cdots + D_{k\_tcp})^2}{F_{1\_tcp} + F_{2\_tcp} + \cdots + F_{k\_tcp}} \tag{12.19}$$

将式 12.19 展开，有：

$$err = \frac{D_{1\_tcp}^2}{F_{1\_tcp}} + \frac{D_{2\_tcp}^2}{F_{2\_tcp}} + \cdots + \frac{D_{k\_tcp}^2}{F_{k\_tcp}} - \frac{(D_{1\_tcp} + D_{2\_tcp} + \cdots + D_{k\_tcp})^2}{F_{1-tcp} + F_{2\_tcp} + \cdots + F_{k\_tcp}} \tag{12.20}$$

两边乘以：$(F_{1\_tcp}+F_{2\_tcp}+\cdots+F_{k\_tcp})$

$$
\begin{aligned}
& err\times(F_{1\_tcp}+F_{2\_tcp}+\cdots+F_{k\_tcp}) \\
&\quad =\left(\frac{D_{1\_tcp}^2}{F_{1\_tcp}}+\frac{D_{2\_tcp}^2}{F_{2\_tcp}}+\cdots+\frac{D_{k\_tcp}^2}{F_{k\_tcp}}\right)(F_{1\_tcp}+F_{2\_tcp}+\cdots+F_{k\_tcp})- \\
&\quad\quad (D_{1\_tcp}+D_{2\_tcp}+\cdots+D_{k\_tcp})^2
\end{aligned}
\tag{12.21}
$$

式 12.20 的右边进一步展开，有：

$$
\begin{aligned}
& (D_{1\_tcp}^2+D_{2\_tcp}^2+\cdots+D_{k\_tcp}^k)+\frac{D_{1\_tcp}^2F_{2\_tcp}}{F_{1\_tcp}}+\frac{D_{1\_tcp}^2F_{3\_tcp}}{F_{1\_tcp}}+\cdots+\frac{D_{k\_tcp}^2F_{k-1\_tcp}}{F_{k\_tcp}}- \\
& (D_{1\_tcp}^2+D_{2\_tcp}^2+\cdots+D_{k\_tcp}^2+2D_{1\_tcp}D_{2\_tcp}+\cdots+2D_{k-1\_tcp}D_{k\_tcp}) \\
& =\left(\frac{D_{1\_tcp}^2F_{2\_tcp}}{F_{1\_tcp}}+\frac{D_{2\_tcp}^2F_{1\_tcp}}{F_{2\_tcp}}-2D_{1\_tcp}D_{2\_tcp}\right)+\cdots+ \\
& \left(\frac{D_{k-1\_tcp}^2F_{k\_tcp}}{F_{k-1\_tcp}}+\frac{D_{k\_tcp}^2F_{k-1\_tcp}}{F_{k\_tcp}}-2D_{k-1\_tcp}D_{k\_tcp}\right) \\
& =F_{1\_tcp}F_{2\_tcp}\left(\frac{D_{1\_tcp}}{F_{1\_tcp}}\ \frac{D_{2\_tcp}}{F_{2\_tcp}}\right)^2+\cdots+F_{k-1\_tcp}F_{k\_tcp}\left(\frac{D_{k-1\_tcp}}{F_{k-1\_tcp}}-\frac{D_{k\_tcp}}{F_{k\_tcp}}\right)^2
\end{aligned}
\tag{12.22}
$$

将式 12.22 代入式 12.21，得到

$$
err=\frac{F_{1\_tcp}F_{2\_tcp}\left(\frac{D_{1\_tcp}}{F_{1\_tcp}}-\frac{D_{2\_tcp}}{F_{2\_tcp}}\right)^2+\cdots+F_{k-1\_tcp}F_{k\_tcp}\left(\frac{D_{k-1\_tcp}}{F_{k-1\_tcp}}-\frac{D_{k\_tcp}}{F_{k\_tcp}}\right)^2}{F_{1\_tcp}+F_{2\_tcp}+\cdots+F_{k\_tcp}}
\tag{12.23}
$$

从公式 12.23 可见，$err\geqslant 0$，可见当实际条件偏离假设 2 时，估计出来的拥塞频次偏小。误差的大小和平台丢包个数的分散性有关。丢包个数越分散，划分的集合越多（k 越大），则误差就愈大。

(3) 假设 3 的误差分析

假设 3 认为对一个 TCP 流来说，在任意一个丢包平台期内每个到达报文被丢的可能性是一样的。如果网络路径丢包平台的丢包个数 m 比较大，这个假设导致的误差比较小；如果 m 比较小，特别当 m 为最小可能值 1，则这个假设导致的误差就比较大。

对某一个集合的丢包平台来说（不考虑平台丢包的不均匀性），将式12.15 展开，根据理论推导，丢包频次为：

$$N_{\text{loss\_flat\_path\_estimate}} = \frac{N_{\text{loss\_flat\_tcpi}} N_{\text{loss\_flat\_tcpi}}}{N_{\text{loss\_flat\_tcpi\&tcpj}}}$$

$$= \frac{N_{\text{loss\_flat\_path}} \times \left[1-\left(1-\frac{n}{q}\right)^{m}\right] \times N_{\text{loss\_flat\_path}} \times \left[1-\left(1-\frac{n}{q}\right)^{m}\right]}{N_{\text{loss\_flat\_path}} \times \left[1-\left(1-\frac{n}{q}\right)^{m}\right]^{2}} \tag{12.24}$$

但是由于实际上这两个流发生丢包事件的概率不完全一样，通过计算实际上得到的值为：

$$N_{\text{loss\_flat\_path\_estimate}'} = \frac{N_{\text{loss\_flat\_tcpi}} N_{\text{loss\_flat\_tcpi}}}{N_{\text{loss\_flat\_tcpi\&tcpj}}}$$

$$= \frac{N_{\text{loss\_flat\_path}} \times \left[1-\left(1-\frac{n}{q}\right)^{m}\right] \times N_{\text{loss\_flat\_path}} \times \left[1-\left(1-\frac{n}{q}\right)^{m}\right]}{N_{\text{loss\_flat\_path}} \times \left[1-\left(1-\frac{n}{q}\right)^{m}\right]\left[1-\left(1-\frac{n}{q}\right)^{m-1}\right]} \tag{12.25}$$

为比较这两者的差别，将式 12.24 和式 12.25 相除，得到这两者的比值：

$$\frac{N_{\text{loss\_flat\_path\_estimate}}}{N_{\text{loss\_flat\_path\_estimate}'}} = \frac{1-\left(1-\frac{n}{q}\right)^{m-1}}{1-\left(1-\frac{\mathrm{n}}{\mathrm{q}}\right)^{\mathrm{m}}} \tag{12.26}$$

由式 12.26 可见，平台丢包个数越小，误差越大。假设某个 TCP 流在平台期到达报文数占总到达报文数的 10%、1%、0.1%，即 $n/q=0.1$、$n/q=0.01$、$n/q=0.001$ 时，图 12.11 为式 12.26 随着平台丢包个数变化的曲线图。

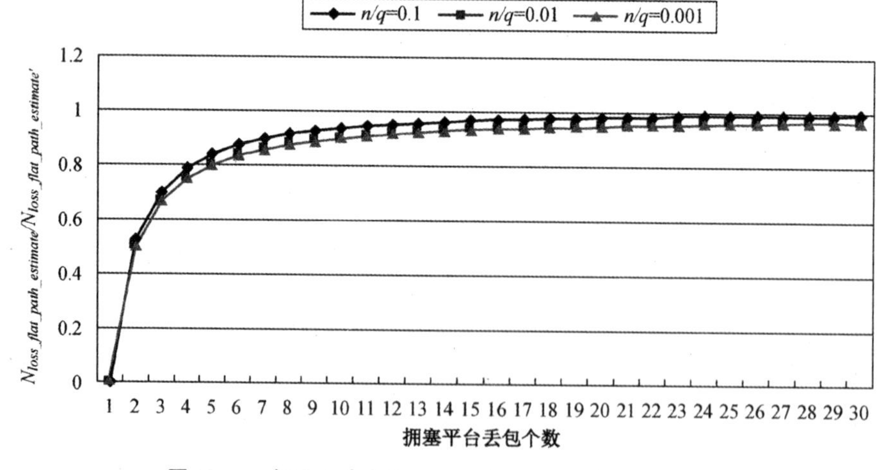

图 12.11 假设 3 造成的误差随着平台丢包个数变化趋势

由图 12.11 可见，$0 \leqslant \frac{N_{\text{loss\_flat\_path\_estimate}}}{N_{\text{loss\_flat\_path\_estimate}'}} < 1$。当平台丢包个数为 1 时，公式 12.16 的分母为 0，结果无意义，无法按这种方法给出估计值，也就无法给出误差估计。当平台丢包个数大于 1 时，$N_{\text{loss\_flat\_path\_estimate}} < N_{\text{loss\_flat\_path\_estimate}'}$。因此，当实际条件偏离假设 3，会导致计算出的估计值 $N_{\text{loss\_flat\_path\_estimate}'}$ 大于 $N_{\text{loss\_flat\_path\_estimate}}$。随着丢包个数的增加，误差逐步减小，当平台的丢包个数大于一定数目以后(图 12.11 为 20 左右)，这种假设造成的误差就可以忽略不计了。

在实际的使用中，这种误差在网络比较畅通的时候需要考虑，在网络较为阻塞的情况下可以忽略不计。

(4) 假设 2 和假设 3 的综合误差分析

从上节的讨论可以看出，真实情况偏离假设 2 会导致估计值偏小，真实情况偏离假设 3 会导致估计值偏大，这两种误差都是由丢包平台丢包个数 m 的大小分布引起的。在实际情况中，这两种误差会同时存在，一个偏大，一个偏小，给出的估计值和实际值之间的关系要根据这两种误差偏向中起主导作用的是哪种误差而定。下面分析这两种假设造成的误差的联合作用。

首先考虑消除假设 2 造成的误差，按上述的两个原则将丢包平台分入不同的集合，按式 12.17，总共的丢包频次为：

$$\sum_{i=1}^{k} E_{\text{i\_tcp}} = \sum_{i=2}^{k} \frac{D_{\text{i\_tcp}}^{2}}{F_{\text{i\_tcp}}} \tag{12.27}$$

再考虑消除假设 3 造成的误差，结合公式 12.26，有：

$$\sum_{i=1}^{k} E_{\text{i\_tcp}} = \frac{D_{\text{1\_tcp}} \times q}{n} + \sum_{i=2}^{k} \frac{D_{\text{i\_tcp}}^{2}}{F_{\text{i\_tcp}}} \times \frac{1-\left(1-\frac{n}{q}\right)^{i-1}}{1-\left(1-\frac{n}{q}\right)^{i}} \tag{12.28}$$

式 12.28 中第一项是针对只丢一个报文的丢包平台的。如果 $m=1$，则按式 12.9，TCP 流丢包的概率为 $1-(1-n/q)^{m} = 1-(1-n/q) = n/q$，根据 TCP 流的丢包频次 $D_{\text{1\_tcp}}$ 估计的丢包个数为 1 的丢包平台数为 $(D_{\text{1\_tcp}} \times q)/n$。

根据上文的分析，假设 2 和假设 3 的造成的误差都是和丢包平台丢包个数 m 的取值分布有关。在实际的测量中，可以根据 m 的取值对结果进行调整。

当 m 的平均值较小，网络比较通畅的时候，误差的产生主要是由于假设 3 产生的，估计值会大于真实值。当 m 的值较大，会导致丢包个数越分散，集合越多(k 越大)，则式 12.23 的误差值就越大，这是由于假设 2 产生的误差，此时估计值会小于真实值。根据 m 的具体取值对结果进行微调，可以减小估计误差。m 为丢包平台的丢包个数，在本算法中，根据提出的 3 个假设，认为每个丢包平台的丢包个数一样，因此 m 取所有丢包平台的平均值就可以。

12.4.7 基于平行 TCP 流估计 Path_Loss 的算法验证

12.4.7.1 仿真环境

本论文研究的是网络路径上瓶颈带宽处的拥塞情况，在仿真环境中，使用了常见的纺锤形拓扑，一边是发送方，另外一边是接收方。为了给出背景流量，设置了多条 TCP 和 UDP 流作为背景流，拓扑示意图如图 12.12 所示。

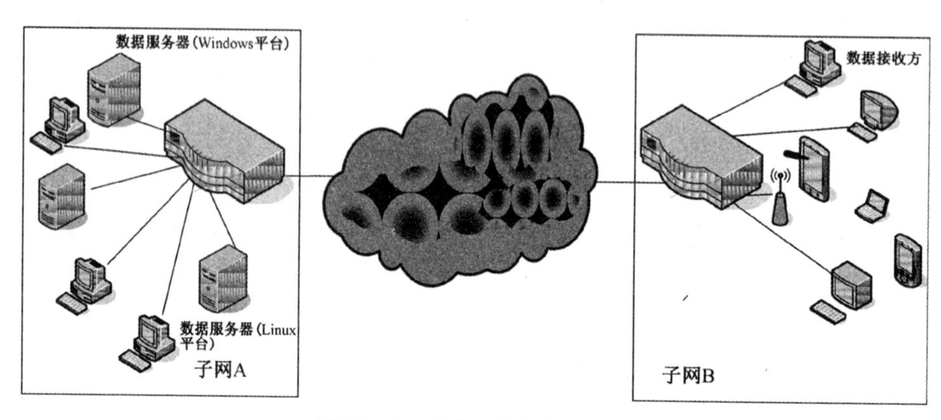

图 12.12 仿真环境拓扑示意图

测量对象为 A 网络中的两个服务器发出的数据报文，B 网络中的客户对这两个服务器分别发出请求并使用平行流下载。这两个服务器使用的 TCP 拥塞控制算法分别为 Reno 和 BIC，分别对应实际环境中的 Window 操作系统和 Liunx 操作系统。

除了这两台服务器的和请求方的双向 TCP 流，仿真实验中还设置了背景 TCP 流和 UDP 流。对背景流量的报文到达分布，目前还没有一致的定论，因此在仿真环境中发出的 UDP 报文按三种分布给出：指数分布(Exponential)、重尾分布(Pareto)、加入随机噪声的固定发送速率(Constants Bit Rate, CBR)，本文使用了 3 个不同的场景验证理论公式的准确性。各个场景主要特征参数列在表 12.3 中。

表 12.3 仿真场景的主要特征

	观测 TCP 报文比重		背景 TCP 报文比重	背景 UDP 报文比重	背景 UDP 报文发送间隔分布
	Windows	Linux			
Scenario1	9.5%	5.2%	41.8%	43.5%	Exponential
Scenario2	8.8%	4.8%	41.6%	44.8%	Pareto
Scenario3	6.3%	3.5%	28.2%	62%	CBR

背景流量比重和分布的不同没有严格按某种比例给出，但是大致符合实际网

络状况中会出现的比重。这一方面是因为背景流的产生只能按参数给出，最后产生的报文量受到传输过程中的随机因素影响，无法预先精确地估计出；另一方面，背景流分布的多样性，可以更好地证实理论公式的普遍适用性。

12.4.7.2 仿真实验验证结果

首先验证式 12.15 的正确性。式 12.15 给出：在一段时间内，对于具有相近的 TCP 流丢包频次 $N_{loss\_flat\_tcpi}$，$N_{loss\_flat\_tcpj}$（$N_{loss\_flat\_tcpi} \approx N_{loss\_flat\_tcpj}$）的平行 TCP 流 TCP_i 和 TCP_j，这两个 TCP 流在路径上同样的丢包平台都发生丢包的频次为 $N_{loss\_flat\_tcpi\&tcpj}$，则这段时间内网络路径的拥塞频次估计值为：

$$N_{loss\_flat\_path\_estimate} = \frac{N_{loss\_flat\_tcpi} \times N_{loss\_flat\_tcpj}}{N_{loss\_flat\_tcpi\&tcpj}} \quad (N_{loss\_flat\_tcpi\&tcpj} \neq 0)$$

对上述的 3 个场景，每个场景中取 2 条 Windows 平台上的 TCP 流，2 条 Linux 平台上的 TCP 流，根据式 12.15 估计出 $N_{loss\_flat\_path\_estimate}$ 后，和实际分析出的真实值 $N_{loss\_flat\_path}$ 进行比较，计算相对误差的公式为：$err = \frac{N_{loss\_flat\_path} - N_{loss\_flat\_path\_estimate}}{N_{loss\_flat\_path}} \times 100\%$。误差公式没有取绝对值的原因是为了能看出误差的偏向。

表 12.4 使用 Windows 平台上的 TCP 流估计 Path_Loss

	$N_{loss\_flat\_tcpi}$	$N_{loss\_flat\_tcpj}$	$N_{loss\_flat\_tcpi\&tcpj}$	$N_{loss\_flat\_path\_estimate}$	$N_{loss\_flat\_path}$	err
Scenario1	95	101	60	160	174	8.1%
Scenario2	96	100	60	160	171	6.4%
Scenario3	92	98	43	210	205	−2.3%

表 12.5 使用 Linux 平台上的 TCP 流估计 Path_Loss

	$N_{loss\_flat\_tcpi}$	$N_{loss\_flat\_tcpj}$	$N_{loss\_flat\_tcpi\&tcpj}$	$N_{loss\_flat\_path\_estimate}$	$N_{loss\_flat\_path}$	err
Scenario1	116	118	85	161	174	7.5%
Scenario2	116	128	96	155	171	9.6%
Scenario3	133	129	86	199	205	2.7%

使用两条平行 TCP 流的丢包状况估计网络路径拥塞点的拥塞频次，是建立在前文提出的 3 个假设基础上的。如前文所分析，假设 2 和假设 3 不完全符合实际环境，这两种假设可能导致的误差需要根据当时丢包平台丢包个数的具体分布而定。由表 12.4 和表 12.5 的结果可见，估计结果大部分情况下是小于实际的拥塞频次的，这说明假设 2 造成的误差较大；而假设 3 造成的误差较小，并且可以被假设 2 的误差部分地抵消。

上面的两组实验中，每个场景中使用平行 TCP 流作为数据源，是为了尽可能减少假设 1 造成的误差，实测中筛选的平行 TCP 流可以满足假设 1。

从 NS2 仿真的结果来看,使用双 TCP 流的丢包频次估计 Path_Loss 是可行的。存在的估计误差主要是由测量时网络路径拥塞状态的平稳性决定的。如果对网络路径进行长期观测,估计结果可以通过时间序列的趋势分析进行部分修正,可以给出对网络管理和服务质量具有参考意义的观测报告。

12.5 小结

由于因特网的数据传输原则的是尽力而为,在广域网上经过多个几点的传输路径,其服务质量往往不能得到保证。流媒体运营商在进行视频分发时,有必要考虑服务器到用户之间网络链路的拥塞状态。

本章基于 IETF RFC2681 对 IP 报文 RTT 测度的定义,结合网络拥塞状态变化过程中报文 RTT 的变化范围,提出了描述子网之间网络路径传输延迟特性的测度 Path_RTT。这个测度是基于单点测量的 TCP 块数据传输流的报文序列计算出的,相对于 IPPM 给出的报文延迟测度,本文给出的是网络路径本身的特性。Path_RTT 包含了两个组成部分,BRTDI 和 BRTDS。BRTDI 给出了排除端系统影响的子网之间网络路径上报文的延迟范围,反映了网络路径本身的延迟特性。但是,延迟特性和拥塞特性没有直接的对应关系,因此需要得到 BRTDS,这是 TCP 流报文 RTT 的时间序列,可从中得到多种描述网络路径性能状态的信息。具体地,本章从 BRTDS 中导出了两个派生测度 Period_RTT 和 $T_{bottom\_to\_min}$,可以直接给出网络路径拥塞状况的评价。本章具体给出了这两个测度的计算方法,并在 NS2 环境中给出了这两个测度的应用实例。

此外,本章也讨论了网络路径的丢包特征描述与测量问题。本章从 TCP 流丢包测量的角度讨论这个问题,将其与子网之间网络路径拥塞状况建立关系,提出了描述子网之间网络路径丢包特性的测度定义 Path_Loss,并基于端系统测量的条件,设计了一种基于平行 TCP 流的丢包情况来推导出 Path_Loss 测度值的算法。这个算法要求使用一对满足特定条件的平行 TCP 流作为计算依据。经过理论分析,表明其计算精度受子网之间网络路径丢包量的影响,但可能在一定程度上得到修正。仿真计算表明,未经修正的估计结果精度已经可以满足网络路径丢包状况评估的实际需要。该算法将网络路径丢包测量与网络路径拥塞状态评估联系起来,更为合理地满足了测量子网之间网络路径丢包的目的,所定义的测度和所设计的算法是通过一个可直接测量的测度来获得一个不可直接测量测度的典型例子。

本章给出了基于报文的 RTT 和丢包特征推导网络链路拥塞状态的方法,可以为流媒体运营商优化数据分发路由,提高用户的服务感受提供依据。

参考文献

[1] Downey Allen B. TCP self-clocking and bandwidth sharing[J]. Computer Networks, 2007, 51(13):3844-3863.

[2] Hao Jiang, Constantinos Dovrolis. Passive Estimation of TCP Round-Trip Times[J]. Computer Communication Review, 2002,32(3):75-88.

[3] Bryan Veral, Kang Li, David Lowenthal. New Methods for Passive Estimation of TCP Round-Trip Times [C]. Boston: Passive and Active Network Measurement—6th International Workshop (PAM2005),2005: 121-134.

[4] Jason But, Urs Keller, David Kennedy, et al. Passive TCP Stream Estimation of RTT and Jitter Parameters [C]. Sydney: The IEEE Conference on Local Computer Networks—30th Anniversary(LCN2005), 2005: 433-440.

[5] S Jaiswal, G Iannaccone, C Diot, et al. Inferring TCP Connection Characteristics Through Passive Measurements[C]. Hong Kong: IEEE INFOCOM2004 , 2004: 1582-1592.

[6] Aikat Jay, Kaur Jasleen, Smith F Donelson, et al. Variability in TCP round-trip times [C]. Bollmannsruh: Proceedings of the ACM SIGCOMM Internet Measurement Conference(IMC), 2003: 279-284.

[7] Zhang Yibo, Lei Zhenming. Estimate Round Trip Time of TCP in A Passive Way[C]. Edinburgh:International Conference on Signal Processing Proceedings (ICSP), 2004: 1914-1917.

[8] Ryan Lance, Lan Formmer. Round-Trip Time Inference Via Passive monitoring[C]. Special Issue on the First ACM SIGMETRICS Workshop on Large Scale Network Inference(LSNI),2005:32-38.

[9] Carra Damiano, Avrachenkov Konstantin, Alouf Sara, et al. Passive Online RTT Estimation for Flow-Aware Routers using One-Way Traffic[EB/OL]. (2009-12-03). http://hal. inria. fr/INRIA/inria-00436444/en/2009-12-3.

[10] Sommers Joel, Barford Paul, Duffield Nick, et al. Improving accuracy in end-to-end packet loss measurement[J]. Computer Communication Review, 2005, 35(4):157-168.

[11] R Braden, Editor. IETF RFC1122, Requirements for Internet Hosts-Communication Layers[S]. October 1989.

[12] Roychoudhuri Lopamudra, Al-Shaer Ehab, Gregory B Brewster. On the impact of loss and delay variation on Internet packet audio transmission [J]. Computer Communications, 2006, 29(10):1578-1589.

[13] R Vautard. SSA: A toolkit for noisy chaotic signals[J]. Physica D, 1992, 58:95-126.

[14] Paxson V, Mahdavi J, Adams A, et al. An architecture for large scale Internet

measurement[J]. IEEE Communications Magazine, 1998, 36(8):48-54.

[15] Sommers Joel, Barford Paul, Duffield Nick, et al. Improving accuracy in end-to-end packet loss measurement[J]. Computer Communication Review, 2005, 35(4):157-168.

[16] P Barford, J Sommers. Comparing probe-and router-based packet-loss measurement[J]. IEEE Internet Computing, 2004, 8(5):50-56.

[17] Benko Peter, Veres Andras. A passive method for estimating end-to-end TCP packet loss[C]. In:IEEE Global Telecommunications Conference. 2003, 3:2609-2613.

[18] Friedl Aleš, Ubik Sven, Kapravelos Alexandros, et al. Realistic passive packet loss measurement for high-speed networks[J]. Lecture Notes in Computer Science, 2009, 5537:1-7.

[19] Gu Yu, Breslau Lee, Duffield Nick, et al. On passive one-way loss measurements using sampled flow statistics[C]. Rio de Janeiro:IEEE INFOCOM, 2009:2946-2950.

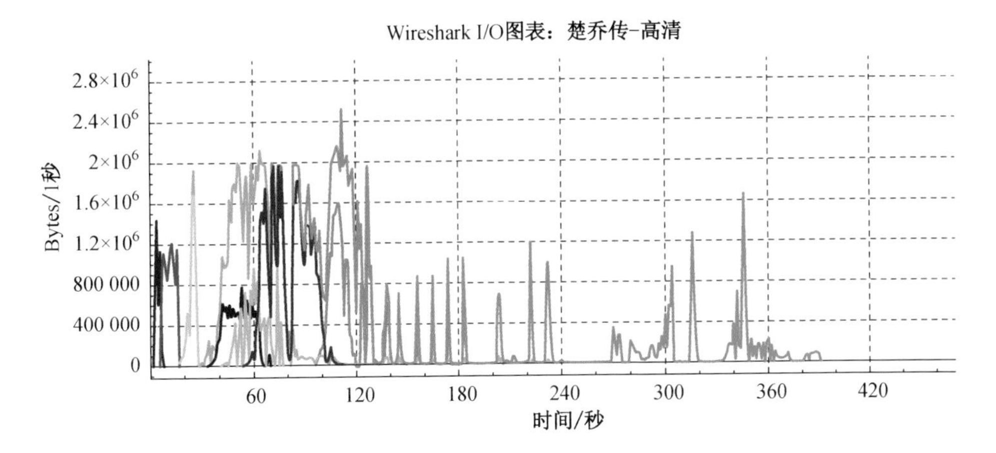

图 4.26 楚乔传(WiFi)-高清 I/O 图

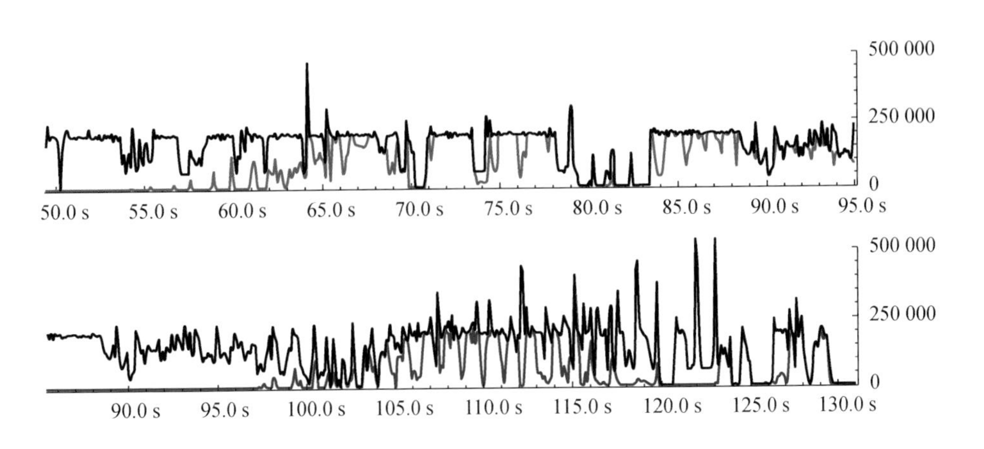

图 4.27 楚乔传(WiFi)-高清 I/O 图中的 UDP 传输

腾讯-电信网（1M）-楚乔传58-高清.pcap

文件(F) 编辑(E) 视图(V) 跳转(G) 捕获(C) 分析(A) 统计(S) 电话(Y) 无线(W) 工具(T) 帮助(H)

ip.src==192.168.123.144 && ip.addr==221.228.219.151 and http

No.	Time	Source	Destination	Protocol	Length	Info
3475	31.472629	192.168.123.144	221.228.219.151	HTTP	481	GET /moviets.tc.qq.com
355	31.661349	192.168.123.144	221.228.219.151	HTTP	505	GET /moviets.tc.qq.com
611	43.324804	192.168.123.144	221.228.219.151	HTTP	522	GET /moviets.tc.qq.com
796	53.407371	192.168.123.144	221.228.219.151	HTTP	523	GET /moviets.tc.qq.com
1007	65.116614	192.168.123.144	221.228.219.151	HTTP	522	GET /moviets.tc.qq.com
1327	82.753631	192.168.123.144	221.228.219.151	HTTP	531	GET /moviets.tc.qq.com
1531	94.450181	192.168.123.144	221.228.219.151	HTTP	531	GET /moviets.tc.qq.com
1729	106.2888...	192.168.123.144	221.228.219.151	HTTP	531	GET /moviets.tc.qq.com
1898	115.9775...	192.168.123.144	221.228.219.151	HTTP	531	GET /moviets.tc.qq.com
2059	124.9559...	192.168.123.144	221.228.219.151	HTTP	531	GET /moviets.tc.qq.com
2214	133.4843...	192.168.123.144	221.228.219.151	HTTP	531	GET /moviets.tc.qq.com
2369	142.2255...	192.168.123.144	221.228.219.151	HTTP	535	GET /moviets.tc.qq.com
2532	152.2990...	192.168.123.144	221.228.219.151	HTTP	537	GET /moviets.tc.qq.com
2721	163.5101...	192.168.123.144	221.228.219.151	HTTP	544	GET /moviets.tc.qq.com
2723	163.6217...	192.168.123.144	221.228.219.151	HTTP	543	GET /moviets.tc.qq.com
32861	198.2305...	192.168.123.144	221.228.219.151	HTTP	543	GET /moviets.tc.qq.com
32955	198.8274...	192.168.123.144	221.228.219.151	HTTP	542	GET /moviets.tc.qq.com
35190	212.4616...	192.168.123.144	221.228.219.151	HTTP	542	GET /moviets.tc.qq.com
35913	216.8141...	192.168.123.144	221.228.219.151	HTTP	542	GET /moviets.tc.qq.com
39078	235.6783...	192.168.123.144	221.228.219.151	HTTP	542	GET /moviets.tc.qq.com
40476	244.5063...	192.168.123.144	221.228.219.151	HTTP	542	GET /moviets.tc.qq.com
44832	270.9798...	192.168.123.144	221.228.219.151	HTTP	542	GET /moviets.tc.qq.com
46294	279.8691...	192.168.123.144	221.228.219.151	HTTP	542	GET /moviets.tc.qq.com
48134	291.6382...	192.168.123.144	221.228.219.151	HTTP	542	GET /moviets.tc.qq.com
49478	300.4479...	192.168.123.144	221.228.219.151	HTTP	542	GET /moviets.tc.qq.com
50948	309.3189...	192.168.123.144	221.228.219.151	HTTP	542	GET /moviets.tc.qq.com
51042	309.9982...	192.168.123.144	221.228.219.151	HTTP	542	GET /moviets.tc.qq.com

图 4.34　腾讯视频-电信 WiFi(1 M 限速)HTTP 请求

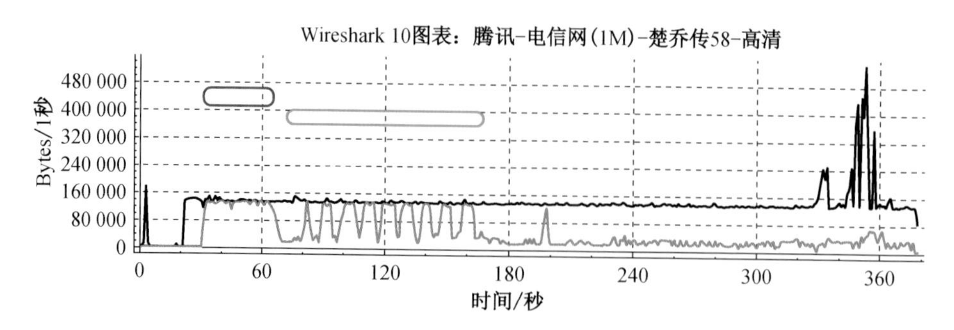

图 4.35　腾讯视频-电信 WiFi(1 M 限速)IO 图

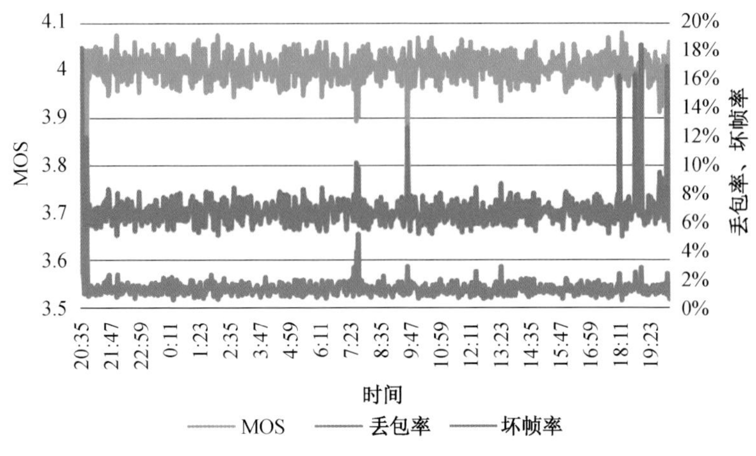

图 5.17　IPTV 直连丢包率、坏帧率与 MOS 值

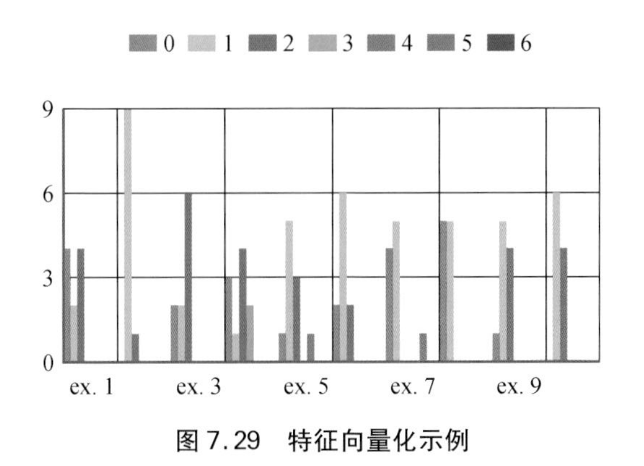

图 7.29　特征向量化示例

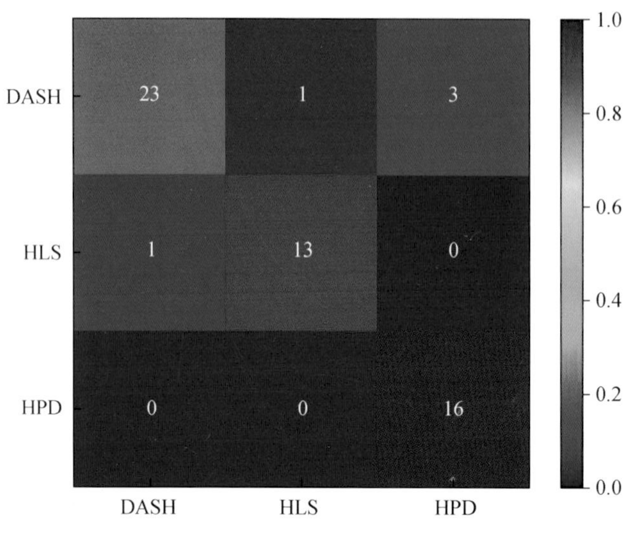

图 7.32　混淆矩阵(MutinomialNB)

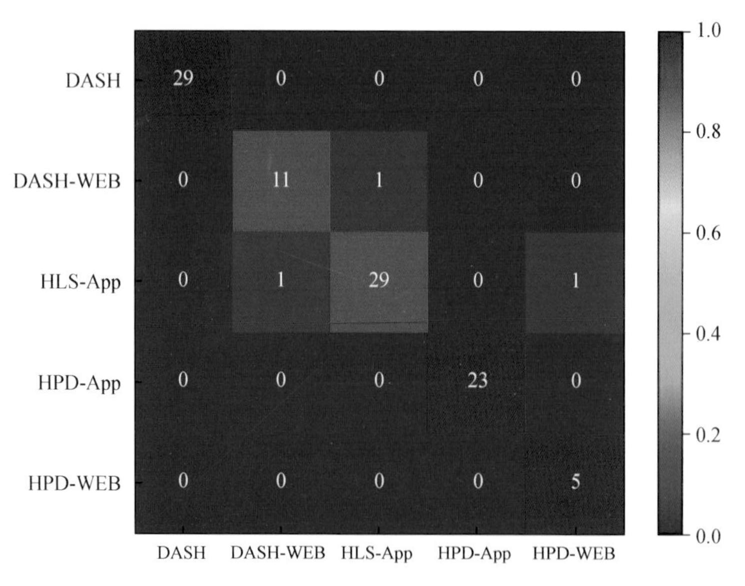

图 7.34　混淆矩阵(A-I-P-FP)